高等学校软件工程专业系列教材

嵌入式软件设计

Qianrushi Ruanjian Sheji

赖晓晨　张立勇　迟宗正　编著

高等教育出版社·北京

内容提要

　　本书基于市场占有率最高的 **ARM** 处理器、应用最广泛的嵌入式 Linux 操作系统和最受嵌入式程序员青睐的 **C** 语言,系统地介绍嵌入式软件工作原理、设计方法、开发工具和编程手段,同时也讲授基于 **Cortex** 核 ARM 处理器的裸机直接编程方法,最后通过一个"人体动作识别系统"案例,向读者展示软件工程中需求分析、系统设计、系统实现、系统测试的完整流程。

　　本书为新形态教材,配有完整的授课视频、PPT 课件、代码源文件和工程项目文件,适合作为高校计算机和软件工程相关专业三、四年级本科生或研究生教材使用,也适合嵌入式行业相关人员自学选用。本书力争提供尽可能丰富的教学资源,使读者通过有针对性的学习,缩短理论与实践的差距,达到高效率学习的目的。

图书在版编目(ＣＩＰ)数据

　　嵌入式软件设计/赖晓晨,张立勇,迟宗正编著. --北京:高等教育出版社,2020.10
　　ISBN 978-7-04-055226-3

　　Ⅰ.①嵌… Ⅱ.①赖… ②张… ③迟… Ⅲ.①微处理器-系统设计-高等学校-教材 Ⅳ.①TP332

　　中国版本图书馆 CIP 数据核字(2020)第 209527 号

策划编辑	时　阳	责任编辑	时　阳	封面设计	杨立新	版式设计	王艳红
插图绘制	邓　超	责任校对	刁丽丽	责任印制	存　怡		

出版发行	高等教育出版社	网　址	http://www.hep.edu.cn
社　址	北京市西城区德外大街 4 号		http://www.hep.com.cn
邮政编码	100120	网上订购	http://www.hepmall.com.cn
印　刷	三河市潮河印业有限公司		http://www.hepmall.com
开　本	787mm×1092mm　1/16		http://www.hepmall.cn
印　张	26		
字　数	600 千字	版　次	2020 年 10 月第 1 版
购书热线	010-58581118	印　次	2020 年 10 月第 1 次印刷
咨询电话	400-810-0598	定　价	49.00 元

前　言

随着计算机相关技术和产业的高速发展,硬件成本越来越低,软件的价值不断上升,这一趋势在嵌入式系统设计中尤为明显。嵌入式软件设计作为完整的嵌入式系统设计的最后一环,其质量直接影响到嵌入式系统的整体表现。如何做好系统设计的"收口"工作,是本书关注的重点。

在嵌入式硬件领域,ARM 公司引领了嵌入式处理器发展的潮流。分析机构 IP Nest 出具的报告显示,2018 年 ARM 公司提供的 IP(知识产权)在相关领域的全球占比为 44.7%;据《华尔街日报》报道,ARM 架构芯片在全球手机市场中的份额已经超过 90%,居于绝对垄断地位。在嵌入式软件领域,Linux 操作系统因其开源、稳定的特性,在各种嵌入式设备中发挥着重要的作用,应用非常广泛;同时,安卓操作系统也采用 Linux 作为其底层内核。在开发工具方面,C 语言凭借其高效、灵活的特点,一直牢牢占据着嵌入式设备第一开发语言的地位,而且在国内高校中,C 语言往往是学生接触到的第一门编程语言,广受认可。基于以上技术发展趋势,本书内容围绕最主流的嵌入式处理器、应用最广泛的嵌入式操作系统、最受嵌入式程序员青睐的编程语言展开,较为系统地介绍基于 ARM/嵌入式 Linux 平台下的 C 语言程序的开发原理、编程方法和开发工具,使读者在主流平台上学习,缩短理论和实践的距离,达到高效学习的目的。

本书主要内容包括嵌入式系统及嵌入式软件设计的概述、嵌入式软件开发环境的搭建、嵌入式系统软件平台的构建、嵌入式 C 语言的特点介绍、嵌入式 Linux 平台的 C 语言编程方法介绍、嵌入式 Linux 的驱动程序介绍以及基于 Cortex 核的 ARM 处理器编程介绍。本书的最后一章还展示了一个通过惯性传感器识别人体动作的嵌入式系统,并从软件工程的角度详细介绍系统的需求分析、系统设计、系统实现和系统测试,带领读者完整经历一遍嵌入式系统软件的设计流程。此外,为了保持叙述的流畅性,在编写过程中,作者刻意把一些背景知识和细节内容安排到附录中,供感兴趣的读者查询。

本书为新形态教材,配套完整的多媒体课件、涉及的代码和工程项目文件、7 个电子版附录和全套授课视频,读者可扫描书中二维码查看相关资源。

本书读者应具备如下基础:对 ARM 体系结构有初步了解,较为熟悉 Linux 操作系统的基本操作,了解 C 语言编程方法。本书可作为高校嵌入式方向三、四年级本科生或研究生的教材使用,也可作为嵌入式行业工程师的参考手册使用。

自 2005 年以来,本书作者一直在大连理工大学软件学院讲授"嵌入式软件设计"课程,本书的大部分内容来自作者的教学实践,另有部分内容参考了其他相关书籍以及网络中的资料,作者已尽量在参考文献中列出来源。但由于本书的撰写周期较长,且初期资料整理缺乏条理,如有相关内容未列明出处,在此先向各位作者致歉,并请和本人联系。

为简便起见,对于书中涉及的函数,除对函数原型进行说明的部分外,在叙述时省略了相关参数；书中的代码，除用于说明程序结构的框架代码外，都可以通过编译并正常运行，代码采用GPL 许可证；书中的操作步骤均有详细解释，重要步骤配有图片，如果读者采用相同的开发环境，应能顺利完成书中介绍的每一项操作。

本书在编写过程中得到了很多人的帮助，在此向各位致以衷心的感谢！感谢高等教育出版社编辑在选题、策划过程中的大力支持以及对本书内容和结构方面提出的宝贵意见；感谢韩璐瑶、任延飞、孟伟、陈超凡、吴霞等同学在本书撰写过程中所做的具体而重要的工作；感谢大连理工大学的同事们对我工作和生活的关心与支持，尤其是教务处领导和同志们的支持；感谢我的爱人对我的理解及在生活中的照顾，并且尽量让孩子很少打扰我；最后，也是最重要的，感谢我曾经的和将来的学生们，是你们带给了我工作的乐趣和动力！

由于作者经验有限，加之时间仓促，书中不可避免会有疏漏之处，请各位读者不吝批评指正。所有关于本书的意见和建议，请发送电子邮件到 laixiaochen@dlut.edu.cn，希望在与读者交流的过程中有所收获。

编者

2020 年 5 月于大连

中国大学 MOOC

"嵌入式软件设计"课程

目　　录

I

第1章 绪 论

随着计算机技术的日益发展和人们需求水平的不断提高,嵌入式系统渗透到了社会生活的各个方面,几乎每一个人每天都在使用嵌入式计算机,计算机和信息技术的发展正在逐渐步入以嵌入式为核心的普适计算时代。本章主要介绍嵌入式系统(embedded system)概念的内涵和外延、嵌入式系统的开发流程、嵌入式软件设计的相关知识,通过本章的学习,读者可以大致了解嵌入式系统的软硬件体系结构,建立起宏观的概念。

1.1 嵌入式系统概述

1.1.1 计算机的发展和分类

计算机作为20世纪最伟大的发明,给人们的生活带来了翻天覆地的变化。传统上,按照结构规模的不同,计算机可分为大型机、中型机、小型机和微型计算机,并以此来组织学科和产业分工,这种分类沿袭了约40年。近十几年来,随着计算机技术的迅速发展,各种社会需求的不断涌现,实际情况发生了根本性的变化。各种包含微处理器的消费类电子产品如汽车电子、智能家电、手机、数码相机等已成为人们生活中不可或缺的一部分,这些产品中大量采用了嵌入式技术。计算机技术的发展已经使按照规模划分层次结构的方法落后于实际情况。计算机技术和产品在不断地对其他行业进行广泛的渗透,以应用为中心的分类方法变得更为切合实际,即按计算机的嵌入式应用和非嵌入式应用将其分为嵌入式计算机和通用计算机。

通用计算机具有计算机的标准形态,通过安装不同的应用软件,以相似的面目出现并应用在社会的各个方面,其典型产品为个人计算机(personal computer,PC);而嵌入式计算机则是以嵌入式系统的形式"隐藏"在各种装置、产品和系统内部,不显式地具有计算机的外观,没有通用计算机的标准输入和输出部分,功能比较集中,一般不具备通用计算机处理各种事务的综合能力。

1.1.2 嵌入式系统概述

嵌入式系统的定义是:以应用为中心,以计算机技术为基础,软硬件可裁剪,适应应用系统对功能、可靠性、成本、体积、功耗严格要求的专用计算机系统。任何一台嵌入式计算机都会强化一个主要的应用目的,而弱化通用计算机具有的其他应用功能,并因此而裁剪了软硬件。例如,嵌入导弹中的嵌入式计算机的计算功能强大,强化了跟踪制导的功能,而不具备其他诸如多媒体之类的功能,也不必配备PC的标准外设,如音箱、大屏幕显示器等,同样也不需要一个庞大的Windows操作系统。再如,数码相机中的嵌入式计算机强化了图像处理能力,在提高画面质量等方面投入了大部分计算能力,但是不具备PC的标准键盘,输入能力远远弱于PC,使用的软件也紧紧围绕其图像处理的主要应用目的,裁剪掉了一切不必要部分。由于嵌入式计算机体积小,使用时一般没有外接电源,而且需要应用于关键场所,因此在体积、功耗、可靠性等方面都有严格的要求。

现实世界中,嵌入式计算机的数量远远超过通用计算机,这是因为每一台通用计算机实际都包含了5~10个嵌入式微处理器,例如,键盘、打印机、扫描仪等均是由嵌入式微处理器控制的。制造工业、过程控制、通信、仪器仪表、汽车、船舶、航空航天、军事装备、智能家电产品等方面均是嵌入式计算机的应用领域。

嵌入式系统是一个综合的概念,它将计算机技术、半导体技术和电子技术与各个背景行业的具体应用结合起来,这就决定了它是一个技术密集、资金密集、高度分散、不断创新的知识集成系统。

嵌入式系统行业每年创造的工业产值已超过了几万亿美元。2019年美国嵌入式系统大会的报告指出,未来5年,仅基于嵌入式系统的数字电视产品就将在美国产生一个每年1 500亿美元的庞大市场。美国福特公司曾宣称其"出售的'计算能力'已超过了IBM",由此可以想见嵌入式系统行业的规模和广度。2004年之后,中国嵌入式系统市场步入快速增长时期,嵌入式系统的发展为几乎所有的电子设备注入了新的活力,由于迅速发展的因特网和非常廉价的微处理器的出现,嵌入式系统在日常生活中变得无处不在。2018年,全球领先的嵌入式处理器设计商ARM公司宣称,从1991年起,ARM公司用了26年才完成芯片出货量千亿颗的目标,但在物联网和人工智能(artificial intelligence,AI)等多种新兴应用的推动下,预计ARM公司下一个千亿颗芯片出货量将于2020年达成。随着嵌入式行业的蓬勃发展,人才与需求的矛盾日益突出,中国已经有超过300所大学开设了与ARM处理器相关的课程。据统计,国内嵌入式人才缺口达到每年50万人左右。

通用计算机的很多领域都是技术垄断的,例如,大部分通用计算机的CPU都出自英特尔(Intel)、AMD等少数几家公司,在个人计算机的操作系统领域中,Windows占据了很大市场份额。但由于嵌入式计算机涉的方面非常广泛,没有哪个公司能够取得绝对垄断地位,因此嵌入式系统行业充满了竞争、机遇与创新,给各个公司留下了非常广阔的创新余地。此外,社会经济生活的不断向前发展,也带动了嵌入式系统软件、硬件、开发工具、应用软件的同步发展,这也是推动嵌入式系统发展的原动力。

1.1.3 嵌入式系统的组成

嵌入式系统一般由嵌入式处理器、外围硬件设备、嵌入式操作系统以及嵌入式应用程序4个部分组成。系统硬件部分包括嵌入式处理器、存储器、外围接口和其他硬件功能模块,软件部分包括嵌入式操作系统和用户应用程序,设计人员需要把操作系统与应用程序两者结合起来,操作系统负责控制与硬件的交互,应用程序负责实现用户的需求。

1. 嵌入式处理器

嵌入式处理器是嵌入式系统的核心部件。据不完全统计,目前全世界嵌入式处理器已经超过1 000多种,流行的体系结构有30多个系列,8051体系结构在其中占据了很大比重,生产8051单片机的半导体厂家有20多家,共有350多种衍生产品。嵌入式处理器的寻址空间小于通用计算机,一般从64 KB到几吉字节(GB),处理速度为0.1~2 000 MIPS(million instructions per second),常用封装引脚为8~144个。嵌入式处理器可以分为4个大类:嵌入式微处理器、嵌入式微控制器、数字信号处理器以及片上系统。

(1)嵌入式微处理器

嵌入式微处理器(embedded microprocessor unit,EMPU)是在通用计算机中央处理器的基础上设计而来的,它将微处理器安装到专门设计的电路板上,只保留和嵌入式应用有关的主板功能,大幅度减小了系统体积,降低了功耗。为了满足嵌入式应用的特殊要求,嵌入式微处理器在工作温度、抗电磁干扰、可靠性等方面都有所增强。

嵌入式微处理器目前主要有Am186/188、386EX、SC-400、PowerPC、68000、MIPS等系列。

（2）嵌入式微控制器

嵌入式微控制器（microcontroller unit，MCU）又称单片机，它以某种微处理器内核为核心，将计算机系统的各个部分集成在一块芯片中，包括 ROM/EPROM、RAM、总线、总线逻辑、定时/计数器、看门狗、I/O、串行口、脉宽调制（pulse width modulation，PWM）输出、模数转换（A/D）、数模转换（D/A）、Flash、EEPROM 等。各公司的微控制器一般都形成一个系列，同一系列内部各微控制器采用相同的内核，差别在于速度不同，内部集成的外设种类、特性不同，因而性能、功耗、价格不同，但是汇编语言基本相同，用户可以根据自己的实际需求选用适合的产品。

嵌入式微控制器的品种和数量最多，比较有代表性的通用系列包括 8051、P51XA、MCS-251、MCS-96/196/296、C166/167、MC68HC05/11/12/16、68300 等。目前 MCU 占嵌入式系统约 70% 的市场份额。

（3）数字信号处理器

数字信号处理器（digital signal processor，DSP）对系统结构和指令进行了特殊设计，使其适合于执行 DSP 算法，编译效率较高，指令执行速度也较快。在数字滤波、快速傅里叶变换（FFT）、谱分析等方面，DSP 算法正在大量进入嵌入式领域。嵌入式 DSP 有两个发展来源：一个来源是 DSP 通过增加外设成为嵌入式 DSP；另一个来源是普通嵌入式处理器在片内集成 DSP 协处理器，例如，英特尔公司的 MCS-296 和英飞凌（Infineon）公司的 TriCore。随着各种带有智能逻辑的消费类产品的不断发展，嵌入式 DSP 的应用也愈加广泛。

在嵌入式 DSP 中，比较有代表性的产品是德州仪器（Texas Instruments，TI）公司设计的 TMS320 系列和摩托罗拉（Motorola）公司设计的 DSP56000 系列。TMS320 系列处理器包括用于控制的 C2000 系列、用于移动通信的 C5000 系列以及性能更高的 C6000 和 C8000 系列。DSP56000 目前已经发展出 DSP56000、DSP56100、DSP56200 和 DSP56300 等几个不同系列的处理器。

（4）片上系统

随着超大规模集成电路（very large scale integrated circuit，VLSI）技术的发展，在一个芯片上设计一个复杂的系统已经成为可能，这就是片上系统（system on chip，SoC）技术。SoC 技术采用硬件描述语言来设计各种处理器内核以及各种外设，设计好的单元存储在器件库中，用户只需根据系统要求选用这些器件，仿真通过后就可以将设计图交给半导体工厂制作样品。采用这种方式，可以把系统的大部分功能集成到一个芯片中，大大提高了系统可靠性，降低了系统功率，减少了开发时间，使系统设计变得更加简捷。

SoC 可以分为通用 SoC 和专用 SoC 两类。通用 SoC 系列包括 ARM 公司的系列产品、英飞凌公司的 TriCore、摩托罗拉公司的 M-Core 等。专用 SoC 应用于某个特定领域，一个代表性产品是德州仪器公司出品的嵌入式片上系统 CC2430，这是一块真正的片上系统芯片，它以 8051 单片机为核心，包含高性能的 2.4 GHz 直接序列扩频（DSSS）射频收发器，并集成了 ZigBee 协议栈，向用户提供应用编程接口，可以直接进行无线网络应用的开发。

2. 外围硬件设备

视具体的应用目的不同，嵌入式系统具体的外围硬件设备各不相同，大体上可以包括以下几个部分。

（1）电源部分

某些嵌入式设备一旦安装完毕,位置就固定下来了,例如,安装在工厂中的一些监测仪表。这部分设备的电源可以由交流电经过降压、整流、滤波、稳压来得到,相应的电源部分电路体积庞大。另外一些嵌入式设备的使用位置经常变换,如手机、智能玩具、某些野外信息采集设备等,因此只能采用电池供电,相应的电源电路相对简单,体积较小。

（2）输入部分

输入部分电路属于人机接口部分,用来把外界信息转换成计算机能够识别的信息格式,传送到计算机内部,例如键盘、鼠标、触摸屏、拨码开关等。随着人工智能的发展,语音输入、视频采集输入也逐渐开始成熟,例如,使用智能音箱,可通过语音输入实现人机交互。

（3）输出部分

输出部分电路同样属于人机接口,负责把经过计算得到的结果用人类能够接受的方式表现出来,如发光二极管（light emitting diode,LED）、LED 显示器、LCD 显示器、蜂鸣器等。

（4）接口电路

接口部分电路负责提供与其他电子设备的接口,如 USB 接口、PS/2 接口、串行接口、IDE 接口、红外接口、1394 接口、CF 卡接口、网络接口、CAN 总线接口、RS422 接口、RS485 接口等。每一种接口一般都对应一个专用的控制芯片,例如,串行接口一般是由 8250 芯片控制的。

（5）存储部分

存储部分电路用来进行信息的存储,包括永久性存储器以及易失性存储器。前者的特点是掉电后信息不会丢失,如 ROM、EPROM、EEPROM、Flash 等存储器;后者的特点是一旦掉电,保存在其中的所有信息都会丢失,如 RAM。

（6）其他硬件逻辑电路

如 AD 转换电路、电机驱动电路、时钟日期生成电路等。

3. 嵌入式操作系统

嵌入式操作系统属于系统软件,一般固化在硬件存储器中。常见的嵌入式操作系统有嵌入式 Linux、Android、iOS、uC/OS、VxWorks、iTron、FreeRTOS、鸿蒙等。

嵌入式系统中一般使用实时操作系统（real-time operating system,RTOS）。通俗地说,它是指针对外界激励,能够在一段确定的时间内及时给出响应的操作系统。这是因为嵌入式设备经常应用在生产生活中的关键场合,要求在最坏情况下仍然能保持一定的反应速度。实时操作系统可分为强实时操作系统和弱实时操作系统两类,其中前者可以给出最坏情况下的实时性保证,而后者只能提供“尽可能快”的服务,运行在智能手机中的嵌入式操作系统一般不具备强实时特征。目前最重要的嵌入式操作系统主要有以下几种。

（1）VxWorks 操作系统

VxWorks 是一个非常优秀的嵌入式操作系统,它的实时性强,内核可裁剪到很小,可靠性较高。在北美,VxWorks 占据了嵌入式系统的多半市场,特别是在通信设备等对实时性要求较高的系统中,VxWorks 占据了绝大部分市场份额。但是 VxWorks 及相关开发工具的价格很高,小公司往往难以承受。

（2）嵌入式 Linux 操作系统

Linux 是一个成功的服务器操作系统,此外,由于其开源、免费、可移植性好的特点,在嵌入式系统中也有广泛应用。嵌入式 Linux 可以分为两类:一类经过修改,专门在没有内存管理单元（memory management unit,MMU）的硬件上运行,如 uCLinux;另一类具有完全的 Linux 特性,运行于设有内存管理单元的硬件平台,如 ARM Linux。学习 Linux 要注重三个方面:Linux 移植、Linux 驱动设计、Linux 内核裁剪和优化。

（3）uC/OS

目前很多高校都以 uC/OS Ⅱ 或者 uC/OS Ⅲ 作为教学使用的实时操作系统,这主要是由于 uC/OS 较简单,源码公开,非常适合入门者学习实时操作系统原理。

（4）Android

Android 操作系统在国内称为"安卓",是一种基于 Linux 的自由及开放源代码的操作系统,主要应用于移动设备,如智能手机和平板计算机,由谷歌（Google）公司和开放手机联盟领导及开发。Android 操作系统最初由 Andy Rubin 开发,主要支持手机。2005 年 8 月由谷歌公司收购并注资。2007 年 11 月,谷歌公司与 84 家硬件制造商、软件开发商及电信运营商组建开放手机联盟,共同研发改良版的 Android 系统。随后,谷歌公司以 Apache 开源许可证的授权方式发布了 Android 的源代码。第一部 Android 智能手机发布于 2008 年 10 月。Android 逐渐扩展到平板计算机及其他领域,如电视、数码相机、游戏机等。2011 年第一季度,Android 在全球的市场份额首次超过塞班系统,跃居全球第一。据 IDC 统计,2018 年,采用 Android 系统的智能手机超过 85%,占据了绝对的市场统治优势。

（5）iOS

iOS 是由苹果公司开发的移动操作系统。苹果公司最早于 2007 年 1 月 9 日召开的 MacWorld 大会上发布了这个系统。iOS 最初是设计给 iPhone 使用的,后来陆续应用到 iPod Touch、iPad 以及 Apple TV 等产品中。iOS 与苹果公司的 Mac OS X 操作系统一样,属于类 UNIX 的商业操作系统。2018 年,采用 iOS 的 iPhone 手机的市场占有率约为 14%,与 Android 手机一起,共同占据了 99% 的市场。

本书介绍的嵌入式软件开发主要基于嵌入式 Linux。

4. 嵌入式应用程序

嵌入式处理器的应用软件是实现嵌入式系统功能的关键,对嵌入式处理器系统软件和应用软件的要求也和通用计算机有所不同。

（1）固态化存储

嵌入式系统为了提高执行速度和系统可靠性,一般不采用硬盘等存储设备,而是采用非易失性存储器,如 EPROM 或者 Flash 存储器来保存操作系统和应用程序,软件固化在存储器芯片或单片机中。

（2）高质量、高可靠性

嵌入式系统资源的稀缺性和执行的实时性要求软件代码应该尽可能地短小、高效、快速,这对编程以及编译器(compiler)的设计提出了更高的要求。

（3）高实时性

多任务嵌入式系统中存在重要性不同的多个任务,如何对多任务请求进行合理的响应是系统设计的关键,这个环节处理不当很可能导致灾难性结果。保证任务请求的迅速执行不能单纯通过提高处理器速度来实现,必须通过优化系统软件,合理设计任务调度来解决。

1.1.4　嵌入式系统的发展

计算机技术在主机计算模式下发展了 40 年,从 20 世纪 80 年代起,进入了桌面计算模式时代,这种计算模式极大地推动了计算机技术和计算机产业的发展,普及了计算机知识,使计算机与各个领域完美结合,推动了国防、工业、文教等各方面的发展。因特网的发明使计算模式自然过渡到网络和分布式计算(distributed computing)时代,信息技术的发展使海量资源共享成为可能,各种手持终端(handheld terminal)已经具备了桌面计算机的性能,计算机的应用越来越广泛,计算机的形态也越来越多样化,不知不觉中,人们已经享受到了计算机提供的多种服务,计算模式正在经历向普适计算(ubiquitous computing,UC)的转变。

普适计算又称为无处不在的计算(pervasive computing,PVC),这一思想最早由 Mark Weiser 提出。1991 年,Mark Weiser 在 *Scientific American* 杂志发表了文章"The Computer for the 21st Century",标志着普适计算概念的正式确立。文章中,Mark Weiser 提出应该把计算机嵌入环境中,并通过各种有线、无线网络连接起来互相通信。计算机不再显示地出现在人们的视野范围内,人们可以把注意力集中于问题本身,在不知不觉中接受计算机的服务。他认为,计算机技术发展到高级阶段,必将充满人们生活的各个角落,并可以任意形态存在。人们可以随身携带多个计算机,甚至可以把计算机当作衣服"穿"在身上。计算机就像空气一样,每时每刻都在起作用,但却很少被有意识地注意到,计算机的形态"消失"了。"最深奥的技术是那些消失了的技术,这些技术将它们的自身交织于日常生活中,直至不可区分"。普适计算的研究基础是各种嵌入式技术,研究内容包括智能环境和不可见计算、无缝的可移动性、普遍的信息访问、上下文感知、可穿戴计算等。普适计算也面临着一些挑战,如计算模式的转变、计算资源的共享、移动计算的实现、应用程序的相互沟通等。

嵌入式技术的另一个发展方向是与人工智能相结合。作为在人们日常生活中大量应用的人工智能技术,在载体选择方面与嵌入式技术具有天然的结合点,大量人工智能应用部署在嵌入式设备中。例如,如今应用较为广泛的智能音箱可以通过人机语音对话了解使用者的意图,进而提供各种信息服务和控制功能。智能音箱是典型的嵌入式设备,它之所以"智能",是因为内嵌了语音识别功能,可通过人工智能算法分析用户的语音指令,从而完成人机交互。再如,无人驾驶汽车通过车载传感系统感知道路环境,自动规划行车路线并控制车辆到达预定目的地,是嵌入式和智能控制技术高度发展的产物。据汤森路透知识产权与科技最新报告显示,2010—2015 年间,与汽车无人驾驶技术相关的发明专利已经超过 22 000 件。

1.2 嵌入式系统开发流程

一般来说,嵌入式系统的开发流程包括以下几个步骤:确定系统需求,根据需求确定系统应该具备的功能;进行概要设计,画出系统硬件框图,明确系统各硬件组成部分之间的关系,对系统运行的软件进行初步规划;详细设计系统硬件,细化硬件框图,设计出系统硬件原理图,设计硬件原理图的同时要考虑是否有利于软件的编写;根据硬件原理图绘制印制电路板(printed-circuit board,PCB)图,制板,调试硬件;移植操作系统,进行软件设计;测试。

嵌入式系统的典型特征是面向用户、面向产品、面向应用,市场应用是嵌入式系统开发的导向和前提。一个嵌入式系统的设计取决于系统的需求。与普通软件设计一样,进行嵌入式系统设计的前提是尽可能明确需求,包括明确系统要实现的功能、性能指标、稳定性和可靠性要求、通信方式、人机界面等,必要时可以撰写系统使用说明,作为将来设计的初步依据。

概要设计部分要解决的问题主要是系统各模块选型,包括处理器选型、操作系统选型、各功能模块选型等,并绘制系统框图。选型的一个原则是在保证系统性能指标的前提下选取规格最低的模块或器件,这样可以降低成本。一个常见的误区是盲目选取性能最好、精度最高、技术最新的模块和器件,这样固然可以达到系统性能要求,但是从经济角度考虑却是下下之策。选型时要做市场分析,参考以往产品的优缺点,同时要考虑市场因素,包括模块使用的广泛程度、成本、质量、口碑,切不可闭门造车,应避免完成设计之后才发现某个模块已经停产的不利情况。要规划好哪些模块可以直接购买,哪些需要自行设计。直接购买模块能够大幅缩短开发时间,同时质量相对更可靠;自行设计模块耗时较长,可靠性需要自行解决,但是可以降低成本。确定系统的软硬件界面也是一个重要的工作,即确定哪些功能由硬件提供,哪些功能由软件实现。由硬件实现的功能开发速度快,成本高;由软件实现的功能需要较长的设计时间,但是大批量生产时可以降低成本。概要设计部分应该完成较为详细的系统框图。概要设计要解决的问题还包括确定是否需要操作系统,需要哪种类型的操作系统等。

在详细设计阶段,需要实例化系统框图,明确系统每个模块具体使用的硬件器件,并连接好系统各硬件的连线。使用各种计算机辅助设计(computer aided design,CAD)软件绘制系统原理图,原理图是使用电路元件符号绘制的电子元件连线走向图,它详细地描绘了各个元件的连线和走向,以及各个引脚的说明。绘制原理图时要对软件模块有一个初步的计划,硬件设计会直接影响到软件设计,两者要协同考虑。硬件设计的一个原则是尽量方便将来的软件设计。原理图设计完成之后要设计 PCB 图。PCB 图是电路板的映射图纸,它详细描绘了电路板的走线、元件的位置等,是电路板的基本结构图。设计 PCB 图的技术性较强,有很多设计原则。根据电路的复杂程度可以把印制电路板设计为双层板、多层板等,PCB 图设计的好坏直接影响到系统的成本以及运行的稳定性和可靠性。设计 PCB 图的下一个步骤是制板,把各个元件焊接到电路板上。元件包括通孔插装型和表面安装型,采用什么型号的元件是在设计 PCB 图时确定的。接下来要调试硬件,验证各部分硬件是否能够正常工作。一般先调试显示部分,如果显示部分工作正确,再利用显示部分的输出反馈信息来调试其他部分。详细设计阶段还包括设计软件流程图,如果使用操作系统,可以简化软件设计,如果不使用操作系统,则所有软件部分都需要自行设计。软件流程设计得越详细,将来的编码就越容易。

在原理图设计完毕之后,可采用 EDA 仿真软件对处理器和外围电路进行仿真。例如,采用 Proteus 软件绘制电路原理图,在仿真电路中执行硬件控制的代码,观察硬件和软件系统运行是否正确。这种方式可以在设计阶段即找到电路的隐藏问题,修正之后再制作电路板,避免因硬件设计缺陷导致重复制板,降低项目成本,缩短项目开发时间。

如果设备需要嵌入式 Linux 操作系统的支持,那么开发过程还需要以下步骤:在 PC 上安装 Linux 操作系统;在 Linux 系统中安装能够为嵌入式设备编译源程序的交叉编译器,如 arm-linux-gcc 等;在 PC 与嵌入式设备之间建立必要的通信连接,一般使用串口通信,因此 PC 上还需要安装 Linux 的 minicom 程序,或者直接使用 Windows 提供的串口终端;嵌入式操作系统能够正确引导的前提是有系统引导装载程序的支持,因此要移植一个引导装载程序;裁剪嵌入式 Linux 系统,配置根文件系统,这可以借助于 BusyBox 等工具完成;为设备中的特定硬件编写驱动程序。

下一步进入编码阶段。如果开发环境提供了模拟器,则可以先在 PC 上编写代码,调试通过后再下载到目标机。编码的复杂程度直接依赖于详细设计阶段的详尽程度。编码时要遵循一定的编程规范,例如标识符命名规则、代码缩进、必要的注释等。

测试只能证明缺陷存在,而不能证明缺陷不存在。对于一个复杂的系统而言,无论采取什么样的测试手段都不能证明系统没有缺陷。"彻底测试"只是一种理想。在实践中,测试要考虑时间、费用等限制,不允许无休止地测试。测试分为白盒测试与黑盒测试,对于某些嵌入式系统而言,还需要到实际运行现场进行现场测试。

1.3 嵌入式软件设计

1.3.1 嵌入式系统开发语言

嵌入式程序设计需要使用交叉编译器,编程语言可以使用汇编语言、C/C++以及 Java 等。不同的编程语言在开发效率、运行效率、占用存储空间大小等各方面互不相同,各自适用于不同的场合。

1. 汇编语言

汇编语言的特点是程序运行的结果很直观,每一条汇编指令执行之后的结果都可以立竿见影地看到,便于对程序进行跟踪和调试。从这个角度讲,可以认为汇编语言是一种最简单的编程语言。同时,用汇编语言开发的程序执行效率很高,程序不会产生冗余代码,节省内存,并且程序运行速度很快,这些都是汇编语言的优点。但是,汇编语言有一个最大的缺点,就是语法的逻辑性不够直观,这直接导致了其开发效率低下,用多条汇编指令才能实现的一个功能也许只用一条高级语言语句就可以实现了。因此除非必要,目前一般都使用高级语言来编写嵌入式程序,汇编语言仅仅使用在系统初始化或者严格要求时序的场合。

2. C 语言

高级语言中,最常用的是 C 语言。C 语言是一种十分优秀的语言,也是一种通用的程序设计语言,它可以用来进行底层系统程序设计,具有高效、灵活、功能丰富、表达力强和移植性好等特点,在程序员中备受青睐。C 语言的设计者是丹尼斯·里奇(Dennis Ritchie)和肯·汤普森(Ken Thompson)。C 语言自 1970 年诞生之后,就广泛应用于不同的操作系统设计中,如 UNIX、MS-DOS、Microsoft Windows 及 Linux 等。C 语言是面向过程的高级语言,同时具有汇编语言的优点,可以用来直接控制硬件。C 语言诞生之后,出现了很多细节不同的 C 语言编译器,为了统一 C 语言的标准,美国国家标准协会(ANSI)发布了 C89 标准,此时的 C 语言又被称为 ANSI C;在随后的几年中,C 语言标准化委员会又不断地对 C 语言进行改进,到了 1999 年,正式发布了 ISO/IEC 9899:1999,简称为 C99 标准;2007 年,C 语言标准化委员会又重新开始修订 C 语言,并于 2011 年正式发布了 ISO/IEC 9899:2011,简称为 C11 标准。

C 语言具有以下特色。

① C 语言兼具高级语言和低级语言的优点,流行的操作系统核心部分几乎都选择用 C 语言编写。

② C 语言可以通过指针访问任意内存的内容。

③ C 语言采用预处理机制,使得程序员可以在编译源程序之前对程序结构做出控制,简化程序设计。

④ C 语言提供了一套标准库,这些库对常见的操作提供了有效支持。

⑤ C 语言是一种高效的语言,用 C 语言编写的程序执行速度快,占用内存少,经过优化后的执行效率接近于汇编程序。

C 语言是一种面向过程的语言,其主要不足是缺乏编程模型,不符合真实事物的存在形式,用 C 语言描述复杂逻辑是十分困难的,而且使用的代码量要超过 C++语言。同时,C 语言过度信赖程序员的做法也一直存在很大争议,程序员可以随意修改程序中的任何内容,这在提高编程灵活性的同时也带来了安全隐患。C++提供了面向对象的编程方法,Java 语言提供了垃圾收集机制,这些都是对 C 语言的改进。C 语言的另一个特点是编程灵活,语法限制不严格。例如,默认情况下,C 语言不会对数组的范围进行检查,即使数组越界,C 语言编译器也不会给出错误提示。

与 PC 编程不同,嵌入式系统编程总是针对某种特定的硬件平台,这就要求编程语言具有对特定硬件直接控制的能力。毫无疑问,汇编语言具备这样的特性,但是汇编语言并不是结构化语言,开发效率低下,并不是嵌入式程序设计的首选工具。相比之下,作为“高级语言中的低级语言”的 C 语言,兼具较高的开发效率和直接操控硬件的能力,因此成为嵌入式系统开发的最佳选择。

本书介绍的程序均使用 C 语言来完成。

1.3.2 嵌入式系统开发工具

嵌入式设备资源的局限性决定了用户通常不能对其中的程序功能进行在线修改,必须依靠专门的开发工具和环境才能完成,这些工具和环境一般是基于通用计算机的软硬件设备以及各种逻辑分析仪、混合信号示波器等。

通用计算机的软件开发人员一般具有计算机科学或计算机工程方面的背景,而嵌入式系统由于需要与各种行业相结合,涉及计算机以外的专业知识,其开发人员往往是各个应用领域的专家,因此开发工具的易学、易用、可靠、高效是需要满足的基本要求。

目前,嵌入式系统的开发工具主要包括以下几类。

1. 实时在线仿真器

实时在线仿真器(in-circuit emulator,ICE)是进行嵌入式开发调试的有效工具,一般由仿真器和仿真头组成,仿真头与处理器引脚封装一致,可以安装到目标机上。ICE 通过实际执行来分析程序是否存在各种错误,排除那些仅通过人的逻辑思维很难找到的设计缺陷。ICE 的另一个功能是在应用系统中仿真微控制器的实时执行,发现和排除由于硬件干扰等引起的异常执行行为。此外,ICE 一般还具有完善的调试功能,可以设置断点、单步执行程序,是嵌入式开发过程中非常有效的开发调试工具。

ICE 不仅是软硬件排错工具,同时也可帮助提高和优化系统性能指标。高档 ICE 工具可根据用户投资裁剪功能,也可根据需要选择配置各种档次的实时逻辑跟踪器(trace)、实时映象存储器(shadow RAM)及程序效率实时分析功能(PPA)。

2. JTAG 仿真器

JTAG(joint test action group)是联合测试行为组织的英文首字母缩写,该组织成立于 1985 年。同时,JTAG 也是由几家主要的电子制造商发起制定的 PCB 和集成电路(integrated circuit,IC)测试标准。JTAG 建议于 1990 年被电气电子工程师学会(Institute of Electrical and Electronics Engineers,IEEE)批准为 IEEE 1149.1-1990 测试访问端口和边界扫描结构标准,主要应用于电路的边界扫描测试和可编程芯片的在系统编程。现在多数的高级器件都支持 JTAG 协议,如 DSP、现场可编程门阵列(field programmable gate array,FPGA)器件等。标准的 JTAG 接口为 4 线:TMS、TCK、TDI、TDO,分别为模式选择、时钟、数据输入和数据输出线。

JTAG 仿真器通过处理器的 JTAG 调试接口与目标机通信,通过并口(并行接口,简称"并口")或串口、网口(网络接口,简称"网口")、USB 口与宿主机通信。JTAG 仿真器价格便宜,连接方便。通过现有的 JTAG 边界扫描口与处理器通信,属于完全非插入式(即不使用片上资源)调试,无需目标存储器,不占用目标系统的任何应用端口。通过 JTAG 方式可以完成读写 CPU 寄存器、读写内存、读写 I/O、控制程序单步执行、设置断点等功能。基于 JTAG 仿真器的调试是目前 ARM 开发中采用最多的一种方式。

3. 指令模拟器

指令模拟器是工作在某种计算平台上的一个软件程序,它可以解释执行嵌入式处理器的指令,呈现出嵌入式处理器的特性。用户可以编写好嵌入式程序,在指令模拟器上运行、调试,完全通过后再把程序下载到真实的嵌入式设备中,由此降低嵌入式设计过程中对硬件的依赖程度。指令模拟器首先定义嵌入式系统的存储空间分配和外设资源分配,然后读取源程序的每条指令并解释执行,得到的执行结果供程序员参考。某些指令模拟器还可以模拟嵌入式处理器的各种 I/O 设备,在一个相对完整的嵌入式模拟环境中执行用户程序。

指令模拟器独立于嵌入式处理器硬件工作,一般与编辑器、编译器、调试器集成在一个开发环境中。需要注意的是,指令模拟器毕竟是以一种处理器模拟另一种处理器的运行,在指令执行时间、中断响应、定时器等方面很可能与实际处理器有一些差别。另外它无法和 ICE 一样仿真嵌入式系统在应用系统中的实际执行情况。

4. 电路仿真工具

在嵌入式系统开发流程中，原理图设计完毕之后，一般应进行 PCB 设计、制板、安装电子元器件，之后进行硬件测试，即俗称的"调板子"。如果经硬件测试发现电路板设计有误，则必须重新设计原理图，然后将上述流程重新进行一遍，从而造成开发时间的延后和开发成本的上升。在开发流程中适时引入电路仿真工具，则可避免走上述弯路。Proteus 是英国 Labcenter Electronics 公司设计的 EDA 工具软件，其突出特点是可仿真大量单片机与嵌入式处理器，如 8051、AVR、MSP430、ARM、8086、DSP 等。Proteus 支持 IAR、Keil 等 IDE，可采用 Proteus 绘制电路原理图，采用 Keil 编写代码，然后对两者进行联调，让代码在 Proteus 仿真电路图中运行，在运行过程中可以找到软件和硬件的设计缺陷，以便有针对性地进行修改。新版本的 Proteus 已经支持直接运行代码，不再需要 Keil 的配合。通过这种仿真方式，可使嵌入式系统开发者在较早的设计阶段即能直观地发现设计隐患，避免时间浪费和经济成本上升，具有显著作用。

1.4　本书内容简介

本书主要基于 ARM 处理器和嵌入式 Linux 操作系统介绍 C 语言软件开发的思想、架构、工具和设计方法，同时介绍基于 Cortex 处理器的软件设计方法。

第 2 章介绍嵌入式 Linux 的开发环境，包括交叉编译的概念以及 Linux 开发工具链，具体包括编辑器、编译器、链接器、调试器、自动化编译工具等的工作原理和使用方法。这些工具都基于命令行操作，功能强大，熟练掌握它们的用法可以提高编程效率。

第 3 章介绍嵌入式系统软件平台的构建方法，包括 3 个组成部分：BootLoader、操作系统内核以及文件系统。本章会介绍几种典型的 BootLoader 的工作原理，2.4 和 2.6 内核版本 Linux 的编译流程以及典型文件系统的基本原理和构建方法。本章还会提及文件系统的重要组成部分 BusyBox 的构建方法。最后，介绍嵌入式应用程序的设计流程。

第 4 章介绍嵌入式 C 语言软件设计的基础知识，主要包含以下几个部分：C 语言适合嵌入式应用的语法特点，如指针、位运算等；Linux 系统编译器 gcc 对标准 C 语言语法的扩展。简要介绍在嵌入式软件设计中，对 C 语言编程方式的某些特定要求。针对特定 ARM 处理器用 C 语言实现某种功能时，不同设计方法的代码效率差别很大，本章将介绍如何编写优化的 C 语言程序。本章最后介绍编程规范的基本概念。

第 5 章介绍嵌入式 Linux 软件设计的一些基本内容，包括 C 语言和 Linux 操作系统的错误处理机制、文件和目录操作、内存操作、进程控制、线程控制以及 Linux 中静态库、动态库、共享库的设计方法。

第 6 章介绍嵌入式 Linux 中进程间通信的相关内容，包括信号、信号量、管道、共享内存、消息队列等。

第 7 章介绍嵌入式 Linux 的驱动程序设计，包括内核模块设计、Linux 设备驱动程序原理、

Linux 的虚拟驱动程序、2.4/2.6 内核 Linux 设备驱动程序以及基于以上不同版本 Linux 的设备驱动程序实例分析。

第 8 章介绍基于 STM32F103 处理器的软件设计方法,包括外部按键中断、定时器中断、PWM 流水灯、LED 点阵、步进电机等模块。每个模块都有详细的电路原理介绍以及代码分析。

第 9 章介绍基于 STM32F401 处理器的软件设计,包括独立看门狗、UART、实时时钟、字符型 LCD、温度传感器等模块。每个模块都有详细的电路原理介绍以及代码分析。该章为选学内容。

第 10 章通过一个完整案例,带领读者了解嵌入式系统设计的流程。该案例为基于体域网的动作识别系统,可通过可穿戴节点采集人体动作数据,基于事件驱动方法对数据进行分段,并从中提取运动特征,从而识别人体动作。

本书还包括若干附录,内容为书中论及主题的背景和细节知识,其中附录 A 介绍学习本书所需要的预备知识,包括 ARM 处理器和 Linux 操作系统的基本知识。

第 2 章　嵌入式 Linux 开发环境

　　嵌入式程序设计需要采用交叉开发方式,编译器与编译器的输出文件运行于不同体系结构的计算机平台,这与本地开发有所不同。为了学习如何进行嵌入式程序设计,先要了解嵌入式程序设计的各个环节以及各环节使用的工具。在 Linux 环境下,进行程序开发主要使用以下工具:编辑器、编译器、链接器、调试器、自动编译管理工具等。正所谓"工欲善其事,必先利其器",本章的主要内容为以上各个工具的介绍。

源代码:
第 2 章源代码

2.1 交叉开发环境

程序设计需要开发环境的支持。根据运行平台的不同,开发环境分为本地开发环境和交叉开发环境(cross development environment),交叉开发环境又可分为开放型以及商业型两大类。

需要交叉开发环境的支持是嵌入式应用软件开发的一个显著特点。交叉开发环境是指编译、链接和调试嵌入式应用软件的开发环境,与运行嵌入式应用软件的环境有所不同,通常采用宿主机/目标机模式。

通用计算机具有完善的人机接口界面,在其上安装必要的开发工具后即可为通用计算机本身开发程序。举例来说,如果开发开放式平台的应用程序,例如,在 x86 体系结构 PC 平台用 Visual(以下简称 VC++)C++语言来设计一个游戏,设计完成之后游戏可以在同一台 PC 上运行。整个开发环境,包括工具链中的编辑器、编译器、链接器、调试器以及各种库,都基于 x86 体系结构,例如,编译器软件就是一个基于 x86 指令集的二进制可执行文件。而且,项目完成后最终得到的产品(游戏)也运行于 x86 平台,因此这个游戏的二进制可执行文件也基于 x86 指令集。这就是通常的开发模式,使用的开发环境为本地开发环境。

但是,在嵌入式开发中,情况有所不同。一般来说,嵌入式设备的资源相对于 PC 来说十分有限,嵌入式设备上可能根本没有标准显示终端或者标准键盘,因此也就不可能在嵌入式设备上直接进行程序的编制,即嵌入式系统本身不具备自举开发能力,只能先在 PC 上完成程序的编写、编译、链接,之后把可执行程序下载到嵌入式设备上运行。读者可能会发现一个问题,嵌入式设备的处理器体系结构不同于 PC 的 x86 体系结构,两者指令集完全不同,如果仍旧用本地开发模式的工具链,得到的可执行文件基于 x86 体系结构指令集,下载到嵌入式设备上是无法运行的。解决的办法是在 PC 上安装另外一套开发环境,这个开发环境仍旧由工具链、库等各个部分组成,它们的可执行程序的二进制代码基于 x86 平台,但是用它们编译、链接出的应用程序的二进制代码基于嵌入式处理器的指令集,不能直接在 PC 上运行,需要下载到嵌入式设备中运行,具备这样功能的开发环境就称为交叉开发环境。因为开发环境中最重要的组成部分是编译器,所以有时也将交叉开发环境简称为交叉编译环境。在嵌入式程序设计中,把运行交叉开发环境的 PC 称为宿主机,把嵌入式设备称为目标机。

在图 2.1 中,左侧虚线框中为宿主机,一般是 PC。程序可以采用高级语言或汇编语言编写,对于前者,需要使用交叉编译器把程序编译为由目标机指令集指令组成的二进制目标文件;对于后者,需要使用交叉汇编器把程序编译为由目标机指令集指令组成的二进制目标文件。然后使用交叉链接器把两者链接为一个可执行文件,再把这个文件下载到右侧虚线框中的目标系统,即目标机中,就可以运行了。如果运行错误,需要重新回到宿主机改写源代码,之后继续交叉编译、链接、下载、运行。这是一个循环往复的过程,直到最终代码执行无误为止。

嵌入式软件开发的第一步是建立交叉开发环境。目前常用的交叉开发环境主要有开放型和商业型两种类型。

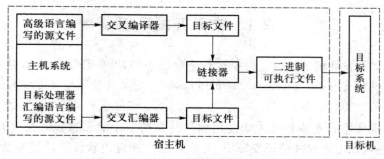

图 2.1 交叉编译

开放型交叉开发环境的典型代表是 GNU 工具链,目前已经能够支持 x86、ARM、MIPS、PowerPC 等多种处理器。商业型交叉开发环境则主要有 Metrowerks CodeWarrior、ARM Software Development Toolkit、SDS Cross Compiler、WindRiver Tornado、Microsoft Embedded Visual C++等。

在基于 ARM 体系结构的 GCC 交叉开发环境中,arm-linux-gcc 是交叉编译器,arm-linux-ld 是交叉链接器。

嵌入式 Linux 一般运行在资源紧缺的硬件平台上,而 Linux 的 C 语言函数库 glibc 和数学函数库 libm 的功能越来越强,但体积也越来越大,很难满足嵌入式要求精简、小巧的实际需要,因此采用了它们的简化版本 uClibc、uClibm(u 应为 μ,含义同 μCLinux)和 newlib 等。

目前,嵌入式的集成开发环境都支持交叉编译和交叉链接,如 WindRiver Tornado 和 GNU 工具链等。

本章后续将分别介绍基于 Linux 系统的编辑器、编译器、链接器、调试器、自动编译管理工具等。附录 B 以 Ubuntu 12.04.4 为例来说明如何在 VMware 虚拟机上安装 Linux 系统,其他 Linux 系统的安装方式与此类似。

2.2 Linux 开发工具链

2.2.1 Linux 开发工具链简介

Linux 是自由软件的典型代表,运行于 Linux 平台的软件也遵循自由软件的规范,大部分都可以无偿获得。编译器是所有软件中最基础的软件,有了编译器的支持,就可以编译出各种系统软件、应用软件,甚至操作系统内核。GNU 开发工具链(GNU development toolchain)是运行于 Linux 系统的编译器集合,包括生成一个可执行文件所需要的各个工具软件。GNU 交叉开发工具链(GNU cross-platform development toolchain)是运行于 Linux 系统的交叉开发工具链,可以生成适合目标机指令集的可执行文件。可见,GNU 既支持本地程序开发,又支持交叉编译。

GNU 开发工具(GNU Tools)是完全的自由软件,具有常见工具链所包含的各个组件,其特点是采用命令行运行模式,功能非常强大。完整的工具链可从 GNU 官方网站下载。

GNU Tools 主要有以下几个部分:编译开发工具负责把源程序编译为可执行文件,调试工具负责对可执行程序进行源码或汇编级调试,软件工程工具用于协助多人开发或大型软件项目管理。具体来说,GNU Tools 包括以下几个部分。

1. GCC

GCC 是由 GNU 之父 Richard Stallman 开发的编译器,可运行于 Linux 操作系统上,全称为 GNU Compiler Collection(GNU 编译器集合),目前可以编译的语言包括 C、C++、Objective C、FORTRAN、Java 和 Ada,可以在其官方页面找到更加详细的信息。

GCC 是 GNU 计划的一个项目,原本只是一个 C 语言编译器,它是 GNU C Compiler 的英文缩写。随着众多自由开发者的加入和 GCC 自身的发展,如今的 GCC 已经可以支持众多语言的编译,所以 GCC 也由原来的 GNU C Compiler 演变为 GNU Compiler Collection,并且已经被移植为多种交叉编译器。小写的 gcc 表示符合 ISO 标准的 C 语言编译器,它是 GCC 的一个组件。

GCC 主要包括以下组件。

① cpp:GNU C 编译器的预处理器。

② gcc:符合 ISO 标准的 C 编译器。

③ g++:基本符合 ISO 标准的 C++编译器。

④ gcj:GCC 的 Java 前端。

⑤ gnat:GCC 的 GNU ADA 95 的前端。

2. binutils

binutils 是一组二进制工具程序集合,是辅助 GCC 的主要软件,它包括以下组件。

① as:GNU 汇编器。

② ld:GNU 链接器。

③ ar:创建归档文件,向库中添加/提取 obj 文件。

④ nm:列出 obj 文件中的符号。

⑤ objcopy:复制和转化 obj 文件。

⑥ objdump:显示对象文件的信息。

⑦ ranlib:根据归档文件中的内容建立索引。

⑧ readelf:显示 elf 格式执行文件中的各种信息。

⑨ size:显示 object 文件和执行文件各段的总大小。

⑩ strings:显示文件中可以打印的字符。

⑪ strip:去掉可执行文件中多余的信息,如调试信息。

⑫ gprof:用来显示图表档案数据。

3. gdb

GNU 调试器称为 gdb,这是一个交互式工具,工作在命令行模式,功能十分强大,可以用来调试 C、C++和其他语言编写的程序。如果增加一些图形前端(如 DDD),可以在图形环境下调试程序。

4. GNU make

GNU make 是一个用来控制可执行程序生成过程、从源码文件生成可执行程序的程序。它允许用户生成和安装软件包,而无须了解生成、安装软件包的过程。

5. diff/diff3/sidff

diff/diff3/sidff 是比较文本差异的工具,也可以用来生成补丁。

6. patch

patch 是补丁安装程序,可根据 diff 生成的补丁来更新程序。

7. 版本控制系统

版本控制系统可以帮助管理程序的历史版本,在多个程序员之间共享代码文件,甚至可以做到多个设计者同时修改同一个文件,版本控制系统负责合并修改。常见的版本控制系统有 RCS(revision control system)、CVS(concurrent version system)、SVN(subversion)和 Git。本书附录 C 为 SVN 的相关介绍。

对于不同的目标平台,GCC 工具的前缀各不相同,例如,常见的 ARM7/uCLinux 平台的 GNU 交叉开发工具如下。

① arm-elf-as。

② arm-elf-gcc。

③ arm-elf-g++。

④ arm-elf-ld。

⑤ arm-elf-objcopy。

对于 ARM9/Linux 平台,GNU 开发工具如下。

① arm-linux-as。

② arm-linux-gcc。

③ arm-linux-g++。

④ arm-linux-ld。

⑤ arm-linux-objcopy。

上述软件可从 ARM Linux 项目的网站下载。

2.2.2 GNU 交叉开发环境的建立

建立 GNU 交叉开发环境有两个途径:源码编译方式和直接安装二进制文件方式。前者需要下载编译器的源代码,进行配置、编译以及安装,过程较为复杂。后者可利用他人的成果,寻找他人已经编译好的编译器可执行文件压缩包,直接解压缩即可使用;缺点是对编译器集合中的各个组成部分的版本号要求较为苛刻,必须采用经验证才可以协调工作的一系列组件。

采用源码编译方式时,如果编译器只用来编译操作系统内核,那么只需要下载 binutils 和 gcc 就足够了,如果还需要交叉编译应用程序,那就还要再编译一份 glibc。编译要按顺序进行,先编译 binutils,再编译 gcc,因为在编译 gcc 时可能要用到前者。编译完成后要修改 PATH 环境变量,把编译好的工具软件的路径存放到 PATH 中,将来就可以在任意路径下访问这些软件了。

源码编译的另一种方式是采用 crosstool shell 脚本。crosstool 是 Dan Kegel 等人开发的一套自动建立 Linux 交叉编译工具链的自由软件,支持多种 gcc、glibc 版本和多种处理器体系结构,只需经过简单配置,即可生成特定于某个处理器平台和 Linux 内核的交叉开发环境,使用非常方便。

直接安装二进制文件方式的特点是简单,非常适合初学者使用,但是这些二进制文件的寻找难度视具体的目标机而异,而且 binutils、gcc、glibc 库以及宿主机、目标机、OS(操作系统)内核之间有相互依赖关系,版本必须匹配才可以正常使用。表 2.1 是经实践检验可以协调运行的平台及各组件之间的匹配关系表。

表 2.1　GNU Tools 与 Linux 内核关系表

主机	目标机	系统内核	binutils	gcc	glibc	patchs
i386	i386	Linux 2.4	2.14.90	3.3.1	2.3.2	no
i386	PPC	Linux 2.4	2.10.1	2.95.3	2.2.1	no
i386	ARM	Linux 2.4	2.13.90	3.2.1	2.3.1	yes
i386	MIPS	Linux 2.4	2.8.1	Egcs-1.1.2	2.0.6	yes
SPARC	PPS	Linux 2.4	2.10.1	2.95.2	2.1.3	no
PPC	ARM	Linux 2.4	2.10.1	2.95.3	2.2.3	yes
i386	StrongARM	Linux 2.6	2.14	3.3.3	2.3.2	yes
i386	XScale	Linux 2.6	2.14	3.3.2	2.3.2	yes

下面以 x86 平台编译器的建立过程为例来说明如何在现有系统上利用源码编译的方式构建新版本的编译器。系统原有编译器版本是 gcc 3.2.2,现需使用此编译器编译高版本编译器源码,得到 gcc 4.9.2。注意,构建新编译器的前提是系统已经包含某个编译器,否则无法进行任何编译工作。

1. 源码准备

从 GCC 网站或者通过网络搜索查找到下载资源。可供下载的文件一般有两种形式:gcc-4.9.2.tar.gz 和 gcc-4.9.2.tar.bz2,它们的区别只是压缩格式不同,内容完全一致,下载其中一种即可。下载完毕之后进行解压缩。

2. 配置

对源码进行配置之后才能编译,通过配置可以明确将 gcc 编译器安装到什么位置,安装 gcc 中的什么组件等选项。配置通过执行 configure 脚本来完成。命令如下:

```
1  # configure --prefix=/usr/local/gcc-4.9.2 --enable-threads \
2  --disable-checking --enable--long-long --host=x86_84-unknown-linux-gun \
3  --with-system-zlib --enable-languages=c,c++
```

出现在配置命令中的"/usr/local/gcc-4.9.2"是程序的安装目录。

3. 编译、安装

在配置目录下执行 make 命令,完成对源码的编译,这个过程比较耗时。接下来执行 make install 命令,完成编译器的安装工作。修改 PATH 环境变量,添加 gcc 安装路径,然后执行 gcc-v 命令,如果能显示新版本 gcc 的版本号,说明安装成功。

对于已经编译好的工具链来说,安装过程更加简单。例如,安装 ARM9/Linux 平台的 4.4.3 版本交叉编译工具链,只需如下命令:

```
1  #mkdir-p /usr/local/arm
2  #cd /usr/local/arm
3  #tar xjvf arm-linux-4.4.3.tar.bz2
```

在/usr/local/arm/4.4.3/bin 中,可以看到已经生成 arm-linux-gcc 等命令,使用-v 选项执行 arm-linux-gcc 命令,可以看到它的版本号,如下所示。

```
1   #./arm-linux-gcc -v
2   Using built-in specs.
3   Target: arm-none-linux-gnueabi
4   Configured with: /opt/FriendlyARM/mini2440/build-toolschain/working/src /
5   gcc-4.4.3/configure --build=i386-build_redhat-linux-gnu --host=i386-build_red-
6   hat-linux-gnu --target=arm-none-linux-gnueabi --prefix=/opt/FriendlyARM/tool-
7   schain/4.4.3 --with-sysroot=/opt/FriendlyARM/toolschain/4.4.3/arm-none- linux-
8   gnueabi//sys-root --enable-languages=c,c++ --disable-multilib --with-arch=arm
9   v4t --with-cpu=arm920t --with-tune=arm920t --with-float=soft --with-pkgversion
10  =ctng-1.6.1 --disable-sjlj-exceptions --enable-__cxa_atexit --with-gmp=/opt/
11  FriendlyARM/toolschain/4.4.3 --with-mpfr=/opt/FriendlyARM/toolschain/4.4.3
12  --with-ppl=/opt/FriendlyARM/toolschain/4.4.3 --with-cloog=/opt/FriendlyARM/
13  toolschain/4.4.3 --with-mpc=/opt/FriendlyARM/toolschain/4.4.3 --with-local-
14  prefix=/opt/FriendlyARM/toolschain/4.4.3/arm-none-linux-gnueabi//sys-root
15  --disable-nls --enable-threads=posix --enable-symvers=gnu --enable-c99 --enable-
16  long-long --enable-target-optspace Thread model: posix gcc version 4.4.3 (ctng-1.6.1)
```

2.3 编 辑 器

【教学课件】
编辑器

vi 编辑器是最常用的文档创建和编辑工具,可用来进行文字录入、修改、删除、插入、复制、粘贴、搜索及替换等编辑工作。Linux 中有很多文本编辑器,如图形模式的 gedit、kwrite、OpenOffice,文本模式的 vi、vim(vi 的增强版本)、Emacs。其中 vi 和 vim 是 Linux 中最常用的编辑器,包含在任何一个 Linux 发行版中,它们不像图形界面编辑器那样支持鼠标操作,而是用一套键盘命令来完成各种功能,对初学者来说使用稍有不便,但在没有安装 X Window 桌面环境或桌面环境崩溃的情况下,文本模式的编辑器 vi 可能是唯一的选择。

1. 操作模式

vi 有两种基本的操作模式:命令模式和输入模式。命令模式也称指令模式,在 shell 中执行 vi 命令首先会进入命令模式,此模式下的所有按键都当作指令来处理,可进行光标移动、文本剪切、文本粘贴、文本删除、文本查找替换、文本打开、文本保存、与 shell 交互以及退出 vi 等操作。

在输入模式下可进行文本录入。以下叙述如果不加特殊说明,都指在命令模式下的按键。

有多个按键可以从命令模式切换到输入模式,但是开始输入文本的位置各不相同。例如:

① 按 a 键:从当前字符之后开始输入文本。

② 按 A 键:从光标所在行末尾输入新的文本。

③ 按 i 键:从光标前开始插入文本。

④ 按 I 键:从光标所在行的第一个非空格字符前开始插入文本。

⑤ 按 o 键:在光标所在行下新增一行并进入输入模式,光标停留在新行行首。

⑥ 按 O 键:在光标所在行上新增一行并进入输入模式,光标停留在新行行首。

按 Esc 键可以从输入模式切换到命令模式,如果不确定当前处在哪种模式,可以多次按 Esc 键,系统会发出嘀嘀声,提示目前处在命令模式下。

2. 进入和退出 vi

进入和退出 vi 同样有多种方法。在 shell 提示符下输入 vi 或者 vi filename 均可进入 vi,前者新建文件,后者直接编辑 filename 代表的文件。退出 vi 可以在命令模式下输入:q,然后按 Enter 键。如果文件未被修改过,可以直接退出;如果文件曾被修改过,那么 vi 会先提示是否要保存。输入:w 可以保存当前文件,再输入:q 即可顺利退出;或者直接输入:q!,可以不保存当前文件强行退出 vi。输入:wq 和:x 的效果相同,均为保存并且退出。

3. 光标移动

下述命令可完成光标移动。

① h:向左移动一列。

② j 或+:向下移动一行。

③ k 或-:向上移动一行。

④ l:向右移动一列。

移动光标可以使用组合键,nh、nj、nk、nl 分别表示按照某方向移动 n 行(列),在有方向键的键盘上,任何模式下都可以用方向箭头来控制光标。

下面命令可以一次移动光标多个位置。

① :n 回车:将光标移动到第 n 行。

② :$回车或者 L:将光标移动到文本的最后一行。

③ M:将光标移动到当前屏幕的中央行。

④ H:将光标移动到当前屏幕文本的第一行。

以下命令可以按单词移动光标。

① w:将光标移动到下一个单词头。

② b:将光标移动到前一个单词头。

③ e:将光标移动到下一个单词尾。

上述命令可以和数字组合,一次移动若干个单位,例如,nw、nb、ne。

以下命令可以按字符移动光标。

① $:将光标移动到当前行末尾。

② ^或 0：将光标移动到当前行首。

③ nl：将光标移动到当前行的第 n 个字符，n 为数字。

④ fm：将光标移动到当前行的下一个字符 m 处。

以下命令可以实现屏幕翻页。

① Ctrl+d：下翻半屏。

② Ctrl+u：上翻半屏。

③ Ctrl+f：下翻一屏。

④ Ctrl+b：上翻一屏。

以下命令可以显示和取消显示行号。

① :set number：显示行号。

② :set nonumber：取消显示行号。

4. 删除文本

下述命令可删除文本。

① x：删除光标处的一个字符。

② dd：删除光标所在行。

③ s：删除光标所在字符，并进入输入状态。

④ S：删除光标所在行，并进入输入状态。

⑤ dw：删除单词。

⑥ D：删除从光标到行末所有字符。

⑦ dfm：删除从光标到第一个字符 m 间的文本。

⑧ :nd：删除第 n 行，n 为数字。

⑨ :n,$ d：删除从第 n 行到最后一行，n 为数字。

5. 查找和替换

下述命令可在命令模式下查找文本。

① /string：向当前位置的前方查找字符串 string。

② ? string：向当前位置的后方查找字符串 string。

下述命令可在命令模式下继续查找。

① n：沿着刚才的查找方向继续查找同一字符串。

② N：沿着刚才查找方向的反方向继续查找同一字符串。

③ rm：替换当前字符为 m，替换后仍为命令模式。

④ R：替换当前字符后的一系列字符，替换后变为输入模式。

⑤ s：多个字符替换单个字符。

⑥ cw：单词替换。

⑦ cc：行替换。

⑧ C：替换当前行剩余部分。

⑨ cfm：替换当前字符到指定的字符 m。

下面举几个较复杂的例子。

① :s/tom/jack:把当前行的第一个 tom 替换为 jack。

② :1,10s/tom/jack:找到第 1~10 行的所有 tom,并替换为 jack。

③ :5,$ s/tom/jack:找到第 5 行到最后一行的所有 tom,并替换为 jack。

④ :g/var/s/tom/jack:把包含 var 的行中的所有 tom 替换为 jack。

⑤ :s/tom/jack/g:把当前行中的所有 tom 替换为 jack。

⑥ :1,$ s/tom/jack/g:把整个文件中的 tom 替换为 jack。

6. 复制和粘贴

下述命令可实现复制和粘贴操作。

① yy:复制当前行。

② dd:剪切当前行。

③ p、P:粘贴剪贴板中的内容到当前行位置。

④ :m copy n:把第 m 行复制并粘贴到第 n 行后,m、n 为数字。

⑤ :m,n copy $:把 m~n 行复制并粘贴到最后一行后,m、n 为数字。

⑥ :.,$ copy 0:复制当前行到最后一行并粘贴到文件头。

如把上述命令中的 copy 改为 move,则为移动文本块。

7. 保存文本块

下述命令可在命令模式下保存文本块。

① :m,n write file:把第 m~n 行另存为文件 file,m、n 为数字。

② :n write! file:把第 n 行强行另存为文件 file,如果当前目录下已有 file 文件,则直接将其覆盖掉,n 为数字。

③ :n write >> file:把第 n 行追加到文件 file 末尾,n 为数字。

8. 与 shell 交互

下述命令可在命令模式下与 shell 交互。

① :n read a:把文件 a 中的内容读到当前打开文件的第 n 行后,n 为数字。

② :! pwd:在 vi 中执行 shell 命令 pwd。

③ :n read! pwd:在 vi 中执行 shell 命令 pwd,并把执行结果插入第 n 行后,n 为数字。

vi 的功能远远强于 Windows 中的文本编辑器,只要熟练掌握上述命令,编辑文本的速度超过使用鼠标的可视化文本编辑器。

除了 vi,SourceInsight 也是一个面向项目开发的程序编辑器和代码浏览器,附录 D 是 Source-Insight 的相关介绍。

2.4 编 译 器

源程序必须编译链接为可执行文件之后才可以运行,在程序生存周期的 6 个阶段中,任何一个阶段出错都要返回到编辑阶段修改源程序,并重新进行后续阶段。

【教学课件】
编译器

23

GNU 编译器 gcc 通过其他软件的支持,可以完成预处理、编译、链接这三个步骤。

2.4.1 gcc 简介

作为 GCC 的一个组件,gcc 可以用来编译、链接 C/C++语言源程序,生成可执行文件。如果没有在命令行给出输出文件的名字,gcc 将生成一个名为 a.out 的可执行文件。在 Linux 系统中,可执行文件没有统一的扩展名,文件是否可执行由文件属性决定,而 gcc 则通过扩展名来区别输入文件的类别。表 2.2 是 gcc 所支持的文件类型。C++程序一般用 g++编译,g++和 gcc 是同一个程序,两者的区别在于:当程序中出现 using namespace std 等带有 C++特性的语句时,如果用 gcc 编译,必须显式指明这个程序要使用 C++标准库,而 g++可以直接编译。

表 2.2 gcc 支持的文件类型

扩展名	所支持的文件
.c	C 源程序
.C	C 源程序
.cc	C++源程序
.cxx	C++源程序
.m	Object C 源程序
.i	经过预处理的 C 源程序
.ii	经过预处理的 C++源程序
.s	汇编语言源程序
.S	汇编语言源程序
.h	头文件
.o	目标文件
.a	存档文件

gcc 是一个优秀的编译器,可以在多种硬件平台中使用,编译得到的可执行程序的执行效率与一般的编译器相比平均高出 20%~30%。以下 hello world 代码分别用不同的编译器编译,得到的可执行文件大小相差很大。g++编译得到的文件大小为 6.8 KB,TC++ 3 的编译结果为 7.8 KB,BC 4.5 的编译结果为 53.8 KB,VC++ 6.0 的编译结果为 184 KB。此外,gcc 对友元、对象的析构等方面的支持完全符合 C++标准,这是其他编译器(如 VC++)所无法比拟的。

```
1   #include <stdio.h>
2   int main()
3   {
4       printf("hello world\n");
5       return 0;
6   }
```

使用 gcc 编译程序时,并不是每个步骤都由 gcc 独立完成。gcc 首先调用预处理器 cpp 对源文件进行预处理,具体工作为文件包含处理、宏替换等。接着 gcc 编译预处理之后的文件,生成以.o 为扩展名的目标文件。汇编过程是针对汇编语言源程序的处理步骤,此时 gcc 调用汇编器 as,对以.S 或.s 为扩展名的汇编语言源程序进行预处理和汇编之后,也生成以.o 为扩展名的目标文件。当所有的目标文件都生成之后,gcc 调用 ld 来完成最后的关键性工作——链接。ld 负责把所有的目标文件以及程序中调用的库函数都安排到可执行程序的恰当位置,最终生成完整的可执行程序。

2.4.2　gcc 的基本用法

使用 gcc 编译器时,必须包含文件名称和一系列必要的选项。gcc 编译器的选项有 100 多个,其中多数平时不会用到,这里只介绍最基本、最常用的参数。gcc 命令的语法格式如下:

```
1  gcc [options] [filenames]
```

其中 options 为编译器所需要的选项,filenames 为相关文件名称。例如:

```
1  #gcc -o hello hello.c
```

作用是把 hello.c 文件编译为可执行文件 hello。

也可以使用 gcc 命令来编译有多个源文件的程序。例如:

```
1  #gcc m1.c m2.c -o hello
```

会把源文件 m1.c 和 m2.c 编译链接为可执行文件 hello。

gcc 常用的选项如下。

① -o output_filename:指明输出文件名称为 output_filename,注意这个名称不能和源文件同名,否则就会替换掉源文件。如果不给出这个选项,gcc 默认输出文件为 a.out。

② -g:在可执行文件中包含符号调试工具所必需的调试信息,如需使用调试器对源代码进行调试,必须加入这个选项。

③ -Idirname:将 dirname 所代表的目录加入程序头文件目录列表中,预处理器根据这个选项到相应目录中寻找头文件。

④ -Ldirname:将 dirname 所指出的目录加入程序库文件目录列表中,使 gcc 在链接过程中能找到相应的库文件路径。

⑤ -llibname:指定目标文件链接时需要的库文件名。注意,如果要链接的某个库文件名为 libabc.so,则此选项为 -labc,而不需要写出库的全名。

⑥ -v:显示 gcc 版本号。

以下几个选项用来分阶段编译。

① -E:仅执行预处理。

② -S:由 C 源文件得到对应的汇编源文件。

③ -c:只进行编译步骤,不链接成为可执行文件,编译器读取源代码文件,生成以".o"为扩展

名的目标文件,通常用于编译程序的一个模块或者库文件。

下面几个命令能实现源程序的分步编译。

```
1  #gcc -E hello.c -o hello.i        //得到预处理之后的 C 源文件
2  #gcc -S hello.c -o hello.s        //得到汇编源文件
3  #gcc -c hello.c -o hello.o        //得到目标文件
4  #gcc hello.c -o hello             //得到可执行文件
```

gcc 提供 30 多条警告信息和 3 个警告级别,极大地方便了编程时排查错误。以下几个选项与警告信息有关。

① -Wall:可以显示尽可能多的警告。

② -Werror:可以将警告当作错误,并停止编译。

③ -w:禁止所有的警告。

【例 2.1】 说明 gcc 警告的用法。

```
1  / * ch2_1.c * /
2  #include <stdio.h>
3  void main(void)
4  {
5      long long a = 1;
6      printf("there are three warnings! \n");
7  }
```

用 gcc -Wall ch2_1.c 编译时,gcc 显示三个警告信息,分别表示主函数未声明为整型、变量 var 未使用、文件末尾没有空行。

```
1  ch2_1.c:4: warning: return type of 'main' is not 'int'
2  ch2_1.c: In function 'main':
3  ch2_1.c:5: warning: unused variable 'a'
4  ch2_1.c:7:2: warning: no newline at end of file
```

通过观察警告信息,可以排除程序中的隐患。

gcc 支持的警告选项还有很多,如表 2.3 所示。

表 2.3 gcc 警告选项

选项名	作用
-Wcomment	如果出现注释嵌套则警告(/ * 后又出现/ *)
-Wformat	如果传递给 printf() 的参数与指定格式不匹配则警告
-Wmain	如果 main() 的返回类型不是整型或者调用 main() 时参数不正确则警告
-Wparentheses	根据上下文推断,如果把(n = = 10)写作(n = 10)则警告

选项名	作用
-Wswitch	如果 switch 中少了一个或多个 case 分支(仅对 enum 适用)则警告
-Wunused	变量声明后未使用,或 static 类型函数未被调用则警告
-Wuninitialized	自动变量没有初始化则警告
-Wundef	如果在#if 中使用了未定义的变量做判断则警告
-Winline	函数不能被内联则警告
-Wmissing-declarations	如果定义了全局函数但却没有在任何头文件中声明则警告
-Wlong-long	使用了 long long 类型则警告

以下 4 个选项与程序优化有关。

① -O0:不对程序的编译、链接进行优化。

② -O/-O1:优化选项,采用这个选项,源代码会在编译、链接过程中进行优化处理,产生的可执行文件的执行效率可以提高,但是编译、链接的速度会相应变慢。

③ -O2:包含-O 全部的功能以及指令调度等优化措施,编译、链接过程会更慢。

④ -O3:包含-O2 全部的功能以及循环展开等优化措施,编译、链接过程最慢。

【例 2.2】 程序示例。

```
1  /*  ch2_2.c  */
2  #include <stdio.h>
3  int main()
4  {
5      double i;
6      double t;
7      double m;
8      for(i=0;i<5000.1*5000.1*5000.1/19.1+1930.5;i+=(6-4+3+1)/3.9)
9      {
10         m=i/2000.1;
11         t=i+2.3;
12     }
13     return 0;
14 }
```

分别使用下面两个命令编译程序:

```
1  #gcc ch2_2.c -o a1
2  #gcc -O ch2_2.c -o a2
```

使用 time 命令,在配置为 Intel Core i7-4710HQ、8 GB 内存、VMware 虚拟机运行 Ubuntu 14.04 LTS 的计算机中运行程序,得到程序执行时间如下:

```
1  #time ./a1          //19.036 s 执行完毕
2  #time ./a2          //5.248 s 执行完毕
```

由于操作系统进程调度等原因,上述两次执行程序的时间有一定的偶然性,但是也可以看出两者之间很大的差异,可见是否优化对程序执行效率的影响很大。gcc 还支持许多针对特定体系结构及特定处理器的优化选项。需要注意的是,除非程序员对处理器体系结构非常了解,否则使用-O、-O2、-O3 的效果更好。

优化等级越高,编译的时间越长,在某些资源受限的场合,如嵌入式系统中,优化可能会破坏程序的时序关系,导致程序不可用。此外,优化使跟踪调试变得困难。

gcc 还支持其他很多选项,下面这些也较为常用。选项的详细信息可参阅 gcc 的手册页。

① -Dmacro:定义指定的宏,使它能够通过源码中的#ifdef 进行检验。

② -static:对库文件进行静态链接。

③ -ANSI:支持 ANSI/ISO 语法标准,取消 gnu 所有与 ANSI 冲突的语法扩展。

④ -pedantic:可以找到不符合 ANSI/ISO 标准的语句(并非全部)。

⑤ --pedantic-errors:尽可能显示 ANSI/ISO C 标准列出的所有错误。

⑥ -pipe:采用管道技术,加快程序编译。

⑦ -save-temps:保留可执行文件编译过程中的临时文件。

⑧ -Q:显示编译各阶段工作需要的详细时间。

由于 gcc 具有很多优秀特性,经过众多程序员的努力,已经把 gcc 移植到了 Windows 平台。MinGW(minimalist GNU on Windows)是运行于 Windows 系统中的可视化集成开发环境,外观类似于 VC++,但采用 gcc 内核,能编译出远胜于 VC++的高质量代码。Cygwin 是运行于 Windows 环境的 Linux 模拟层,支持直接在 Windows 环境中运行 Linux 命令,由 Cygwin 的动态链接库(dynamic link library)负责进行两种系统之间的转换,可以在 Cygwin 上直接运行 gcc 命令。

2.5　链　接　器

【教学课件】
链接器

GNU 的链接器称为 ld,它负责把若干目标文件与若干库文件链接起来,并重定位它们的数据位置。在编译一个程序时,最后一步就是运行 ld 命令。通常,ld 直接由 gcc 负责调用,对用户程序员透明。ld 能接受链接描述文件的控制,这是一种用链接命令语言(linker script)写成的控制文件,用来在链接的整个过程中提供显式、全局的控制。ld 比其他链接器更有用的地方在于它提供了诊断信息。许多链接器在碰到错误时立即放弃执行,但 ld 却能够继续执行,让程序员发现其他的错误,或者在某些情况下产生一个带有错误信息的输出文件。

图 2.2 说明了 ld 的工作内容。对于多源文件程序,每个源文件被汇编为目标文件(object file),链接器负责把这些目标文件以及相关的库文件链接到一起,形成可执行文件,这就是链接

器的作用。

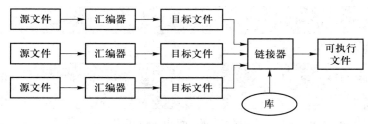

图 2.2　链接器的作用

目标文件由若干段组成,包括代码段、数据段、未初始化数据段等。链接时,ld 将打破目标文件的内部结构,把所有代码段都提取出来,共同组成最终可执行程序的代码段;把所有数据段提取出来,组成最终可执行程序的数据段;未初始化的数据段也做同样操作,如图 2.3 所示。

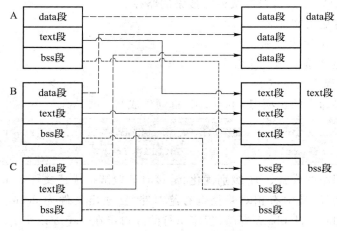

图 2.3　各段链接方式

ld 工作时要进行两遍扫描,第一遍扫描所有目标文件和函数库,统计应为各段准备的总空间大小,然后安排各段在最终可执行文件中的顺序,并且建立一张临时符号表;第二遍扫描把各段组合起来,生成可执行程序,并生成最终符号表。由于链接的过程重新组合了各段的位置,原来各段中的符号地址可能发生变化,因此扫描过程中十分重要的工作是重新计算各段、标志符号的位置,以保证程序地址的正确性。

ld 程序通过识别链接描述文件(linker script)来显式地控制链接的过程。链接描述文件定义了输入文件的各段在可执行文件中的位置,通过自定义的一套语法规则控制结果文件中各段的布局。链接描述文件由链接命令语言(linker command language)编写而成。程序员一般并不直接使用 ld 命令去链接若干目标文件,当用 gcc 编译源文件时,gcc 会自动调用 ld 对各目标文件以及库进行链接。gcc 等编译器内置有默认的链接描述文件,如果采用默认的链接描述文件,则生成的目标代码需要操作系统才能加载运行。

当然,也可以显式地用 ld 命令链接各目标文件以及库,但是如下写法是错误的,不能实现由

目标文件 hello.o 与库函数链接生成可执行文件 myhello 的目的:

```
1  #ld hello.o -o myhello
```

正确的写法应该如下:

```
1  #ld -dynamic-linker /lib/ld-linux.so.2 /usr/lib/crt1.o /usr/lib/crti.o\
2  /usr/lib/crtn.o hello.o -lc -o myhello
```

可见,自行执行 ld 命令的过程是很烦琐的,而由 gcc 调用 ld 是最方便的方式。

下面介绍几种 ld 的常用选项。

① -EB:链接采用大端模式。

② -EL:链接采用小端模式。

③ -l LIBNAME:指定要链接的库文件名。

④ -L DIRECTORY:指定链接库文件时搜索的路径。

⑤ -o FILE:指定输出文件名。

⑥ -O LEVEL:指定优化级别。

⑦ -T FILE:指定链接描述文件名。

⑧ -e:设置执行程序入口点。

下面是一个链接命令的选项(Embest IDE 自动生成)。

```
1  -EL -O1 -Tconfig.ld -Larm-elf\lib -Lgcc-lib\arm-elf\3.0.2 -LE:\Build\lib -o debug
2  \test.elf $(<start.o>OBJ_FILES) font_lib/font.lib -lc -lgcc
```

分析可知其采用小端模式、-O1 级别优化,链接时读取链接描述文件 config.ld,利用-L 选项共设置了三个库搜索路径,其中有相对路径也有绝对路径,输出文件为 debug 目录下的 test.elf 文件,要链接 font.lib、libc 以及 libgcc 等库,程序执行的入口点在 start.o 模块中。

链接描述文件支持命令操作、简单的数学运算、对目标机存储系统的定义以及负责实际内存在目标机中的映射。段描述是链接描述文件的重要组成部分,示例如下:

```
1  SECTIONS
2  {
3    .=0x2000000;
4    .text:{ * (.text)}
5    .=0x5000000;
6    .data:{ * (.data)}
7    .bss:{ * (.bss)}
8  }
```

圆点“.”表示当前位置。这段脚本表示在地址为 0x2000000 处放置程序的代码段,此代码段是由各模块的代码段合并而成的,在地址为 0x5000000 处放置数据段,接下来放置未初始化的数据段。

链接描述文件支持简单的赋值语句以及类似 C 语言的复合赋值语句,相关运算符有 = 、 + = 、 − = 、 *= 、∕ = 、 << = 、 >> = 、 & = 、! = 。

下面的脚本实现了各段位置 4 字节对齐的目的,读者可自行分析其内容。

```
1    SECTIONS
2    {
3        ROM_BASE = 0x00000000;
4        . = 0x0C000000;
5        Image_RO_Base = .;
6        .text : { * (.text) }
7        Image_RO_Limit = .;
8        . = (. + 3) & ~ 3;
9        Image_RW_Base = .;
10       .data : { * (.data) }
11       .rodata : { * (.rodata) }
12       Image_RW_Limit = .;
13       . = (. + 3) & ~ 3;
14       Image_ZI_Base = .;
15       .bss : { * (.bss) }
16       Image_ZI_Limit = .;
17   }
```

2.6 调 试 器

【教学课件】
调试器

gdb 是 GNU 开源组织发布的 UNIX 中的程序调试工具,基于命令行方式运行,功能强大。gdb 可以按照用户的要求启动程序,支持各种程序运行方式,例如,单步执行、深入函数内部的单步执行、断点(包括条件断点)等。当程序运行暂停时可以检查当前运行环境,如变量值、内存区等,并且可以动态改变运行环境。使用 gdb 的前提是用 gcc 命令生成可执行文件时加入-g 选项,以在可执行文件中包含 gdb 要用到的调试信息。

gdb 支持 C、C + +、FORTRAN、Pascal、Java、CHILL、Assembly、Modula-2 等语言,支持很多与 UNIX shell 程序一样的命令编辑特征,例如,按 Tab 键,gdb 会自动补齐一个唯一的命令,如果能够匹配的命令不唯一,则 gdb 会列出所有候选命令。此外也能用光标键上下翻动历史命令。

在嵌入式环境下情况有些特殊,目标机可能根本不支持运行 gdb,此时可以使用 gdb 的远程调试功能。被调试的程序运行于目标机,gdb 运行于宿主机,通过 gdb 中内置的串口或网络协议通信,采用远程方式调试运行于目标机的程序。另外,可采用在程序关键点插入 printf( )语句,实时打印数据值的方式来完成调试。

在 Linux 环境下,一些图形化的调试工具可以更方便地调试程序,DDD 就是其中之一。DDD 诞生于 1990 年,起源于 Andreas Zeller 编写的 VSL 结构化语言,后来又经过其他程序员的共同努力,发展为今天的形式。DDD 的功能很强大,可用来调试 C/C++、Ada、FORTRAN、Pascal 等语言编写的程序,具有图形显示功能,可以将数据结构以图形化显示。

下面通过一个简单的例子演示 gdb 的功能。

【例 2.3】 程序先求出 6 的阶乘,再把结果除以 2,代码如下:

```
1   /*  ch2_3.c  */
2   #include <stdio.h>
3   int func(int m)
4   {
5       int a;
6       float b;
7       a=m;
8       b=0.5;
9       a=b*a;
10      return a;
11  }
12  int main()
13  {
14      int i;
15      int fact=1;
16      for(i=6;i>=1;i--)
17      {
18          fact*=i;
19      }
20      printf("the factorial of 6 is %d\n",fact);
21      printf("the half of the number is: %d\n",func(fact));
22      return 0;
23  }
```

执行下面的命令得到包含调试信息的可执行文件 ch2_3:

```
1  #gcc -g ch2_3.c -o ch2_3
```

执行下面的命令启动 gdb 调试程序:

```
1  #gdb ch2_3
```

在 gdb 提示符下,执行 list 命令可以查看程序源代码:

```
1  (gdb)list 1                     //从第一行开始显示源代码,默认显示 10 行
2  /*ch2_3.c*/
3  #include <stdio.h>
```

```
4   int func(int m)
5   {
6       int a;
7       float b;
8       a=m;
9       b=0.5;
10      a=b*a;
11      return a;
12  (gdb)list                          //继续显示后面的10行
13  }
14  int main()
15  {
16      int i;
17      int fact=1;
18      for(i=6;i>=1;i--)
19      {
20          fact*=i;
21      }
22      printf("the factorial of 6 is %d\n",fact);
```

接下来用 break 命令在 func( )函数以及主函数中的第 18 行处设置两个断点,观察断点是否设置成功,然后用 run 命令运行程序并用 continue 命令继续执行程序,观察程序是否能在断点处停下,同时观察此时内存变量的值。

```
1   (gdb)break func                                    //在函数 func()处设置断点
2   Breakpoint 1 at 0x401066: file ch2_3.c line 7.     //提示断点 1 设置成功
3                                                       //位置是文件第 7 行
4   (gdb)break 18                                       //在文件第 18 行设置断点
5   Breakpoint 2 at 0x401113: file ch2_3.c line 18.    //提示断点 2 设置成功
6                                                       //位置是文件第 18 行
7   (gdb)info break                                     //查询所有断点
8   Num    Type        Disp   Enb   Address    What
9   1      breakpoint  keep   y     0x401066   in func at ch2_3.c:7
10  2      breakpoint  keep   y     0x401113   in main at ch2_3.c:18
11  //上述三行的含义为 gdb 显示目前已经设置了两个断点,同时显示断点的各种信息
12  (gdb)run                                            //运行程序
13  Starting program: /ch2_3
14  Breakpoint 2,main() at ch2_3.c:18                  //程序停在断点 2 处
```

```
15   18   fact * = i;
16   (gdb)print i                          //显示变量 i 的当前值
17   $1 = 6
18   (gdb)print fact                       //显示变量 fact 的当前值
19   $2 = 1
20   (gdb)next                             //单步运行
21   16   for( i=6; i>=1; i--)             //即将执行到第 16 行,for 语句
22   (gdb)next                             //单步执行
23   Breakpoint 2,main() at ch2_3.c:18     //程序仍停在断点 2 处
24   18   fact * = i;
25   (gdb)print i                          //显示变量 i 的当前值
26   $3 = 5
27   (gdb)print fact                       //显示变量 fact 的当前值
28   $4 = 6
29   (gdb)delete 2                         //删除第 2 个断点
30   (gdb)info break                       //查询所有断点
31   Num    Type         Disp   Enb      Address       What
32   1        breakpoint keep    y        0x401066      in func at ch2_3.c:7
33   //上述两行的含义为 gdb 显示当前只剩下一个断点
34   (gdb)continue                         //继续运行程序
35   Continuing.
36   the factorial of 6 is 720             //显示第 20 行的输出信息
37
38   Breakpoint 1,func (m=720) at ch2_3.c:7 //程序中断在第 1 个断点处
39   7   a=m;
40   (gdb)print a                          //显示变量 a 的值
41   $5 = 26                               //因变量还未赋值,显示不确定的数
42   (gdb)print b                          //显示变量 b 的值
43   $6 = 0                                //因变量还未赋值,显示不确定的数
44   (gdb)continue                         //继续执行程序
45   Continuing.
46   the half of the number is:360         //显示第 21 行的输出信息
47   Program exited normally.              //程序调试执行完毕,正常终止
48   (gdb)quit                             //退出 gdb
```

这个例子演示了 gdb 的一般应用,下面介绍 gdb 的详细使用方法。

1. 开始使用 gdb

用 gdb 启动程序有两种方式,可以直接执行:

```
1  #gdb program
```

或者先执行 gdb,然后利用 gdb 的 file 命令加载要调试的程序:

```
1  #gdb
2  (gdb)file program
```

两种方式效果相同。

gdb 提供了详细的帮助功能,可以通过 help 命令来查看命令的用法。

```
1   (gdb)help                                              //输入 help,显示如下信息
2   List of classes of commands:
3
4   aliases -- Aliases of other commands    //每个 gdb 命令都属于某一大类
5   breakpoints -- Making program stop at certain points
6   data -- Examining data
7   files -- Specifying and examining files
8   internals -- Maintenance commands
9   obscure -- Obscure features
10  running -- Running the program
11  stack -- Examining the stack
12  status -- Status inquiries
13  support -- Support facilities
14  tracepoints -- Tracing of program execution without stopping the program
15  user-defined -- User-defined commands
16
17  Type "help" followed by a class name for a list of commands in that class.
18  Type "help" followed by command name for full documentation.
19  Command name abbreviations are allowed if unambiguous.
```

每一个 gdb 命令都被归到某个大类中,如果想了解某个类,可以输入 help classname 来查询。
例如:

```
1  (gdb)help status                                       //显示 status 类的所有命令
2  Status inquiries.
3
4  List of commands:                                      //status 类包含三个命令
5
6  info -- Generic command for showing things about the program being debugged
7  macro -- Prefix for commands dealing with C preprocessor macros
```

```
 8  show -- Generic command for showing things about the debugger
 9
10  Type "help" followed by command name for full documentation.
11  Command name abbreviations are allowed if unambiguous.
```

进一步,还可以查询命令的具体用法。例如,查询 macro 命令的用法,可以如下操作:

```
 1  (gdb)help macro
 2  Prefix for commands dealing with C preprocessor macros.
 3
 4  List of macro subcommands:
 5
 6  macro define -- Define a new C/C++ preprocessor macro
 7  macro expand -- Fully expand any C/C++ preprocessor macro invocations in EX-
 8  PRESSION
 9  macro expand-once -- Expand C/C++ preprocessor macro invocations appearing
10  directly in EXPRESSION
11  macro list -- List all the macros defined using the 'macro define'command
12  macro undef -- Remove the definition of the C/C++ preprocessor macro with the
13  given name
14
15  Type "help macro" followed by macro subcommand name for full documentation.
16  Command name abbreviations are allowed if unambiguous.
```

Linux 系统和其中的应用软件都包含详细的帮助功能,要充分加以利用。

2. gdb 的常用命令

gdb 的常用命令如下:

① file:装入要调试的可执行文件。

② run:在 gdb 中运行程序。

③ continue:继续运行被中止的程序。

④ kill:终止正在调试的程序。

⑤ quit:退出 gdb。

⑥ list:列出源代码。

⑦ info:查看断点等信息。

⑧ disassemble:显示函数反汇编代码。

⑨ x addr:显示内存单元内容。

⑩ print:显示变量的值,只显示一次。

⑪ display:显示变量的值,每次单步运行都会显示。

⑫ undisplay:取消显示变量的值。

⑬ backtrace：查看栈信息。

⑭ where：得到函数调用链信息。

⑮ next：单步执行程序，函数调用被当作一条语句执行，相当于 step over。

⑯ step：单步执行程序，会深入函数调用内部单步执行，相当于 step into。

⑰ finish：执行完函数剩余部分，相当于 step out。

⑱ return：不执行函数剩余部分，直接返回。

⑲ call：强制调用函数。

⑳ up：向栈上方移动。

㉑ down：向栈下方移动。

㉒ watch：监视变量的值。

㉓ break：设置断点。

㉔ jump：程序跳转到某处继续执行。

㉕ show：查看环境变量等信息。

㉖ delete：清除停止点。

㉗ disable：禁止自动显示、断点等。

㉘ enable：启用自动显示、断点等。

㉙ set var：设置变量的值。

㉚ search：查找字符串。

㉛ whatis：得到变量的类型。

㉜ make：不退出 gdb 就可以重新产生可执行文件。

㉝ shell：在 gdb 中执行 shell 命令，例如，执行（gdb）shell ls 命令，会在 gdb 界面中显示当前目录下的文件列表。

在 gdb 提示符下直接按 Enter 键，相当于重复执行上一条命令；可以利用 Tab 键补齐命令，加快输入速度；各条命令在不冲突的情况下都有缩写形式，例如，break 命令可以缩写为 b，info 命令可以缩写为 i。

在 gdb 中可以指定程序运行的参数，例如，下面的语句指定参数为 10、20：

```
1  set args 10 20
```

在 gdb 中可以显示当前目录，命令如下：

```
1  (gdb)pwd
2  Working directory /root.
```

在 gdb 中可以重定向输出。仍以例 2.3 为例，命令如下：

```
1  (gdb)run > output
2  Starting program: /root/ch2_3 > output
3  Program exited normally.
```

在当前目录下显示文件 output 的内容,可以看到

```
1   result(1-100) = 5050
2   result(1-250) = 31375
```

正是程序的输出内容。

3. gdb 的停止点

gdb 中程序的暂停方式有以下几种:断点(breakpoint)、观察点(watchpoint)、捕捉点(catchpoint)、信号(signals)和线程停止(thread stops),它们统称为停止点。

break 命令用于设置断点,有以下几种方法。

① break function:执行到某函数时暂停。

② break linenum:执行到某行时暂停。

③ break +offset:执行到当前行后第 offset 行时暂停。

④ break -offset:执行到当前行前第 offset 行时暂停。

⑤ break filename:linenum:执行到某文件的某行时暂停。

⑥ break filename:function:执行到某文件的某函数时暂停。

⑦ break * address:执行到某内存地址处时暂停。

⑧ tbreak:仅中断一次,中断后断点自动删除。

⑨ break…if condition:条件断点。

⑩ condition:修改条件断点的条件。

条件断点是一个有用的特性,gdb 允许用各种表达式设置条件断点。例如,执行到第 10 行时,如果 i 的值为 20 则中断,可表示如下:

```
1   (gdb)break 10 if i==20
```

用 condition 命令可以修改断点的条件,例如,修改 1 号断点的条件:

```
1   (gdb)condition 1 i==30          //把中断条件改为如果 i 的值为 30,则执行到此处时停止
```

用 condition 加断点号可以把条件断点转变为一般断点,例如:

```
1   (gdb)condition 1               //清除 1 号断点的条件,将其转变为一般断点
```

ignore 命令表示程序运行时,忽略中断若干次。例如:

```
1   (gdb)ignore 1  10              //执行程序,忽略 1 号断点的前 10 次中断
```

可以使用 info 命令来查询停止点,使用方式如下:

① info breakpoint:查看所有断点。

② info breakpoint n:查看第 n 个断点。

观察点与断点稍有差异,一般用来观察某个表达式是否发生变化,如果变化则暂停程序。使用方式如下:

38

① watch expr：表达式 expr 变化则停止。

② rwatch expr：表达式 expr 被读时停止。

③ awatch expr：表达式 expr 被读写时停止。

维护停止点包括删除停止点、禁用停止点、启用停止点等操作，主要命令如下：

① delete：删除停止点。

② clear：删除停止点。

③ disable：禁用停止点。

④ enable：启用停止点。

可以一次清除所有停止点，也可以清除函数中的停止点，或某行的停止点等。

① clear：清除所有停止点。

② clear function：清除函数的停止点。

③ clear filename：function：清除某文件中函数的停止点。

④ clear linenum：清除某行的停止点。

⑤ clear filename：linenum：清除某文件中函数的停止点。

⑥ delete breakpoints range：清除号码在某个范围的断点，如 d b 1-3。

⑦ delete：清除所有断点。

⑧ disable breakpoints range：禁用号码在某个范围的断点，如 disable b 1-3。

⑨ enable breakpoints range：启用号码在某个范围的断点，如 ena b 1 2 3。

⑩ enable breakpoints once range：仅启用某些断点一次，停止后立刻禁用。

⑪ enable breakpoints delete range：仅启用某些断点一次，停止后立刻删除。

可以利用 commands 命令为停止点设定一系列运行命令，例如：

```
1  (gdb)commands 1                                          //为 1 号断点设置命令
2  Type commands for when breakpoint 1 is hit.  one per line.  //gdb 提示信息
3  End with a line saying just "end".
4  >shell pwd                                               //停止时要执行的命令
5  >shell ls -l
6  >end                                                     //设置结束
```

程序指定到 1 号断点处中断，并执行设置好的 shell 命令。

4. 查看和修改变量值

设置停止点的目的是检查程序当前上下文变量的值，如果这些值与预期一致，说明程序执行正确，否则就出现了错误。观察变量值主要使用 print 命令和 display 命令，格式如下：

① print /<formation> n：显示变量 n 的值。

② print /<formation> ::n：显示全局变量 n 的值。

③ print /<formation> array：显示数组各元素值。

④ print /<formation> * array@ length：显示动态分配内存的数组各元素值。

其中<formation>代表数据的显示格式，含义如下。

① x、a:以十六进制格式显示变量。

② d:以十进制格式显示变量。

③ u:以十六进制格式显示无符号整型变量。

④ o:以八进制格式显示变量。

⑤ t:以二进制格式显示变量。

⑥ c:以字符格式显示变量。

⑦ f:以浮点数格式显示变量。

【例2.4】 程序示例。

```
1   /*   ch2_4.c   */
2   #include <stdlib.h>
3   int globle=120;
4   int main()
5   {
6       int a[]={1,2,3,4,5};
7       int i;
8       int *p;
9       p=(int *)malloc(20);
10      for(i=0;i<5;i++)
11      {
12          p[i]=globle/a[i];
13      }
14      free(p);
15      return 0;
16  }
```

用 break 14 在第 14 行设置断点,执行 run 命令,程序停在第 14 行,执行以下各显示命令:

```
1   (gdb)print i
2   $1 = 5
3   (gdb)print globle
4   $2 = 120
5   (gdb)print ::globle
6   $3 = 120
7   (gdb)print a
8   $4 = {1,2,3,4,5}
9   (gdb)print *p@5
10  $5 = {120,60,40,30,24}
```

用 display 命令也可以显示变量的值,它与 print 命令的区别是,变量值在每次单步运行后都能自动显示,而使用 print 命令变量值只显示一次,如还须显示,必须再次运行 print 命令。

在 gdb 中还可以利用 show 命令和 set 命令查看和修改系统运行的环境变量,格式如下:

① show paths:查看程序运行路径。

② show env:查看所有环境变量。

③ show env HOME:查看某环境变量。

④ set env LINES=25:设置某环境变量。

调试程序是编程过程中必不可少的一个环节,是否能用调试器顺利找到代码中隐藏的错误是编程技巧高低的重要标志,需要在实践中不断总结、提高。

2.7　自动化编译配置文件

2.7.1　自动化编译配置文件简介

Linux 环境下的程序员如果不会使用 GNU make 命令工具来构建和管理工程,不能算是一名合格的专业程序员。在 UNIX/Linux 环境下,使用 GNU 的 make 工具能够比较容易地构建一个工程,并且只需要一个命令就可以完成预处理、编译、链接的完整过程,不过这需要编写一个或多个称为 Makefile 的自动化编译配置文件,此文件是 make 命令正常工作的基础。

Makefile 文件(一般简称为 Makefile)描述了整个工程的编译、链接规则,其中包括工程中的哪些源文件需要编译以及如何编译,需要创建哪些库文件以及如何创建这些库文件,如何产生期望得到的最终可执行文件。一旦提供了正确的 Makefile 文件,编译整个工程所要做的唯一操作就是在 shell 提示符下输入 make 命令,之后整个工程将完全自动编译,极大地提高了效率。假如没有 Makefile 文件,对于一个大工程,每次修改源文件后都需要在命令行模式下重新编译修改过的源文件,还需要把所有的目标文件链接起来,这个过程无疑是很烦琐的。

Makefile 文件描述了工程中所有文件的编译顺序、编译规则,make 命令根据这些规则来编译工程。Makefile 文件有特定的书写格式、关键字和函数,如同 C 语言有特定的格式、关键字和函数一样。而且在 Makefile 文件中可以使用系统 shell 提供的任何命令来完成需要的工作。Makefile 文件可以在绝大多数 IDE 中使用,已经成为工程编译的最有效方法。

由于 C 语言是使用最广泛的编程语言之一,本节中所有示例均针对 C 语言源程序。实际上,只要某个编译器能够在 shell 下运行,那么采用这种语言设计的工程就可以用 make 工具来管理。同时,make 命令不仅仅可以用来编译源代码,还能够实现很多其他功能。可以根据工程中源文件的修改情况来有选择地编译代码,这是 make 命令的突出特性。

【例 2.5】　程序只包含一个文件,使用两种编译方式进行编译。

```
1  /*  ch2_5.c  */
2  #include <stdio.h>
3  int main()
4  {
5      printf("hello everybody.\n");
```

```
6        return 0;
7    }
```

方式1:在命令行模式下,直接使用 gcc 命令编译程序 ch2_5,方式如下:

```
1    #gcc hello.c -o hello
```

方式2:使用 GNU make 工具编译程序,需要编写 Makefile 文件,内容如下:

```
1    hello:hello.c
2        gcc hello.c -o hello
```

在 shell 提示符下执行 make 命令,同样可以编译得到 hello 程序,方式如下:

```
1    #make
```

【例 2.6】 程序由两个源文件组成,同样可以使用两种编译方式,其代码如下。

```
1    /*      ch2_6 main.c      */
2    #include <stdio.h>
3    main()
4    {
5        printf("hello.\n");
6        foo();
7    }
8    /*      ch2_6 foo.c      */
9    #include <stdio.h>
10   void foo()
11   {
12       printf("you are in foo.\n");
13   }
```

方式1:以命令行模式编译例 2.6 的程序,命令如下:

```
1    #gcc main.c foo.c -o hello
```

方式2:使用 GNU make 工具,需要编写 Makefile 文件,内容如下:

```
1    hello: main.o foo.o
2        gcc main.o foo.o -o hello
3    main.o: main.c
4        gcc main.c -o main.o
5    foo.o: foo.c
6        gcc foo.c -o foo.o
```

在命令行中运行 make 命令，同样可以编译出可执行程序 hello，如图 2.4 所示。

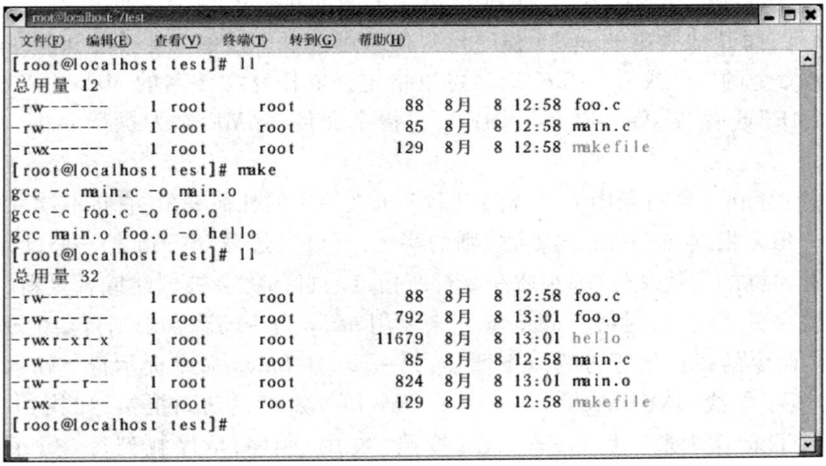

```
root@localhost:~/test
文件(F)  编辑(E)  查看(V)  终端(T)  转到(G)  帮助(H)
[root@localhost test]# ll
总用量 12
-rw-------    1 root     root          88  8月   8 12:58 foo.c
-rw-------    1 root     root          85  8月   8 12:58 main.c
-rwx------    1 root     root         129  8月   8 12:58 makefile
[root@localhost test]# make
gcc -c main.c -o main.o
gcc -c foo.c -o foo.o
gcc main.o foo.o -o hello
[root@localhost test]# ll
总用量 32
-rw-------    1 root     root          88  8月   8 12:58 foo.c
-rw-r--r--    1 root     root         792  8月   8 13:01 foo.o
-rwxr-xr-x    1 root     root       11679  8月   8 13:01 hello
-rw-------    1 root     root          85  8月   8 12:58 main.c
-rw-r--r--    1 root     root         824  8月   8 13:01 main.o
-rwx------    1 root     root         129  8月   8 12:58 makefile
[root@localhost test]#
```

图 2.4　采用 make 命令编译程序

在图 2.4 中，运行 make 命令之后，编译出 main.o 和 foo.o 两个目标文件及程序 hello，可以看到三个文件的生成时间均为 13:01。

如果修改了源文件 foo.c，采用方式 1 重新编译程序，在编译 foo.c 的同时，未被修改的 main.c 也被重新编译，这显然是效率低下的方法。采用方式 2 重新编译程序，make 命令会分析各源文件、目标文件和可执行程序的生成时间，发现源文件 foo.c 的修改时间较 foo.o 的生成时间晚，断定 foo.c 文件经过了修改，因此需要重新编译 foo.c；同时，比较后发现 main.c 的生成时间较 main.o 早，说明 main.c 文件自从上次编译后未被修改，因此不需要重新编译；最后，需要把 main.o 和再次编译得到的 foo.o 链接生成新版可执行文件 hello。如图 2.5 所示，观察各文件的生成时间，可以看到 main.c 和 main.o 文件的生成时间没有变化，说明 make 程序只重新编译了需要编译的部分，提高了工作效率。这就是 make 命令的工作原理。

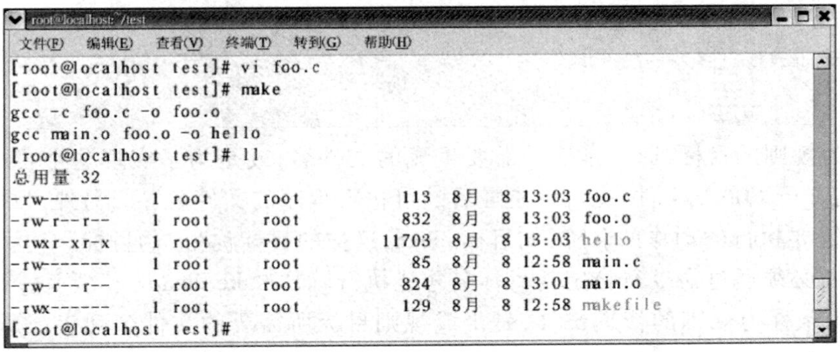

```
root@localhost:~/test
文件(F)  编辑(E)  查看(V)  终端(T)  转到(G)  帮助(H)
[root@localhost test]# vi foo.c
[root@localhost test]# make
gcc -c foo.c -o foo.o
gcc main.o foo.o -o hello
[root@localhost test]# ll
总用量 32
-rw-------    1 root     root         113  8月   8 13:03 foo.c
-rw-r--r--    1 root     root         832  8月   8 13:03 foo.o
-rwxr-xr-x    1 root     root       11703  8月   8 13:03 hello
-rw-------    1 root     root          85  8月   8 12:58 main.c
-rw-r--r--    1 root     root         824  8月   8 13:01 main.o
-rwx------    1 root     root         129  8月   8 12:58 makefile
[root@localhost test]#
```

图 2.5　修改源文件后重新采用 make 命令编译程序

自动化编译配置文件通常可以命名为 GNUmakefile、makefile 或 Makefile，make 命令会在当前目录中按照以上顺序搜索,读取并执行找到的第一个自动化编译配置文件。程序员通常应该使用 makefile 或者 Makefile 作为文件名,不推荐使用 GNUmakefile,因为以此命名的文件只有 GNU make 才可以识别,而其他版本的 make 程序只会在工作目录中搜索 makefile 和 Makefile 这两个文件。通过 make 命令的"-f"或者"--file"选项可以指定读取任意文件名的 Makefile 文件,语法格式为"make -f NAME"或者"make --file=NAME",它指定文件 NAME 作为执行 make 命令时读取的 Makefile 文件。

如果 make 程序在工作目录中无法找到以上三个文件中的任何一个,它将不读取任何其他文件作为解析对象。但是根据 make 命令隐含规则的特性,可以通过命令行指定一个目标,如果当前目录中存在符合此目标的依赖文件,那么此命令行所指定的目标将会被创建或者更新。例如,当前目录中存在一个源文件 a.c,可以执行"make a.o"来使用 make 命令的隐含规则自动生成 a.o。

GUN make 命令的执行过程分为以下两步:第一步,在 Linux 命令提示符下输入 make,它会在当前目录中按顺序寻找 GNUmakefile、makefile、Makefile,如未找到则报错,如找到,则把 Makefile 文件中的第一个目标作为最终目标;第二步,按照"堆栈"顺序,依序找到每一个目标文件,判断新旧关系,必要时生成新的目标文件,直到生成最终目标。具体来说,包括读入被包含的其他 Makefile 文件,初始化文件中的变量,推导隐含规则,分析所有规则,为所有的目标文件创建依赖关系链,根据依赖关系决定哪些文件需要重新生成,执行生成命令。在寻找依赖文件的过程中,如某依赖文件不存在,则 make 命令直接退出并报错。如改变了源文件或头文件,与之相关的.o 文件和最终目标文件都要重新编译,但只需在 Linux 命令提示符下输入 make 即可。

2.7.2 Makefile 规则

1. Makefile 显式规则

下面介绍 Makefile 的基本知识。Makefile 的基本结构由描述规则组成,规则负责描述在何种情况下如何重建目标文件。通常,规则中包括目标的依赖关系和重建目标的命令。make 命令执行重建目标的命令,创建或者重建规则的目标。

一个简单的 Makefile 描述规则如下:

```
1   target…: prerequisites…
2        command…
3        …
```

target 称为规则的目标,通常是最后需要生成的文件名,或是为了实现这个目的而必需的中间过程文件名。可以是.o 文件,也可以是最后的可执行程序的文件名等。另外,目标也可以是一个 make 命令需要执行的动作的名称,如目标 clean,这样的目标称为"伪目标"。伪目标一般不会被自动执行,而必须通过命令行指定伪目标名才能执行,如"make clean"。

prerequisites 称为规则的依赖文件,是生成规则目标所需的文件名列表。通常,一个目标依赖于一个或者多个文件。

command 行称为规则的命令行,这是规则所要执行的动作,可以是任意的 shell 命令或者可在 shell 下执行的程序,它限定了 make 命令执行这条规则时所要做的操作。

一个规则可以有多个命令行,每一条命令占一行,并且每一个命令行必须以一个水平制表符(Tab 键)开始,这是命令行的标志。make 命令读取 Makefile 文件,按照命令行的内容执行相应动作。遗漏命令行的水平制表符是书写 Makefile 文件时最容易犯的错误,而且这种错误往往比较隐蔽,容易被忽视。

命令是在任何一个目标的依赖文件发生变化后重建目标的动作描述。一个目标可以没有依赖而只有动作,即指定命令。例如,Makefile 中的目标 clean,此目标没有依赖,只有命令。它所定义的命令用来删除 make 命令执行过程中产生的中间文件,进行清理工作。

一个最简单的 Makefile 文件可能只包含规则。规则在有些 Makefile 文件中可能看起来非常复杂,但是无论规则的书写多么复杂,它都符合规则的基本格式。make 命令根据规则的依赖关系,决定是否执行规则所定义的命令的过程称为执行规则。Makefile 文件中通常还包含除规则以外的很多内容。

假设某个工程由 3 个头文件和 8 个源文件组成,下面通过一个简单的 Makefile 文件来介绍如何创建最终的可执行文件 edit,此可执行文件依赖于这 8 个源文件和 3 个头文件。

【例 2.7】 一个简单的 Makefile 文件示例。

```
1   #ch2_7  makefile1
2   edit : main.o kbd.o command.o display.o insert.o search.o files.o utils.o
3       gcc -o edit main.o kbd.o command.o display.o insert.o search.o files.o
    utils.o
4   main.o : main.c defs.h
5       gcc -c main.c
6   kbd.o : kbd.c defs.h command.h
7       gcc -c kbd.c
8   command.o : command.c defs.h command.h
9       gcc -c command.c
10  display.o : display.c defs.h buffer.h
11      gcc -c display.c
12  insert.o : insert.c defs.h buffer.h
13      gcc -c insert.c
14  search.o : search.c defs.h buffer.h
15      gcc -c search.c
16  files.o : files.c defs.h buffer.h command.h
17      gcc -c files.c
18  utils.o : utils.c defs.h
19      gcc -c utils.c
20  clean :
21      rm edit main.o kbd.o command.o display.o insert.o search.o files.o
    utils.o
```

在这个 Makefile 文件中,目标是可执行文件 edit 和若干.o 文件(main.o、kbd.o 等);依赖文件(prerequisites)就是冒号后面的.c 文件和.h 文件。所有的.o 文件既是依赖文件(相对于可执行程序 edit)又是目标文件(相对于.c 和.h 文件)。命令包括"gcc -c main.c""gcc -c kbd.c"等。

如果规则的目标是一个文件,那么在它的任何一个依赖文件被修改以后,执行 make 命令时这个目标文件都将会被重新编译或者重新链接。当然,如果有必要,此目标的任何一个依赖文件首先会被重新编译。在这个例子中,edit 的依赖文件为 8 个.o 文件;而 main.o 的依赖文件为 main.c 和 defs.h。当 main.c 或者 defs.h 被修改后,再次执行 make 命令,main.o 就会被更新,而其他的.o 文件不会被更新;同时,main.o 的更新将会导致 edit 被更新。

依赖关系行之下通常就是规则的命令行,命令行定义了规则的动作,即如何根据依赖文件来更新目标文件。命令行必须以 Tab 键开始,以和 Makefile 文件的其他行区别。

目标 clean 不是一个文件,它仅仅代表执行一个动作的标识。正常情况下,不需要执行这个规则所定义的动作,因此目标 clean 没有出现在其他任何规则的依赖列表中。因此在执行 make 命令时,它所指定的动作不会被执行,除非在执行 make 命令时明确地指定它。而且,目标 clean 没有任何依赖文件,它只有一个目的,就是通过这个目标名来执行所定义的命令。在 Makefile 中,那些没有任何依赖只有执行动作的目标称为"伪目标"(phony targets)。如需要执行 clean 目标所定义的命令,可在 shell 下输入"make clean"。

默认情况下,make 命令执行的是 Makefile 文件中的第一个规则,此规则的第一个目标称为"默认目标",它是一个 Makefile 文件最终需要更新或者创建的目标。执行不带参数的 make 命令时,最终要生成的就是默认目标代表的文件。

当在 shell 提示符下输入 make 命令以后,make 命令读取当前目录中的 Makefile 文件,并将 Makefile 文件中的第一个目标作为其执行的默认目标,开始处理第一个规则(默认目标所在的规则)。例 2.7 中,第一个规则就是目标 edit 所在的规则。规则描述了 edit 的依赖关系,并定义了链接.o 文件生成目标 edit 的命令;make 在执行这个规则所定义的命令之前,首先处理目标 edit 所有的依赖文件(例 2.7 中的那些.o 文件)的更新规则(以这些.o 文件为目标的规则)。对这些.o 文件为目标的规则处理有下列三种情况。

① 目标.o 文件不存在,使用其描述规则创建它。

② 目标.o 文件存在,它所依赖的.c 源文件、.h 文件中的任何一个都比目标.o 文件更新(在上一次 make 命令之后被修改),则根据规则重新编译生成它。

③ 目标.o 文件存在,且比它的任何一个依赖文件(.c 源文件、.h 文件)更新,这表明它的依赖文件在上一次 make 命令之后没有被修改,则什么也不做。

这些.o 文件所在的规则之所以会被执行,是因为它们出现在默认目标的依赖列表中。一个规则的目标如果不是默认目标所依赖的,或者默认目标的依赖文件所依赖的,那么这个规则将不会被执行,除非通过 make 的命令行明确指定此目标,如"make clean"。在编译或者重新编译生成一个.o 文件时,make 命令同样会寻找它的依赖文件的重建规则。在例 2.7 的 Makefile 文件中没有哪个规则的目标是.c 或者.h 文件,因此没有重建.c 和.h 文件的规则。

完成了对.o 文件的创建(第一次编译)或者更新之后,make 程序将处理默认目标 edit 所在的规则,分为以下三种情况。

① 目标文件 edit 不存在,则执行规则以创建目标 edit。

② 目标文件 edit 存在,其依赖文件中有一个或者多个文件比它更新,则根据规则重新链接生成 edit。

③ 目标文件 edit 存在,并且比它的任何一个依赖文件都新,则什么也不做。

例 2.7 中,如果更改源文件 insert.c 后执行 make 命令,则 insert.o 将被更新,之后默认目标 edit 将会被重新生成;如果修改头文件 command.h 之后运行 make 命令,则 kbd.o、command.o 和 files.o 将会被重新编译,之后默认目标 edit 也将被重新生成。

综上所述,对于一个 Makefile 文件,make 命令首先解析默认目标所在的规则,根据其依赖文件(例 2.7 中第一个规则的 8 个 .o 文件)依次(按照依赖文件列表从左到右的顺序)寻找创建这些依赖文件的规则。首先为第一个依赖文件(main.o)寻找创建规则,如果第一个依赖文件依赖于其他文件(main.c、defs.h),则同样为这个依赖文件寻找创建规则(创建 main.c 和 defs.h 的规则,通常源文件和头文件已经存在,不存在重建它们的规则),以此类推,直到为所有的依赖文件找到合适的创建规则。之后,make 命令从最后一个规则(例 2.7 中目标为 main.o 的规则)回退开始执行,最终完成默认目标的第一个依赖文件的创建和更新。然后对第二个、第三个、第四个等默认目标的依赖文件执行同样的过程(例 2.7 的顺序是 main.o、kbd.o、command.o……)。

创建或者更新每一个规则依赖文件的过程都是这样的一个过程(类似于 C 语言中的递归过程)。对于任意一个规则,执行的过程都是按照依赖文件列表顺序,对规则中的每一个依赖文件使用同样的方式(按照同样的过程)进行重建,在完成对所有依赖文件的重建之后,最后一步才是重建此规则的目标。

在更新(或者创建)默认目标的过程中,如果任何一个规则的执行出现错误,make 命令就立即报错并退出。整个过程中,make 命令只是负责执行规则,而对具体规则所描述的依赖关系的正确性、规则所定义的命令的正确性不做任何判断。也就是说,一个规则的依赖关系是否正确,描述重建目标的规则命令行是否正确,make 命令不做任何错误检查。因此,为了正确地编译一个工程,需要在提供给 make 命令的 Makefile 文件中保证其依赖关系的正确性和所执行命令的正确性。

2. 指定变量

同样是例 2.7,考察默认目标 edit 所在的规则:

```
1   edit : main.o kbd.o command.o display.o insert.o search.o files.o utils.o
2       gcc -o edit main.o kbd.o command.o display.o insert.o search.o files.o utils.o
```

在这个规则中,.o 文件列表出现了两次:第一次作为目标 edit 的依赖文件列表出现;第二次在规则命令行中作为 gcc 的参数列表出现。这样做带来的问题是,如果需要为目标 edit 增加一个依赖文件,就需要在依赖文件列表和规则命令两个地方添加,这显然是比较烦琐的。实际中可以这样处理:使用一个变量 objects 作为所有的 .o 文件列表的替代。在需要使用这些文件列表的地方,使用此变量来代替。在例 2.7 的 Makefile 文件中可以添加这样一行:

```
1   objects = main.o kbd.o command.o display.o insert.o search.o files.o utils.o
```

objects 作为一个变量,它代表所有的.o 文件的列表。因此规则可以这样写:

```
1   objects = main.o kbd.o command.o display.o insert.o search.o files.o utils.o
2   edit : $(objects)
3       gcc -o edit $(objects)
4       ...
5   clean :
6       rm edit $(objects)
```

当需要为默认目标 edit 增加或者删减一个.o 依赖文件时,只需要改变 objects 的定义,加入或者删除这个.o 文件。这样做不但可以减少编写代码的工作量,而且可以减少因修改而产生错误的可能。

3. 隐含规则

在使用 make 命令编译.c 源文件时,规则的命令不必明确给出。这是因为 make 命令本身存在一个默认的规则,能够自动完成对.c 文件的编译并生成对应的.o 文件。它执行命令"cc -c"来编译.c 源文件,cc 是 gcc 的符号链接。在 Makefile 文件中只需给出需要重建的目标文件名,通常是一个.o 文件,make 命令会认为它的依赖文件是除扩展名.o 之外,文件名的其余部分都相同的文件,然后会自动寻找这个依赖文件,并使用正确的命令来创建目标文件。对于例 2.7,此默认规则为使用命令"gcc -c main.c -o main.o"来创建文件 main.o。对一个目标文件是 N.o(N 表示任意文件名)、依赖文件是 N.c 的规则,完全可以省略其规则的命令行,而由 make 命令自身决定使用默认规则。此默认规则称为 make 命令的隐含规则。

这样,在书写 Makefile 文件时,就可以省略描述.c 文件和.o 依赖关系的规则,而只给出那些额外的规则描述,如.o 目标所需要的.h 文件。因此例 2.7 就可以以更加简单的方式书写,同样使用变量 objects。修改后的 Makefile 文件内容如 ch2_8 所示:

```
1   #ch2_8  makefile2
2   objects = main.o kbd.o command.o display.o insert.o search.o files.o utils.o
3   edit : $(objects)
4       gcc -o edit $(objects)
5   main.o : defs.h
6   kbd.o : defs.h command.h
7   command.o : defs.h command.h
8   display.o : defs.h buffer.h
9   insert.o : defs.h buffer.h
10  search.o : defs.h buffer.h
11  files.o : defs.h buffer.h command.h
12  utils.o : defs.h
13  .PHONY : clean
```

48

```
14   clean :
15       rm edit $(objects)
```

这种格式的 Makefile 文件更接近于实际应用。关于目标 clean 的详细用法将在后面说明。

make 命令的隐含规则在实际工程中经常用到，它使得编译过程更加方便。几乎在所有的 Makefile 文件中都会用到 make 命令的隐含规则。make 命令的隐含规则是一个非常重要的概念，后文将会专门讨论。

Makefile 文件中，目标可以使用隐含规则生成，再深入一步，可以书写更简洁的 Makefile 文件。例如，上述 Makefile 文件还可以如下实现：

```
1   #ch2_9  makefile3
2   objects = main.o kbd.o command.o display.o insert.o search.o files.o utils.o
3   edit : $(objects)
4       gcc -o edit $(objects)
5   $(objects) : defs.h
6   kbd.o command.o files.o : command.h
7   display.o insert.o search.o files.o : buffer.h
8   .PHONY : clean
9   clean :
10      rm edit $(objects)
```

例子中，头文件 defs.h 作为所有.o 文件的依赖文件，其他两个头文件作为其对应规则的目标中所列举的所有.o 文件的依赖文件。

但是这种风格的 Makefile 文件并不值得借鉴。问题在于把多个目标文件的依赖放在同一个规则中进行描述，一个规则中含有多个目标文件，这导致规则定义不够清晰明了。不建议在 Makefile 文件中采用这种方式书写，否则后期维护将会是一件非常费力的事情。

4. 清空目标文件的规则

规则除了完成源代码编译之外，也可以完成其他任务。例如，前文提到为了实现清除当前目录中编译产生的临时文件 edit 和多个.o 文件，可以使用如下规则：

```
1   clean :
2       rm edit $(objects)
```

在实际应用时，可以把这个规则写成如下稍微复杂一些的形式，使 Makefile 文件的适应性更强。

```
1   clean:
2       -rm edit $(objects)
```

在命令行之前使用"-"，含义是忽略命令 rm 可能出现的执行错误，例如，磁盘中根本不存在指定要删除的文件等。

在 Makefile 文件中,不能将这样的目标作为第一个目标,即默认目标。因为用户的初衷并不是在命令行上输入 make 之后执行删除动作,而是要创建或者更新程序。目标 clean 不应出现在默认目标 edit 的直接或间接依赖关系中,因此执行 make 命令时,目标 clean 所在的规则将不会被处理。当需要执行此规则时,要在 make 的命令行选项中明确指定这个目标,执行"make clean"。

5. 模式规则

模式规则类似于普通规则,只是在模式规则中,目标名中需要包含一个模式字符"%"。包含模式字符的目标被用来匹配一个文件名。规则的依赖文件中同样可以使用模式字符"%",其取值情况由目标中的"%"决定。例如,对于模式规则"%.o:%.c",它表示所有的.o 文件依赖于对应的.c 文件。可以使用模式规则来定义隐含规则。模式规则中的"%"的匹配和替换发生在 make 命令执行时。

在模式规则中,目标文件是一个带有模式字符"%"的文件,使用模式来匹配目标文件。文件名中的模式字符"%"可以匹配任何非空字符串,除模式字符以外的部分要求一致。例如,"%.c"匹配所有以.c 结尾的文件,匹配的文件名长度最少为 3 个字母;"s%.c"匹配所有第一个字母为 s,并且必须以.c 结尾的文件。因此,模式规则的格式如下:

```
1  %.o : %.c ;
```

这个模式规则指定了如何由文件 N.c 来创建文件 N.o,文件 N.c 应该是已存在的或者可被创建的。

模式规则中的依赖文件也可以不包含模式字符"%"。当依赖文件名中不包含模式字符"%"时,其含义是所有符合目标模式的目标文件都依赖于一个指定的文件。例如,%.o : debug.h 表示所有的.o 文件都依赖于头文件 debug.h。这样的模式规则在很多场合非常有用。

考察下面的例子,其中包括编译.c 文件到.o 文件的隐含模式规则:

```
1  %.o : %.c
2      $(CC)-c $(CFLAGS) $(CPPFLAGS) $< -o $@
```

此规则描述了一个.o 文件如何由对应的.c 文件创建。规则的命令行中使用了自动化变量"$<"和"$@",其中"$<"代表规则的依赖文件,"$@"代表规则的目标文件。此规则在执行时,命令行中的自动化变量将根据实际的目标文件和依赖文件取对应值。自动化变量在下文有详细说明。

6. 伪目标

伪目标不代表一个真正的文件名,在执行 make 命令时可以指定这个目标来执行其所在规则定义的命令,有时也可以将一个伪目标称为标签或标号。有时需要书写这样的规则:规则所定义的命令不是创建目标文件,而是通过 make 命令行明确指定它来执行一些特定的命令,例如常见的 clean 目标。格式如下:

```
1  clean:
2      rm *.o temp
```

规则中,rm 不是创建文件 clean 的命令,而是为了删除当前目录中的所有.o 文件和 temp 文件。当工作目录中不存在 clean 这个文件时,输入"make clean","rm *.o temp"总会被执行。但是如果在当前工作目录中存在文件 clean,情况就不一样了,同样输入"make clean",由于这个规则没有任何依赖文件,所以目标被认为是最新的而不去执行规则所定义的命令,因此命令 rm 将不会被执行。

为了解决这个问题,需要将目标 clean 显式声明为伪目标,方法是将它作为特殊目标".PHO-NY"的依赖,格式如下:

```
1  .PHONY : clean
```

这样,目标 clean 就被显式声明为一个伪目标,无论在当前目录中是否存在 clean 这个文件,输入"make clean"之后,rm 命令都会被执行。而且,当一个目标被声明为伪目标后,make 命令在执行此规则时不会试图查找隐含规则来创建它,这也提高了 make 命令的执行效率。在书写伪目标规则时,首先需要声明目标是一个伪目标,之后才是伪目标的规则定义。目标 clean 的完整书写格式如下:

```
1  .PHONY: clean
2  clean:
3      rm *.o temp
```

一般情况下,一个伪目标不作为另外一个目标的依赖。这是因为当一个目标文件的依赖包含伪目标时,每次执行这个规则时,伪目标所定义的命令都会被执行。当一个伪目标没有作为任何目标的依赖时,只能通过 make 的命令行来明确指定它为 make 命令的目标,从而执行所在规则定义的命令,如"make clean"。

在 Makefile 文件中,一个伪目标可以有自己的依赖,依赖是一个或多个文件、一个或多个伪目标。如果需要在一个目录中创建多个可执行程序,则可以将所有程序的重建规则在一个 Makefile 文件中描述。Makefile 文件中的第一个目标是默认目标,约定的做法是使用一个称为 all 的伪目标来作为默认目标,它的依赖文件就是那些需要创建的程序。例如:

```
1  .PHONY: all
2  all: p1 p2 p3
3  p1:p1.c
4      gcc p1.c -o p1
5  p2:p2.c
6      gcc p2.c -o p2
7  p3:p3.c
8      gcc p3.c -o p3
```

执行 make 命令时,目标 all 被作为默认目标。为了完成对它的更新,make 命令会创建(不存在)或者重建(已存在)目标 all 的所有依赖文件(p1、p2 和 p3)。当需要单独更新某一个程序时,可以通过 make 的命令行选项来明确指定需要重建的程序,如"make p1"。

当一个伪目标作为另外一个伪目标的依赖时,make 命令将其作为另外一个伪目标的子过程来处理,可以这样理解:它作为另外一个伪目标必须执行的部分,就像 C 语言中的函数调用一样。例如:

```
1  .PHONY: all
2  all: p1 p2 p3
3  p1:
4      ls
5  p2:
6      pwd
7  p3:
8      date
```

p1、p2 和 p3 这三个目标类似于子函数,执行目标 p1 时会触发 p1 所定义的命令 ls。可以输入"make p1""make p2"或"make p3"来达到执行不同命令的目的。

另外,make 命令包含一个内嵌隐含变量 RM,它被定义为"RM = rm -f"。在书写 clean 规则的命令行时,可以使用变量 $(RM) 代替 rm,这样可以避免引起一些不必要的麻烦。

7. 标准目标

Makefile 文件的标准目标是一些约定俗成的目标,它们代表一个确定的含义。标准目标如下。

① all:编译所有的目标。

② clean:删除所有用 make 命令创建的文件。

③ install:安装已编译好的程序。

④ print:列出改变过的源文件。

⑤ tar:打包备份源程序。

⑥ dist:创建一个压缩文件。

⑦ TAGS:更新所有的目标。

8. 特殊目标

在 Makefile 文件中,当一些名字作为规则的目标时具有特殊含义,它们是一些特殊的目标。GNU make 支持以下特殊目标。

(1) .PHONY

目标.PHONY 的所有依赖被视作伪目标,当使用 make 命令行指定此目标时,伪目标所在规则定义的命令一定会被无条件执行,无论目标文件是否存在。

(2) .PRECIOUS

目标.PRECIOUS 的所有依赖文件在 make 命令的执行过程中会被特殊处理:当命令在执行过程中被中断时,make 命令不会删除它们。如果目标的依赖文件是中间过程文件,这些文件同样不会被删除。

(3) .DELETE_ON_ERROR

如果在 Makefile 文件中存在特殊目标.DELETE_ON_ERROR,则在 make 命令的执行过程中,如果规则的命令执行错误,将删除已经被修改的目标文件。

(4).SILENT

make 命令在创建或者重建出现在目标.SILENT 的依赖列表中的文件时,不会打印出所执行的命令。同样地,给目标.SILENT 指定命令行是没有意义的。没有任何依赖文件的目标.SILENT 指示 make 在执行过程中不打印任何执行的命令。现行版本的 make 命令支持目标.SILENT 的这种功能和用法是为了和旧版本兼容。在当前版本中,如果需要禁止命令执行过程的打印,可以使用 make 的命令行参数"-s"或者"--silent"。

特殊目标还有很多,例如,.EXPORT_ALL_VARIABLES、.NOTPARALLEL、.INTERMEDIATE、.SUFFIXES、.DEFAULT、.SECONDARY、.IGNORE、.LOW_RESOLUTION_TIME 等。

9. 命令错误

make 命令运行时会检测每个命令的执行返回码,如果命令返回成功,则会执行下一条命令;否则 make 命令终止。在 Makefile 文件的命令行前加一个减号,则不管命令是否出错,都认为执行是成功的,例如下面的 Makefile 文件:

```
1  all: p1 p2 p3
2  .PHONY: all
3  p1:p1.c
4      -gcc p1.c -o p1
5  p2:p2.c
6      -gcc p2.c -o p2
7  p3:p3.c
8      -gcc p3.c -o p3
```

如果当前目录中的 p1.c 文件有语法错误,那么 p2.c 和 p3.c 仍然会被编译。如果 gcc 命令前没有减号,一旦编译 p1.c 出错,后续两个命令将不会被执行。

10. 通配符

在 Makefile 文件中表示文件名时可使用通配符"＊"和"?"。通配符可被用在规则的命令中,在命令被执行时由 shell 进行处理。例如,Makefile 文件的清空过程文件规则如下:

```
1  clean:
2      rm -f *.o
```

2.7.3 Makefile 的变量

一个完整的 Makefile 文件包含 5 部分内容:显式规则、隐含规则、变量定义、指示符和注释,本节介绍这些内容的基本概念。

显式规则:描述在何种情况下如何更新一个或多个目标文件。书写 Makefile 时需要明确地给出目标文件、目标的依赖文件列表以及更新目标文件所需的命令。

隐含规则:指 make 命令根据目标文件自动推导出来的规则。根据目标文件的扩展名,自动

53

产生目标的依赖文件并使用默认的命令对目标进行更新,需要依靠隐含规则。

变量定义:使用一个字符或字符串代表一段文本串,这个字符或字符串称为变量。当定义一个变量后,在需要使用某文本串的位置,就可以用变量来替换。前面例子中的 objects 就是一个变量,用来表示一个.o 文件列表。

指示符:指示符指明在 make 命令读取 Makefile 文件过程中所要执行的一个动作。其中包括:①读取某个文件,将其内容作为 Makefile 文件的一部分;②决定处理或者忽略 Makefile 文件中的某一特定部分;③定义一个多行变量。

注释:在 Makefile 文件中,"#"字符后的内容被作为注释内容处理。如果某行的第一个非空字符为"#",那么此行为注释行。注释行的结尾如果存在反斜线(\),那么下一行也被作为注释行。书写 Makefile 时,推荐将注释作为一个独立的行,而不要将其与 Makefile 文件的有效行写在一行中。当需要在 Makefile 文件中使用字符"#"时,可以使用反斜线加"#"(\#)来实现。

前面介绍了显式规则和隐含规则,下面介绍 Makefile 的变量。

1. Makefile 变量的基本用法

在 Makefile 中,变量是一个标识符,类似 C 语言中的宏,代表一个文本字符串,即变量的值。例如,存在变量 A,它的值用$(A)来表示。在 Makefile 的目标文件、依赖文件、命令中引用变量的地方,变量会被它的值所取代。在 GNU make 中,变量的定义有两种方式:递归展开变量和直接展开变量。

(1)递归展开变量

这一类型变量通过"="或者使用指示符 define 定义。引用此类变量时将进行严格的文本替换,用变量值代替变量出现在引用它的地方。如果此类变量定义中存在对其他变量的引用,无论其他变量的定义在什么地方,都会同时被展开,例如下面的代码:

```
1   foo = $(bar)
2   bar = $(ugh)
3   ugh = Huh?
4   all:
5       echo $(foo)
```

执行 make 命令将打印出"Huh?"。变量 foo 的值为变量 bar 的值,变量 bar 的值为变量 ugh 的值,变量 ugh 的值为"Huh?",因此变量 foo 的值为"Huh?"。程序中定义 foo 时变量 bar 还没有定义,却可以先使用;定义 bar 时 ugh 还未被定义,也可以先使用,这就是递归展开变量的特点。

(2)直接展开变量

GNU make 还支持另外一种风格的变量,称为直接展开变量。这种风格的变量使用":="定义。在使用":="定义变量时,变量值中对其他变量或者函数的引用在定义变量时被展开(对变量进行替换)。因此,变量定义后就是一个实际的文本字符串,其中不再包含任何变量的引用。因此

```
1  x : = foo
2  y : = $(x) bar
3  x : = later
```

就等价于

```
1  y : = foo bar
2  x : = later
```

直接展开变量和递归展开变量不同,该类型变量在定义时就完成了对所引用变量和函数的展开,因此不能实现对其后定义变量的引用。

在 Makefile 中,变量有以下几个特征。

① 除规则命令行中的变量和函数以外,Makefile 中变量和函数的展开是在 make 命令读取 Makefile 文件时进行的,包括使用" = "和指示符 define 定义的变量。

② 变量可以用来代表一个文件名列表、编译选项列表、程序运行的选项参数列表、搜索源文件的目录列表、编译输出的目录列表等。

③ 变量名是不包含":"、"#"、" = "、前置空白和末尾空白的任何字符串。需要注意的是,尽管在 GNU make 中没有对变量的命名做其他限制,但定义一个包含除字母、数字和下画线以外字符的变量的做法是不可取的,因为其他字符可能会在 make 命令的后续版本中被赋予特殊含义,并且这样命名的变量对于一些 shell 来说,是不能作为环境变量使用的。

④ 变量名是大小写敏感的。变量 foo、Foo 和 FOO 指的是三个不同的变量。Makefile 的传统做法是变量名全部采用大写方式。推荐的做法是对于内部定义的一般变量,如目标文件列表 objects,使用小写方式;而对于一些参数列表,如编译选项 CFLAGS,采用大写方式,但这并不是强制要求。需要强调一点,如同代码中的变量命名风格一样,Makefile 文件中的变量命名也应保持一致的风格。

⑤ 一些变量名只包含一个或者很少的几个特殊字符,它们被称为自动化变量,如"$<" "$@" "$?" "$ * "等。

当定义一个变量之后,就可以在 Makefile 文件的很多地方使用这个变量。变量的引用方式为"$(VARIABLE_NAME)"或者"$｛ VARIABLE_NAME ｝"。例如,"$(foo)"或者"$｛foo｝"表示取变量 foo 的值。美元符号"$"在 Makefile 文件中有特殊的含义,所以在命令或者文件名中使用"$"时需要用两个美元符号"$$"来表示。对一个变量的引用可以出现在 Makefile 文件的任何上下文中,包括目标、依赖、命令、绝大多数指示符和新变量的赋值中。下面例子中的变量 objects 保存了所有.o 文件的列表。

```
1  objects = program.o foo.o utils.o
2  program : $(objects)
3      cc -o program $(objects)
4  $(objects) : defs.h
```

变量引用的展开过程是严格的文本替换过程,变量代表的字符串被精确地展开在变量被引用的地方。例如以下规则:

```
1  foo = c
2  prog.o : prog.$(foo)
3      $(foo)$(foo)-$(foo) prog.$(foo)
```

被展开后就是

```
1  prog.o : prog.c
2      cc -c prog.c
```

通过这个例子可以发现,变量的展开过程与 C 语言中宏展开的过程相同,是一个严格的文本替换过程。这个例子中变量的用法比较晦涩,目的是为了更清楚地说明变量的展开过程,实际开发中不建议按照这样的方式书写 Makefile,以尽量减少不必要的麻烦。

在 Makefile 中,对一些简单变量的引用也可以不使用"( )"和"¦ ¦"来标记变量名,而直接使用"$ x"的格式,此种用法仅限于变量名为单字符的情况。另外,自动化变量也使用这种格式。对于一般多字符变量的引用必须使用括号标记,否则 make 命令将把变量名的首字母作为变量而不是整个字符串作为变量。例如,"$ PATH"在 Makefile 中实际上代表"$(P) ATH"。这一点和 shell 中变量的引用方式不同。shell 中变量的引用格式可以是"$¦ xx¦"或者"$ xx",但在 Makefile 中,多字符变量名的引用格式只能是"$(xx)"或者"$¦ xx¦"。

下面介绍如何定义一个空格。使用直接展开变量可以将一个前导空格定义在变量值中。一般变量值中的前导空格字符在变量引用和函数调用时被丢弃。利用直接展开变量在定义时对引用的其他变量进行展开的特点,可以实现在一个变量中包含前导空格并在引用此变量时对空格加以保护。例如:

```
1  nullstring :=
2  space := $(nullstring) #end of the line
```

这里,变量 space 就表示一个空格。在 space 定义行中的注释使得程序员的目的更清晰,注释和变量引用"$(nullstring)"之间存在一个空格。通过这种方式就明确地指定了一个空格。这是一种很好的实现方式。通过引用变量 nullstring 标明变量值的开始,采用"#"注释来结束,中间是一个空格字符。

make 命令在对变量进行处理时,变量值中末尾的空格是不被忽略的,因此在定义包含一个或多个空格的变量时,使用直接展开变量就是一种简单并且非常直观的方式。但是需要注意,当定义不包含末尾空格的变量时就不能使用这种方式,否则,注释之前的空格会被作为变量值的一部分。例如,下边的做法是不正确的:

```
1  dir := /foo/bar    # a bad example of space
```

变量 dir 的值是"/foo/bar   "(后面有 4 个空格),这可能并不是所期望的结果。如果一个文件以它作为路径来表示"$(dir)/file",那就大错特错了。

在书写 Makefile 文件时,推荐将注释书写在独立的行或者多行中,防止出现上面例子中的意外情况,这也使得 Makefile 文件更加清晰,便于阅读。对于特殊的变量定义,如定义包含一个或多个空格的变量,应进行详细的说明和注释。

在 GNU make 中,还有一个被称为条件赋值的赋值操作符"? ="。所谓条件赋值,是指只有在变量之前没有被赋值的情况下才能对这个变量进行赋值。例如:

```
1  FOO ?= bar
```

等价于

```
1  ifeq ($(origin FOO),undefined)
2      FOO = bar
3  endif
```

其含义是,如果变量 FOO 之前没有定义,就给它赋值 bar,否则不改变它的值。

2. Makefile 变量高级用法

下面讨论 Makefile 变量的高级用法。

(1) 变量的替换引用

对于一个已经定义的变量,可以使用替换引用将变量值中的后缀字符(串)使用指定的字符(串)替换。格式"$(VAR:A=B)"(或者"${VAR:A=B}")的含义为,对由若干个字符串组成的变量 VAR,找到其中所有以字符 A 结尾的字符串,并把结尾的 A 替换为 B,而对于变量其他部分的字符 A 不进行替换。例如:

```
1  foo := a.o b.o c.o
2  bar := $(foo:.o=.c)
```

在这个定义中,变量 bar 的值就是"a.c b.c c.c"。如果在变量 foo 中存在 o.o,那么变量 bar 的值就是"a.c b.c c.c o.c",而不是"a.c b.c c.c c.c"。

变量的替换引用其实是函数 patsubst 的一个简化实现。GNU make 中同时提供了这两种方式来实现同样的目的,以兼容其他版本的 make 命令。

另外一种替换引用的技术使用功能更强大的 patsubst 函数。它的格式与上面"$(VAR:A=B)"的格式类似,不过在 A 和 B 中需要包含模式字符"%"。这时它与"$(patsubst A,B,$(VAR))"所实现的功能相同。例如:

```
1  foo := a.o b.o c.o
2  bar := $(foo:%.o=%.c)
```

这个例子同样使变量 bar 的值为"a.c b.c c.c"。这种格式的替换引用方式比第一种方式更通用。关于模式和其他函数的内容将在后续章节介绍。

（2）变量的嵌套引用

计算变量名是一个比较复杂的过程，仅用在那些复杂的 Makefile 文件中。通常，不需要对变量名的计算过程进行深入了解，只要知道当一个被引用的变量名中含有"$"时，可得到另外一个值即可。

一个变量名中可以包含对其他变量的引用，这种情况称为变量的嵌套引用。先看一个例子：

```
1   x = y
2   y = z
3   a := $($(x))
```

这个例子中，最终定义了 a 的值为 z。变量的引用过程如下：首先，最内层的变量引用"$(x)"被替换为变量名 y，即"$($(x))"被替换为"$(y)"；然后，"$(y)"被替换为 z，即a：=z。这个例子中，"a：=$($(x))"所引用的变量名不是明确声明的，而是由"$(x)"扩展得到的，"$(x)"相对于外层的引用就是嵌套的变量引用。

上述例子是一个两层嵌套引用的例子，多层嵌套引用在 Makefile 中也是允许的。下面是一个三层嵌套引用的例子：

```
1   x = y
2   y = z
3   z = u
4   a := $($($(x)))
```

这个例子最终定义了 a 的值为 u。它的扩展过程和第一个例子相同。首先，"$(x)"被替换为 y，"$($(x))"即为"$(y)"；然后，"$(y)"被替换为 z，因此就有"a：=$(z)"；最后，"$(z)"被替换为 u。

再看下面的例子：

```
1   x = $(y)
2   y = z
3   z = Hello
4   a := $($(x))
```

此例最终实现了"a：=Hello"的定义。这里"$($(x))"被替换成"$($(y))"，因为"$(y)"的值是 z，所以最终结果是"a：=$(z)"，也就是 Hello。

下边的例子使用了 make 命令的文本处理函数：

```
1   x = variable1
2   variable2 := Hello
3   y = $(subst 1,2,$(x))
4   z = y
5   a := $($($(z)))
```

函数$(subst 1,2,$(x))的功能是把 x 中的所有 1 字符串替换成 2 字符串。此例同样实现"a：=Hello"。"$($($(z)))"首先被替换为"$($(y))"，之后再次被替换为"$($(subst 1,2,$(x)))"。因为"$(x)"的值是 variable1，所以上式为"$($(subst 1,2,$(variable1)))"。函数处理之后为"$(variable2)"，之后对它进行替换展开，最终变量 a 的值就是 Hello。从上面的例子可以看出，计算变量名的引用过程存在多层嵌套，也使用了文本处理函数。在书写 Makefile 文件时，应尽量避免使用嵌套的变量引用。在一些必需的地方，也最好不要使用多于两层的嵌套引用。使用嵌套的变量引用时，如果涉及递归展开变量的引用需要特别注意，一旦处理不当就可能导致递归展开错误，从而导致难以预料的结果。

3. 变量取值

关于变量取值，有以下几点需要注意。

① 变量的定义值在长度上没有限制。使用时需要根据实际情况，保证计算机有足够的可用交换空间来处理一个超长的变量值。变量定义较长时，一个好的做法是将比较长的行分成多个行来书写，除最后一行外，行与行之间使用反斜杠（\）连接，表示一个完整的行。这样的书写方式不会对 make 命令的处理造成任何影响，便于后期修改维护，而且使得 Makefile 文件更清晰。例如，前述例子可以如下修改：

```
1  objects = main.o foo.o \
2  bar.o utils.o
```

② 当引用一个没有定义的变量时，make 命令默认它的值为空。

③ 一些特殊的变量在 make 命令中内嵌有固定的值，不过这些变量允许在 Makefile 文件中显式地重新赋值。

④ 存在一些由两个符号组成的特殊变量，这些变量称为自动化变量，它们的值不能在 Makefile 文件中显式修改。当使用在不同的规则中时，它们会被赋予不同的值。

⑤ 如果希望仅对一个之前没有定义过的变量进行赋值，那么可以使用"？＝"代替"＝"或者"：＝"来实现。

通常，可以在变量定义之后的某个地方对其值进行追加。这是非常有用的。定义时可以给变量赋一个基本值，之后可根据需要随时对变量的值进行追加。在 Makefile 中，这可以通过使用"＋＝"来实现。例如：

```
1  objects += another.o
```

这个操作把字符串 another.o 添加到变量 objects 原有值的末尾，并使用空格和原有值分开。例如：

```
1  objects = main.o foo.o bar.o utils.o
2  objects += another.o
```

上边的两个操作之后，变量 objects 的值变为"main.o foo.o bar.o utils.o another.o"。使用"＋＝"操作符，相当于执行以下操作：

```
1    objects = main.o foo.o bar.o utils.o
2    objects := $(objects) another.o
```

4. override 指示符

通常在执行 make 命令时,如果通过命令行定义了一个变量,那么它将替代在 Makefile 文件中出现的同名变量的定义。也就是说,对于一个在 Makefile 文件中使用常规方式(使用"="":="或者 define)定义的变量,可以在执行 make 命令时通过命令行方式重新指定这个变量的值,命令行指定的值将替代 Makefile 文件中此变量的值。如果不希望命令行指定的变量值替代Makefile 文件中的变量定义,那么需要在 Makefile 文件中使用 override 指示符对变量进行声明,例如:

```
1    override VARIABLE = VALUE
```

或者

```
1    override VARIABLE := VALUE
```

也可以对变量使用追加方式定义:

```
1    override VARIABLE += MORE TEXT
```

需要说明的是,如果变量在定义时使用了 override,则后续对变量的值进行追加时,也需要使用带有 override 指示符的追加方式,否则对变量值的追加将不会生效。指示符 override 并不是用来调整 Makefile 文件与执行时命令参数的冲突,其目的是使用户可以改变那些使用 make 命令行指定的变量的定义。从另外一个角度来说,实现了一种在 Makefile 文件中增加或者修改命令行参数的机制。

有时可能会有这样的需求:一些通用的参数或者必需的编译参数在 Makefile 文件中指定,而希望通过命令行来指定一些附加的编译参数。对于这种需求,就可以使用 override 指示符来实现。例如,无论命令行指定哪些编译参数,编译时必须打开"-g"选项,则 Makefile 文件中的编译选项 CFLAGS 应该如下定义:

```
1    override CFLAGS += -g
```

5. 多行定义

定义变量的另外一种方式是使用 define 指示符。define 指示符定义一个包含多行字符串的变量。利用这个特点,可以实现一个完整命令包的定义。使用 define 定义的命令包可以作为eval 函数的参数来使用。下面对 define 定义的变量进行讨论。

① 使用 define 定义变量的语法格式:以指示符 define 开始,以 endef 结束,两者之间的所有内容就是所定义变量的值。要定义的变量名字和指示符 define 位于同一行,使用空格分开;从define 指示符所在行的下一行开始,一直到 endef 所在行的上一行之间的若干行是变量值。例如:

```
1  define two-lines
2  echo foo
3  echo $(bar)
4  endef
```

将变量 two-lines 作为命令执行时,相当于

```
1  two-lines = echo foo; echo $(bar)
```

它把变量 two-lines 的值作为一个完整的 shell 命令行来处理,保证了变量的完整。

② 变量的风格。使用 define 定义的变量和使用"="定义的变量一样,属于递归展开变量,两者只是在语法上有所不同。在使用 define 定义的变量值中,对其他变量或者函数的引用不会在定义变量时进行替换展开,其展开是在 define 定义的变量被展开的同时完成的。

③ 变量可以嵌套引用。因为是递归展开变量,所以在嵌套引用时,"$(x)"将是变量值的一部分。

④ 变量值中可以包含换行符、空格等特殊符号。如果定义中的某一行是以 Tab 字符开始的,当引用此变量时,这一行会被作为命令行处理。

⑤ 定义变量时可以使用 override 指示符,这样可以防止变量的值被命令行指定的值替代。例如:

```
1  override define two-lines
2  foo
3  $(bar)
4  endef
```

6. 系统环境变量

make 命令在运行时,系统中的所有环境变量对它都是可见的。在 Makefile 文件中,可以引用任何已定义的系统环境变量。例如,可以设置一个名为 CFLAGS 的环境变量,用它来指定一个默认的编译选项,这样在所有的 Makefile 文件中都可以直接使用这个变量对 C 源代码进行编译。通常这种方式是比较安全的,前提是变量所代表的含义清晰,不会被作为其他用途。当然,也可以在 Makefile 文件中根据需要对环境变量进行重新定义。

使用环境变量需要注意以下两点。

① 在 Makefile 文件中或者以 make 命令行形式对一个变量的定义,都将覆盖同名的环境变量。注意:这并不改变系统环境变量定义,被修改的环境变量只在 make 命令的执行过程中有效。当 make 命令使用"-e"参数时,Makefile 和命令行定义的变量不会覆盖同名的环境变量,make 命令将使用系统环境变量中这些变量的定义值。

② 在 make 命令的嵌套调用中,所有系统环境变量都会被传递给下一级 make 进程。默认情况下,只有环境变量和通过命令行方式定义的变量才会被传递给子 make 进程。在 Makefile 中定义的普通变量如果需要传递给子 make 进程,需要使用 export 指示符进行声明。

7. 自动化变量

模式规则中,规则的目标和依赖文件代表了一类文件名,规则的命令是对所有这一类文件重建过程的描述。显然,在命令中不能出现具体的文件名,否则模式规则将失去意义。那么下面介绍如何在模式规则的命令行中表示文件。

假如需要编写一个将.c 文件编译到.o 文件的模式规则,该如何为 gcc 编写正确的源文件名呢? 不能使用任何具体的文件名,因为每次执行模式规则时,源文件名都是不一样的。为了解决这个问题,需要使用自动化变量。自动化变量的取值是由具体执行的规则决定的,取决于所执行规则的目标和依赖文件名。

下面对常用的自动化变量进行说明。

① $@ :表示规则的目标文件名。如果目标是一个静态库文件,那么它代表这个库的文件名。

② $% :当规则的目标文件是一个静态库文件时,代表静态库的一个成员名。

③ $< :表示规则的第一个依赖文件名。如果目标文件是使用隐含规则重建的,则它代表由隐含规则加入的第一个依赖文件。

④ $? :表示所有比目标文件更新的依赖文件列表,使用空格分隔。如果目标是静态库文件名,代表的是库成员(.o 文件)。

⑤ $^ :表示规则的所有依赖文件列表,使用空格分隔。如果目标是静态库文件,代表的只能是所有库成员(.o 文件)。一个文件可重复地出现在目标的依赖中,变量"$^"只记录它的一次引用情况。也就是说,变量"$^"会去掉重复的依赖文件。

⑥ $+ :类似于"$^",但是会保留依赖文件中重复出现的文件,主要用在程序链接时库交叉引用的场合。

以上自动化变量中,有 4 个在规则中代表文件名($@ 、$< 、$% 、$ *),而其他 3 个在规则中代表一个文件名列表。在 GUN make 中,还可以通过这 7 个自动化变量来获取一个完整文件名中的目录部分和具体文件名部分。

在讨论自动化变量时,为了与普通变量区别,可以直接使用"$<"形式。这种形式仅仅是为了与普通变量进行区别,没有特殊目的。其实自动化变量和普通变量一样,代表规则第一个依赖文件名的变量名实际上是"<",完全可以使用"$(<)"替代"$<"。但是在引用自动化变量时,通常的做法是使用"$<",因为自动化变量本身是一个特殊字符。

8. 预定义变量

Makefile 中预定义了如下变量,这些变量可以直接使用。

① AR :函数库打包程序,可创建静态库.a 文档。默认值是"ar"。

② AS :汇编程序。默认值是"as"。

③ CC :C 编译程序。默认值是"cc"。

④ CXX :C++编译程序。默认值是"g++"。

⑤ CO :从 RCS 中提取文件的程序。默认值是"co"。

⑥ CPP :C 程序的预处理器(输出是标准输出设备)。默认值是"$(CC) -E"。

⑦ FC：编译器和预处理 FORTRAN 及 Ratfor 源文件的编译器。默认值是"f77"。

⑧ GET：从 SCCS 中提取文件的程序。默认值是"get"。

⑨ LEX：将 Lex 语言转变为 C 或 Ratfor 语言的程序。默认值是"lex"。

⑩ PC：Pascal 语言编译器。默认值是"pc"。

⑪ YACC：Yacc 文法分析器（针对 C 程序）。默认值是"yacc"。

⑫ YACCR：Yacc 文法分析器（针对 Ratfor 程序）。默认是"yacc -r"。

⑬ MAKEINFO：转换 Texinfo 源文件（.texi）到 Info 文件的程序。默认值是"makeinfo"。

⑭ TEX：从 TeX 源文件创建 TeX DVI 文件的程序。默认值是"tex"。

⑮ TEXI2DVI：从 Texinfo 源文件创建 TeX DVI 文件的程序。默认值是"texi2dvi"。

⑯ WEAVE：转换 Web 到 TeX 的程序。默认值是"weave"。

⑰ CWEAVE：转换 C Web 到 TeX 的程序。默认值是"cweave"。

⑱ TANGLE：转换 Web 到 Pascal 语言的程序。默认值是"tangle"。

⑲ CTANGLE：转换 C Web 到 C 语言的程序。默认值是"ctangle"。

⑳ RM：删除命令。默认值是"rm -f"。

2.7.4 Makefile 的执行

1. 目录搜寻

在一个较大的工程中，一般会将源代码和二进制文件安排在不同的目录中进行分别管理。在这种情况下，可以使用 make 命令提供的目录搜索功能，当工程的目录结构发生变化时，可以在不更改 Makefile 文件规则的情况下，只更改依赖文件的搜索目录。

（1）一般搜索：特殊变量 VPATH

GNU make 可以识别一个特殊变量 VPATH。通过变量 VPATH，可以指定依赖文件的搜索路径，当规则的依赖文件在当前目录中不存在时，make 命令会在此变量所指定的目录中寻找这些依赖文件。

定义变量 VPATH 时，使用空格或者冒号将多个需要搜索的目录分开。make 命令按照变量 VPATH 中定义的目录顺序进行搜索。例如，VPATH 变量的定义如下：

```
1   VPATH = src:../headers
```

这样就为所有规则的依赖指定了两个搜索目录，"src"和"../headers"。对于规则"foo:foo.c"，如果"foo.c"存在于"src"目录中，此规则等价于"foo:src/foo.c"。

通过 VPATH 变量指定的路径在 Makefile 中对所有文件有效。当需要为不同类型的文件指定不同的搜索目录时，需要使用另外一种方式。后文将讨论这种更高级的方式。

（2）选择性搜索：关键字 vpath

另一种设置文件搜索路径的方法是使用 make 命令的 vpath（全部小写）关键字。它不是一个变量，而是一个 make 命令的关键字，实现的功能和 VPATH 变量类似，但更为灵活，可以为不同类型的文件指定不同的搜索目录。vpath 关键字的使用方法有以下三种。

① vpath PATTERN DIRECTORIES。为所有符合模式 PATTERN 的文件指定搜索目录 DI-RECTORIES。多个目录使用空格或者冒号分隔,类似前述的 VPATH 变量。

② vpath PATTERN。清除之前为符合模式 PATTERN 的文件设置的搜索路径。

③ vpath。清除所有已被设置的文件搜索路径。

vpath 中的 PATTERN 需要包含模式字符"%",表示具有相同特征的一类文件,而 DIRECTORIES 则指定搜索此类文件目录。当规则的依赖文件列表中的文件无法在当前目录中找到时,make 命令将依次在 DIRECTORIES 所描述的目录中寻找文件。例如:

```
1  vpath % .h ../headers
```

其含义是,如果 Makefile 文件中出现的.h 文件不能在当前目录中找到,则到目录"../headers"中寻找。注意,这里指定的路径仅限于在 Makefile 文件中出现的.h 文件,并不能指定源文件中包含的头文件所在的路径,在.c 源文件中包含的头文件路径需要使用 gcc 的"-I"选项指定。

2. make 的嵌套执行

在一些大的工程中,不同模块或不同功能的源文件会放在不同的目录中,在这种情况下,可以在每个目录中都编写一个 Makefile 文件,这有利于使 Makefile 文件更加简洁,而不至于把所有内容都写在一个 Makefile 文件中,导致维护 Makefile 文件十分困难。这就是 make 的嵌套执行,对于模块编译和分段编译有非常大的好处。如图 2.6 所示,最外层目录的 Makefile 称为总控Makefile,下层的各个子目录中存放有各个源文件及各自的 Makefile。总控 Makefile 负责控制整个程序,通过调用各个子目录的 Makefile 来控制程序的编译。

在如图 2.7 所示的例子中,当前目录中有总控 Makefile 及源文件 a.c,子目录 subdir1 中有Makefile 及源文件 b.c,子目录 subdir2 中有 Makefile 及源文件 c.c。通过在当前目录中执行 make命令,可以分别编译 a.c、b.c 和 c.c 三个文件。总控 Makefile 的代码如下所示:

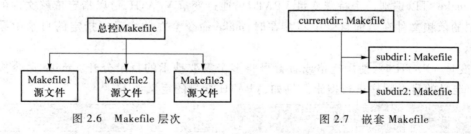

图 2.6　Makefile 层次　　　　　图 2.7　嵌套 Makefile

```
1  .PHONY: both
2  both: a b c
3  a:
4     gcc a.c -o a
5  b:
6     cd subdir1;make
7  c:
8     cd subdir2;make
```

both 伪目标有三个依赖:a、b 和 c。执行 make 命令时,会分别执行 a、b 和 c 对应的命令。也就是说,会编译 a.c 程序,进入目录 subdir1,执行该目录中的 Makefile,其内容如下:

```
1  b:b.c
2    gcc b.c -o b
```

然后进入目录 subdir2,执行该目录中的 Makefile,其内容如下:

```
1  c:c.c
2    gcc c.c -o c
```

这个例子说明了嵌套 Makefile 的编写方法。

规则中的命令被执行时,如果是多行命令,那么每一行命令将在一个独立的子 shell 进程中被执行。因此,多行命令之间的执行是相互独立的,相互之间不存在依赖。书写在独立行中的一条命令是一个独立的 shell 命令行。因此在一个规则的命令中,命令行 cd 改变目录不会对其后命令的执行产生影响。也就是说,其后的命令执行的工作目录不会是之前使用 cd 命令进入的那个目录。如果要实现这个目的,就不能把 cd 和其后的命令放在两行来书写,而应该把这两条命令写在一行中,用分号分隔,这样它们才是一个完整的 shell 命令行。

3. Makefile 包含

使用指示符 include 可以在一个 Makefile 文件中包含其他的 Makefile 文件,这与 C 语言对头文件的包含方式一致。

include 指示符告诉 make 命令暂停读取当前的 Makefile 文件,转而读取 include 指定的一个或多个文件,完成以后再继续读取当前的 Makefile 文件。在 Makefile 文件中,指示符 include 书写在独立的一行中,形式如下:

```
1  include FILENAMES
```

FILENAMES 是 shell 所支持的文件名。

指示符 include 所在的行可以以一个或多个空格开始(切记不能以 Tab 字符开始),make 命令在处理时将忽略这些空格。指示符 include 和文件名之间使用空格或 Tab 键隔开。行尾的空白字符在处理时被忽略。

通常,指示符 include 用在以下场合。

① 多个不同的程序由不同目录中的多个独立的 Makefile 文件来描述其建立规则。它们需要使用一组共同的变量定义或者模式规则。惯用的做法是将这些共同使用的变量或者模式规则定义在一个文件中,在需要使用的 Makefile 中使用指示符 include 来包含此文件。

② 当根据源文件自动产生依赖文件时,可以将自动产生的依赖关系保存在另外一个文件中,主 Makefile 使用指示符 include 包含这些文件。这种做法比直接在主 Makefile 中追加依赖文件更好。其他版本的 make 命令已经开始使用这种方式进行处理。

4. 条件执行

条件语句可以根据一个变量的值来控制 make 命令执行或者忽略 Makefile 文件的特定部分。

条件语句可进行两个不同变量或者变量与常量值的比较。在 Makefile 文件中使用条件控制可以提高处理的灵活性和效率。

下面来看一个使用条件判断的例子。对变量 CC 进行判断,如果其值是 gcc,那么在程序链接时使用库 libgnu.so 或者 libgnu.a;否则不链接任何库。Makefile 文件中的条件判断部分如下:

```
1   ...
2   libs_for_gcc = -lgnu
3   normal_libs =
4   ...
5   foo: $(objects)
6   ifeq ($(CC),gcc)
7       $(CC)-o foo $(objects) $(libs_for_gcc)
8   else
9       $(CC)-o foo $(objects) $(normal_libs)
10  endif
11  ...
```

例子中,条件语句中使用了三个关键字:ifeq、else 和 endif。各关键字的说明如下。

① ifeq 表示条件语句的开始,并指定一个比较条件,判断两者是否相等。其后是用圆括号包围、使用逗号分隔的两个参数,与关键字 ifeq 用空格分开。参数中的变量引用在进行变量值比较时被展开。ifeq 之后为条件满足时 make 需要执行的命令,条件不满足时忽略。

② else 之后为条件不满足时执行的部分,并非所有的条件语句都需要此部分。

③ endif 表示一个条件语句的结束。任何一个条件表达式都必须以 endif 结束。

在 Makefile 中,条件的解析是由 make 命令完成的。make 命令在读取并解析 Makefile 文件时,根据条件表达式的值选择一个分支,并忽略另一个分支,解析完成后只保留满足条件的分支。例如,在上面的例子中,make 命令的处理过程如下。

当变量 CC 的值为 gcc 时,整个条件表达式等效于

```
1   foo: $(objects)
2       $(CC)-o foo $(objects) $(libs_for_gcc)
```

当变量 CC 的值不等于 gcc 时,整个条件表达式等效于

```
1   foo: $(objects)
2       $(CC)-o foo $(objects) $(normal_libs)
```

上面的例子还存在一种更简洁的实现方式,格式如下:

```
1   libs_for_gcc = -lgnu
2   normal_libs =
3   ifeq ($(CC),gcc)
```

```
4   libs =$(libs_for_gcc)
5   else
6   libs =$(normal_libs)
7   endif
8   foo: $(objects)
9      $(CC)-o foo $(objects) $(libs)
```

条件判断的语法很简单。不包含 else 分支的条件判断语句的语法格式如下:

```
1   CONDITIONAL-DIRECTIVE
2   TEXT-IF-TRUE
3   endif
```

表达式中,TEXT-IF-TRUE 可以是若干行任意文本,当条件为真时,它就是需要执行的一部分;当条件为假时则不会执行。

包含 else 分支的语法格式如下:

```
1   CONDITIONAL-DIRECTIVE
2   TEXT-IF-TRUE
3   else
4   TEXT-IF-FALSE
5   endif
```

表示如果条件为真,则将 TEXT-IF-TRUE 作为 Makefile 的一部分,否则将 TEXT-IF-FALSE 作为 Makefile 的一部分。和 TEXT-IF-TRUE 一样,TEXT-IF-FALSE 可以是若干行任意文本。

在条件判断语句中,CONDITIONAL-DIRECTIVE 对于上述两种格式都相同,可以是以下 4 种用于测试不同条件的关键字。

① 关键字 ifeq:用来判断参数是否相等。

② 关键字 ifneq:用来判断参数是否不相等。

③ 关键字 ifdef:用来判断一个变量是否已经定义。

④ 关键字 ifndef:与关键字 ifdef 的含义正好相反。

CONDITIONAL-DIRECTIVE 行可以以若干个空格开始,make 命令处理时会忽略这些空格;但不能以 Tab 字符作为开始,否则将被认为是命令。else 和 endif 也是条件判断语句的一部分,没有任何参数,可以以多个空格开始,同样不能以 Tab 字符开始;可以以多个空格或 Tab 字符结束,行尾可以有注释。

5. Makefile 的命令行选项

执行 make 命令时可以附加一些选项,常用的有以下几种。

① n:只检查流程,不执行。

② t:只更新目标文件访问时间,不重新编译。

③ B:所有目标都需要重新编译。

④ C:指定 Makefile 文件的目录。

⑤ e:环境变量中的值覆盖文件中的值。

⑥ p:输出 Makefile 文件中的所有信息。

⑦ r:禁止 make 命令使用任何隐含规则。

⑧ s:命令运行时不显示任何输出。

⑨ v:输出 make 命令的版本信息。

⑩ w:输出运行 make 命令前后的信息。

2.7.5 make 命令的内嵌函数

GNU make 的函数提供了处理文件名、变量、文本和命令的方法。把需要处理的文本作为函数的参数,就可以在需要的地方调用函数来处理指定的文本。执行时,函数在被调用的地方替换为它的处理结果。

1. 函数的调用语法

GNU make 函数的调用格式类似于变量的引用,以"$"开始表示一个引用。语法格式如下:

```
1  $(FUNCTION ARGUMENTS)
```

或者

```
1  ${FUNCTION ARGUMENTS}
```

对于函数调用的格式有以下几点说明。

① 语法格式中,FUNCTION 是需要调用的函数名,它应该是 make 命令内嵌的函数名。对于用户自定义的函数,需要通过 make 命令的 call 函数来间接调用。

② ARGUMENTS 是函数的参数,参数与函数名之间使用若干个空格或 Tab 字符分隔。建议使用一个空格分隔,这样不仅书写比较直观,更重要的是当不能确定是否可以使用 Tab 时,能够避免不必要的麻烦。如果存在多个参数,参数之间使用逗号","分开。

③ 调用以"$"开头,使用成对的圆括号或大括号把函数名和参数括起来。参数中存在变量或函数的引用时,对它们所使用的圆括号或大括号与引用函数的相同,不使用两种不同的括号。推荐在变量引用和函数引用中统一使用圆括号,这样在使用 vim 编辑器编写 Makefile 文件时,可以高亮显示 make 命令的内嵌函数名,避免函数名的拼写错误。例如,在 Makefile 文件中应使用"$(sort $(x))",而不是"$(sort ${x})"或其他。

④ 函数处理参数时,参数中如果存在对其他变量或函数的引用,首先对这些引用进行展开,得到参数的实际内容,而后才对它们进行处理。参数展开按照参数的先后顺序进行。

⑤ 函数调用时,前导空格会被忽略。函数的参数中不能出现逗号和空格,因为逗号被作为多个参数的分隔符。当有逗号或者空格作为函数的参数时,需要先把它们赋值给一个变量,然后在函数的参数中引用这个变量。

下面介绍一些常用的 make 内置函数。

2. 文本处理函数

（1）字符串替换函数：subst

函数格式：$(subst FROM,TO,TEXT)

函数功能：把字符串 TEXT 中的 FROM 字符替换为 TO。

返回值：替换后的新字符串。

示例：

```
1  $(subst ee,EE,feet on the street)
```

替换"feet on the street"中的"ee"为"EE"，结果得到字符串"fEEt on the strEEt"。

（2）模式替换函数：patsubst

函数格式：$(patsubst PATTERN,REPLACEMENT,TEXT)

函数功能：搜索 TEXT 中以空格分开的单词，将符合模式 PATTERN 的单词按照 REPLACE-MENT 进行模式替换。参数 PATTERN 中可以使用模式通配符"%"来代表一个单词中的若干字符。如果参数 REPLACEMENT 中也包含一个"%"，那么 REPLACEMENT 中的"%"将是 PATTERN 中的那个"%"所代表的字符串。在 PATTERN 和 REPLACEMENT 中，只有第一个"%"被作为模式字符来处理，之后出现的不再作为模式字符。参数中，如果需要将第一个出现的"%"作为字符本身而不是模式字符，可使用反斜杠"\"进行转义处理。

返回值：替换后的新字符串。

函数说明：参数 TEXT 单词之间的多个空格在处理时被合并为一个空格，并忽略前导空格和结尾空格。

示例：

```
1  $(patsubst %.c,%.o,x.c.c bar.c)
```

把字符串"x.c.c bar.c"中以.c 结尾的单词替换成以.o 结尾的字符，函数的返回结果是"x.c.o bar.o"。

（3）去空格函数：strip

函数格式：$(strip STRINT)

函数功能：去掉字符串 STRINT 开头和结尾的空字符，并将其中多个连续空字符合并为一个空字符。

返回值：无前导和结尾空字符、使用单一空格分隔的多单词字符串。

函数说明：空字符包括空格、Tab 等不可显示字符。

示例：

```
1  STR =      a    b c
2  LOSTR = $(strip $(STR))
```

结果是"a b c"。

strip 函数经常用在条件判断语句的表达式中，可以确保表达式的可靠和健壮。

（4）查找字符串函数：findstring

函数格式：$(findstring FIND,IN)

函数功能：搜索字符串 IN,查找 FIND 字符串。

返回值：如果在 IN 中存在 FIND,则返回 FIND;否则返回空。

函数说明：字符串 IN 中可以包含空格、Tab。搜索过程是严格的文本匹配。

示例：

```
1  $(findstring a,a b c)
2  $(findstring a,b c)
```

第一个函数的结果是 a,第二个函数的结果为空字符。

（5）过滤函数：filter

函数格式：$(filter PATTERN…,TEXT)

函数功能：过滤掉字符串 TEXT 中所有不符合模式 PATTERN 的单词,保留所有符合此模式的单词。模式中一般需要包含模式字符"%";存在多个模式时,模式表达式之间使用空格分隔。

返回值：空格分隔的 TEXT 字符串中所有符合模式 PATTERN 的字符串。

函数说明：filter 函数可以用来去除一个变量中的某些字符串。

示例：

```
1  sources := foo.c bar.c baz.s ugh.h
2  foo: $(sources)
3    cc $(filter %.c %.s,$(sources))-o foo
```

使用"$(filter %.c %.s,$(sources))"的返回值给 cc 编译生成目标 foo,函数返回值为"foo.c bar.c baz.s"。

（6）反过滤函数：filter-out

函数格式：$(filter-out PATTERN…,TEXT)

函数功能：与 filter 函数实现的功能相反。过滤掉字符串 TEXT 中所有符合模式 PATTERN 的单词,保留所有不符合此模式的单词。存在多个模式时,模式表达式之间使用空格分隔。

返回值：空格分隔的 TEXT 字符串中所有不符合模式 PATTERN 的字符串。

函数说明：filter-out 函数可以用来去除一个变量中的某些字符串,实现与 filter 函数相反的功能。

示例：

```
1  objects=main1.o foo.o main2.o bar.o
2  mains=main1.o main2.o
3  $(filter-out $(mains),$(objects))
```

实现去除变量 objects 中 mains 定义的字符串(文件名)的功能,返回值为"foo.o bar.o"。

（7）排序函数：sort

函数格式：$(sort LIST)

函数功能：对字符串 LIST 中的单词以首字母为准进行升序排序,并去掉重复的单词。

返回值：空格分隔的没有重复单词的字符串。

函数说明：排序和去除字符串中的重复单词。

示例：

```
1  $(sort foo bar lose foo)
```

返回值为"bar foo lose"。

（8）取单词函数：word

函数格式：$(word N,TEXT)

函数功能：取字符串 TEXT 中第 N 个(N 的值从 1 开始)单词。

返回值：返回字符串 TEXT 中第 N 个单词。

函数说明：如果 N 的值大于字符串 TEXT 中单词的数目,返回空字符串;如果 N 为 0,函数出错。

示例：

```
1  $(word 2,foo bar baz)
```

返回值为"bar"。

（9）取字符串函数：wordlist

函数格式：$(wordlist S,E,TEXT)

函数功能：从字符串 TEXT 中取出从 S 开始到 E 的单词串。S 和 E 是表示单词在字符串中位置的数字。

返回值：字符串 TEXT 中从 S 到 E 的单词串。

函数说明：S 和 E 都是从 1 开始的数字。当 S 比 TEXT 中的字数大时,返回空。如果 E 大于 TEXT 的字数,返回从 S 开始到 TEXT 结束的单词串。如果 S 大于 E,返回空。

示例：

```
1  $(wordlist 2,3,foo bar baz)
```

返回值为"bar baz"。

（10）统计单词数目函数：words

函数格式：$(words TEXT)

函数功能：计算字符串 TEXT 中单词的数目。

返回值：TEXT 字符串中的单词数。

示例：

```
1  $(words,foo bar)
```

返回值是"2"。因此,字符串 TEXT 的最后一个单词就是"$(word $(words TEXT),TEXT)"。

(11) 取首单词函数:firstword

函数格式:$(firstword NAMES…)

函数功能:取字符串"NAMES…"中的第一个单词。

返回值:字符串"NAMES…"的第一个单词。

函数说明:NAMES 被认为是使用空格分隔的多个单词(名字)的序列。函数忽略"NAMES…"中除第一个单词以外的所有单词。

示例:

```
1  $(firstword,foo bar)
```

返回值为"foo"。函数 firstword 实现的功能等效于"$(word 1,NAMES…)"。

以上 11 个函数是 make 内嵌的文本处理函数,编写 Makefile 文件时可搭配使用这些函数来实现复杂的功能。下面使用这些函数来实现一个实际应用,其中用到了函数 subst 和 patsubst。Makefile 中可以使用变量 VPATH 来指定搜索路径,源代码所包含的头文件的搜索路径需要使用 gcc 的"-I"参数指定。Makefile 文件片段如下:

```
1  …
2  VPATH = src:`../includes
3  override CFLAGS += $(patsubst %,-I%,$(subst :,,$(VPATH)))
4  …
```

第二条语句实现的功能就是"CFLAGS += -Isrc -I../includes"。

3. 文件名处理函数

GNU make 除支持若干文本处理函数之外,还支持一些针对文件名的处理函数,这些函数主要用来对一系列由空格分隔的文件名进行转换。函数对作为参数的一组文件名按照一定的方式进行处理并返回空格分隔的多个文件名序列。

(1) 取目录函数:dir

函数格式:$(dir NAMES…)

函数功能:从文件名序列"NAMES…"中取出各个文件名的目录部分。文件名的目录部分为包含在文件名中的最后一个斜线("/")之前的部分,包括斜线。

返回值:空格分隔的文件名序列"NAMES…"中每一个文件的目录部分。

函数说明:如果文件名中没有斜线,则认为文件位于当前目录中。

示例:

```
1  $(dir src/foo.c hacks)
```

返回值为"src/ ./"。

(2) 取文件名函数:notdir

函数格式:$(notdir NAMES…)

函数功能:从文件名序列"NAMES…"中取出非目录部分。

返回值:文件名序列"NAMES…"中每一个文件的非目录部分。

函数说明:如果"NAMES…"中存在不包含斜线的文件名,则不改变这个文件名。

示例:

```
1  $(notdir src/foo.c hacks)
```

返回值为"foo.c hacks"。

（3）取后缀函数:suffix

函数格式:$(suffix NAMES…)

函数功能:从文件名序列"NAMES…"中取出各个文件名的后缀。后缀是文件名中最后一个以点"."开始的部分,包含点本身;如果文件名中不包含点号,则为空。

返回值:以空格分隔的文件名序列"NAMES…"中每一个文件的后缀序列。

函数说明:"NAMES…"是多个文件名时,返回值是多个以空格分隔的单词序列。如果文件名没有后缀部分,则返回空。

示例:

```
1  $(suffix src/foo.c src-1.0/bar.c hacks)
```

返回值为".c .c"。

（4）取前缀函数:basename

函数格式:$(basename NAMES…)

函数功能:从文件名序列"NAMES…"中取出各个文件名的前缀部分。前缀部分指的是文件名中最后一个点号之前的部分。

返回值:空格分隔的文件名序列"NAMES…"中各个文件的前缀序列。如果文件没有前缀,则返回空字符串。

函数说明:如果"NAMES…"中包含没有后缀的文件名,则此文件名不改变。如果一个文件名中存在多个点号,则返回值为最后一个点号之前的文件名部分。

示例:

```
1  $(basename src/foo.c src-1.0/bar.c /home/jack/.font.cache-1 hacks)
```

返回值为"src/foo src-1.0/bar /home/jack/.font hacks"。

（5）加后缀函数:addsuffix

函数格式:$(addsuffix SUFFIX,NAMES…)

函数功能:为"NAMES…"中的每一个文件名添加后缀 SUFFIX。参数"NAMES…"为空格分隔的文件名序列,将 SUFFIX 追加到此序列的每一个文件名的末尾。

返回值:以单空格分隔的添加了后缀 SUFFIX 的文件名序列。

示例:

```
1  $(addsuffix .c,foo bar)
```

返回值为"foo.c bar.c"。

（6）加前缀函数：addprefix

函数格式：$(addprefix PREFIX,NAMES…)

函数功能：为"NAMES…"中的每一个文件名添加前缀 PREFIX。参数"NAMES…"是空格分隔的文件名序列，将 PREFIX 添加到此序列的每一个文件名之前。

返回值：以单空格分隔的添加了前缀 PREFIX 的文件名序列。

示例：

```
1  $(addprefix src/,foo bar)
```

返回值为"src/foo src/bar"。

（7）单词连接函数：join

函数格式：$(join LIST1,LIST2)

函数功能：将字符串 LIST1 与字符串 LIST2 各单词进行对应连接，即将 LIST2 中的第一个单词追加到 LIST1 的第一个单词后合并为一个单词；将 LIST2 中的第二个单词追加到 LIST1 的第二个单词后合并为一个单词；以此类推。

返回值：单空格分隔的合并后的单词序列。

函数说明：如果 LIST1 和 LIST2 中的单词数目不一致，则两者中的多余部分将被作为返回序列的一部分。

示例 1：

```
1  $(join a b,.c .o)
```

返回值为"a.c b.o"。

示例 2：

```
1  $(join a b c,.c .o)
```

返回值为"a.c b.o c"。

（8）获取匹配模式文件名函数：wildcard

函数格式：$(wildcard PATTERN)

函数功能：列出当前目录中所有符合模式 PATTERN 格式的文件名。

返回值：空格分隔的存在于当前目录中的所有符合模式 PATTERN 的文件名。

函数说明：PATTERN 使用 shell 可识别的通配符，包括"?"（单字符）、"＊"（多字符）等。

示例：

```
1  $(wildcard *.c)
```

返回值为当前目录中所有.c 源文件列表。

4. foreach 函数

foreach 函数不同于其他函数,它是一个循环函数,类似于 Linux 的 shell 中的 for 语句。foreach 函数的语法格式如下:

```
1  $(foreach VAR,LIST,TEXT)
```

函数功能:把 LIST 中的单词逐一取出,送入 VAR 指定的变量中,再执行 TEST 表达式,每执行一次 TEST 返回一个字符串,所有字符串用空格连接起来就是函数的返回值。

返回值:用空格分隔的经表达式 TEXT 多次计算的结果。

示例:

```
1  names:=a b c d
2  $(foreach n, $(names), $(n).o)
```

返回值:a.o b.o c.o d.o

5. if 函数

if 函数提供了一个在函数上下文中实现条件判断的功能,就像 make 命令所支持的条件语句 ifeq 一样。函数的语法格式如下:

```
1  $(if CONDITION,THEN-PART[,ELSE-PART])
```

函数功能:函数执行时,忽略第一个参数 CONDITION 的前导和结尾空字符,如果包含对其他变量或者函数的引用则进行展开。如果 CONDITION 的展开结果非空,则条件为真,将第二个参数 THEN_PART 作为函数的计算表达式;如果 CONDITION 的展开结果为空,将第三个参数 ELSE-PART 作为函数的表达式,函数的返回结果为有效表达式的计算结果。

返回值:根据条件决定函数的返回值是第一个还是第二个参数表达式的计算结果。当不存在第三个参数 ELSE-PART,并且 CONDITION 展开为空时,函数返回空。

函数说明:函数的条件表达式 CONDITION 决定了函数的返回值只能是 THEN-PART 或者 ELSE-PART 两者的计算结果之一。

示例:

```
1  SUBDIR += $(if $(SRC_DIR) $(SRC_DIR),/home/src)
```

函数的结果是,如果 SRC_DIR 变量值不为空,则将变量 SRC_DIR 指定的目录作为一个子目录;否则将目录"/home/src"作为一个子目录。

6. origin 函数

origin 函数和其他函数不同,它的动作不是操作变量,而只是获取变量的相关信息,说明这个变量的出处。函数的语法格式如下:

```
1  $(origin VARIABLE)
```

函数功能:查询变量参数 VARIABLE 的出处。

函数说明:VARIABLE 是一个变量名而不是一个变量的引用,因此通常不包含"$"。

返回值:返回 VARIABLE 的定义方式,用字符串表示。函数的返回值有以下几种。

① undefined:变量 VARIABLE 没有被定义。

② default:变量 VARIABLE 是内嵌变量,如 CC、MAKE、RM 等变量。如果在 Makefile 文件中重新定义这些变量,则函数返回值将相应发生变化。

③ environment:变量 VARIABLE 是系统环境变量,并且 make 没有使用命令行选项"-e"。

④ environment override:变量 VARIABLE 是一个系统环境变量,并且 make 使用了命令行选项"-e",即 Makefile 文件中存在一个同名的变量定义。使用"make -e"时,环境变量值替代了文件中的变量定义。

⑤ file:变量 VARIABLE 在某一个 Makefile 文件中定义。

⑥ command line:变量 VARIABLE 在命令行中定义。

⑦ override:变量 VARIABLE 在 Makefile 文件中定义并使用 override 指示符声明。

⑧ automatic:变量 VARIABLE 是自动化变量。

7. shell 函数

shell 函数不同于除 wildcard 函数之外的其他函数,make 命令可以使用它与外部通信。

函数功能:shell 函数所实现的功能与 shell 中的引用(`)相同,即实现对命令的扩展,这意味着需要一个 shell 命令作为此函数的参数,函数的返回值是此命令在 shell 中的执行结果。make 命令仅仅对它的返回结果进行处理,将返回结果中的回车换行符("\n")或者一对"\n\r"替换为单空格,并去掉末尾的回车换行符("\n")或者"\n\r"。进行函数展开时,它所调用的命令得到执行。除对它的引用出现在规则的命令行和递归变量的定义中以外,其他绝大多数情况下,make 命令在读取、解析 Makefile 文件时完成对 shell 函数的展开。

返回值:shell 函数的参数在 shell 环境中的执行结果。

函数说明:函数本身的返回值是其参数的执行结果,没有进行任何处理。对结果的处理是由 make 命令进行的。当对函数的引用出现在规则的命令行中,命令行在执行时函数才被展开。展开时,函数参数的执行是在另外一个 shell 进程中完成的,因此需要谨慎处理出现在规则命令行中的多级 shell 函数引用,否则会影响效率。

示例:

```
1  contents : = $(shell cat foo)
```

将变量 contents 赋值为文件 foo 的内容,文件中的换行符在变量中使用空格代替。

2.7.6　make 命令的常见错误信息

make 命令执行过程中所产生的错误并不都是致命的,特别是在命令行之前存在"-",或者使用"-k"选项执行时。make 命令执行过程的致命错误都带有前缀字符串"＊＊＊"。

错误信息都有前缀,一种是执行程序名作为错误前缀,通常是 make;另外一种是当 Makefile 本身存在语法错误无法被 make 命令解析并执行时,前缀包含 Makefile 文件名和出现错误的行号。

下述错误列表中省略了普通前缀。

```
1  [FOO] Error NN
2  [FOO] signal description
```

这类错误并不是 make 命令的真正错误,它表示 make 命令检测到其所调用的程序返回一个非零状态(Error NN),或者此程序携带某种信号,以非正常方式退出。

如果错误信息中没有附加"＊＊＊"字符串,则表示子过程的调用失败;如果 Makefile 文件中的命令有前缀"-",则 make 命令会忽略这个错误。

```
1  missing separator.Stop.
2  missing separator (did you mean TAB instead of 8 spaces?).Stop.
```

以上错误信息表示存在不可识别的命令行,make 命令在读取 Makefile 文件的过程中不能解析其中包含的内容。GNU make 在读取 Makefile 文件时,根据各种分隔符(:、=、TAB 字符等)来识别 Makefile 文件的每一行内容。这些错误意味着 make 命令不能发现一个合法的分隔符。

出现这些错误信息的可能原因是 Makefile 文件中的命令之前使用了 4 个或者 8 个空格代替 Tab 字符。这种情况将产生上述第二种错误信息。

```
1  commands commence before first target.Stop.
2  missing rule before commands.Stop.
```

以上错误信息表示 Makefile 文件可能是以命令行开始(以 Tab 字符开始),但不是一个合法的命令行,例如,可能是对一个变量的赋值。命令行必须与规则一一对应。

产生第二种错误的原因可能是某一行的第一个非空字符为分号,make 命令会认为此处遗漏了规则的"target：prerequisite"部分。

```
1  No rule to make target 'XXX'.
2  No rule to make target 'XXX ',needed by 'yyy'.
```

以上错误信息表示无法为重建目标 XXX 找到合适的规则,包括明确规则和隐含规则。

修正这个错误的方法是,在 Makefile 文件中添加一个重建目标的规则。其他可能导致这些错误的原因是 Makefile 文件中的文件名拼写错误,或者是依赖文件出现了问题。

```
1  No targets specified and no makefile found.Stop.
2  No targets.Stop.
```

第一个错误表示在命令行中没有指定需要重建的目标,并且 make 命令不能读入任何 Makefile 文件。第二个错误表示能够找到 Makefile 文件,但没有默认目标或者没有在命令行中指出需要重建的目标。这种情况下,make 命令什么也不做。

```
1   Makefile 'XXX'was not found.
2   Included makefile 'XXX'was not found.
```

以上错误信息表示没有使用"-f"选项指定 Makefile 文件,make 命令不能在当前目录中找到默认的 Makefile 文件(makefile、Makefile 或者 GNUmakefile);或者使用"-f"选项指定文件,但不能读取这个指定的 Makefile 文件。

```
1   warning: overriding commands for target 'XXX'
2   warning: ignoring old commands for target 'XXX'
```

以上错误信息表示对同一目标 XXX 存在一个以上的重建命令。GNU make 规定:当同一个文件作为多个规则的目标时,只能有一个规则定义重建它的命令。如果为一个目标多次指定了相同或者不同的命令,就会产生第一个警告;第二个警告信息表示新指定的命令覆盖了上一次指定的命令。

```
1   Circular XXX <- YYY dependency dropped.
```

以上错误信息表示规则的依赖关系产生了循环:目标 XXX 的依赖文件为 YYY,而依赖 YYY 的依赖列表中又包含 XXX。

```
1   Recursive variable 'XXX'references itself (eventually).Stop.
```

以上错误信息表示递归展开变量 XXX 在替换展开时,引用它自身。无论对于直接展开变量还是追加定义,这都是不允许的。

```
1   Unterminated variable reference.Stop.
```

以上错误信息表示变量或者函数引用的语法不正确,没有使用完整的括号。

```
1   insufficient arguments to function 'XXX'.Stop.
```

以上错误信息表示函数 XXX 引用时的参数数目不正确,函数缺少参数。

第3章 嵌入式系统软件平台构建

在硬件资源较多的嵌入式平台中,基于处理器直接编程的模式,给程序员带来较大负担。程序员需要了解硬件的所有细节才能编程控制硬件,难以将注意力集中于业务问题的解决。在硬件平台上构建一个嵌入式操作系统,向下管理纷繁复杂的各种硬件,向上为用户提供易用的硬件操作接口,则可大幅降低软件设计人员的工作量,并优化系统软件结构,增加系统的可移植性。Linux操作系统以其开源、可移植性好等特性,在嵌入式系统中得到广泛应用。本章介绍在基于 ARM9 的 S3C2410、S3C2440 等处理器平台上,如何移植一个嵌入式 Linux 操作系统。

源代码:
第 3 章源代码

3.1 嵌入式系统软件平台概述

构建嵌入式系统的软件平台一般包括以下 4 个步骤。

1. 环境配置

宿主机一般采用 Windows 平台,在其中通过虚拟机软件安装 Linux 系统,主要开发工作在 Linux 系统中进行。Linux 系统可以选用 Ubuntu、RedHat 等。由于需要进行交叉编译,Linux 系统中需要安装交叉编译工具链并配置环境变量,读者可以参照 2.2 节的介绍进行安装。交叉编译好的程序需要下载到目标机中运行,可采用 Windows 自带的超级终端或者其他下载工具。

2. BootLoader 的构建

目标机的嵌入式 Linux 系统启动之前,需要先运行目标机的启动引导程序,由该程序进行系统初始化,引导操作系统开始执行,该启动引导程序称为 BootLoader。根据嵌入式平台硬件以及嵌入式操作系统的不同,需要选择合适的 BootLoader 版本,在宿主机中对 BootLoader 进行不同的配置,然后交叉编译形成可在目标平台中执行的程序,并通过仿真器或其他方式将其下载到目标机。重启目标机后,可通过 BootLoader 继续下载操作系统内核,或者引导操作系统内核启动。

3. 操作系统内核构建

嵌入式操作系统是嵌入式系统软件最重要的组成部分,众多应用程序运行在操作系统之上,操作系统内核的配置和编译是操作系统能否构建成功的关键步骤。根据硬件平台的不同,需要选择不同版本的嵌入式操作系统。例如,对于没有硬件 MMU 的 ARM7 处理器来说,可选用嵌入式 uCLinux 操作系统;对于具有 MMU 的 ARM9 处理器来说,则可直接使用嵌入式 Linux。嵌入式 Linux 内核需要经过配置和裁剪,以适应处理器型号,并去除不必要的部分,使其体积减小,然后交叉编译后下载至目标机运行。

4. 制作文件系统

Linux 文件系统中包含程序、数据和配置文件,是 Linux 系统运行时必不可少的组成部分。配置嵌入式 Linux 平台的最后一步是构建文件系统,应按照 Linux 的标准建立目录树,复制相应的配置文件、命令程序、库到目录树中,然后将目录树制作为一个镜像文件,之后将其下载到目标平台。为了减小文件系统的体积,往往用一个名为 BusyBox 的工具来替代大量命令程序,该工具中集成了各种常用的 Linux 命令,但对这些命令的公共部分仅保留了一个副本,因此可大幅度减小文件体积,非常适合于资源受限的嵌入式系统。

3.2 BootLoader

3.2.1 BootLoader 概述

在通信日益便利的今天,几乎每个人都至少拥有一部手机,每次打开手机都可

80

以看到温馨的问候语,在显示问候语的背后,手机这个嵌入式设备都进行了哪些运算呢? 同样地,每次打开计算机时,主机都会发出"嘀"的一声轻响,如果计算机中安装了多个操作系统,此时会显示一个启动菜单,供用户选择引导至不同的操作系统。这个过程中,计算机中实际又发生了些什么呢?

上面的两个问题有很多相似之处。计算机的主机板上有一块芯片,其中固化了开机时要自动运行的一段代码,称作基本输入输出系统(basic input output system, BIOS)。它的功能是完成硬件检测和资源分配,把存放在硬盘主引导扇区(main boot record, MBR)中的引导程序复制到内存中并加以执行。对于 Linux,此引导程序可能名为 LiLo 或者 Grub,它负责根据用户在可能出现的启动菜单中的选择,把相应的操作系统内核复制到内存中,然后把控制权交给操作系统内核,引导程序在计算机之后的运行过程中将不再起任何作用,这就是 PC 启动的简要过程。

嵌入式计算机属于计算机的一种,因此具有与 PC 原理一致的启动过程,只不过细节上有所差别。嵌入式系统一般没有 BIOS,系统自检、资源分配、内核引导等操作都统一由一种称作 BootLoader 的软件来完成。BootLoader 是系统复位后执行的第一段代码,它的功能是完成系统硬件的初始化,包括时钟的设置、存储区的映射、堆栈指针的设置等;然后把操作系统内核从 Flash 区复制到 RAM 区,并跳转到内核的入口开始执行,将系统控制权交给操作系统内核,此后,系统的运行和 BootLoader 再无任何关系。

1. BootLoader 的功能

要弄清楚 BootLoader 存在的必要性,首先需要了解嵌入式系统的软件体系结构,如图 3.1 所示。

图 3.1 中,处在系统最底层的是硬件;BootLoader 在硬件层之上,是与硬件高度相关的代码,随处理器和板级资源的不同而不同,负责系统的设置和引导;BootLoader 之上是嵌入式操作系统内核,一般都经过了裁剪定制,和硬件相关;再上一层是文件系统,可以根据实际需求选用不同的文件系统,不同的文件系统将呈现不同的特性;最上层的应用软件完全由系统功能确定,存储于文件系统中,运行时需要操作系统提供的各种功能支持。有时,在用户应用程序和操作系统内核之间还会存在一个嵌入式图形用户界面,如 Micro Windows 或 MiniGUI 等。

图 3.1 嵌入式系统的软件体系结构

嵌入式系统一般有多种存储器,如非易失性的 Flash 存储器和易失性的 RAM,存放在 Flash 中的程序可以直接执行,但是执行速度较慢;而存放在 RAM 中的程序执行迅速,但掉电后所有信息都会丢失。嵌入式设备不可能永久保持上电状态,为了不丢失上述各层次软件,必须把它们保存在 Flash 中,而为了快速执行程序,在系统启动后又需要把这些软件复制到内存中,这就是 BootLoader 需要完成的主要任务。

图 3.2 说明了典型 Flash 存储空间的分配结构。从地址 0x0 开始,依次存放 BootLoader、BootLoader 参数、操作系统内核以及文件系统。任何处理器在上电或复位时,程序计数器都会指向某个确定的内存单元,存放在这个内存单元中的指令即为开机后执行的第一条指令。例如,32 位 PC 默认的程序计数器初始值为 0xfffffff0,开机后计算机会首先执行存放在内存单元 0xfffffff0 处

的指令（一般为一条绝对跳转指令）。ARM 处理器默认执行的第一条指令地址为 0x0，可以把非易失性的 Flash 存储器安排到此地址，存储内容按照图 3.2 配置，这样就可以保证上电后计算机首先执行 BootLoader。

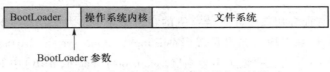

图 3.2　典型 Flash 存储空间的分配结构

2. BootLoader 的特点

BootLoader 是独立于操作系统的软件，必须由用户自行设计。各种嵌入式 Linux 源代码包中不包含 BootLoader，但用户可以直接使用或参考一些开源的 BootLoader 软件工程来编制自己的 BootLoader。

BootLoader 的实现高度依赖于硬件，包括处理器的体系结构、具体型号、硬件电路板的设计等。不存在通用的 BootLoader，但是存在设计 BootLoader 的通用概念和规则，以指导用户对特定的 BootLoader 进行设计与实现。宿主机和目标机之间一般通过串口连接，BootLoader 软件在执行时通常会通过串口进行 I/O 操作，使用的协议通常是 xmodem/ymodem/zmodem 等协议中的一种。例如，输出打印信息到串口，从串口读取用户控制字符，从宿主机向目标机传输文件等，用户可以通过观察串口的输出信息来判断 BootLoader 是否执行正常。某些 BootLoader 支持借助简易文件传输协议（trivial file transfer protocol，TFTP）使用以太网传输文件，但此时主机必须提供 TFTP 服务。

BootLoader 的启动过程分为两类：单阶段和多阶段。多阶段的 BootLoader 能提供更为复杂的功能以及更好的移植性。从固态存储器中启动的 BootLoader 大多包含两阶段的启动过程，具体分为 stage1 和 stage2。

大多数 BootLoader 都有两个操作模式：启动加载模式和下载模式。前者是嵌入式系统的正常运行过程，与前面描述的 BootLoader 功能一致，系统的启动不需要用户的介入。后者主要用在系统调试过程中，先通过某种方式把 BootLoader 写入目标机中，然后通过串口或网络连接从宿主机中下载其他文件，如内核映像和根文件系统等。下载的文件首先放在 RAM 中，然后被 Boot-Loader 写到固态存储器中。BootLoader 的这种模式通常在系统的设计过程中使用，仅对开发人员有意义，从最终用户的角度看，可以仅使用启动加载模式。

Blob、vivi 或者 U-Boot 等强大的 BootLoader 通常同时支持这两种模式，允许用户在两种模式间切换。例如，vivi 在启动时等待若干秒，如果这段时间内用户有按键操作，则切换到下载模式；否则，等待时间结束后自动启动 Linux 内核。

3. 常见的 BootLoader

某些文献会把 BootLoader 分为引导加载程序和监控程序两类。引导加载程序只是用来启动设备及执行主要软件。监控程序除了具备引导功能，还提供用于调试、读写内存、重新编程 Flash 设备、配置等的命令行接口。

常见的 BootLoader 有以下几种。

① LILO:Linux Loader 的简称,是 Linux 诞生之日起一直使用的 BootLoader,现在由 John Coffman 维护,有详细的文档。

② GRUB:GRand Unified BootLoader,是 GNU 计划的主要 BootLoader,现在的 Linux 系统一般采用 GRUB,它比 LILO 使用方便。

③ Blob:LART 硬件计划采用的 BootLoader。Blob 被移植到了许多使用 ARM 的系统,使用非常广泛。Blob 不提供监控程序的能力。

④ RedBoot:RedHat 的下一代 BootLoader,支持 x86、ARM、PPC、MIPS 和 M68K 等多种体系结构。

⑤ U-Boot:公认的功能最多、最具弹性以及开发最积极的开放源代码 BootLoader,得到广泛支持。U-Boot 以 PPCBoot 和 ARMBoot 为基础,大约支持 100 种 PPC 电路和十几种 ARM 电路。

⑥ vivi 是由韩国 mizi 公司为 ARM 处理器系列设计的一个 BootLoader,目前只支持使用串口和主机通信,用户必须使用一条串口电缆连接目标机和主机。vivi 的作用包括检测目标机,初始化硬件,把操作系统内核从 Flash 复制到 RAM 并启动。

3.2.2 BootLoader 框架

BootLoader 代码与 CPU 类型、板级电路密切相关,因此大多数 BootLoader 都分为两个阶段:stage1 和 stage2。依赖于 CPU 的代码(如设备初始化代码)由 stage1 完成,这部分代码通常用汇编语言编写,短小精悍。stage2 的功能通常较为复杂,用 C 语言编写,从而可提高代码的可移植性。

stage1 完成的主要任务包括硬件设备初始化,为加载 BootLoader 的 stage2 准备 RAM 空间,复制 BootLoader 的 stage2 到 RAM 中,设置堆栈,跳转到 stage2 的入口。stage2 包含的步骤有初始化本阶段要使用的硬件设备,检测系统内存映射(memory map),将内核映像和根文件系统从 Flash 读到 RAM 空间中,为内核设置启动参数,最后调用操作系统内核。

stage1 完成的任务和硬件相关,包括基本的硬件初始化,为随后 stage2 的执行做准备。在 stage1 中,要设置各种控制寄存器,设置 CPU 的速率和时钟频率,初始化 RAM,屏蔽所有中断。在 stage1 运行的初始阶段,系统初始化还没有完成,串口驱动还没有加载,因此不能通过串口终端给用户提供反馈信息。此时,可以初始化通用 I/O 口,通过 GPIO 驱动 LED 闪烁给用户提供反馈信息,表明系统的运行状态。

为了获得较快的执行速度,通常把 stage2 加载到内存中运行,因此在 stage1 阶段必须为 stage2 准备一块可用的 RAM 空间。stage2 通常由 C 语言编写。除了 stage2 本身的映像外,还需要为 stage2 准备一块堆栈空间。一般来说,把 stage2 安排到内存顶端的 1 MB 空间范围内。设置好内存后,还要对内存进行检测,以确定该内存范围是否为真正可正确读写的 RAM 空间。采用的检测方法是向该空间的每一个字节写入二进制数据 0xaa,然后读取每个字节,检查读出的内容是否为 0xaa;接下来向该空间的每一个字节写入二进制数据 0x55,然后读取相应字节,检查读出的内容是否为 0x55;如果每次读出的内容都与写入内容一致,则表示该空间是有效内存空间。

接下来要把 stage2 的代码复制到准备好的内存空间中。复制时要注意明确 stage2 代码在

Flash 中的起始地址、长度以及为 stage2 安排的 RAM 空间的起始地址。由于 stage2 是用 C 语言编写的,需要为 stage2 准备堆栈。通常把堆栈指针 sp 的值设置为内存空间的最顶部,采用空栈递减堆栈。存储器布局结构如图 3.3 所示。

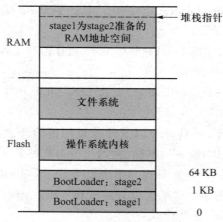

图 3.3　存储器布局结构

　　stage1 完成后自动跳转到 stage2。stage2 一般用 C 语言编写,需要注意的是,其中不应该有对 glibc 库函数的调用。因为 BootLoader 运行于系统刚启动时,此时操作系统、文件系统等内容还没有复制到 RAM 中,还不能得到 glibc 的支持。在 stage2 中还用到一段称为"弹簧床"(trampoline)的程序,从其中跳转到 main() 函数,main() 函数返回时返回到 trampoline 中,也即用 trampoline 程序对 main() 函数做了一个外部的包装。trampoline 程序的代码如下所示:

```
1   .text
2   .global _trampoline
3   _trampoline:
4       bl main
5       /* if main() return, we just call it again. */
6       b _trampoline
```

　　在 stage2 中要至少初始化一个串口,用于和终端进行通信,给用户提供输出反馈信息。在 stage2 中,同样可以通过 LED 的闪烁来表示当前系统运行到了哪个阶段。此外,stage2 必须检测 CPU 预留的全部 RAM 地址空间中,哪些被真正映射到了 RAM 地址单元,而哪些处于未被使用状态。

　　上述工作完成后,stage2 还需要把操作系统内核及文件系统从 Flash 中复制到 RAM 中,接下来还需要设置诸如内核串口波特率、数据位位数、有无校验等,然后直接跳转到内核的第一条指令处开始执行。至此,stage2 的全部工作结束。

3.2.3　BootLoader 代码分析

【例 3.1】　以下是一段最简单的 BootLoader 程序。这段代码没有分为两个阶段,仅实现了配置硬件寄存器以及复制操作系统内核的基本功能。

```
 1  /* ch3_1.s */
 2  /* 设置若干宏,用宏来表示各控制寄存器地址 */
 3  .equ    WTCON,0x01d30000
 4  .equ    PCONE,0x01d20028
 5  .equ    LOCKTIME,0x01d8000c
 6  .equ    PLLCON,0x01d80000
 7  .equ    CLKCON,0x01d80004
 8
 9  .globl _start
10  _start:
11  /* 跳转到 BootLoader 第一条指令处 */
12  b  reset
13  /* 跳转目的地址为中断向量表 */
14  interrupt:
15  add pc, pc, #0x0c000000
16  add pc, pc, #0x0c000000
17  add pc, pc, #0x0c000000
18  add pc, pc, #0x0c000000
19  add pc, pc, #0x0c000000
20  add pc, pc, #0x0c000000
21  add pc, pc, #0x0c000000
22  /* 预设若干地址连续的内存控制寄存器的值 */
23  MEMORY_CONFIG:
24  .long   0x11110102
25  .long   0x600
26  .long   0x7ffc
27  .long   0x7ffc
28  .long   0x7ffc
29  .long   0x7ffc
30  .long   0x7ffc
31  .long   0x18000
32  .long   0x18000
33  .long   0x860459
34  .long   0x10
35  .long   0x20
36  .long   0x20
37  /*  复位地址  */
38  reset:
```

```
39   ldr r0, =WTCON/* 关看门狗 */
40   ldr r1, =0x0
41   str r1, [r0]
42   /* 设置端口控制寄存器 Port E ,打开 RxD0 和 TxD0 (串口输入输出)功能 */
43   ldr r1, =PCONE
44   ldr r0, =0x25529
45   str r0, [r1]
46   /* 设置系统时钟控制寄存器 */
47   ldr r1, =LOCKTIME
48   ldrb r0, =0xfff
49   strb r0, [r1]
50   ldr r1, =PLLCON
51   ldr r0, =0x78061
52   str r0, [r1]
53   ldr r1, =CLKCON
54   ldr r0, =0x7ff8
55   str r0, [r1]
56   /* 设置存储器,把预设值整体复制到相应控制寄存器中 */
57   memsetup:
58   ldr r0, =MEMORY_CONFIG
59   ldmia r0, {r1-r13}
60   ldr r0, =0x01c80000
61   stmia r0, {r1-r13}
62   /* 复制 Flash 地址 0x10000 处的内核到 RAM 地址 0xc300000 中 */
63   loader:
64   ldr r0, =0x10000
65   ldr r1, =0xc300000
66   add r2, r0, #(704 * 1024)
67   copy_kernel:
68   ldmia r0!, {r3-r10}
69   stmia r1!, {r3-r10}
70   cmp r0, r2
71   ble copy_kernel
72   /* 跳转到 RAM 中执行内核 */
73   ldr r0, =0xc300000
74   mov pc, r0
```

例 3.1 的前几行是宏设置,把用到的各个控制寄存器的地址用宏来代替,便于编写后续代码。标号_start 处的"b reset"语句是上电后执行的第一条语句,作用是无条件跳转到下面的硬件配置代码段中。标号 interrupt 处开始的若干行对 pc 的加指令,目的是发生中断时,可以让程序计数器跳转到中断向量表(存放在 0x0c000000)中的对应行,找到中断服务程序。标号 MEMORY _CONFIG 处的代码段是要配置的 13 个内存控制寄存器的值,把这些值连续排列起来,将来就可以用块移动指令整体写入地址连续的 13 个内存控制寄存器。从标号 reset 处开始是系统复位之后开始执行的语句,包括看门狗寄存器设置、用到的通用 I/O 口设置、系统时钟设置等。标号 memsetup 开始的 4 条语句负责把标号 MEMORY_CONFIG 处开始的 13 个值整体写入 13 个内存配置寄存器。标号 loader 开始的 7 条语句负责把 Flash 中的内核复制到内存中。最后两条语句负责把程序指针转移到内核起始处。

3.2.4 vivi

BootLoader 的作用是初始化硬件设备,建立内存空间的映射图,复制操作系统内核到内存,并跳转到内核处开始执行。S3C2440 处理器通常采用 vivi 作为 BootLoader。与一般 BootLoader 类似,vivi 的执行也分为两个阶段。

1. vivi 简介

vivi 是韩国 mizi 公司开发的 BootLoader,其结构简洁,易于扩展,非常适合运行于 ARM9 处理器,支持 S3C2440,被许多底层开发程序员广泛采用。2008 年 8 月,mizi 公司被嵌入式操作系统的行业领先者 Wind River 公司收购,mizi 研发团队开始为 Wind River 的 Linux 计划服务。

vivi 的代码包括 200 多个文件,散布在 arch、init、lib、drivers 和 include 等几个目录中。其中,arch 目录包括体系结构相关部分的子目录,如 S3C2440 子目录,在运行 make menuconfig 时加载的配置文件也在 arch 目录中;init 目录只有 main.c 和 version.c 两个文件,包括硬件初始化和内核启动代码;lib 目录包括一些通用的接口代码,如延时函数;dirvers 目录包括引导内核所必需的设备驱动程序,如 MTD 和串口;include 目录是头文件的公共目录,其中 s3c2440.h 定义了代表处理器中寄存器的一系列宏;platform/smdk2440.h 中定义了与目标机相关的资源配置参数。

2. vivi 的工作过程

vivi 的执行过程分为两个阶段,第一阶段主要完成硬件相关部分的操作,常用汇编语言编写;第二阶段完成硬件无关工作,常用 C 语言编写。第一阶段在文件 vivi/arch/s3c2440/head.S 中执行,完成的功能包括硬件初始化,为加载 BootLoader 的第二部分准备内存空间,复制第二部分到 RAM 中,设置堆栈,跳转到第二阶段的入口点。第二阶段在 vivi/main.c 中执行,包括以下步骤:清理内存,为系统运行准备空间;初始化硬件定时器,设置 GPIO 引脚功能;建立页表,启动 MMU,进行存储系统初始化;堆空间初始化;MTD 设备初始化;初始化内核启动参数;初始化 vivi 内置命令;根据终端输入选择进入 vivi 命令行或者引导 Linux 内核。

3. vivi 的工作模式

与很多 BootLoader 一样,vivi 支持两种工作模式:启动加载模式和下载模式。

启动加载模式是设备正常运行状态下启动时 vivi 的工作模式,vivi 负责把操作系统内核从某种非易失性存储器中复制到 RAM 中,并跳转到操作系统内核处开始执行。产品发布后,vivi 必须工作在这种模式下。

下载模式是系统调试时 vivi 的工作方式。vivi 通过目标机的串口连接或网络连接把操作系统内核或者根文件系统映像从宿主机下载到目标机内存中，然后再把下载的文件写入 Flash 存储器中。下载模式通常在第一次安装或者修改内核、根文件系统时使用。处于下载模式的 BootLoader 通常会向终端提供一个简单的命令行接口。

4. vivi 的命令行接口

vivi 支持很多种命令。在 Windows 超级终端或 Linux 的 minicom 下，进入 vivi 后，按除 Enter 键之外的任意键，都可以进入 vivi 提示符，通过输入 vivi 命令可以实现各种操作。例如，利用 help 命令查看 vivi 支持哪些命令。

```
 1  vivi> help
 2  ----------------------------------------------------
 3  Usage:
 4  cpu [{cmds}] -- Manage cpu clocks
 5  bon [{cmds}] -- Manage the bon file system
 6  reset -- Reset the system
 7  param [set |show |save |reset] -- set/get parameter
 8  part [add |del |show |reset] -- Manage MTD partitions
 9  mem [{cmds}] -- Manage Memory
10  loadyaffs {…} -- Load a yaffs image to Flash
11  eboot -- Run Wince Ethernet Bootloader(eboot)
12  wince -- Run Wince
13  load {…} -- Load a file to RAM/Flash
14  go <addr> <a0> <a1> <a2> <a3> -- jump to <addr>
15  dump <addr> <length> -- Display (hex dump) a range of memory.
16  call <addr> <a0> <a1> <a2> <a3> -- jump_with_return to <addr>
17  boot [{cmds}] -- Booting linux kernel
18  help [{cmds}] -- Help about help?
```

在某命令名后加 help，可以查看该命令的详细用法。例如，比较重要的 load 命令的用法可以如下查看：

```
 1  vivi> load help
 2  Usage:
 3  load <flash |ram> [ <partname> |<addr> <size> ] <x |y |z>
```

上面的语句显示了 load 命令的语法格式，其中，参数 flash 或 ram 代表目标介质的类型，如果选择 Flash，数据仍然先写入 RAM，然后复制到 Flash 中。配置 BootLoader 时，需要选择目标系统的非易失性存储器类型：NAND Flash 或者 NOR Flash，两者有所不同。partname 是 vivi 的 MTD 分区表中的分区名；也可选择 addr 和 size，表示用户不使用 vivi 的 MTD 分区，自行选择下载的目标存储区域。addr 表示下载的目标地址, size 表示下载的文件大小, 单位为字节, size 的数值必须大于或等于待下载的文件的字节数。参数 x、y 和 z 分别代表 xmodem 协议、ymodem 协议和 zmodem 协议, 用于确定文件从宿主机到目标机的下载方式。例如, 采用 xmodem 方式下载内核, 可以使用下面的命令:

```
1   vivi>load flash kernel x
```

5. vivi 命令行实现的数据结构

文件 vivi/include/command.h 中的 user-command-t 是 vivi 命令实现的核心数据结构:

```
1   typedef struct user-command
2   {
3       const char* name;
4       void (* cmdfunc)(int argc, const char * *);
5       struct user-command * next-cmd;
6       const char * helpstr;
7   }user-command-t;
```

vivi 的每一个命令都是这个结构类型的一个实例。在 user-command-t 结构中, name 代表命令的名称; 函数指针 cmdfunc 指向相关命令的实现代码, 第一个参数表示命令行参数的个数, 第二个参数代表命令行中的各个字符串, 这两个参数的意义类似主函数的参数; next-cmd 是同种类型的结构指针, 用来构造一张单链表; helpstr 指向此命令的帮助信息。

以 load 命令为例, user-command-t 数据结构的实现如下:

```
1   user-command-t load-cmd =
2   {
3       "load",
4       command-load,
5       NULL,
6       "load {…}\t\t\t - load a file to RAM/Flash"
7   };
```

用户输入 load 命令时, vivi 通过查找单链表, 找到 load-cmd 结构体, 执行 command-load 指向的函数。

vivi 的命令行实现中有几个比较重要的函数。add-command() 函数负责把用户定义的 user-command-t 结构体插入单链表中。execcmd() 函数负责扫描单链表, 查找 name 域与输入命令相同的节点, 如果找到, 则执行此节点中 cmdfunc 指针指向的函数; 如果找不到, 则认为用户输入的命令无效; init-builtin-cmds() 函数通过调用 add-command() 函数, 把 vivi 支持的所有命令都添加到单链表中。

6. supervivi

supervivi 是友善之臂 (FriendlyArm) 基于 vivi 所改进的一个简单易用、功能强大的

BootLoader，由友善之臂进行开发维护和升级，目前不提供源代码。

superviv 与 vivi 相同，具有两种不同的工作模式：启动加载模式和下载模式。在启动加载模式下，superviv 可将目标机 Flash 存储器中的操作系统加载到 RAM 中运行，该过程完全自动进行，不需要用户参与。在下载模式下，superviv 具有更加强大的功能，并且可以切换到原来的 vivi 模式。图 3.4 所示为superviv 的命令菜单，具体功能包括下载 vivi、下载Linux 内核、下载文件系统等，还可以直接下载并运行程序，对 Linux 分区进行操作等。下载模式主要为构建系统而用，也可以设置参数和进行分区。下载采用USB 方式，速度更快，使用更加方便。

```
##### FriendlyARM BIOS for 2440 #####
[v] Download vivi
[k] Download linux kernel
[y] Download root_yaffs image
[c] Download root_cramfs image
[n] Download Nboot
[e] Download Eboot
[i] Download WinCE NK.nb0
[w] Download WinCE NK.bin
[d] Download & Run
[f] Format the nand flash
[p] Partition for Linux
[b] Boot the system
[s] Set the boot parameters
[t] Print the TOC struct of wince
[q] Goto shell of vivi
Enter your selection:
```

图 3.4　supervivi 的命令菜单

3.3　内 核 编 译

【教学课件】
内核编译

本节介绍嵌入式 Linux 操作系统的内核编译方法，包括运行于 S3C2410 平台的 2.4 版本嵌入式 Linux 内核编译以及运行于 S3C2440 平台的 2.6 版本嵌入式Linux 内核编译。

3.3.1　2.4 版本嵌入式 Linux 操作系统内核编译

内核编译的目的是为了将来能够给目标机提供一个好用的嵌入式操作系统内核，该编译过程须采用交叉编译方式，具体包括如下 3 个步骤。

1. 建立开发环境

宿主机可以采用 Cygwin 环境或 Linux 环境，下面以前者为例进行介绍。需要准备的源代码包括 vivi 源代码、kernel 源代码和文件系统，需要准备的软件包括交叉开发工具链和文件系统镜像制作工具 mkcramfs。

编写并在启动 Cygwin 时执行如下脚本，可以完成一些系统环境配置工作。

```
1  #! /bin/sh
2  # set_env_qt.sh
3  #交叉开发工具链安装目录
4  export CROSSDIR="/usr/local/arm/4.5.3"
5  #源代码安装目录
6  export SOURCEDIR="/tmp/edukit-2410"
7  #工作目录
8  export WORKDIR="/usr/local/src/edukit-2410"
9  #可执行文件安装目录
```

```
10    export INSTALLDIR="/home/app"
11    #如果没有建立目录,则建立它;否则显示目录名
12    if [ -d $SOURCEDIR ]; then
13    echo $SOURCEDIR
14    else
15    echo "Creating directory: "$SOURCEDIR
16    mkdir -p $SOURCEDIR
17    fi
18    #如果没有建立目录,则建立它;否则显示目录名
19    if [ -d $WORKDIR ]; then
20    echo $WORKDIR
21    else
22    echo "Creating directory: "$WORKDIR
23    mkdir -p $WORKDIR
24    fi
25    #如果没有建立目录,则建立它;否则显示目录名
26    if [ -d $INSTALLDIR ]; then
27    echo $INSTALLDIR
28    else
29    echo "Creating directory: "$INSTALLDIR
30    mkdir -p $INSTALLDIR
31    fi
32    #添加默认库路径
33    export LIBDIR="-L$CROSSDIR/arm-none-linux-gnueabi/lib/ \
34                   -L$CROSSDIR/lib/gcc/arm-none-linux-gnueabi/4.5.3"
35    #变量设置
36    CROSS="arm-linux-"
37    export CC=$CROSS"gcc"
38    export AS=$CROSS"as"
39    export LD=$CROSS"ld"
40    export CFLAGS="-O2 -fomit-frame-pointer"
41    export CPPFLAGS="-I$WORKDIR/kernel/include -I$CROSSDIR/arm-none-linux-gnue
42    abi/include \-I$CROSSDIR/lib/gcc-lib/arm-none-linux-gnueabi/4.5.3/include"
44    export LDFLAGS="$LIBDIR"
45    export GCCMISC="$CROSSDIR/lib/gcc-lib/arm-none-linux-gnueabi/4.5.3/"
46    export PATH="$CROSSDIR/bin:$CROSSDIR/arm-none-linux-gnueabi/bin:$GCCMISC:
47    $PATH"
48    echo $PATH
```

2. 系统交叉编译

首先交叉编译 BootLoader。准备好 vivi 源代码,修改 Makefile 文件,指定目标体系结构为 arm,交叉编译工具前缀为 arm-linux-,注意工具链的路径要设置正确;然后按照目标板的实际情况设置 vivi 运行的硬件地址;交叉编译 vivi。运行 make clean 命令清除中间文件,然后运行 make menuconfig 命令对 vivi 进行配置,最后执行 make 命令,当出现提示"^-^ The vivi boot image file is:…/vivi/vivi"(省略号代表用户实际安装 vivi 源代码的目录)时,交叉编译完成。

下一步需要配置编译内核源代码。准备 mizi Linux 源代码,修改 Makefile 文件,把内核运行的目标平台改为 2410 处理器,修改交叉编译器前缀为 arm-linux-,注意工具链的路径要设置正确;按照目标板 RAM、Flash 的实际情况配置硬件地址;配置串口,设置正确的波特率。本阶段依次运行以下命令:make mrproper、make xconfig、make dep、make clean、make zImage,当出现"^-^ The kernel image file is:…/kernel/arch/arm/boot/zImage"(省略号代表用户实际安装内核源码的目录)提示信息时,表示内核已经交叉编译完成。内核编译具体过程可参阅相关文档,此处不再赘述。

最后一个步骤是制作文件系统,可参考 3.5.1 节中 CRAMFS 文件系统介绍的内容。首先创建根目录,在其中新建 bin、dev、etc、usr、lib、sbin 等目录;下载 BusyBox 源代码,参考 3.4 节的内容,配置、交叉编译和安装 BusyBox,注意,目标平台指定为 arm 交叉编译器前缀指定为 arm-linux-,工具链的路径要设置正确,编译完成后的可执行文件安装路径要设置正确;复制需要的 C 语言库到文件系统目录树中;由于内核启动后会读取一系列配置文件,包括/etc/profile、/linuxrc、/usr/etc/rc.local、/etc/init.d/rcS 等,完成诸如环境变量设置等工作容,因此需要编写这些配置文件;上述工作都完成之后,需要使用文件系统生成工具 mkcramfs 来生成文件系统的镜像文件,假设用户建立的文件系统根目录为 root,执行如下命令后,在当前目录中得到文件系统镜像文件 root.img。

```
1   # mkcramfs root root.img
```

3. 镜像下载

使用仿真器、Flash Programmer 把 vivi、内核和文件系统下载到 Flash 中,重新启动目标机,如果能够顺利进入 Linux,表示操作成功,如图 3.5 所示。需要注意的是,根据目标机系统使用 NOR Flash 或者 NAND Flash 的不同情况,ARM Linux 系统构建细节稍有差别。

3.3.2　2.6 版本嵌入式 Linux 操作系统内核编译

S3C2440 处理器与 S3C2410 处理器一样采用 ARM920T 架构,但是具有更高的主频、更丰富的接口,支持更大的 NAND Flash,可为手持设备与应用提供低功耗、高性能的微控制器解决方案。本节介绍如何在 S3C2440 处理器平台上构建 2.6 内核版本的嵌入式 Linux 操作系统。

1. 环境配置

内核编译需要在 Linux 系统中进行,下载内核源代码文件,将其复制到宿主机 Linux 系统,解压缩备用。文件系统采用 YAFFS2,下载 YAFFS2 源文件,将其复制到宿主机 Linux 系统中解压缩备用。

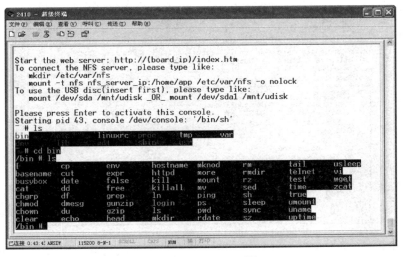

图 3.5　mizi Linux 系统

由于目标机为 ARM 架构,因此宿主机 Linux 系统中需要配置交叉编译工具链,参照 2.2 节中交叉编译工具链的构建方法进行安装。宿主机环境配置完成后,便可以进行内核的配置与编译。制作文件系统 YAFFS2 需要命令行工具 mkyaffs2image,需先下载安装,以便制作文件系统映像文件。

2. 内核配置和内核编译

将需要移植的 linux-2.6.32.2 源代码复制到 Linux 系统中,此版本的 Linux 内核支持 S3C2440,并支持多种分辨率的 LCD 显示屏,简化了配置过程。

在命令行下运行 make menuconfig 命令进行内核配置,配置界面如图 3.6 所示。图 3.6 提供了内核定制接口,可在此界面中进行内核个性化定制。主要的配置选项有 CPU、LCD、触摸屏、USB 鼠标和键盘、U 盘、万能驱动 USB 摄像头、CMOS 摄像头、网卡、USB 无线网卡驱动、音频驱动、SD/MMC 卡、看门狗驱动、LED 灯、按键驱动、PWM 控制蜂鸣器驱动、A/D 转换驱动、串口驱动、RTC 实时时钟驱动、I2C-EEPROM 驱动、YAFFS2 文件系统、EXT2/VFAR/NFS/FAT32 文件系统配置等。配置完成后,保存设置退出。

在编译内核之前,必须保证所有的配置正确,否则编译出的内核文件也是不可用的。在宿主机 Linux 系统的命令行下,运行 cd 命令进入要编译的系统内核目录中,即 linux-2.6.32.2 目录,运行命令 make zImage 开始内核编译。由于 Linux 内核文件很多,编译的时间会比较长。编译成功后,会在 linux-2.6.32.2/arch/arm/boot 目录中生成 Linux 内核镜像文件 zImage,然后需要利用下载工具将其下载到目标机。内核编译的具体过程可参阅相关文档,此处不再赘述。

下一步需要制作文件系统,参照 3.5.2 节 YAFFS2 文件系统的构建方法进行制作。注意,使用构建工具时要注意区分存储器的大小。

3. 镜像下载

由于目标机中存在 supervivi,利用 supervivi 强大的下载功能,配合下载工具 DNW 进行下载。以 NOR Flash 方式启动目标机,进入 supervivi 菜单,选择 k 选项(Download linux kernel),从 DNW

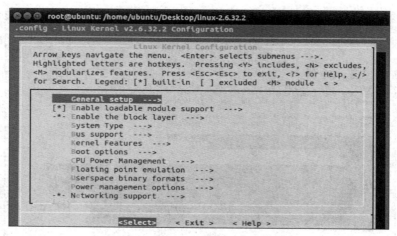

图 3.6　内核配置界面

的 USB Port 选项中选择发送已经配置好的 zImage 文件到目标机。选择 y 选项(Download root_yaffs image),从 DNW 的 USB Port 选项中选择发送文件系统到目标机。最后选择 b 选项(Boot the system)启动系统,即可完成嵌入式 Linux 系统的完整构建过程。启动系统后,从超级终端可看到启动界面,如图 3.7 所示。

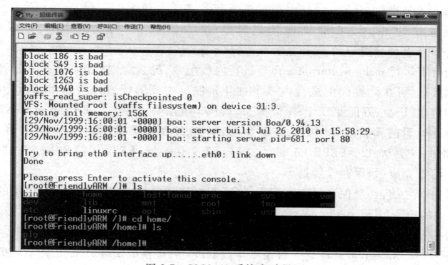

图 3.7　S3C2440 系统启动界面

3.4　BusyBox

BusyBox 经常作为 Linux 系统的一部分出现在嵌入式设备中,它是一个包含很多标准 Linux 工具的程序,可以作为多种 Linux 命令的替代,并可用来构造嵌入式系统的根文件系统。BusyBox 包含的工具有常用的 cat 和 echo 等,还包括一些更大、更复杂的工具,如 grep、find、mount 以及 telnet。BusyBox 工具集在概念上很像人们使用的瑞士军刀——体积很小,功能很强。BusyBox 是按照 GPL 发行的,这意味着如果在一个项目中使用 BusyBox,就必须遵守这个许可证。可以在 BusyBox Web 站点下载最新版的 BusyBox。

BusyBox 诞生于 1996 年,最初是为 Debian GNU/Linux 安装盘而编写的,作者是 Bruce Perens。其目标是在一张 1.4 MB 软盘中创建一个可引导的 GNU/Linux 系统,作为安装盘和急救盘使用。软盘的容量很小,因此没有多少空间容纳 Linux 内核及相关的应用程序,需要尽量把应用程序设计得非常小,这就是 BusyBox 存在的意义。

1. BusyBox 的工作原理

BusyBox 的设计基于这样一个事实:很多标准 Linux 命令工具都具有共同的元素。例如,一些基于文件的工具(如 grep 和 find)都需要在目录中搜索文件的代码。基于这一特点,可以设计包含多种不同命令功能的一个大程序,提炼出一份各命令的共同代码由所有命令共享,从而大幅度减小软件的体积。实际上,BusyBox 可以将大约 3.5 MB 的工具缩减为大约 200 KB 大小,这就为可引导磁盘节省了很多空间,在功能上又丝毫没有减弱。Linux 2.4 和 2.6 版本内核都可以使用 BusyBox。

BusyBox 可以替代多个命令,表现为使用不同的符号链接来调用不同的功能模块。如图 3.8 所示,图中的 ls、cat、ps 等命令其实都是 BusyBox 程序的一个符号链接,当用户在控制台输入 ls 并按 Enter 键时,实际运行的程序是 BusyBox,程序开始运行后首先检测到主函数的参数 argv[0] 指向字符串 ls,因此它会执行 BusyBox 中用来显示目录列表的一段代码;如果输入的命令是 cat test.c,此时运行的程序仍然是 BusyBox,因为主函数参数 argv[0] 和 argv[1] 分别指向 cat 和 test.c,因此 BusyBox 就会以文件 test.c 为对象去执行显示文本的一段代码。

图 3.8　BusyBox 程序框架

2. BusyBox 配置方法

与传统 Linux 程序一样,BusyBox 的发布形式是一个压缩的 tar 包,解压缩之后即可得到源代码树,然后需要进行配置和编译。BusyBox 的源代码树结构清晰完整,代码根据功能不同分别存储在各自的子目录中。例如,网络工具和守护进程(如 httpd、ifconfig 等)都在 ./networking 目录中;标准的模块工具(包括 insmod、rmmod 和 lsmod 等)都在 ./modutils 目录中;编辑器(如 vi、awk、sed 等)都在 ./editors 目录中。Makefile 配置、编译和安装所使用的各个文档都在这个目录树的根目录中。

BusyBox 也适用于嵌入式系统,可以根据用户的需要选择编译到 BusyBox 中的命令。与一般 Linux 内核编译配置程序相同,BusyBox 也采用了 ncurses 动态库,它提供一个基于文本的彩色窗口,用户可以在其中配置需要编译到 BusyBox 中的功能。编译 BusyBox 时可以指定编译器,这意味着它可以在多种体系结构上运行。BusyBox 的 Makefile 文件中包含几个伪目标,可供用户在编译时选择,如表 3.1 所示。

表 3.1　BusyBox 的 Makefile 文件中提供的伪目标

伪目标	说明
Help	显示 make 选项的完整列表
Defconfig	启用默认的(通用)配置
Allnoconfig	禁用所有的应用程序(空配置)
Allyesconfig	启用所有的应用程序(完整配置)
Allbareconfig	启用所有的应用程序,但是不包括子特性
Config	基于文本的配置工具
Menuconfig	N-curses(基于菜单的)配置工具
All	编译 BusyBox 二进制文件和文档(./docs)
Busybox	编译 BusyBox 二进制文件
Clean	清除源代码树
Distclean	彻底清除源代码树
Sizes	显示所启用的应用程序的文本/数据大小

配置好 BusyBox 的组件之后,还需要编译出 BusyBox 的可执行文件,因此接下来要执行 make 命令,它提供了可以调用的 BusyBox 二进制文件。

下面需要配置 BusyBox 应用环境,建立一系列标准 Linux 命令的符号链接,全部指向 BusyBox。这一过程可以用 make install 命令来完成,默认情况下会创建名为_install 的子目录,其中包含链接文件 linuxrc、目录 bin 和 sbin,linuxrc 是指向可执行程序 BusyBox 的一个符号链接。配置时还可以使用 make 命令的 prefix 选项将安装目录设置到其他位置。

使用 Makefile 文件的 install 伪目标创建的符号链接都来自文件 busybox.links。这个文件是在编译 BusyBox 时创建的,它包含已经配置的命令清单。在执行 make install 命令时,会根据 busybox.links 文件确定要创建的符号链接。

总之,BusyBox 在构建内存有限的嵌入式系统和基于软盘的系统方面性能非常优越。它通过将很多必需的工具放入一个可执行程序,并让它们共享代码中相同的部分,完成了代码缩减的任务。BusyBox 对于嵌入式系统来说是一个非常有用的工具。

3. BusyBox 配置实例

下面以 busybox 1.23.2 为例来讲解配置 BusyBox 的方法,其他版本与此类似。首先下载安装交叉编译工具链,如 cross-4.5.3.tar.bz2,解压缩至/usr/local/arm 目录中,观察/usr/local/arm/4.5.3/bin 目录中是否有 arm-linux-gcc 等工具存在。然后下载 BusyBox 源代码包,在/tmp 或者任何其他目录中解压缩,得到名为 busybox 1.23.2 的目录。为简单起见,将此目录重命名为 busybox。

在 busybox 路径下执行 make menuconfig 命令,进入 BusyBox 配置界面,如图 3.9 所示,其中每一个选项都包含一类命令,可以进入此选项,根据需要进行选择,以确认希望将来出现在 BusyBox 工具集中的命令。

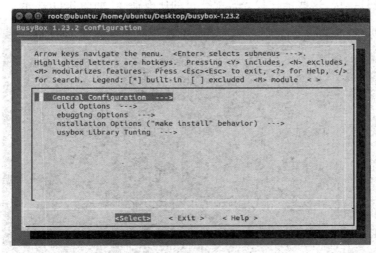

图 3.9　BusyBox 配置界面

有几个选项需要特别对待。选择图 3.9 中的 Build Options 选项,设置交叉编译工具链路径及编译器前缀,如图 3.10 所示。如果目标机中没有共享库支持,需要选择 Build BusyBox as a static binary(no shared libs)选项,对 BusyBox 进行静态链接。为了完成交叉编译,需要使 BusyBox 了解交叉编译工具链的位置,还须选择 Cross Compiler prefix 选项,并在其中填写好交叉编译工具链的位置,注意不要漏掉编译器的前缀。

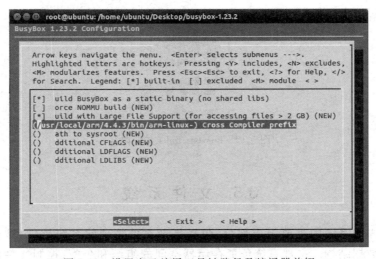

图 3.10　设置交叉编译工具链路径及编译器前缀

如果不希望安装好的 BusyBox 覆盖掉系统原有的工具命令,需要在图 3.9 的 General Configuration 列表中选择 Don't use /usr 选项。

配置好需要的全部功能之后,保存退出配置菜单,通过命令行依次执行 make 和 make install 命令,查看当前目录,发现新生成了 _install 目录,其中存在可执行文件 BusyBox 以及若干到 BusyBox 程序的符号链接,这些链接代表曾配置过的所有命令,如图 3.11 所示。

图 3.11　BusyBox 编译安装结果

在 busybox 目录中有一个 busybox.links 文件,该文件记录了使用 make menuconfig 命令配置 BusyBox 的结果,其内容如图 3.12 所示。执行 make install 命令时,即根据这个文件中的内容建立对应的符号链接。

```
/bin/[
/bin/ar
/bin/ash
/bin/cat
/bin/chgrp
   …
/bin/whoami
/bin/xargs
/bin/yes
/bin/zcat
```

图 3.12　busybox.links 文件内容

3.5　文 件 系 统

文件系统是操作系统的重要组成部分,包括负责文件管理的系统软件、被管理的文件以及相关数据结构。文件系统负责存储器空间的组织和分配,控制文件的存储、保护和检索,具体地说,它负责完成文件的建立、写入、读出、修改、复制、删除等过程。

Linux 支持多种文件系统,如 EXT2、EXT3、VFAT、NTFS(new technology file system)、ISO9660、JFFS(journalling flash file system)、ROMFS、RAMFS(RAM file system)、CRAMFS(compressed ROM file system)和 NFS 等。Linux 启动时,首先挂载根文件系统,如果挂载失败,系统会报错并退出启动,之后可以自动或手动挂载其他文件系统。因此,Linux 系统中可以同时存在不同的文件系统。

不同文件系统的特性各不相同,根据存储设备的物理特性以及软件运行需求的不同,可以作出不同的选择。在嵌入式系统中,主要的存储设备为 RAM 和 Flash 存储器,常用的文件系统有 JFFS2、YAFFS(yet another flash file system)、CRAMFS、ROMFS、ramdisk、RAMFS/TMPFS 等。

Flash 是目前非易失性存储器的首选设备。Flash 存储器又称作闪存,有 NOR Flash 和 NAND Flash 两种类型。NOR Flash 技术由英特尔公司在 1988 年首先提出,迅速取代了 EPROM 和 EEP-ROM。它的特点是支持芯片内执行(execute in place,XIP),应用程序可以在 NOR Flash 中直接执行,数据的读出速度较快,但是擦写比较慢,经常用来制作容量较小的存储器。NAND Flash 是东芝公司在 1989 年提出的存储技术,强调每位的成本以及更高的性能。这种存储器接口复杂,程序不能在其中直接执行,但是存储单元体积小,存储密度比 NOR Flash 高得多,并有更快的擦除和写入速度,常用来制作容量较大的存储器。

内存技术设备(memory technology device,MTD)是用于访问存储设备的 Linux 设备驱动层,它在硬件和文件系统软件之间提供了一个抽象的接口,基于扇区进行擦除、读写操作,它的所有源代码位于/drivers/mtd 子目录中。使用 MTD 驱动程序的主要优点在于,它是专门针对各种非易失性存储器尤其是闪存而设计的,因而它对 Flash 有更好的支持和管理。在 MTD 支持下,一块 Flash 芯片可以被划分为多个分区,各分区可以采用不同的文件系统;两块 Flash 芯片也可以合并为一个分区使用,采用一个文件系统,即文件系统是针对存储器分区而非存储芯片而言的。

3.5.1　Linux 系统中常见的文件系统

1. JFFS/JFFS2

JFFS 文件系统是由瑞典 Axis Communications 公司开发的基于 Linux 2.0 内核的文件系统,于 1999 年发布,采用 GNU GPL 许可证。2001 年,红帽(Red Hat)公司的 David Woodhouse 决定对 JFFS 进行改进,设计了第二个版本——JFFS2 文件系统,全称为日志闪存文件系统版本 2。JFFS/JFFS2 是基于 MTD 和散列表的日志文件系统,在意外掉电后仍可以保持数据的完整性,不会丢失数据,主要使用在 Flash 存储设备中,支持数据压缩,可读写,提供崩溃/掉电安全保护、"写平衡"支持、垃圾回收机制。JFFS2 的缺点是挂载时间较长,当文件系统已满或接近满时,运行速度较慢。另外,采用概率方式很难保证擦写块的机会平衡。

目前,JFFS3 文件系统正在设计过程中,设计目标是支持高达 1 TB 的大容量闪存,其基本结构借鉴了 Reiser4 的设计思想。垃圾回收机制的设计是 JFFS3 中最复杂也最富有挑战性的部分。

2. YAFFS

YAFFS 是专为嵌入式系统使用 NAND Flash 而设计的一种日志型文件系统,适用于大容量的存储设备,遵从 GPL 许可证。YAFFS 文件系统类似于 JFFS/JFFS2 文件系统,不同之处在于后者最初是针对 NOR Flash 设计的,而 NOR Flash 与 NAND Flash 本质上有较大的区别,因此尽管 JFFS/JFFS2 文件系统也能应用于 NAND Flash,但并不是最优方案。而 YAFFS 文件系统在功能方面比 JFFS/JFFS2 有所减少,例如不支持数据压缩,但是有较快的速度和较短的挂载时间,对内存的占用也较小。YAFFS 还是一种跨平台的文件系统,支持 Linux、eCos、Windows CE、pSOS 和 ThreadX 等操作系统。

3. YAFFS2

YAFFS2 与 YAFFS 同样是专为嵌入式系统使用 NAND Flash 而设计的文件系统。由于嵌入式系统的发展,对于更大的存储空间和更快的读写速度提出了更高的要求。开发 YAFFS2 的最初目的是为了增加支持页大小为 2 KB 的更大容量的 NAND Flash 存储器,并具有更加节省内存、更快的垃圾回收速度以及读写速度等特点。

4. CRAMFS

嵌入式设备中可以使用基于 ramdisk 的文件系统,但是这样做也有显著的缺点。系统运行时,需要从 Flash 中把 ramdisk 解压缩出来,释放到 RAM 中,然后通过内存来访问数据,这就导致 ramdisk 在 Flash 中占用一定的空间,同时运行时在内存中占用更大的空间,对于资源比较昂贵的嵌入式设备来说无疑是一种浪费。采用 CRAMFS 文件系统可以避免这种资源浪费。

CRAMFS 是压缩的文件系统,每一个页的容量为 4 KB,单独压缩,压缩比高达 2∶1,可以把文件保存在容量很小的 Flash 中,节省了 Flash 空间。CRAMFS 文件系统在运行时解压缩,因此不支持应用程序以 XIP 方式运行,必须把应用程序复制到 RAM 中才能运行。由于其按页压缩的特点,解压缩时也按页进行,不需要把文件一次性全部解压缩,只需要解压缩相关页,暂时不用的页不会出现在内存中,因此运行速度快,并且节省内存空间。由以上特点,CRAMFS 非常适合于嵌入式系统应用。但是,CRAMFS 的只读属性是一个缺陷,使得用户无法对文件系统进行扩充。CRAMFS 一般与基于 RAM 的其他文件系统配合使用。

CRAMFS 运行时不需要把整个文件系统完整解压缩到 RAM 中,具有节省内存空间的优点。CRAMFS 采用 zlib 压缩格式,压缩比可以达到 2∶1。由于它需要实时解压缩,因此速度稍有延迟。在 CRAMFS 文件系统中,文件最大不能超过 16 MB,目录中没有“.”“..”这两项,不保存文件的时间戳,部分支持组标识(gid)和硬链接。

一个完整的 CRAMFS 文件系统通常包含以下几个目录。

① /linuxrc:启动脚本文件,负责进行系统启动时的配置。一般需要在/etc 中挂载一个可写的 RAMFS,因为 CRAMFS 是只读的,/etc 目录可能需要在运行时保存一些信息,所以需要挂载 RAMFS 文件系统。复制/mnt/etc 目录中的所有文件到/etc 目录中,之后会调用/sbin/init 程序,作为 1 号进程运行。

② /bin:保存常用命令。

③ /sbin:保存系统相关命令,其中最重要的是供内核初始化之后执行的/sbin/init 程序。

④ /etc:保存配置文件。init 进程读取该目录中的 rcS 脚本文件,进行环境变量配置;调用/usr/etc/rc.local 脚本,进行本地系统初始化。rcS 执行完毕后会打开 shell。

⑤ /lib:保存系统运行所需要的库文件。

⑥ /dev：保存设备驱动程序。

⑦ /usr：保存用户程序和配置文件，可以根据需要进行设置。目录中的/usr/etc/rc.local 执行本地所需要的初始化工作，如运行应用程序、启动图形界面等。

⑧ /mnt：用于设备安装的目录。

⑨ /proc：内存文件系统，存放代表系统运行状态的文件。

构造 CRAMFS 时，可以从网上下载 cramfs-1.1.tar.gz 源代码包，然后解压缩、编译生成可执行文件。命令如下：

```
1   #tar zxvf cramfs-1.1.tar.gz
2   #cd cramfs-1.1
3   #make
```

编译之后生成可执行文件 mkcramfs。mkcramfs 的命令格式如下：

```
1   mkcramfs [-h] [-e edition] [-i file] [-n name] dirname outfile
```

mkcramfs 的各参数含义如下。

① -h：显示帮助信息。

② -e edition：设置生成的文件系统中的版本号。

③ -i file：将一个文件映像插入文件系统中。

④ -n name：设定 CRAMFS 文件系统的名字。

⑤ dirname：指明需要被压缩的整个目录树。

⑥ outfile：最终输出的文件。

假设文件系统根目录为 root，可用下面的命令把 root 压缩为 CRAMFS 文件系统镜像 root：

```
1   #mkcramfs  root root.my
```

5. ROMFS

传统型的 ROMFS 文件系统是一种只读文件系统，结构简单、紧凑，节约空间。ROMFS 具有以下优点：一方面，内核支持 ROMFS 文件系统比支持 EXT2 文件系统需要更少的代码；另一方面，ROMFS 文件系统相对简单，在建立文件系统超级块（superblock）时需要更少的存储空间。ROMFS 不支持动态擦写保存，对于系统需要动态保存的数据，可以采用虚拟 RAM 盘的方法进行处理。ROMFS 按顺序存放数据，因而支持应用程序以 XIP 方式运行，在系统运行时可节省 RAM 空间。uCLinux 系统通常采用 ROMFS 文件系统。

6. ramdisk

ramdisk 建立在内存中，实际并非一种文件系统，而是一种将文件系统加载到内存中的机制。ramdisk 是将制作好的根文件系统压缩后存储于 Flash 中，系统启动时再解压缩到 RAM 中，然后挂载到"/"。这种方法简单易行，但是由于 RAM 中的文件系统不是压缩的，因此占用了较多宝贵的内存资源。

7. RAMFS

RAMFS 是 Linus Torvalds 开发的一种基于内存的文件系统,它在 RAM 中放置所有的文件,所有读写操作也发生在 RAM 中,可以用来存储一些临时性或经常要修改的数据,如/tmp 和/var 目录,既避免了对 Flash 存储器的读写损耗,也提高了数据读写速度。RAMFS 相对于传统的 ramdisk 的不同之处主要在于不能格式化,文件系统大小可随所含文件内容大小变化。

8. NFS

网络文件系统 NFS 由 Sun Microsystems 公司开发,基于 TCP/IP 的应用层协议。它允许一个系统在网络中与他人共享目录和文件。通过使用 NFS,用户和程序可以像访问本地文件一样访问远端系统中的文件。NFS 具有很多优点:可以节省本地系统的存储空间,把数据存放到另一台计算机中,使用时通过网络挂载相应文件系统;可以共享诸如软盘驱动器、CD-ROM 之类的存储设备,减少网络中设备的数量;在嵌入式系统中,可以把宿主机的文件系统通过 NFS 挂载到目标机,目标机就可以直接执行宿主机的程序,省去了程序下载的步骤,节省了开发调试时间。

3.5.2 构建 YAFFS2 文件系统

mkyaffs2image 是一个 Linux 系统中的命令行程序,使用它可以把宿主机中的目标文件系统目录制作成一个映像文件,以下载到目标机中。

由于嵌入式平台中 NAND Flash 的大小有小于或等于 64 MB 和大于 64 MB 两种,因此 mkyaffs2image 也分两个版本:mkyaffs2image 和 mkyaffs2image-128M,前者适用于小于或等于 64 MB 容量 NAND Flash 的嵌入式系统,后者适用于大于 64 MB 容量 NAND Flash 的嵌入式系统。

要构建 YAFFS2 文件系统,可以从网络获取 mkyaffs2image 的源代码,然后进行编译安装,获得可执行的 mkyaffs2image 工具,或者直接下载编译好的 mkyaffs2image 工具。假定目标机所用的 NAND Flash 的容量为 256 MB,使用的文件系统为 YAFFS2 文件系统,则应使用 mkyaffs2image-128M。通过命令行输入 mkyaffs2image-128M,可以显示软件版本和使用方法:要将名为 dir 的目录制作生成一个名为 yaffs2.img 的文件系统镜像文件,可按照如下格式输入命令:

```
1   #mkyaffs2image-128M dir yaffs2.img
```

3.6　应用程序设计流程

嵌入式设备的软硬件资源一般比较有限,例如,硬件方面不包含标准的 104 键盘、大屏幕显示器,软件方面不包含编译器等。简而言之,嵌入式设备本身不具备自开发能力,因此必须采用交叉编译的方式,在宿主机中交叉编译好符合目标机体系结构的应用程序,然后下载到目标机中执行。

在目标机中执行程序有如下几种方案。

① 如果目标机支持 TFTP 协议,可以在宿主机中运行 TFTP 服务器,利用目标机的 TFTP 客户端下载程序到目标机执行。

② 利用网络文件系统在目标机中直接执行保存于宿主机中的程序,将宿主机文件系统挂载到目标机文件系统中。这是一种最简单的方式。

③ 把交叉编译好的可执行文件复制到目标机的文件系统目录中,按照 3.3 节介绍的方式制作 Linux 系统镜像,下载后重新启动目标机,可以在目标机的文件系统中直接执行相应程序;通过改写 Linux 配置文件,把应用程序源代码添加到目标机文件系统中,经编译生成文件系统,下载到目标机;利用超级终端直接发送交叉编译好的可执行文件到目标机某一可写目录中。在 supervivi 中选择 k 选项(Download linux kernel),使用 DNW 工具通过 USB Port 选项将编译好的文件发送至目标机直接运行。

3.6.1　交叉编译

在 Linux 环境下,利用 2.2 节已经安装好的交叉开发工具链来编译程序,编译时直接使用 arm-linux-gcc 命令。

【例 3.2】　交叉编译 hello.c 程序。

```
1  /*     ch3_2 hello.c    */
2  #include<stdio.h>
3  int main(void)
4  {
5      printf("hello world! n");
6      return 0;
7  }
```

对 hello.c 源文件直接进行交叉编译的命令如下:

```
1  #arm-linux-gcc -o hello hello.c
```

编译后得到的文件 hello 即可在目标机中运行。

3.6.2　执行程序

执行程序的前提是在目标机中能够访问程序。程序的执行方式主要有以下几种。

1. TFTP 下载执行方式

TFTP 是 TCP/IP 协议族中的一个用来在客户机和服务器之间传输文件的协议,它基于 UDP 协议,使用 69 端口,提供不复杂的、开销不大的文件传输服务。它采用超时重传方式保证数据的到达,不提供可靠的数据流传输服务,也不提供授权和认证机制,不像 FTP 协议那样支持交互式会话。TFTP 协议的设计目的是进行小文件传输,它的功能包括从文件服务器读取或写入文件,但是没有列出文件目录的功能。TFTP 传输有三种模式:NETASCII,这是 8 位的 ASCII(American Standard Code For Information Interchange,美国信息交换标准码)形式;OCTET,这是 8 位源数据类型;MAIL,该模式已经不再支持,它将返回的数据直接提供给用户而不是保存为文件。

TFTP 传输是由读取或写入请求发起的,数据包长度为 512 B,接收者必须对收到的数据包进行确认,发送一个应答信息给发送者。如果数据包遗失,发送者在超时后会重传未确认的数据包。如果某个数据包的长度小于 512 B,则表示传输结束。

要进行 TFTP 传输,首先要保证宿主机和目标机处在同一网段,各自的 IP 地址不会重复,并且也不与网络中其他主机的 IP 地址重复。Windows 中的 TFTP 服务配置和 Linux 中有所不同。

Windows 的服务器版本中包含 TFTP 服务器端程序 tftpd.exe,如果使用的是 Windows 的其他版本,需要自行安装 tftpd.exe 程序。安装完成后,服务器程序会自动找到本机 IP 地址,并启动 TFTP 服务器。可以选择一个目录作为 TFTP 主目录,之后所有对服务器的文件请求都可从主目录中寻找。

如果宿主机采用 Linux 环境,则需要下载安装 TFTP 服务器端程序。可以从 Red Hat Linux 9 的第 3 张安装盘中找到 tftp-server 的 rpm 包:tftp-server-0.32-4.i386.rpm,用 rpm 命令安装。在 Linux 中,TFTP 服务默认是禁用的,需要修改文件/etc/xinetd.d/tftp 来开启服务,并设置 TFTP 服务器的根目录,例如,设置根目录为/home/app。修改后的文件如下:

```
1   service tftp
2   {
3       socket_type         =dgram
4       protocol            =udp
5       wait                =yes
6       user                =root
7       server              =/usr/sbin/in.tftpd
8       server_args         =-s /home/app -c
9       disable             =no
10      per_source          =11
11      cps                 =100 2
12      flags               =IPv4
13  }
```

其中,server_args 选项为设置 TFTP 根目录,这个目录必须要在文件系统中存在,disable 选项需要设置为 no。

接下来要关闭防火墙,执行如下命令:

```
1   #service iptables stop              //关闭防火墙
```

随后重启 xinetd 服务,因为 TFTP 服务受控于 xinetd,xinetd 是管理服务的服务,它是不开端口的。重启 xinetd 服务的命令如下:

```
1   #service xinetd restart             //重启 xinetd 服务
```

验证 TFTP 是否已经启动,命令如下:

```
1  #netstat -nlp
2  Active Internet connections (only servers)
3  Proto Recv-Q Send-Q Local Address Foreign Address State PID/Program name
4  ...
5  tcp 0 0 0.0.0.0:443 0.0.0.0:* LISTEN 3324/httpd
6  udp 0 0 0.0.0.0:32768 0.0.0.0:* 3122/rpc.statd
7  udp 0 0 0.0.0.0:69 0.0.0.0:* 4035/xinetd          //可以看到 69 端口已经打开
8  udp 0 0 0.0.0.0:69 0.0.0.0:* 4012/in.tftpd
9  ...
```

这样,tftp-server 就启动了。

TFTP 服务器配置好后,就可以把编译好的程序下载到目标机中了。在串口终端执行如下命令:

```
1  $tftp - g ***.***.***.*** -r ./test
```

上述命令可以把宿主机中 TFTP 根目录中的程序 test 下载到目标机的当前目录,命令中的星号用宿主机的实际 IP 取代。

使用 TFTP 服务下载执行程序时需要注意以下几点。

① 首先一定要用网线把宿主机和目标机连接起来,最简单的问题最容易被忽略。

② TFTP 下载命令需要在串口终端执行,串口终端代表目标机;本书中,在宿主机执行的命令采用"#"提示符,在目标机(宿主机的串口终端)执行的命令采用"$"提示符。

③ 在目标机执行 TFTP 下载命令前,一定要先切换到一个可写的目录中。

④ 下载的文件不具备可执行的属性,可用 chmod 命令修改文件属性。例如,使用 chmod + x test命令把名为 test 的文件属性改为可执行,之后才可执行。

2. NFS 执行方式

在嵌入式程序调试过程中,NFS 能起到重要的作用。在宿主机中完成源程序编写之后,要进行交叉编译,然后将编译后的程序下载到目标机中执行,如果执行有错误,需要修改源程序,然后重新交叉编译、下载,这是一个比较费时的过程,尤其是需要对源程序做反复的小规模修改时,每次的交叉编译和下载过程占用的时间比例很大。此时,可以利用 NFS 系统,把 PC 的文件系统挂载(mount)到目标机的文件系统中,这样在目标机的文件系统中就可以看到源文件以及每次交叉编译后的可执行程序,因此重新交叉编译之后就可以立刻运行,避免了不断重复下载带来的效率下降。

3. 文件系统添加方式

在编译 uCLinux 内核时,需要对内核及应用程序进行裁剪。是否可以通过裁剪过程把用户的应用程序添加到文件系统中呢?答案是肯定的。假设 uCLinux 源代码包解压缩后生成目录 uClinux-dist,用户的应用程序 test.c 及 Makefile 两个文件包含在目录 test 中,按照以下步骤操作。

① 复制目录 test 到 uClinux-dist/usr 目录中。注意,不是复制到宿主机系统的根目录的 usr

目录中。

② 修改 uClinux-dist/config/config.in 文件,在文件的最后添加以下 4 行内容:

```
1   mainmenu_option next_comment
2   comment 'TEST'
3   bool 'test'   CONFIG_USER_TEST
4   endmenu
```

"comment 'TEST'"语句使用户应用程序定制界面中包含名为 test 的按钮;"bool 'test' CONFIG
_USER_TEST"语句表示用户程序存在于 usr/test 目录中;布尔类型表示用户可以通过选择 y 或 n
选项来决定是否把此程序包含在最终文件系统中。

③ 在文件 uClinux-dist/config/Configure.help 的末尾添加如下两行语句:

```
1   CONFIG_USER_TEST
2     ********************
```

其中的星号代表对此程序的注释说明语句,用户可用实际内容代替。注意,星号前要输入两个
空格。

④ 在文件 uClinux-dist/user/Makefile 的适当位置添加如下语句:

```
1   dir_$(CONFIG_USER_TEST)   +=test
```

表示在 usr/test 目录中生成名为 test 的程序。

上述配置完成后,重新执行 make xconfig 命令,在用户程序定制界面中可以看到新添加的
test 程序,选择它并保存设置。回到 Linux 提示符,执行以下命令重新编译 uCLinux 系统镜像:

```
1   #make user_only
2   #make romfs
3   #make image
```

下载生成的 image 文件到目标机,下载完毕后重启目标机,此时 test 程序已经可以执行了。
这就是向 uCLinux 系统添加应用程序的标准方式。

4. DNW 下载方式

DNW 是三星公司开发的串口工具,相当于 Windows XP 自带的超级终端,不过具有一些超级
终端没有的功能,例如用 USB 传输文件等。在开发试验箱的过程中,DNW 可以实现上传、下载
文件,运行镜像等功能。

DNW 有 Linux 版本和 Windows 版本。如图 3.13 所示,Windows 中的 DNW 具有图形界面,易
于使用。Linux 版本则是命令行模式,具体功能与 Windows 版本相同,在此不再赘述。下面介绍
Windows 版本的 DNW 使用方法。DNW 是可执行文件,不需要安装,解压缩后即可使用。使用
DNW 之前需要安装 USB 下载驱动,选择合适的版本进行下载,安装成功并连接目标板后,USB
选项会从 SUB:x 变成 USB:OK,此时可以进行 USB 下载操作。DNW 还需要配合 BootLoader 的下
载模式使用。串口连接时,可以使用 DNW 本身进行连接,连接成功后,COM 选项会从 COM:x 变

成 COM:1(1 为串口号,也可能为其他数字,与所使用计算机的串口相关);或者使用超级终端进行连接。配置时,可选择 Configuration 菜单命令,如图 3.14 所示。

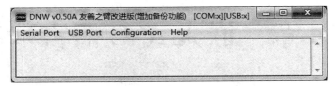

图 3.13　DNW 主界面

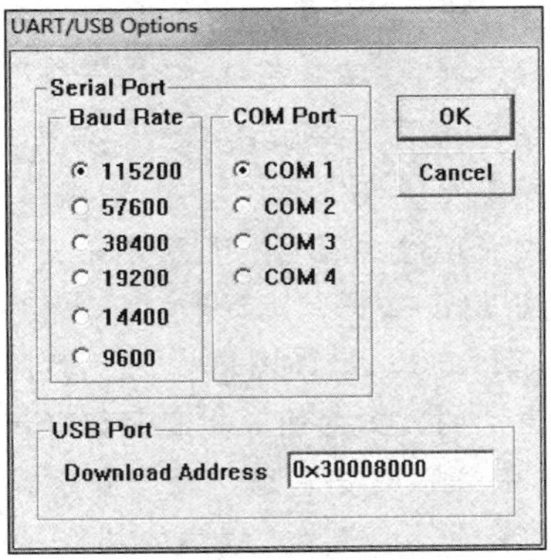

图 3.14　DNW 配置界面

　　将目标机从 NOR Flash 启动,进入 BootLoader,如图 3.4 所示超级终端或者 DNW 会输出信息。下载 Linux 内核文件:选择 k 选项(Download linux kernel),然后从 DNW 的 USB Port 选项中选择发送已经配置好的 zImage 文件。选择超级终端中的 y 选项(Download root_yaffs image),从 DNW 的 USB Port 选项中选择发送文件系统 rootfs_qtopia_qt4.img。下载好内核文件和文件系统后,选择 b 选项(Boot the system)启动系统。将 3.6.1 节中例 3.2 编译生成的文件 hello,通过 Serial Port 菜单中的 Transmit 选项发送到目标机目录中,运行命令更改可执行文件 hello 的权限,然后运行 hello 程序。命令如下:

```
1  #chmod 777 hello
2  #./hello
```

运行成功后,会在屏幕中打印出"hello world!"字符串,如图 3.15 所示。

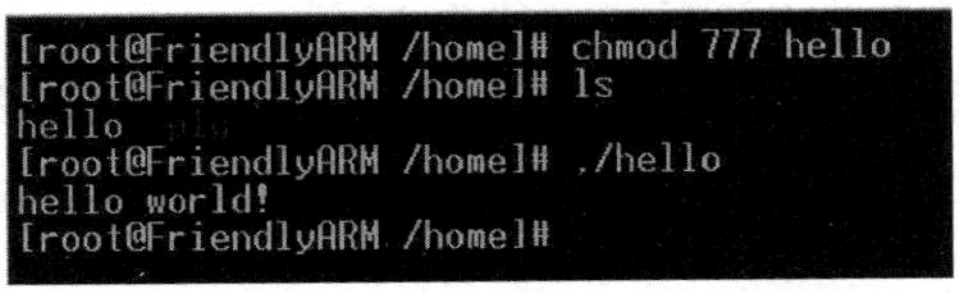

图 3.15　目标机中 hello 的执行结果

第4章　嵌入式C语言基础

　　在计算机程序设计语言的发展史上,很少有一种语言能够像 C 语言这样长盛不衰。C 语言以其结构优美、功能强大、可移植性好、编程效率高等特点,广泛应用于从大型机到 PC 的各种硬件平台中,同时,C 语言也是嵌入式系统程序设计中使用的主要语言。20 世纪 90 年代以来,绝大多数基于单片机的工业嵌入式仪表开发走出了汇编时代,转而使用 C 语言作为开发工具。在当今的信息化时代,各种嵌入式电子产品的涌现给 ARM 处理器带来了前所未有的机遇,ARM 公司以及 GNU 组织也为这种新的硬件平台移植了 C 语言编译器,使工程师们可以轻松地为手机、数码相机、汽车电子设备编写各种 C 语言代码。可以说,C 语言作为人类历史上最强大的语言之一,从来没有像现在这样深刻地影响着社会生活的方方面面。本章假设读者已经具备了 C 语言的基础知识,因此不会全面讲解 C 语言的语法,仅介绍 C 语言适合用于嵌入式系统程序设计的部分,例如,C 语言的指针和位运算、GNU 对 C 语言的扩展、嵌入式程序的架构、ARM 平台 C 语言程序的优化设计等。最后,对经常被忽视但又十分重要的 C 语言编程规范问题给出一些建议。

源代码:
第 4 章源代码

4.1　嵌入式 C 语言概述

4.1.1　C 语言的历史和特点

C 语言是国际上广泛流行的高级计算机程序设计语言,它不但可以用来编写应用软件,也可以用来编写系统软件。

早期的操作系统等系统软件主要用汇编语言编写。但汇编语言是低级语言,不具有结构化的特点,而且编程烦琐,高度依赖计算机硬件,开发效率低,程序的可读性和可移植性都比较差。为了避免这些不利因素,最好使用高级语言。但是,一般高级语言难以实现汇编语言的某些重要功能,如直接对硬件读写等。如果能设计一种集高级语言和低级语言特性于一身的语言,无疑会有更广泛的应用前景,于是 C 语言应运而生。

C 语言的历史可以追溯到 ALGOL 60 语言,这是设计于 1960 年的一种面向问题的高级语言,并不适合用来编写系统程序。1963 年,英国剑桥大学在 ALGOL 60 的基础上做了改进,提出了 CPL(Combined Programming Language)语言,它的性能更好,但是规模比较大,难以实现。1967 年,剑桥大学的 Matin Richards 对 CPL 语言做了简化,推出了 BCPL(Base Combined Programming Language)语言;1970 年,美国贝尔实验室的 Ken Thompson 对 BCPL 语言又做了进一步的简化,设计出了简单且方便对硬件操作的 B 语言,并用 B 语言写出了第一个 UNIX 操作系统。B 语言的名称来自 BCPL 的第一个字母,但 B 语言过于简单,功能有限。1972—1973 年间,贝尔实验室的 Dennis M. Ritchie 对 B 语言做了改进,设计出了 C 语言,名称取自 BCPL 的第二个字母。C 语言保持了 BCPL 语言和 B 语言语法精练以及方便控制硬件的优点,又克服了两者过于简单、不支持数据类型的缺点。1973 年,Ken Thompson 和 Dennis M. Ritchie 两人合作,用 C 语言重写了 90% 以上的 UNIX 代码,发布了 UNIX 第 5 版。

后来,C 语言又历经多次改进,但主要使用范围仍旧在贝尔实验室内部。1975 年,UNIX 第 6 版公布后,C 语言的突出优点引起了人们普遍关注。C 语言和 UNIX 的关系密切,互相促进,相伴发展。1977 年出现了不依赖于具体机器语言的 C 语言的编译文本"可移植 C 语言编译程序",大大缩短了 C 语言移植到其他计算机的时间,这也成为推动 UNIX 操作系统迅速普及的原动力。同时,随着 UNIX 被日益广泛使用,C 语言也广为流传。1978 年以后,C 语言已经先后移植到大、中、小、微型计算机中,在嵌入式领域也有重要应用。

以 1979 年发表的 UNIX 第 7 版中的 C 语言编译程序为基础,Brian W. Kernighan 和 Dennis M. Ritchie(合称 K&R)合著了影响深远的名著 The C Programming Language,其中介绍的 C 语言成为广泛使用的 C 语言版本的基础。后来,美国国家标准化组织(ANSI)综合各个 C 语言版本的特点,制定了统一的 C 语言标准,在 1989 年发布修订版 ANSI X5.159-1989(C89 标准),并于 1990 年被 ISO 接纳,因此 C 语言的标准是 ANSI/ISO 标准,目前的编译器基本上都满足 C89 标准。C 语言标准化之后,ISO/IEC JTC1/SC22/WG14 工作组继续完善 C 语言标准,并于 1999 年 12 月发布了 C99 标准(ISO/IEC 9899:1999),该标准于 2000 年 4 月被 ANSI 接纳。C99 标准提供了一些新的语法特性,如变长数组、柔性数组结构成员、更大的循环嵌套重数、Unicode 字符支持、内联函数、单行注释等,同时还新增加了一些库和头文件(header file)。但是,C99 标准涉及的新功能目前还没有完全实现,没有一个编译器能够完全支持 C99。相对而言,Linux 中的 gcc 是比较符合 C99 标准的。目前,最新的 C 语言标准是 2011 年发布的 ISO/IEC 9899:2011,简称为 C11 标准。

C 语言具有很多优良的特性。C 语言是一种结构化语言,其显著特征是代码与数据相分离,能够按照任务功能把程序划分为若干模块,这通过调用使用局部变量的函数来实现。通过使用局部变量,能够写出对程序其他部分没有副作用的子程序。在使用一些模块化很好的函数时,仅需要知道函数做什么,而不必知道它如何做,即可以把函数当作一个"黑匣子"。这有利于代码重用,减轻了程序员的负担,提高了编程效率。

作为高级语言中的低级语言,C 语言的最大特点是包含指针特性,允许对地址直接进行操作,这使它在很大程度上可以替代汇编语言,具有编写系统软件的能力。C 语言语法简洁、紧凑,仅有 32 个关键字和 9 种控制语句,通过基本控制结构可以构造出千变万化的复杂结构;运算符丰富,共有 34 种运算符,包括位运算;数据结构丰富,支持整型、实型、字符型等内建类型以及结构体、共用体等用户自定义类型,编程功能强大,开发效率高;C 语言是编译型语言,经过编译、链接后能够直接生成可执行文件,而且目标代码质量高,程序执行速度快;可移植性好,已经广泛地应用在从大型计算机到微型计算机、从开发平台到嵌入式平台的各种硬件环境中,使用方便、灵活,程序设计自由度大。

C 语言编程方便、运行速度快,每个 C 语言编译器都提供了专门的函数库,程序员可以根据需要对其进行剪裁,以适应程序设计的需要。C 语言鼓励分别编译,程序员可以单独设计各自的模块,然后统一链接为可执行程序,方便开展协作项目,提高了语言的实用性。

C 语言也有一些缺点。例如,数据的封装性不如 C++语言,这导致它的数据安全性有一定缺陷;C 语言的类型检查机制相对薄弱,对变量的类型约束不严格,对数组下标越界不做检查,影响程序的安全性;指针是 C 语言的一大特色,但是指针操作也带来了很多不安全的因素,如果使用不好很容易出现各种错误,C++在这方面做了很好的改进,在保留指针操作的同时又增强了安全性,而 Java 语言干脆取消了指针操作,进一步提高了安全性;从应用的角度,C 语言比其他高级语言较难掌握。

C 语言程序的开发分为 6 个阶段:编辑、预处理、编译、链接、装入和执行,任何一个阶段出错,都要返回编辑阶段重新修改源代码。

4.1.2 预处理指令

C 语言中的预处理指令由 ANSI C 统一规定,但不是 C 语言本身的组成部分,编译程序并不负责识别预处理指令,也不能直接对它们进行编译,这些工作由预处理器完成。预处理指令的作用是在编译程序之前,指导预处理器对程序进行一些特殊处理。例如,如果程序中用#include 指令包含了一个头文件 head.h,则在预处理时,以 head.h 文件中的实际内容代替该指令,这样就可以把很多 C 语言源文件共同需要的声明语句、类型定义等内容放入头文件中,令源文件包含这个头文件就可以了。经过预处理后的程序完全由 C 语句组成,可以供编译器程序识别和编译,得到目标代码。C 语言提供的预处理功能主要有三种:宏定义、文件包含和条件编译。它们都以"#"开头,单独书写在一行中,语句不需要以分号结束。

在嵌入式系统中,经常需要对系统软件进行裁剪,主要方式即采用预处理指令。C89 规定的预处理指令主要有#if、#ifdef、#ifndef、#else、#elif、#endif、#define、#undef、#line、#error、#pragma、#include 等。

1. 宏定义

宏分为两种:不带参数宏与带参数宏。

(1) 不带参数宏

不带参数宏的定义格式如下:

```
1   #define 宏名 [宏体]
```

预处理器处理源代码时,把所有出现在程序中的"宏名"用"宏体"替换,称为宏展开,宏展开时不会做任何语法检查。宏定义可以放在文件的任何位置,一般放在函数外部,其作用域是从当前位置到文件结尾。还可用#undef 终止宏定义,格式如下:

```
1   #undef 宏名
```

例如,下面的代码中,预处理器会把从第 1 个#define 开始到#undef 之前出现在代码段中的所有 ID 替换为 1,#undef 语句取消了 ID 和 1 的对应关系,第 2 个#define 之后,ID 转而代表 0。

```
1   #define ID 1
2   main()
3   {
4   }
5   #undef ID
6   #define ID 0
7   max()
8   {
9   }
```

出现在引号中的宏名不会被替换。例如,已定义宏 ID 为 1,则语句 printf("ID");会输出 ID,而非 1。

宏定义不可以递归,但是可以嵌套。例如,下面的宏定义是不允许的:

```
1   #define ID ID+1
```

而可以这样写:

```
1   #define DIS1 10
2   #define DIS2 DIS1+10
3   var=DIS2*2;
```

宏展开为

```
1   var=10+10 * 2;
```

程序的原意是希望变量 var 的值为两倍的 DIS2,即 40,但是实际得到的值是 $10+10\times2=30$,这是因为宏展开只负责简单的字符串替换,预处理器不会考虑运算符的优先级问题,也不会主动添加一些括号来揣测程序员的意图。因此,为了保证宏展开的正确性,需要在定义宏时添加一些必要的括号。按照如下设计即可达到要求:

```
1   #define DIS1 10
2   #define DIS2 (DIS1+10)
3   var=DIS2 * 2;
```

宏展开为

```
1   var= (10+10) * 2;
```

宏定义中的宏体可以省略,此时表示宏名被定义过。

【例 4.1】 程序示例。

```
1   /*   ch4_1.c   */
2   #include <stdio.h>
3   #define A
4   int main()
5   {
6      #ifdef A
7        printf("A has been defined\n");
8      #else
9        printf("A has not been defined\n");
10     #endif
11       return 0;
12  }
```

输出为"A has been defined",即使把宏定义改为

```
1   #define A 0
```

输出仍旧为"A has been defined"。

(2)带参数宏

带参数宏稍微复杂一些,功能也更加强大,在某种程度上可以替代函数的使用,格式如下:

```
1   #define 宏名(参数表) 宏体
```

例如,有如下带参数宏定义:

112

```
1   #define T(m, n) m * n
```

在程序中有如下语句：

```
1   area = T(3,2);
```

宏展开时用 3 替换宏体中的 m,用 2 替换宏体中的 n,即为

```
1   area = 3 * 2;
```

可见,无论从形式上还是作用上,带参数宏都和函数类似。注意,在宏定义的宏名之后、参数表的左括号之前一定不能有多余的空格,否则预处理器会认为声明了一个称为 T 的不带参数的宏,其宏体为"(m,n) m * n"。

为了增强安全性,一般要用括号把宏体及宏的每一个参数括起来,否则程序有可能会出现问题,例如下面的代码段：

```
1   #define CUBE(x) x * x * x
2   int main()
3       {
4       int a = 2;
5       int b = 3;
6       int z = CUBE(a+b);
7       return 0;
8   }
```

宏展开后格式如下,同样有优先级问题：

```
1   z = a+b * a+b * a+b;
```

一般应写成：

```
1   #define CUBE(x) ((x) * (x) * (x))
```

宏展开后正确无误：

```
1   z = ((a+b) * (a+b) * (a+b));
```

【例 4.2】 以下代码中,p 和 q 的值相同,说明某些函数是可以被宏替代的。

```
1   /*   ch4_2.c   */
2   #include <stdio.h>
3   #define FUNC(a,b) ((a)>(b)?(a):(b))
4   int func(int a,int b)
5   {
6       if(a>b)
```

```
 7         return a;
 8     else
 9         return b;
10  }
11  int main()
12  {
13      int p=FUNC(3,2);
14      int q=func(3,2);
15      if(p==q)
16        printf("equal! \n");
17      return 0;
18  }
```

宏和函数有本质的不同:宏的处理是在预处理时,函数的调用是在程序运行时;带参数宏的参数没有类型,宏展开时仅仅做简单的字符串替换,而函数的参数有确定的类型,参数传递前有类型检查,如果参数类型不匹配,则要进行参数类型隐式转换;宏的参数不会在内存的数据区占有空间,而函数的参数在调用前会被分配一块内存空间;宏替换时程序的长度会发生变化,而函数调用时程序长度不发生变化;宏替换后,宏体代替了宏名,宏体作为程序的一部分直接执行,性能较高,而函数调用前后都有开销,降低了程序执行的效率。

在 ARM 处理器软件系统的头文件中,经常可以看到类似下面的宏定义:

```
 1  #define rSYSCFG (*(volatile unsigned *)0x1c00000)
```

它的宏体含义为把十六进制数 0x1c00000 强制类型转换为一个 volatile 型的无符号整型指针,然后取其间接引用,即把硬件地址为 0x1c00000 处的寄存器的内容定义为宏 rSYSCFG,将来如需在程序中访问此寄存器,只要对 rSYSCFG 进行操作即可。用这种简洁、有代表意义的字符串代替毫无意义的硬件地址,使编程更加方便。关键字 volatile 表示禁止编译器优化。

C89 规定了 5 个预定义宏,如下所示:

__LINE__:代表当前行的行号。

__FILE__:代表当前文件的文件名。

__DATE__:代表当前日期。

__TIME__:代表当前时间。

__STDC__:如果返回 1,表示当前编译器是标准 C 语言编译器;如果返回 0,表示非标准 C 语言编译器。

【例 4.3】 程序示例。

```
 1  /*  ch4_3.c  */
 2  #include <stdio.h>
 3  int main()
```

```
4   {
5       printf("the current file is: % s\n", __FILE__);
6       printf("the current line number is: % d\n", __LINE__);
7       printf("today is: % s\n", __DATE__);
8       printf("the time is: % s now\n", __TIME__);
9       if(__STDC__ == 1)
10        printf("This is a standard compiler\n");
11      else if(__STDC__ == 0)
12        printf("This is not a standard compiler\n");
13      return 0;
14  }
```

在 Linux 中使用 gcc 编译以上程序,输出如下:

```
1   the current file is: ch4_3.c
2   the current line number is: 7
3   today is: May 4 2008
4   the time is: 16:02:45 now
5   This is a standard compiler
```

2. 条件编译

只有满足某种条件时才对源程序中的一部分内容进行编译,这就是条件编译。

(1) 形式 1

当标识符已经被定义过(使用#define),则对程序段 1 进行编译;否则编译程序段 2。其中 #else部分可以省略。格式如下:

```
1   #ifdef 标识符
2       程序段 1
3   #else
4       程序段 2
5   #endif
```

条件编译可以用来提高程序的可移植性。例如,下面的代码在 IBM PC 中执行时,只要定义宏 IBM-PC,则 INT 被定义为 16,如未曾定义宏 IBM-PC,则 INT 被定义为 32。程序移植时只要考虑是否注释掉第一行即可。

```
1   #define IBM-PC 0  /*或  #define IBM-PC     */
2   ...
3   #ifdef IBM-PC
4       #define INT 16
5   #else
```

```
6    #define INT 32
7  #endif
```

条件编译还可以帮助调试程序。例如,如果经常需要使用 printf 语句输出当前变量的值用于调试,则相关代码可以这样设计:

```
1  #define DEBUG
2  …
3  #ifdef DEBUG
4      printf("x=%d,  y=%d",x,y);
5  #endif
```

调试时,保留 DEBUG 的定义,调试结束后产品发布时,只要注释掉 DEBUG 宏,程序中所有用于调试的 printf 语句都不会被编译到最终可执行文件中。

(2) 形式 2

当标识符未被定义过,则对程序段 1 进行编译;否则编译程序段 2(与形式 1 正好相反)。其中#else 部分可以省略。格式如下:

```
1  #ifndef 标识符
2      程序段 1
3  #else
4      程序段 2
5  #endif
```

(3) 形式 3

当表达式为真时,对程序段 1 进行编译;否则编译程序段 2。格式如下:

```
1  #if 表达式
2      程序段 1
3  #else
4      程序段 2
5  #endif
```

【例 4.4】 当把宏 CAP 定义为非 0 数时,输出大写字符串 I LOVE CHINA;当把宏 CAP 定义为 0 时,输出原始字符串。

```
1  /*  ch4_4.c  */
2  #include <stdio.h>
3  #define CAP 1
4  int main()
5  {
```

```
 6        char string[20]="I love China";
 7        char c;
 8        int i=0;
 9        c=string[i++];
10   while(c! ='\0')
11   {
12        #if CAP
13            if(c>='a'&&c<='z')
14                c =32;
15        #endif
16        printf("% c",c);
17        c=string[i++];
18   }
19   printf("\n");
20   return 0;
21 }
```

3. 文件包含

文件包含使用#include 预处理指令,格式如下:

```
1  #include <filename>
2  或
3  #include "filename"
```

指令中的 filename 一般为包含了程序中要使用到的库函数原型声明的头文件,即相关的.h 文件。#include 指令通常放在源文件的最开始处,预处理器负责提取相应的文件内容,并用此内容替换这一行的预处理指令。如果 filename 用尖括号括起来,此时预处理器会到系统标准头文件目录中查找相关文件;如果 filename 用双引号括起来,则预处理器先到当前目录中查找头文件,如果找不到,再到系统标准头文件目录中查找。因此,如果要使用存在于当前目录中的用户自定义头文件,需要使用双引号。实际上,filename 也可以是 C 语言源文件,即.c 文件,不过这并不是良好的编程风格。

C 语言程序是由模块组成的,模块分为两部分:包含若干个函数定义的源文件和包含这些函数原型声明的头文件。

【例 4.5】 以下程序包含一个完整的模块(源文件 function.c 和头文件 function.h)以及一个测试程序(test.c)。

```
1  /*   ch4_5.c funtion.h   */
2  #ifndef _FUNCTION
3    #define _FUNCTION
4    void f();
```

```
 5  #endif
 6
 7  /* function.c */
 8  #include <stdio.h>
 9  void f()
10  {
11      printf("a example of #include.\n");
12  }
13
14  /*   test.c   */
15  #include <stdio.h>
16  #include "function.h"
17  int main()
18  {
19      f();
20      return 0;
21  }
```

在头文件中,首先使用了条件编译指令#ifndef,其目的是保证此头文件只被编译一次。考虑下面的情况,头文件 a.h 和 b.h 包含头文件 function.h,源文件 main.c 包含 a.h 和 b.h。在预处理时,预处理器首先找到 a.h 的内容,进而找到 function.h 的内容,发现宏_FUNCTION_没有定义过,因此会定义这个宏,然后把函数声明 void f( )置于 main.c 中。接下来预处理器发现还需要包含 b.h 的内容,因此会再次找到 function.h 文件,此时宏_FUNCTION_刚刚被定义过,function.h 中关于函数 f( )的声明不会被再次置于 main.c 中,从而避免了同一个函数被声明多次,如图4.1所示。宏的命名惯例是"_全部大写的头文件名_"。

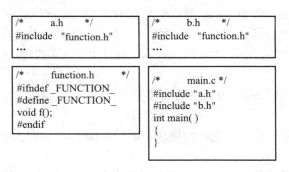

图 4.1　头文件格式

4. 其他预处理指令

#error 指令强制编译器停止编译,并显示指定的输出信息。#error 指令的一般形式如下:

118

```
1  #error error-message
```

error-message 即为用户指定的输出信息。#error 指令主要用于程序调试,例如,在多重条件编译嵌套的情况下,检查程序的一个位置是否可以被编译到。

【例 4.6】 程序中有多重条件编译嵌套,想知道程序到底会编译哪部分代码,只要在相应位置设置#error 指令即可。

```
1  /*  ch4_6.c  */
2  #define CON1   0
3  #define CON2   1
4  #define CON3   -1
5  int main()
6  {
7  #if CON1
8      #if CON2
9          #error run to position1
10     #else
11         #error run to position2
12     #endif
13 #else
14     #if CON3
15         #error run to position3
16     #else
17         #error run to position4
18     #endif
19 #endif
20 }
```

编译器编译到某一条#error 指令时会停止编译,同时显示错误信息为

```
1  ch4_6.c:15:26:#error run to position3
```

表示在"run to position3"处的代码段会被实际编译。

#error 指令的另一个功能是显式声明某代码段还未完成,不能进行编译。

4.1.3 位运算

位运算是 C 语言的特点之一,理论上任何运算都可以用位运算来替代。位运算的突出特点是速度快。C 语言支持 6 种位运算,分别是位与(&)、位或(|)、取反(~)、按位异或(^)、左移位(<<)、右移位(>>)。

1. 位与

位与的运算规则是参与运算的两个数,相应二进制位分别进行与操作,只有两个位全为 1,

结果的对应位才为 1,否则为 0。例如,9&0x0c 的结果为 8。

2. 位或

位或的运算规则是参与运算的两个数,相应二进制位分别进行或操作,只有两个位全为 0,结果的对应位才为 0,否则为 1。例如,9|0x0c 的结果为 0x0d。

3. 取反

取反又称为按位取反,是一个单目运算,规则是使一个数据的所有二进制位都取其反值,即 0 变 1,1 变 0。例如,~3 的结果是 -4,这是因为 3 的二进制表示为若干个 0 后跟 11,具体有多少个 0 由硬件决定,以 32 位的 ARM 计算机为例,十进制数 3 表示成二进制数为 30 个 0 后跟 11,把 3 按位取反即为 30 个 1 后跟 00,由于数字在计算机中是按照补码存放的,若干个 1 后跟 00 表示的实际数值大小为 -4。

按位取反在嵌入式编程中很有用。例如,要求把一个变量的最低位清 0,写作如下形式是不合适的:

```
1   a=a&0xfffffffe;
```

因为上述写法已经假设了硬件平台为 32 位,这样的程序在 64 位、16 位、8 位平台上是无法正确运行的,进行嵌入式程序设计时要时刻考虑到硬件因素。下面的做法是合理的:

```
1   a=a&~1;
```

用按位取反的方式来屏蔽硬件因素,无论在任何硬件平台上,~1 都会自动扩展为相应的位数,使运算可以正确运行。

4. 按位异或

按位异或的运算规则是,如果两个数的相应二进制位相同,则此位结果为 0;否则结果为 1。与 0 异或相当于保持原值不变,与 1 异或相当于原数按位取反,与本身异或相当于清 0。

【例 4.7】 以下程序给出按位异或的一个用途,即不通过中间变量交换两个变量的值。

```
1   /*   ch4_7.c   */
2   #include <stdio.h>
3   int main()
4   {
5       int a=21;
6       int b=43;
7       a=a^b;
8       b=b^a;
9       a=a^b;
10      printf("a=%d, b=%d\n",a, b);
11      return 0;
12  }
```

程序输出:

```
1   a=43, b=21
```

5. 左移位

将一个数的全部二进制位左移若干位,移出位舍弃,右侧补 0。当移出位没有 1 时,相当于乘以 2 的 n 次方,n 是移动位数。

6. 右移位

将一个数的全部二进制位右移若干位,移出位舍弃,左侧可能补 0 或者补 1,视计算机系统不同而不同。

【例 4.8】 在 32 位平台上把一个 32 位数循环右移 n 位。

```
1   /*  ch4_8.c  */
2   #include <stdio.h>
3   int main()
4   {
5       unsigned a,b,c,n;
6       scanf("a=%x,n=%d",&a,&n);
7       b=a<<(32-n);
8       c=a>>n;
9       c=c|b;
10      printf("a=%x,c=%x\n",a,c);
11      return 0;
12  }
```

输入:

```
1   a=0x12345678, n=8
```

输出:

```
1   a=12345678, c=78123456
```

4.1.4 函数指针

指针是 C 语言重要的特点。C 程序运行时,任何一个对象都在内存中占用空间,因此都有一个地址,所以可以用一个指针变量来保存这个地址,函数也不例外。函数地址是指函数在内存空间的首地址,或称为函数的入口地址。调用函数时,只要知道函数的地址及函数的参数就可以了。与数组名代表数组首地址一样,函数名代表了函数的首地址。因此,通过函数名调用函数,与用一个指针保存函数的首地址,通过指针调用函数的效果是一样的。

函数的类型定义为返回值的类型,返回值类型不同,函数类型就不同。同样地,两个函数的参数个数、参数类型、参数顺序不同,这两个函数也不能称为同种类型的函数。当定义一个函数指针之后,这个指针只能保存同种类型的函数首地址。下面通过例子介绍如何定义函数指针。

格式如下：

```
1   int (*ptr1)(int);
```

上述语句定义了一个名为 ptr1 的函数指针，此指针只能保存具有一个整型参数的整型函数的首地址。

```
1   float (*ptr2)(int, double);
```

上述语句定义了一个名为 ptr2 的函数指针，此指针只能保存具有两个参数（第一个参数是整型，第二个参数是双精度浮点型）的单精度浮点型函数的首地址。

```
1   float (*ptr3)(double, int);
```

读者应能判断函数指针 ptr3 所指向的函数类型。需要注意的是，ptr3 和 ptr2 这两个指针的类型是不一样的，因为它们所指向的函数的参数顺序不同。

定义函数指针时，需要用括号把星号和指针名括起来，这是由运算符的优先级和结合性决定的，如果遗漏了括号，就不再是定义一个函数指针了，如下面的代码：

```
1   int *ptr1(int);
```

这是一条函数原型声明语句，表示声明了一个带有一个整型参数的函数，函数返回一个整型指针，函数名是 ptr1。可见，定义函数指针的括号是不能省略的。

函数指针和数据指针是不同的。函数指针指向代码区，数据指针指向数据区，两者不能互相赋值，即使进行强制类型转换也不行。

定义了函数指针之后，就可以用其指向同类型的函数，用指针调用相应函数。

【例 4.9】　以 0.1 为步长，计算特定范围内的三角函数之和。

```
1   /************************************************
2   /    ch4_9.c
3   /sin(0.1)+sin(0.2)+…+sin(1.0)
4   /cos(0.5)+cos(0.6)+…+cos(3.0)
5   ************************************************/
6   #include <stdio.h>
7   #include <math.h>
8   double triangle(double (*func)(double), double begin, double end)
9   {
10      double step, sum=0.0;
11      for(step=begin; step<end; step+=0.1)
12          sum+=func(step);
13      return sum;
14  }
15  int main()
```

122

```
16   {
17       double result;
18       result=triangle(sin, 0.1, 1.0);
19       printf("the sum of sin from 0.1 to 1.0 is %f\n", result);
20       result=triangle(cos, 0.5, 3.0);
21       printf("the sum of cos from 0.5 to 3.0 is %f\n", result);
22       return 0;
23   }
```

在程序的第 8 行,triangle( )函数的第一个参数是一个函数指针 func,它定义为指向有一个双精度浮点型参数和双精度浮点型返回值的函数。在主函数中,以参数 sin( )、cos( )调用函数 triangle( ),double sin(double)和 double cos(double)是在数学库头文件中声明的计算三角函数的函数,函数名 sin 和 cos 是对应的函数首地址,函数类型与函数指针 func 指向的函数类型一致,因此在第 12 行可以用 func 先后调用 sin( )和 cos( )函数。在 Red Hat Linux 9 系统中编译这个例子时,要使用 gcc 的-lm 选项。

对于参数比较多的函数类型,定义相应的函数指针比较烦琐,这时可以用 typedef 关键字做简化,例如:

```
1   typedef double (*FUN)(double a, double b);
```

上述语句表示定义了一个称为 FUN 的"函数指针类型",即指向有两个双精度浮点型参数、一个双精度浮点型返回值的函数的函数指针类型,将来可以用这个函数指针类型去定义函数指针。例如:

```
1   FUN f1;
2   FUN f2;
```

表示定义 f1 和 f2 为相应类型的函数指针。可以看到,引入函数指针类型之后,函数指针的定义简化了很多。此外,还可以先定义一个函数类型,再用此函数类型去定义函数指针,如下所示:

```
1   typedef double (FUN)(double a, double b);
2   FUN * f3;
3   FUN * f4;
```

f3、f4 的类型与 f1、f2 完全相同。

函数指针也是一个指针变量,因此还可以定义一个函数指针数组,例如:

```
1   double (*fp[4])(double,double)={f1,f2,f3,f4}
```

表示定义了一个长度为 4 的函数指针数组,同时进行了初始化。

函数指针十分有用,在嵌入式操作系统中,经常用函数指针来完成任务调度。例如,在 uC/OS Ⅱ操作系统中,任务创建的函数原型如下:

```
1  INT8U OSTaskCreate(void (*task)(void *pd), void *pdata, OS_STK *ptos,
INT8U prio);
```

其中第一个参数即为函数指针。

4.1.5 C 程序的移植

由于不同的计算机硬件有不同的特点,各种操作系统的特性也各不相同,为一种平台编写的程序,如果需要在其他硬件、系统软件的平台上运行,通常都需要进行一些改动,这个过程叫作程序的移植。方便移植的程序称为可移植程序。程序不可移植的主要原因是有太多与硬件相关的代码。为了获得良好的可移植性,编程时应注意以下几点。

1. 避免使用魔数

所谓魔数(magic number),是指在程序中使用的数值常量。之所以称为魔数,在于其本身不能直接体现现实意义。例如,代码中的数字 5 代表什么,这个含义并不明确,程序的阅读者不得不扩大阅读范围,以猜测数字 5 的真实含义,这增加了阅读代码的负担。而且,当某些条件发生变化时,有可能要改变这些数据,由于这些数据没有明确的含义,且散落在代码的各个部分中,改动时就不得不寻找每一个数据。如果有多个数值相同但意义完全不同的数据,情况就更加复杂。当数据与硬件相关时,也给代码移植造成了困难,降低了程序的可移植性。例如,下面的代码表示从 fp 指向的文件中读 1 个长度为 256 字节的数据块到缓冲区 buf 中。

```
1  fread(buf, 256, 1, fp);
```

如果不了解函数 fread( )的类型,代码中的数字 256 的含义就很模糊,这就是魔数造成的恶果。相反,如果采用如下写法,代码就非常清晰:

```
1  #define BUFFER_SIZE 256
2  fread(buf, BUFFER_SIZE, 1, fp);
```

如果程序中多次出现同样的 fread( )函数调用,当今后需要把缓冲区大小改为 128 字节时,只要修改宏定义语句就可以了,不需要到代码中逐个修改。

例如,在一个图形处理程序中,需要根据不同的颜色执行不同的操作,下面的代码是一个不推荐的写法:

```
1  void ShowColor(int color)
2  {
3      if(color==0)
4          sub_red();
5      else if(color==1)
6          sub_blue();
7      if(color==2)
```

```
 8         sub_green();
 9      return ;
10   }
```

应该先在头文件中把各个颜色值定义为宏,代码如下:

```
1   /*  color.h  */
2   #define RED 0
3   #define BLUE 1
4   #define GREEN 2
```

然后在源文件中直接使用这些宏来判断。

```
 1   #include "color.h"
 2   void ShowColor(int color)
 3   {
 4      if(color==RED)
 5         sub_red();
 6      else if(color==BLUE)
 7         sub_blue();
 8      if(color==GREEN)
 9         sub_green();
10      return ;
11   }
```

2. 程序分层

不同的操作系统为应用程序提供了不同的支持,例如,Windows 2000 应用程序支持多线程特性,但是 Windows 5.2 不支持,因此为 Windows 2000 编写的应用程序在 Windows 5.2 中不能运行,即软件对系统有依赖性。这种依赖性没有具体通用的解决方法,但是可以通过程序分层来改善,即把与系统相关的代码放到一起。TCP/IP 协议是一个很好的例子,它有清晰的层次结构,可以完全把其中的一层用另外一个协议替换。例如,传输层可以根据具体情况选用 TCP 协议或者用户数据报协议(user datagram protocol,UDP);ISO/OSI 7 层协议是另一个例子,可在数据链路层选用 802.3、802.4、802.5 或 802.11 等不同协议以适应不同的硬件环境;uC/OS Ⅱ 同样体现了分层的思想,它通过把硬件相关代码集中在一起而获得了良好的可移植性,当在不同平台之间移植 uC/OS Ⅱ 时,只要修改这些代码即可,而不需要改动整个操作系统。

3. 注意数据类型的长度

当在不同体系结构的计算机间移植程序时,可能会遇到由于机器字长不同而导致的数据类型长度不同的问题。例如,在 32 位机中,整型数据是 4 字节,而在 16 位机中,整型数据是 2 字节,在这两种计算机之间移植程序时有可能会因为数据类型长度不同而导致溢出。使用宏来重新定义数据类型可以避免这种不利因素。例如,当需要使用一个 16 位长度的整型数据时,可以如下定义：

```
1   #define int16 int
2   int16 a;                              //定义 16 位整型变量 a
```

将来当需要把程序移植到 32 位平台时，只要把宏体改为 short int 就可以了，源程序代码不需要做其他改动。

编程时应尽量采用适合不同类型计算机的编码方式。例如，当需要把一个整型数据写入文件时，如下写法并不理想：

```
1   fwrite(&i, 4, 1, fp);//不好
```

而应该改为更具可移植性的写法：

```
1   fwrite(&i, sizeof(int), 1, fp);//好
```

有的表达式在某些计算机中的值为真，在其他计算机中的值为假，移植程序时尤其应该注意这种表达式。例如：

```
1   i = -0x1000;//给变量 i 赋值
2   i==0xf000;//此关系表达式的值在 16 位机中为真，在 32 位机中为假
```

4. 对齐问题

某些计算机允许数据边界地址不对齐，当把这样的代码移植到 ARM 上时要特别小心。ARMv5TE 以前的处理器都不支持地址不对齐的指针。

5. 大小端问题

如果两台计算机的大小端定义不一致，那么代码移植时要做转换。

6. 枚举类型

枚举类型是可移植的，但是不同的编译器会为枚举类型分配不同数目的字节。如果一个枚举类型实际只有 8 位的值，armcc 会分配 1 个字节，而 gcc 会分配 4 个字节。不能在不同的编译器之间对代码和库进行交叉链接。

7. 减少内嵌汇编

C 语言的内嵌汇编由 C 编译器来负责，而不使用 armasm 或 gas。内嵌汇编可以提高编程效率，但是会影响程序的可移植性。

4.2　GNU C 扩展

GNU 是 GNU's not UNIX 的缩写，是 Richard Stallman 倡导的自由软件计划，于 1983 年 9 月 27 日公开发起。它的目标是创建一套完全由自由软件组成的操作系统。Richard Stallman 最早是在 net.unix-wizards 新闻组上公布该消息的，并附带发表了一份《GNU 宣言》，解释了为何发起该计划，其中一个理由就是要"重现当年软件界合作互助的团结精神"。

GNU 系统包含一个功能强大的文字编辑器 Emacs、GNU 编译器集合、大部分 UNIX 系统的程序库和工具以及 Linux 操作系统内核。那么 GNU 和 C 语言有什么关系呢?

要发明一种语言,首先需要定义这种语言的语法规则,但是这些规则如何体现呢? 答案是通过编译器来体现。编译器负责检查源代码是否符合语法要求,如果符合,还会翻译源代码为二进制的可执行文件。因此,一种语言的语法定义是由编译器直接体现的。当 C 语言标准制定之后,编译器设计者开发了很多编译器以支持 C 语言标准,在开发这些编译器的过程中,人们发现如果给 C 语言标准添加一些语法要素,这种语言可能会更加强大。例如,如果语言能够支持 64 位数据类型,那么 64 位数据的各种运算就可以直接进行,而不必使用两个 32 位的整型变量去模拟 64 位数据,也不必开发各种函数来进行 64 位运算。因此,不同的编译器开发者根据自己的理解,在 C 语言标准的基础之上又增加了一些语法扩展,使他们开发的编译器可以识别 C 语言标准之外的,能提升编程效率的表达方式。例如,有的编译器提供了 long long 关键字来支持 64 位数据类型。但是,这种做法在提高编程效率的同时也降低了各种编译器下 C 语言程序的兼容性。GNU 计划中包括一个编译器集合 GCC,它对 ANSI 标准进行了很多扩展,牺牲了一些可移植性,但提高了编程的方便性。

1. 64 位整型数据类型

GCC 定义了 64 位整型关键字 long long,可以直接操作 64 位数据。例如:

```
1  long long int a=0x123;
```

2. 内联函数

C++中有内联函数的概念,内联函数避免了函数调用的各种开销,可以提高程序执行效率,同时比使用宏更加安全。C 语言标准中不支持内联函数,GCC 对此做了扩展,定义了关键字 inline 来支持内联函数。关键字 inline 只是一种"建议",而非"命令",编译器可以根据实际情况忽略内联的要求。

3. attribute 关键字

GCC 增加了关键字 __attribute__,可以提供有关代码的更多信息,以此帮助 GCC 进行代码优化工作。例如,如下代码通过使用 __attribute__ 关键字实现,当变量 t 没有被使用时,编译器也不会提出警告。

```
1  float t  __attribute__ ((unused));
```

再如 __attribute__((noreturn)),该属性通知编译器函数从不返回值,当遇到类似函数需要返回值却不可能运行到返回值处就已经退出来的情况时,该属性可以避免出现错误信息。C 语言库函数中 abort() 和 exit() 的声明就采用了这种格式。

【例 4.10】 程序示例。

```
1  /*  ch4_10.c  */
2  #include <stdlib.h>
```

```
3   void quit() __attribute__ ((noreturn));
4   void quit()
5   {
6       exit(1);
7   }
8   int test(int n)
9   {
10      if ( n > 0 )
11      {
12        quit();
13      }
14      else
15        return 0;
16  }
17  int main()
18  {
19      test(1);
20      return 0;
21  }
```

如果删去程序第 3 行的__attribute__((noreturn)),那么编译时会出现如下警告信息:

```
1   ch4_10.c: In function 'test':
2   ch4_10.c:16: warning: control reaches end of non-void function
```

通过设置__attribute__的 aligned(alignment)属性,可以规定变量或结构体成员的最小对齐格式,以字节为单位。

【例 4.11】 以下程序的第 14 行中,编译器将以 16 字节(注意是字节 byte 而不是位 bit)对齐的方式分配一个变量。也可以对结构体成员变量设置 aligned 属性。例如,以 8 字节对齐的方式创建一个双字 int 对,如第 5 行所示。

```
1   /*   ch4_11.c   */
2   #include <stdlib.h>
3   struct s
4   {
5       int a[2] __attribute__ ((aligned (8)));
6   };
7   struct t
8   {
9       char a;
```

128

```
10        int b[2] __attribute__ ((packed));
11    };
12    int main()
13    {
14        int y __attribute__ ((aligned (16)));
15        y=1;
16        return 0;
17    }
```

如上所述,可以手动指定对齐的格式,也可以使用默认的对齐方式。如果 aligned 后面没有紧跟一个指定的数字值,那么编译器将依据目标机的情况使用最大、最有益的对齐方式。例如:

```
1    short array[3] __attribute__ ((aligned));
```

选择针对目标机最大的对齐方式,可以提高复制操作的效率。aligned 属性使被设置的对象占用更多的空间;反之,使用 packed 属性可以减小对象占用的空间。需要注意的是,__attribute__ 属性的效力也与链接器有关,如果链接器最大只支持 16 字节对齐,那么此时定义 32 字节对齐也是无济于事的。

通过设置 __attribute__ 的 packed 属性,可以使得变量或者结构体成员使用最小的对齐方式,即对变量采用一字节对齐,对域(field)采用位对齐。在程序 ch4_11.c 的结构体 struct t 中,c 成员变量使用了该属性,则其值将紧跟着放置在 b 的后面。

__attribute__ 其他可选的属性值还可以是 cleanup、common、nocommon、deprecated、mode、section、shared、tls_model、transparent_union、unused、vector_size、weak、dllimport、dlexport 等。

4. 单行注释

GCC 支持 C++风格的单行注释符"//"。

5. switch-case 语句简写

GCC 对 switch-case 语句也做了扩展,当出现多个 case 共享某一操作时,可以把这些 case 分支用"…"简写到一起。

【例 4.12】 以下两种表达方式是等价的。

```
1    /*   ch4_12.c   */
2    #include <stdio.h>
3    int main()
4    {
5        int t=2;
6        /*传统方式*/
7        switch(t)
8        {
9            case 0 :
```

```
10        case 1 :
11        case 2 :printf("012\n");break;
12        case 3 :
13        case 4 :
14        case 5 :printf("345\n");
15    }
16    /* GCC 扩展方式 */
17    switch(t)
18    {
19        case 0…2 :printf("012\n");break;
20        case 3…5 :printf("345\n");
21    }
22    return 0;
23 }
```

6. 预定义宏

程序执行时,如果能够随时得知当前程序执行的位置处于哪个函数中,将会对程序的调试有很大帮助作用。GCC 预先定义了宏__FUNCTION__,代表当前函数的函数名。调试时只要把__FUNCTION__插入 printf( )函数中作为字符串显示,就可以定位当前程序执行的位置。

【例 4.13】 程序示例。

```
1  /*  ch4_13.c  */
2  #include <stdio.h>
3  void f(void)
4  {
5     printf("This is function %s \n", __FUNCTION__);
6  }
7
8  int main( )
9  {
10    printf("This is function %s \n", __FUNCTION__);
11    f();
12    return 0;
13 }
```

执行结果如下:

```
1  This is function main
2  This is function f
```

适当地在 printf( )函数中加入__FUNCTION__可以加速程序调试的进程。

7. 结构体初始化

标准 C 要求数组或结构变量的初始化值必须以固定的顺序出现,GNU C 允许初始化值以任意顺序出现,并且不必一次对所有元素全部赋值,这通过指定索引或结构域名来实现。要指定结构元素,可在元素值前写"FIELDNAME:",例如:

```
1   struct file_operations ext2_file_operations =
2   {
3       llseek:   generic_file_llseek,
4       read:     generic_file_read,
5       write:    generic_file_write,
6       ioctl:    ext2_ioctl,
7       mmap:     generic_file_mmap,
8       open:     generic_file_open,
9       release:  ext2_release_file,
10      fsync:    ext2_sync_file,
11  };
12  struct file_operations driver_fops =
13  {
14      owner:    THIS_MODULE,
15      read:     driver_read,
16      open:     driver_open,
17      release : driver_release,
18  };
```

将结构变量 driver_fops 的元素 owner 初始化为 THIS_MODULE,将元素 read 初始化为 driver_read,以此类推。如果将来结构的定义发生变化,导致元素的偏移改变,这种初始化方法仍能保证已知元素的正确性。对于未出现在初始化中的元素,其初值为 0。

8. 长度为 0 的数组

此外,GNU 还允许结构体的末尾成员是长度为 0 的数组。

GNU C 扩展增强了 C 语言的表达能力,但是也在一定程度上削弱了 C 语言的可移植性。

4.3 嵌入式 C 程序架构

4.3.1 嵌入式 C 程序

嵌入式系统中使用的 C 语言与标准 C 语言并无太大的差别,针对不同的硬件平台,或许对标准 C 语言有小幅度的扩展,如 C51,但是基本语法是一致的。因为 C 语言具有直接操纵硬件的优良特性,所以特别适合在嵌入式系统中使用,无论是否有操作系统的支持,C 语言都能准确、流畅地执行。

【教学课件】
嵌入式 C
程序架构

1. 模块

开发一个实际应用程序时,习惯上会根据功能把程序划分为若干个部分,由程序开发小组中不同的成员分别设计,每一个部分即为一个模块。模块是指完成某个功能或某些联系紧密的功能的代码,一般由一个源文件(扩展名为 c)和一个头文件(扩展名为 h)组成。源文件中一般包含变量的定义、函数的定义等内容,头文件中一般包含对应源文件中的函数的声明以及变量的声明。声明与定义的含义是不同的,对于变量而言,只有产生内存分配的语句才是定义,其余的为声明;对于函数来说,有函数体的代码为定义,只有函数首部的代码为声明。对于程序的任意部分,如果需要使用某个模块提供的功能,只需要把相应模块的头文件包含在代码中即可。

头文件中不应该包含能导致内存分配的语句。例如,图 4.2(a)所示的代码中,头文件 test.h 中包含对整型变量 a 的定义,然后在不同的源文件中均包含 test.h,预处理之后相当于在每个源文件中都包含了对变量 a 的定义,如图 4.2(b)所示。作为一个程序的若干组成部分,如果包含同名全局变量的多次定义,某些编译器会把这些同名变量当作静态全局变量来处理,其他编译器会直接给出一个链接错误。

上述内容正确的表达方式如图 4.3 所示,在源文件中包含定义语句,而在头文件中只对相应源文件中的内容做声明。无论任何模块要使用此变量,只需包含恰当的头文件,即可共享同一个整型变量,其在内存中只有一个副本,避免了冲突以及错误的发生。

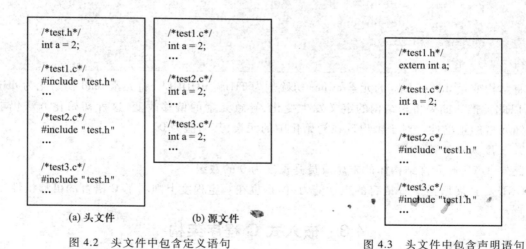

(a) 头文件　　　　　(b) 源文件

图 4.2　头文件中包含定义语句

图 4.3　头文件中包含声明语句

2. 任务模式

嵌入式系统的软件设计方案有多种,可以不使用操作系统,基于硬件,直接用 C 语言或者汇编语言来编写程序。在这种情况下,系统的所有功能都需要程序员亲自实现,哪怕在屏幕上画一个点,也需要编写代码,因此开发效率较低。但是,某些计算机受硬件条件限制,没有多余的资源来支持操作系统的运行,则只能使用这种形式,典型的例子为前后台系统。

早期的嵌入式系统中没有操作系统的概念,程序员直接面向裸机编写程序,程序的结构通常分为两部分:前台程序和后台程序。前台程序一般为无限循环结构,根据相关标志来决定是否执行某段子程序;后台程序负责检查每个任务是否具备执行的条件,并据此设置相应标志。前台程序也称为事件处理级程序;后台程序也称为任务级程序,掌管系统软硬件资源的分配、管理和任务调度。对于实时性要求严格的场合,一般采用中断来保证系统对事件的及时响应。中断服务程序仅标记事件的发生,并不做任何处理即退出中断,以允许其他中断的及时响应。后台程序负责调度各个中断,然后由前台程序完成中断事件的处理。采用这种方法可以提高事件响应速度,不会使中断服务程序占用过多的时间。

实际上,前后台系统的实时性比预计的要差。这是因为前后台系统认为所有的任务具有相同的优先级别,任务间采用先进先出的算法来排队,这就导致那些更紧迫的事件有可能不能得到及时响应。更为严重的是,由于前台程序是一个无限循环结构,一旦循环中某个正在处理的任务崩溃,则整个任务队列中的其他任务就得不到机会被处理,从而造成整个系统的崩溃。前后台系统结构简单,几乎不需要 RAM/ROM 的额外开销,因而广泛应用于简单的嵌入式系统中。

随着大规模集成电路技术的发展,单个芯片内集成的晶体管数目越来越多,从而使得芯片的功能不断增强,出现了各种复杂而强大的嵌入式处理器,处理器片内一般集成了 ROM、RAM 等存储器和多种功能部件以及接口,并且运行速度得到大幅提升。在这种情况下,硬件的发展提高了对操作系统的支持能力,在硬件上运行一个操作系统不会对系统的速度、存储能力造成显著影响,操作系统存在的可行性得到了保证。同时,因为片内资源非常丰富,如果仍旧采用直接对裸机编程的模式,需要应用程序员花费大量精力来操控底层硬件,在很大程度上降低了开发的效率。如果用一个操作系统来控制和管理硬件,使应用程序员从底层编程中解放出来,从而可以专注于具体的应用,就可以显著提高开发效率。由此可见,操作系统具有应用的必要性。所以,目前的高端处理器一般都先运行一个嵌入式操作系统,然后在此操作系统之上再进行各种应用程序的开发。

设计专门运行于嵌入式设备的操作系统成为技术发展的趋势。在这个背景下,实时操作系统(read-time operation system, RTOS)应运而生。实时操作系统是嵌入式应用软件的基础和开发平台。它包括一个可靠性很高的实时内核,将 CPU 时间、中断、I/O、定时器等资源都封装起来,向用户提供标准的应用程序接口(application program interface, API),并根据各个任务的优先级,采用各种任务调度算法,合理地在不同任务之间分配 CPU 时间。RTOS 的基本功能包括任务管理、定时器管理、存储器管理、资源管理、事件管理、系统管理、消息管理、队列管理、信号量管理等,这些管理功能通过内核服务函数形式提供给用户调用,也就是 RTOS 的 API。

3. 面向对象的 C 语言

众所周知,C 语言是面向过程的,并不包含面向对象的特性,无法使用面向对象程序设计的思路。由于面向对象程序设计具有优良特性,如果 C 语言能具有类似的特点,无疑将使程序开发过程发生根本变化,提高开发效率。C 语言具有结构体以及函数指针特性,可以用来模拟一个"类",如下面的代码所示:

```
1   struct A
2   {
3       int a;              /*数据成员   */
4       float b;            /*数据成员   */
5       struct A *this;     /*this 指针 */
6       void (*f)(void);    /*函数指针   */
7   }
```

可以用结构体类型 A 来模拟一个类,其中的函数指针用来模拟实现类中的成员函数。采用这种结构,可以把数据和函数封装在一起,同时用结构体变量的包含来模拟继承,部分地实现面向对象的特性。

4.3.2 人机界面

对于嵌入式设备来说,需要程序员实现支持设备运行的每一处功能、每一行代码,包括键盘的设计、显示界面的设计等。

1. 键盘设计

按键个数需要根据实际需要来设置。按键的机械弹性问题会导致按键发生抖动,现象为操作人员按键一次,但是硬件认为发生了多次按键操作,从而造成错误。有两种方式可以完成按键去抖:硬件方式和软件方式。硬件方式为采用基本 RS 触发器避免按键抖动,但是需要增加电路的成本。此外可以通过软件延时的方式去抖。如果检测到按键,那么延时 20 ms 之后继续检测按键,如果此时按键仍然处在按下状态,那么可以认为发生了一次按键。对于按键抬起也有同样的问题。用软件方式实现按键去抖的操作流程如图 4.4 所示,其中各标志变量的初值均为 0。

键盘控制还可以采用 ZLG7289 芯片,详细介绍见显示设计部分。

2. 显示设计

显示部分可以采用 LED 数码管或者液晶显示(liquid crystal display,LCD)器两种方法。

数码管是较为低端的显示设备,按照显示方式分类,可分为静态显示和动态(扫描)显示;按译码方式可分为硬件译码和软件译码;按硬件连接方式可分为共阴及共阳两种方式。在静态显示方式中,显示驱动电路具有输出锁存功能,CPU 将所要显示的数据送出后就不再变化,直到被显示的数据需要更新时再传送下一次数据。其特点是数据显示稳定,占用 CPU 时间少,编程简单,但每个显示单元都需要单独的显示驱动硬件。动态显示需要 CPU 定时对数码管进行刷新,显示亮度稍低,数据有闪烁感,编程稍复杂,占用的 CPU 时间多,但是节省硬件。这两种显示方式各有利弊,用户可根据实际情况选择。在硬件译码方式下,显示的段码完全由硬件完成,CPU 只要送出标准的 BCD 码即可,硬件接线有一定要求。软件译码采用软件来完成显示段码译码功能,接线更加灵活。在共阴连接方式中,数码管的公共端接地,段选端接数据总线;共阳连接方式则相反,公共端接电源,段选端接数据总线。无论共阴还是共阳,都要在段选端接限流电阻。图4.5 所示是数码管两种接法的示意。

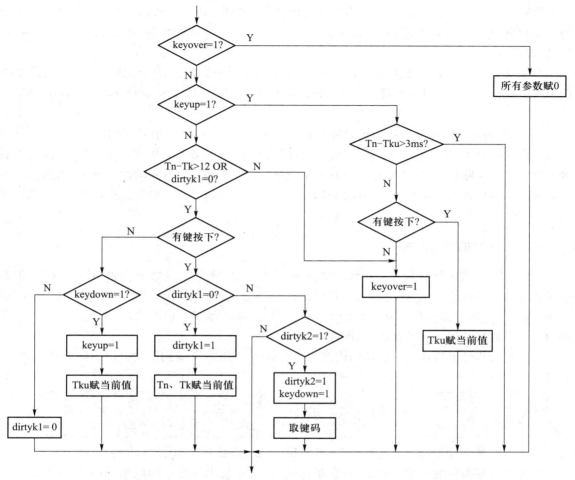

图 4.4　用软件方式实现按键去抖的操作流程

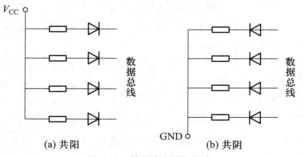

图 4.5　数码管连接方式

　　关于键盘和数码管显示部分,还可采用 ZLG7289A 控制芯片,这是一种串行接口芯片,可同时驱动 8 位共阴式数码管或 64 只独立 LED。该芯片同时还可连接多达 64 键的键盘矩阵,单片即可完成 LED 显示、按键识别、去抖等全部功能。ZLG7289A 内部含有译码器,可直接接受 BCD 码或十六进制码,并同时具有两种译码方式,此外还具有多种控制指令,如消隐、闪烁、左移、右移、段寻址等。

显示部分还可以采用液晶显示器。随着价格的降低,液晶显示器已经成为现在嵌入式系统的主流显示设备。基于 Linux 操作系统的液晶显示器控制软件主要采用帧缓冲(framebuffer)技术。

framebuffer 是 Linux 系统中图形硬件设备的抽象,是用户访问图形界面的接口,它允许上层应用程序在图形模式下直接对显示缓冲区进行读写操作,而不必关心物理显存的位置、换页机制等具体细节。实际使用中,用户可以把 framebuffer 缓冲区看成一块普通的内存区域,通过向这一区域写入不同形式的数据信息,达到在 LCD 上显示不同内容的目的,包括完成各种点、线、面、图形、文字等的绘制。

4.3.3　指针的使用方法

指针是 C 语言的优良特性。指针功能强大、使用灵活,可以实现很多意想不到的功能,但是也正因为指针的这个特性,使用时如果对概念理解不清,非常容易导致错误。因此,其他一些语言为了防止指针的"副作用",甚至取消了指针。可见,指针就像一柄双刃剑,需要在学习时加深理解。常见的指针用法有数据指针、函数指针等。

可以使用指针的特性来直接访问内存的某个空间。例如,下面的语句可以访问内存 0x0ff 位置的一个字节:

```
1  unsigned char * p = (unsigned char * )0x0ff;
2  *p=0x5f;
```

上述语句的功能是向内存地址为 0x0ff 的字节处写入数据 0x5f。

数据指针相对较为简单,函数指针困难一些,但是只要把握指针的概念,就可以得到正确的结果。函数执行的必要条件有三个:函数的入口地址、函数的参数和函数的返回地址。函数调用的本质是找到函数的入口地址,然后把此地址赋值给程序计数器,同时完成参数传递和返回地址入栈。因此,可以利用函数指针模拟实现这一过程。例如,下面的代码完成了所谓的"热启动",即模拟实现了某些计算机的重新启动过程。

```
1  void (*p)();
2  p=(void(*)())0x0;
3  p();
```

上面的代码首先定义了一个用来指向没有返回值且没有参数的函数指针 p,然后把数字 0 强制转换为同一种函数指针类型并且赋值给 p,接下来利用函数指针 p 把内存地址 0 处当作一个函数的入口地址来调用,从而实现了使程序跳转到内存地址 0 处。对于大多数处理器(如 ARM 处理器)来说,程序计数器的复位值为 0,也就是说,计算机启动后执行的第一条指令就位于内存地址为 0 的位置(这一地址处往往存放一条绝对转移指令),那么上面的代码就模拟了计算机的

启动过程。为了进一步理解上面的代码,看下面的一段代码:

```
1   void f(){}
2   void (*p)();
3   p=f;
4   p();
```

上述两段代码的唯一区别在于跳转的目的地址不同,第一段代码跳转到内存地址为 0 的位置,第二段代码跳转到函数 f( )的入口地址位置。

为了执行热启动,也可以不使用函数指针变量,而直接进行跳转,代码如下:

```
1   ((void(*)())0x0)();
```

读者可以自行分析上述代码的含义。

4.4　ARM C 程序设计优化

【教学课件】
ARM C 程序
设计优化

ARM 处理器在高端嵌入式硬件平台中应用十分广泛,如何在 ARM 平台中高效地进行 C 程序设计无疑是一个十分重要的问题。如果使用 ARM 汇编语言进行程序设计,每一条汇编指令都对应一个专门的操作,从指令到处理器动作具有一一对应关系,这种编程方式是一目了然的。当使用 C 语言编程时,由于从 C 源代码到可执行文件的转换过程需要编译器的参与,由编译器编译得到的可执行文件与直接用汇编语言设计的程序相比,增加了很多冗余代码,如果能够在一定程度上减少这类冗余代码,显然可以提高程序的执行效率。如何减少这些冗余代码,或者说怎样编写 C 程序可以在完成既定任务的前提下尽量减少冗余代码,就是本节主要研究的问题。本节主要针对 gcc 编译器展开讨论。

代码优化主要考虑降低代码的时间复杂性和空间复杂性。随着硬件价格的迅速降低,存储器空间矛盾已经不是那么突出,如何减少程序的执行时间是被广泛关注的问题。源代码级别的代码优化不可避免地会影响到程序的可读性,尽量避免对源代码进行极端的优化,保持程序的可读性是十分必要的。统计表明,程序执行时,大约 80% 的时间都被用来执行 20% 的代码部分,因此如何提高这 20% 的代码的执行效率就显得异常重要。

下面分别从几个方面来讨论如何进行高效率的 ARM C 程序设计。

4.4.1　编译器的特性

考虑如下代码:

```
1   void setzero(char *p, int n)
2   {
3       for ( ; n>0; n--)
4       {
5           *p=0;
```

```
6          p++;
7      }
8  }
```

这段代码的目的是把字符型指针 p 指向的单元起始的连续 n 个字节清 0。此处 p 采用的是字符型指针，*p 是一个字符类型的数据，用一个字节来表示，每次循环可以使一个字节清 0。假设设计者确知 n 是一个比较大的数，则可以把 p 定义为整型指针，就可以一次清除 4 字节的内存空间，效率得到明显提高。如果 n 是 4 的整数倍，那么效果将更加明显。反之，如果 p 是字符型指针，即使 n 是 4 的倍数，编译器为了保险起见，也仍然会逐个字节清 0。可见，不同的 C 语言表达方式会导致不同的运行效率。同时，考虑 n 有可能为 0，因此决定执行循环体之前，首先要进行 n 是否大于 0 的判断，但是也有可能 n 在进入循环前恒不为 0，此时在第一次执行循环体前仍旧判断 n 的值是否大于 0 就是一种浪费。那么，是否可以避免这种情况呢？

由此可以得到一个结论，编译器是保守的，它必须考虑最坏的情况，保证在各种情况下程序的逻辑都不会出错，甚至有时会为此而牺牲一些效率。如果对编译器的这种特性比较了解，就可以通过改变编码方式，有针对性地利用编译器的某种特性提高程序的执行效率。

4.4.2　数据类型对程序效率的影响

假设有如下代码，完成 100 次某种操作：

```
1  unsigned char i;
2  for(i=0, i<100, i++)
3  {…}
```

设计者的意图是既然循环次数为 100 次，而无符号字符型变量的表示范围是 0 ~ 255，把 i 声明为字符型变量既能满足程序的逻辑要求，又能节省存储空间，因此是高效的设计方法。如果对程序的存储结构比较了解，就会发现这是一个典型的误区。现代计算机体系结构中一般都有"对齐"的概念，对于 32 位系统，字符型变量可以存放到内存的任意位置，短整型变量只能存放到偶数地址的位置，整型数据只能存放到能被 4 整除的地址位置，因此除非连续存储若干个字符型变量，否则存储空间总是会有浪费。极端情况下，多个整型数据和多个字符型数据间隔存储，这段存储区域的利用率只有 65.2%，可见使用字符型变量作为计数器并不一定能够节省存储空间。考虑程序的执行效率，数据都是存放到寄存器中参与运算的，对于 32 位寄存器，因为变量 i 已经被显式地声明为 8 位，因此编译器要保证在任何时候寄存器的高 24 位都是 0，这会额外消耗运行时间。如果查看相应的汇编代码，可以发现这是通过在程序中插入类似"AND ri, ri, #0xff"的指令来实现的。如果使用整型变量作为计数器，变量长度与寄存器长度一致，就不需要上述"与"指令，程序执行效率会得到提高。

当进行函数调用时，如果参数和返回值声明为较短的数据类型，如短整型或字符型，也会存在同样的问题。参数传递是通过 32 位寄存器来完成的，需要把它缩减为较短的数据类型，无论这一工作是在函数调用前还是调用后来完成，都会增加额外的指令。因此，采用整型参数是合适的做法。

数值以补码形式存在于系统中,有符号数和无符号数对程序运行效率也是有影响的。做除法时,对于无符号数,除以 2 相当于把这个数右移一位,左侧补 0。对于有符号数,要先给这个数的补码加 1,然后右移一位,左侧补 1。例如,-5 的补码的高 29 位是 1,低 3 位是 011,加 1 后变为高 30 位为 1,低 2 位为 0,然后右移一位,最高位补 1,数值变为-2。如果直接右移,结果是错误的。ARM 处理器的 gcc 编译器对于除以 2 的做法是,一律把此数值的符号位加到数值本身,然后右移一位,原符号位不变。这一做法对整数也是正确的,读者可以自行验证。由此可知,在除法中尽可能地使用无符号数,可以提高程序执行效率。

4.4.3 循环方式对程序效率的影响

由于 ARM 指令集具有 BNE 这样的指令,它可以把与 0 比较以及是否转移在一个指令周期内完成,因此类似如下代码是低效的:

```
1   int i;
2   for(i=0; i<100;i++)
3   {…}
```

上述代码要实现转移需要两条指令,首先把某寄存器的内容与 100 比较,其次在条件符合时转移。相同功能的代码如果写成下面的形式,则可用一条 BNE 指令实现比较以及转移两个功能。

```
1   int i;
2   for(i=100; i>0; i--)
3   {…}
```

结论是在设计循环时,应尽可能使用减计数而非加计数。

下面再来考虑前面提出的问题。对于"for(；n>0；n--)",如果能确保第一次循环之前 n 恒大于 0,此时取消第一次 n 是否大于 0 的判断,是不会影响程序逻辑的,显然,程序的执行效率还可以提高。用 do…while…循环即可达到这一目的。

每一次循环都有开销,例如比较指令、跳转指令等,真正与用户逻辑相关的是循环体中的内容,而循环开销只是为了保障用户逻辑不得已而为之的服务代价,这个开销在整个程序中所占的比例越小越好。例如:

```
1   int i, t=0;
2   for(i=100; i>0; i--)
3   {
4       t++;
5   }
```

循环开销重复 100 次,假设每次循环开销占用 4 个时钟周期,循环体中的加法占用 1 个时钟周期,那么有效程序仅占 CPU 执行时间的 20%,其余 80%都是服务性开销,效率仅是 20%。从编译

器优化的角度考虑,服务性开销是可以减少的。例如,如下修改程序:

```
1  int i, t=0;
2  for(i=50, i>0, i--)
3  {
4      t++;
5      t++;
6  }
```

每次循环开销的 4 个时钟周期不变,但是有效程序占到 2 个时钟周期,即效率提高到了约 33%。如果在循环体内把加法重复 50 次,则只要 2 次循环就够了,每次循环开销仍旧是 4 个时钟周期,程序效率变为 25/27。可见,循环展开能够显著降低服务性代码在全部代码中的比例。

很自然存在这样的问题:循环展开到什么程度? 全部展开是否是最优的? 要意识到循环展开是有代价的,首先会增加程序的长度,其次循环体内代码越多,就越有可能造成 cache 失效问题。因此,在何种程度上展开循环要具体问题具体分析,在程序执行时间和代码量之间找到一个最佳平衡点。

4.4.4 指针对程序效率的影响

使用指针时会有一些意想不到的情况。考虑下面的代码:

```
1  void throwtobag(int *mybag, int *yourbag, int *stone)
2  {
3    *mybag += *stone;//   语句 1
4    *yourbag += *stone;//语句 2
5  }
```

当这段代码中的语句 1 被 gcc 编译时,会出现诸如“LDR ri,[r2,#0]”之类的汇编指令,表示首先要从 stone 指向的地址处读出一个数据,以便把它加到 mybag 指明的地址处。此处 r2 代表 stone,因为 stone 是函数的第三个参数,需要由 r2 来承载。不理解的读者可查询 ATPCS 的说明。然而,编译语句 2 时,仍然包含一条“LDR ri,[r2,#0]”语句。stone 的值已经由语句 1 得到了,为何还会出现一条 LDR 语句?

编译器是保守的,而且编译器是没有智能的,它不知道指针 stone 和指针 mybag 是否指向同一个内存区域,如果是,那么通过第一条语句对 mybag 间接引用的加法,mybag 指向的单元,或者等价的 stone 指向的单元的内容已经修改过了,因此执行语句 2 的加法之前一定要重新执行“LDR ri,[r2,#0]”之类的汇编指令,以保证 stone 中存储的数据是最新的。当然,上面考虑的是特殊情况,程序员一般不大可能让 mybag 和 stone 指向同一个内存单元,此时第二次从 r2 指向的单元取数的操作就是冗余操作。可见,编译器牺牲了效率,保证了正确性。

4.4.5 边界对齐对程序效率的影响

在前面章节中已经多次提到了对齐问题,对齐问题对结构体也有影响。在结构体中定义的若干变量如果是长短相间的,由于对齐的要求,势必会浪费一些空间。例如,一个整型变量和一个字符型变量放在一起,总共占用 8 个字节空间,但是其中保存有效数据的只有 5 个字节。因此可以采用以下策略:在结构体的最前面定义所有的字符型变量,中间定义所有的短整型变量,最后定义所有的整型变量,这样可以把浪费的空间减到最小。

有的 C 编译器支持__packet 关键字,它可以突破边界对齐的限制,在任意类型的变量按照任意顺序定义的情况下,都能够紧凑地安排存储空间,此时的代价是牺牲了程序的运行效率。下面的代码完成从任意地址 p 处读取一个整型变量,且不要求此地址是 4 的整数倍,返回值为此地址起始的 4 字节数据。代码如下:

```
1  int fetchint(__packed int * p)
2  {
3    return * p;
4  }
```

图 4.6 是上述代码对应的一个例子。假设数据按照小端模式存储,指针 p 指向内存地址 0b0111 处,此处以不对齐方式存储有一个 32 位的整型数据,值为 0x87654321。对 * p 的读取需要经过以下步骤:读取内存地址 0b0100 处的 32 位数据到某寄存器,用逻辑右移指令把该整型数据的低 24 位移出寄存器,此时原高 8 位数据(0x21)移动到了低 8 位;读取内存地址 0b1000 处的 32 位数据到另一个寄存器,用逻辑左移指令把该整型数据的高 8 位移出寄存器,此时原低 24 位数据(0x876543)移动到了高 24 位;然后对前述两个寄存器的值做逻辑或操作,得到的结果就是原始 32 位整型数据(0x87654321)。从这一过程中可以发现,当地址不对齐时,即使只是简单地读取一个整型数据也会比较复杂。__packet 节约了空间,但是损失了运行效率。在硬件资源已经非常丰富的今天,空间限制已经不是主要矛盾,程序效率往往更受关注。

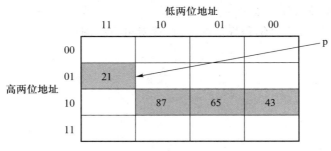

图 4.6 边界不对齐的影响

4.5　C 语言编程规范

编程规范是指程序员进行程序设计时应该遵循的准则,它常常被忽视,但在实际软件设计过程中又非常重要。对于程序员来说,能工作的代码不等于"好"的代码。由于语言的灵活性,表达同一个逻辑可以有不同的方式,如何在这些方式中选择一种最合适的方式,就是编程规范的研究内容。遵循编程规范设计程序,可以提高源程序的可靠性和可维护性,便于代码交流与共享,最终提高软件的品质。

不同开发语言都有各自的编程规范,不同的公司、组织也有自己设定的编程规范,这些规范的细节尽管不尽相同,但目的都是指导程序员设计出更合理的代码。对于嵌入式系统来说,可靠性是非常重要的,尤其在飞行器、汽车和工业控制过程中,只要系统运行稍有偏差,就会造成严重的后果。系统的安全运行,不但与硬件设计有关,还与程序的健壮程度有关。C语言的特点是编程灵活,C标准并未对语言本身作出一个完全的定义,C语言仍然存在很多未定义行为,而且C标准并非针对安全性而设计,这就形成了一个个安全隐患,造成很多代码表面可以正常执行,但是在某种极端条件下会导致程序的崩溃。

1994年,英国成立了一个称为汽车工业软件可靠性联合会(the Motor Industry Software Reliability Association, MISRA)的组织,它致力于协助汽车厂商开发安全可靠的软件,它的成员包括若干著名汽车公司和大学。1998年,MISRA发布了第一个针对汽车工业软件安全性的C语言编程规范《汽车专用软件的C语言编程指南》,其中定义了127条规则,称为MISRA-C:1998。该规范迅速成为汽车工业中最著名的有关安全性的C语言规范,并且它的影响力也波及其他的嵌入式方向。2003年,uC/OS Ⅱ经过了全面修改,宣布99%的代码符合MISRA-C:1998。2004年,MISRA又推出了该规范的新版本MISRA-C:2004,其中共有强制规则121条,推荐规则20条,并删除了15条旧规则。MISRA-C:2004把141条规则分为21个类别,每一条规则对应一条编程准则。

由前面的论述可知,编程规范不是固定不变的,不同的软件公司往往有自己的编程规范,同一个软件公司在不同时期采用的编程规范也有可能不同。但是,无论编程规范怎样变化,最终的目的都是为了减少程序员可能犯的错误,减少由于对语言和编译器的误解而可能导致的错误,提高程序的易维护性,保证软件的质量。

附录E展示了一个C语言编程规范的实例,读者可自行阅读。

第 5 章　嵌入式 Linux 程序设计基础

在 Linux 程序设计过程中,错误处理是非常重要的一部分内容,任何程序设计过程都不能避开这一过程和环节;除了错误处理,对文件、目录和内存的操作也是 Linux 程序设计的基础内容。在 Linux 系统中,了解进程、线程、Linux 库的相关控制和操作也对编写实用程序具有重要意义。本章将对 Linux 程序设计的基础内容进行介绍,帮助读者建立对 Linux 程序设计过程的简单、直观的认识。

源代码:
第 5 章源代码

143

5.1 错误处理机制

错误处理在任何一种程序设计语言中都占有重要的地位。一个优秀的软件必须考虑到有可能发生的各种意外情况,并且有针对性地进行各种处理,以保持软件的健壮性。放任错误的发生,并且简单地以程序崩溃作为结束是不负责任的表现。C 语言在错误处理方面也有一些相应的措施,它提供了若干库函数,有助于快速找到错误原因。Linux 系统中有专门的日志系统,可以随时保存系统的各种错误信息,便于调试。

5.1.1 C 语言的错误处理机制

C 标准中有几个错误处理机制,分别是预定义宏、预定义全局变量以及若干库函数。

1. 预定义宏

C 标准提供的几个预定义宏有助于进行错误处理。

（1）assert 宏

assert 是 assert.h 文件中提供的宏,其语法格式如下:

```
1  void assert(int expression);
```

assert 属于诊断类宏,功能是进行表达式结果正确性测试,它可以将错误信息输出到流 stderr 中,如果 expression 为 0,则中止程序执行。

【例 5.1】 程序示例。

```
1   /*  ch5_1.c  */
2   #include<stdio.h>
3   #include <assert.h>
4   #include<stdlib.h>
5   int main()
6   {
7       char *p;
8       p = getenv("HOME");
9       assert(p);
10      printf("HOME=%s\n",p);
11      p = getenv("NOTEXIST");
12      assert(p);
13      printf("NOTEXIST=%s\n",p);
14      return 0;
15  }
```

执行结果如图 5.1 所示。

getenv( )函数的功能是取得参数代表的环境变量的值,执行成功则返回指向该环境变量值

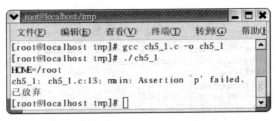

图 5.1　assert 宏的用法

的指针,执行失败则返回 NULL。在上述代码中,首先通过 getenv( )函数取得环境变量 HOME 的值,因为 HOME 是一个真实存在的环境变量,所以执行可以成功,显示 HOME 的值为/root。接下来要取得环境变量 NOTEXIST 的值,这是一个杜撰的环境变量,在系统中并不存在,所以 getenv( )函数执行失败,返回 NULL。assert 宏判断指针 p 的值为 NULL,得知执行失败,因此给出错误提示信息后直接退出程序,不会再执行第二个 printf( )函数。

注意,assert 的调用会影响程序的运行效率。有时希望程序中的 assert 不起作用,为达到这一目的,可以通过在程序包含 assert.h 头文件之前定义一个宏 NDEBUG 来实现。

【例 5.2】　NDEBUG 的用法。

```
1   /*  ch5_2.c  */
2   #define NDEBUG
3   #include<stdio.h>
4   #include <assert.h>
5   #include<stdlib.h>
6   int main()
7   {
8       char *p;
9       p = getenv("HOME");
10      assert(p);
11      printf("HOME=%s\n",p);
12
13      p = getenv("NOTEXIST");
14      assert(p);
15      printf("NOTEXIST=%s\n",p);
16      return 0;
17  }
```

执行结果如图 5.2 所示。

第 2 次执行 getenv( )函数时虽然发生了错误,但是由于 assert 被屏蔽掉了,所以程序还会继续向下执行,最终产生第 2 行信息。下面来看一下 assert.h 的内容。

145

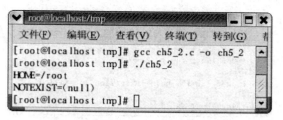

图 5.2 NDEBUG 的用法

```
1  /* 取消 assert 宏的方法 */
2  #include <stdio.h>/* fprintf() prototype & 'stderr'definition */
3  #include <stdlib.h>/* abort() prototype */
4  #if !defined(NDEBUG)
5  #define assert(p) if(!(p)){fprintf(stderr,\ "Assertion failed: % s, file % s,
6  line % d\n",\#p,__FILE__, __LINE__);abort();}
7  #else
8  #define assert(p)
9  #endif
```

从中可以看到,如果定义了 NDEBUG 宏,那么下面的语句将不会被编译:

```
1  #define assert(p) if(!(p)){fprintf(stderr,\ "Assertion failed: % s, file % s,
2  line % d\n",\#p,__FILE__, __LINE__);abort();}
```

因此,出错信息不会被写入标准错误,同时 abort() 函数不会被执行,即 assert() 函数没有起作用,即使打开文件出错,程序也会执行到底。

然而,assert 宏只是给出了一种错误处理的方式和思路,它的运行机制很简单:只要有错,就立即结束程序,能够从程序运行中得到的信息相对较少。理想的方式是当错误发生后,程序可以"降级"使用,而不是立刻结束。在不得不终止程序执行之前,能提示给用户的错误信息越多,程序就越"健壮"。

(2)位置指示宏

C 标准还定义了两个宏:__LINE__和__FILE__,这两个宏用于更精确地定位程序的出错位置。

【例 5.3】 程序示例。

```
1  /* ch5_3.c */
2  #include <stdio.h>
3  #include <stdlib.h>
4
5  int show_environment(char * e, int num, char * name)
6  {
```

146

```
 7        char * p=getenv(e);
 8        if(p!=NULL)
 9        {
10            printf("the environment is: %s\n", p);
11            return 0;
12        }
13        else
14        {
15            printf("error occured at %d of %s.\n", num, name);
16            return 1;
17        }
18  }
19  int main()
20  {
21      char * e1="HOME";
22      char * e2="NOTEXIST";
23      int res;
24      res = show_environment(e1, __LINE__, __FILE__);
25      if (res)
26          return 1;
27      res = show_environment(e2, __LINE__, __FILE__);
28      if (res)
29          return 1;
30      return 0;
31  }
```

例 5.3 中,首先定义了函数 show_environment(char * e, int num, char * name),其各个参数的含义分别是指向环境变量字串的指针、调用函数的调用行行号、调用函数所在的文件名。在函数中实现环境变量取值的读取,如果读取成功,显示环境变量的值,并返回 0;如果读取失败,给出错误提示信息,包含行号和文件名,并返回 1。

在程序的第 24 行,调用 show_environment( ) 函数读取环境变量 HOME 的值,并传递 3 个参数:指向环境变量的指针、行号 24 和文件名 ch5_3.c,这个操作能够成功;然后在第 27 行第二次调用 show_environment( ) 函数读取环境变量 NOTEXIST 的值,同样传递相关参数,由于环境变量 NOTEXIST 是杜撰出来的,因此这次读取不会成功,getenv( ) 函数返回 NULL,在程序的第 15 行会显示错误信息以及出错的位置:文件 ch5_3.c 的第 27 行。程序执行结果如图 5.3 所示。

这个例子印证了__LINE__和__FILE__的功能。

2. 标准库函数

C 语言还提供了一些标准库函数和全局变量来支持错误处理,具体包括 5 个函数以及一个全局变量,任何支持 ANSI/ISO C 标准的 C 语言实现都包含这些特性。

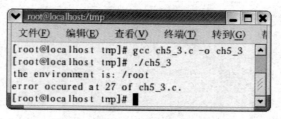

图 5.3　位置指示宏的用法

（1）errno 全局变量

errno 是定义在头文件 stdlib.h 中的一个全局变量，代表错误编码。Linux 系统调用和许多库函数运行出错时，会把 errno 设置为一个非 0 值，唯一对应一种出错的情况。在希望通过访问 errno 以确定错误类型前，要人为地把 errno 设置为 0，因为没有任何一个函数可以把 errno 设置为 0，所以需要手动设置，以免出现虚报错误的情况。

【例 5.4】　程序试图分别以读模式和写模式打开一个并不存在的文件。

```
1   /*   ch5_4.c   */
2   #include <stdio.h>
3   #include <stdlib.h>
4   #include <errno.h>
5   #include <math.h>
6   int main(void)
7   {
8       FILE * fp;
9       errno=0;
10      fp=fopen("notexist","r");
11      if(errno)
12      {
13          printf("Open file failed.\n");
14      }
15      else
16          printf("Open file successfully.\n");
17      printf("try again.\n");
18      errno=0;
19      fp=fopen("notexist","w");
20      if(errno)
21      {
22          printf("Open file failed.\n");
23      }
24      else
```

148

```
25          printf("Open file successfully.\n");
26      return 0;
27  }
```

编译执行程序 ch5_4,结果如图 5.4 所示。

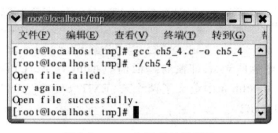

图 5.4   errno 全局变量的用法

主函数中,首先试图以读模式打开一个并不存在的文件,发生运行错误,此时全局变量 errno 会被设置为一个非 0 值,因此会进入 if 语句分支,打印错误信息。然后把 errno 变量重新设置为 0。第二次以写模式打开同样的文件,在写模式下,如果文件不存在,则会自动创建文件,因此这个操作总能够成功,errno 不会被设为非 0 值,因此第二个条件语句的 else 分支提示文件打开成功。这个例子表明了 errno 的用途和用法,读者应养成在易错处查询 errno 的良好编程习惯。常见的错误及 errno 值有文件或目录不存在(2)、I/O 错误(5)、权限不足(13)、文件存在(17)、不是目录(20)、文件太长(27)、磁盘没有空间(28)、数学参数超过定义域(33)等。

(2) 异常终止程序

abort( )函数的功能是立刻终止程序,并且不会执行由 atexit( )函数登记过的函数。abort( )函数与 exit( )函数不同,exit( )函数也会终止程序,但是程序终止前会执行由 atexit( )函数注册过的函数。

abort( )函数的原型如下:

```
1  void abort(void);
```

【例 5.5】   abort( )函数的用法。

```
1  /*   ch5_5.c   */
2  #include <stdio.h>
3  #include <stdlib.h>
4  int main(void)
5  {
6      printf("Hello everybody.\n");
7      abort();
8      printf("you can not get here.\n");
9      return 0;
10  }
```

149

程序执行的结果只会显示"Hello everybody.",而不会显示"you can not get here.",因为执行到 abort( ) 函数调用时,程序被终止。

（3）终止程序

exit( ) 函数与 abort( ) 函数的区别在于终止程序前会执行由 atexit( ) 登记的函数。exit( ) 函数原型如下：

```
1   #include <stdlib.h>
2   void exit(int status);
```

exit( ) 函数的返回值类型是 void,即没有返回值。status 是 exit( ) 函数返回给操作系统的退出码,可以是任何数值。在 stdlib.h 中定义了两个宏：EXIT_SUCCESS 和 EXIT_FAILURE,分别表示程序执行成功和失败的退出码。

（4）注册终止函数

atexit( ) 函数负责登记程序结束之前需要调用的函数,它或者由 exit( ) 调用,或者由 main( ) 函数返回来调用。函数原型如下：

```
1   #include <stdlib.h>
2   int atexit(void (* function)(void));
```

传递给 atexit( ) 的参数为函数指针,指向没有参数且没有返回值的函数。如果 function 登记成功,则 atexit 返回 0,否则返回 1。如果执行 abort( ) 函数,则不会调用 atexit( ) 登记的函数。

【例 5.6】　程序示例。

```
1   /*   ch5_6.c   */
2   #include <stdio.h>
3   #include <stdlib.h>
4   void test()
5   {
6       printf("you can still get here.\n");
7   }
8   int main(void)
9   {
10      printf("hello everybody.\n");
11      if(atexit(test)!=0)
12      {
13          printf("atexit() run failed.\n");
14          exit(EXIT_FAILURE);
15      }
16      printf("goodbye everybody.\n");
17      return 0;
18  }
```

程序执行结果如图 5.5 所示。

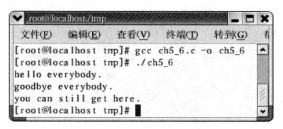

图 5.5　注册终止函数程序执行结果

上述执行结果的最后一行说明 atexit( ) 函数成功执行,正确注册了 test( ) 函数,因此在程序结束前 test( ) 函数被调用。

（5）获取错误信息

strerror( ) 函数返回一个字符指针,该指针指向的字符串描述了与错误代码 errnum 相对应的错误信息,如把 errnum 传递给 strerror( ),则可得到此信息。函数原型如下:

```
1  #include <string.h>
2  char * strerror(int errnum);
```

（6）输出系统错误信息

perror( ) 函数可以输出系统错误信息。函数原型如下:

```
1  #include <stdio.h>
2  #include <errno.h>
3  void perror(const char * s);
```

如果代码执行失败,一般会设置 errno,perror( ) 函数执行时首先输出指针 s 指向的字符串,然后添加一个冒号和一个空格,接下来输出对应于 errno 的错误信息,最后输出一个换行符。下面这两行代码是等价的:

```
1  perror("something was wrong");
2  printf("something was wrong: %s",strerror(errno));
```

perror( ) 与 strerror( ) 的功能很相像,两者可以互换使用。

【例 5.7】　试图以读模式打开一个并不存在的文件。

```
1  /*  ch5_7.c  */
2  #include <stdio.h>
3  #include <string.h>
4  #include <stdlib.h>
5  #include <errno.h>
6  #include <math.h>
```

151

```
 7   int main(void)
 8   {
 9       FILE * fp;
10       char * p;
11       errno=0;
12       fp=fopen("notexist","r");
13       if(errno)
14           perror("Open file");
15       errno=0;
16       fp=fopen("notexist","r");
17       if(errno)
18       {
19           p=strerror(errno);
20           fprintf(stderr, "Open file: % s\n", p);
21       }
22       return 0;
23   }
```

执行结果如图 5.6 所示。

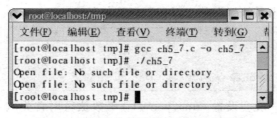

图 5.6　输出系统错误信息程序执行结果

读者可以分析为什么这两行输出一样。

5.1.2　系统日志文件

作为一种优秀的操作系统,Linux 也关注错误信息的产生与保存,这由 Linux 的日志系统来实现。Linux 提供了两个守护进程:klogd 和 syslogd 专门用来维护日志,前者主要提供对内核程序的支持,后者主要支持用户空间产生的消息。

每一条消息都具有一定的优先级,消息的优先级由两部分组成:消息的级别(level)和消息的功能(facility)。级别指明消息的重要程度,按照优先级从高到低依次为 LOG_EMERG、LOG_A-LERT、LOG_CRIT、LOG_ERR、LOG_WARNING、LOG_NOTICE、LOG_INFO 和 LOG_DEBUG。程序中发送的消息的级别应该与事件的重要程度相吻合,一般不要发送超过 LOG_WARNING 级别的消息,更高级别的消息只有在出现严重错误时才使用,系统默认的级别是 LOG_INFO。功能值代

152

表消息的发出者,一般用户发出的消息的功能值为 LOG_USER,syslogd 产生的消息功能值为 LOG
_SYSLOG,系统内核产生的消息功能值为 LOG_KERN。

为了支持日志系统,Linux 提供了一系列日志消息处理函数,它们在头文件 syslog.h 中声明,
分别是 syslog( )、openlog( )、closelog( )和 setlogmask( )。

（1）写入日志消息

syslog( )函数用来产生一条消息,其函数原型如下:

```
1   void syslog(int priority, char * farmat, …)
```

priority 代表消息的优先程度,是级别和功能的“或”值;farmat 代表写入日志中的消息内容,
采用类似于 printf( )函数的格式控制方式。syslog( )函数支持一个隐含的格式控制符“%m”,用
来表示由 errno 代表的错误信息对应的字符串。例如,下面的代码

```
1   syslog(LOG_NOTICE | LOG_USER, "error happened, % m \n");
```

执行后在/var/log/messages 文件中会增加这样一行日志:

```
1   Sep 22 13:33:55 lxc ######: error happened, ************
```

日志的前面部分是程序执行的时间,lxc 是系统登录用户名,若干“#”代表由 openlog( )函数
指定要包含在每一条日志消息中的字符串,“error happened,”是写入日志的消息内容,若干“ * ”
也是写入日志的消息内容,具体为当前 errno 数值对应的错误信息字符串,如“Math arg out of do-
main of func”等。

（2）打开日志文件

openlog( )函数的功能是打开一个日志文件,而后 syslog( )函数就可以向这个打开的文件写
入日志消息了。需要说明的是,openlog( )函数与一般打开文件的操作不同,如果用 open( )系统
调用打开一个文件,会得到一个文件描述符作为返回值,但是 openlog( )并不显式地返回描述符,
而是返回一个“隐含”的描述符。openlog( )的函数原型如下:

```
1   void openlog(const char * message, int option, int facility);
```

其中,message 是要写入每条日志消息中的字符串;option 可以是若干选项的或值:LOG_PID
代表在每条消息中包含 PID(进程号),LOG_CONS 代表如果消息不能写入日志文件,则发到控制
台,LOG_NDELAY 代表立即打开连接(默认是在 syslog( )第一次被调用时才打开连接),LOG_
PERROR 代表把消息写入日志文件的同时也输入 stderr;facility 的内容为消息优先级中的功能
值。当向日志文件中写入信息时,可以先调用 openlog( )函数打开日志文件,如果缺少这一步骤,
系统会在第一次调用 syslog( )时自动调用 openlog( )打开日志文件。

考虑下面的例子:

```
1   openlog("just try", LOG_PID, LOG_USER);
2   syslog(LOG_NOTICE, "the current number is %d\n", iNum);
```

代码在/var/log/messages 文件中产生如下信息：

```
1  Sep 22 21:20:22 lxc just try[2432]: the current number is 5
```

消息中，各部分依次为日期、时间、用户登录名、openlog( )指定的字符串、产生消息的进程PID 号、syslog( )要写入日志中的消息内容，此处 iNum 的值为 5。

（3）关闭日志文件

closelog( )函数用来关闭由 openlog( )打开的文件描述符。函数原型如下：

```
1  void closelog(void);
```

（4）设置日志消息级别

setlogmask( )函数为日志消息设置级别，syslog( )函数拒绝把默认级别之下的消息写入日志中。函数原型如下：

```
1  int setlogmask(int priority);
```

函数返回值为系统当前的消息优先级别；参数 priority 表示要设置的消息优先级别，可以是单个的优先级，也可以是一个优先级的范围。经常使用以下两个宏来完成消息级别参数的确定：

LOG_MASK(int priority)：创建单一消息优先级，priority 代表优先级别。

LOG_UPTO(int priority)：创建优先级范围，priority 代表其中的最低优先级，并作为参数传给该宏。

【例 5.8】 程序示例。

```
1   /*   ch5_8.c   */
2   #include <stdio.h>
3   #include <syslog.h>
4   #include <unistd.h>
5   #include <stdlib.h>
6   #include <time.h>
7   int main()
8   {
9       int mask;
10      time_t rawtime;
11      struct tm * timeinfo;
12      char c[100];
13      openlog("test:", LOG_PID, LOG_USER);
14      time ( &rawtime );
15      timeinfo = localtime ( &rawtime );
16      syslog(LOG_INFO, "The current date/time is: %s\n", asctime(timeinfo));
17      getcwd(c,sizeof(c));
18      syslog(LOG_INFO, "you are in the direcory: %s\n", c);
```

```
19      closelog();
20      mask=setlogmask(LOG_UPTO(LOG_NOTICE));
21      syslog(LOG_INFO, "LOG_INFO is inferior to LOG_NOTICE.\n");
22      syslog(LOG_DEBUG, "LOG_DEBUG is inferior to LOG_NOTICE.\n");
23      syslog(LOG_NOTICE, "you can see the notice.\n");
24      setlogmask(mask);
25      syslog(LOG_INFO, "restore the old log level.\n");
26      syslog(LOG_DEBUG, "the debug information.\n");
27      return 0;
28  }
```

程序首先打开日志文件,以 LOG_INFO 优先级写入两条消息,因为系统的默认优先级是 LOG
INFO,所以这两条消息可以出现在/var/log/messages 文件中;之后设置优先级为不低于 LOG
NOTICE,因此较低的 LOG_INFO 和 LOG_DEBUG 级别的消息不会写入日志中,而 LOG_NOTICE
级别的消息"you can see the notice.\n"可以写入日志;最后恢复系统初始优先级,LOG_INFO 级别
的消息"restore the old log level.\n"又可以写入日志文件。程序执行之后,用命令 tail -10 /var/
log/messages 观察 messages 文件的最后 10 行,如图 5.7 所示,可以看到程序执行结果与分析
一致。

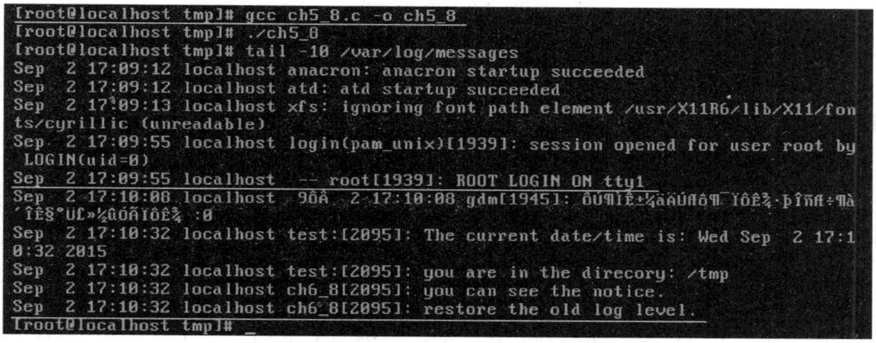

图 5.7　日志文件

当用 openlog( )函数显式打开日志文件时,openlog( )函数的第一个参数,即字符串"test:"会
出现在每一条消息中;当直接调用 syslog( )函数时,syslog( )会先调用 openlog( )函数,此时用程
序名作为出现在每一条消息中的字符串。

5.2　文件目录和内存操作

本节介绍基于 Linux 的 C 语言程序设计,其中内容涉及系统底层知识,了解这些
内容对编写实用程序十分重要。

【教学课件】
文件目录和
内存操作

155

5.2.1 文件操作

在 Linux 系统中,所有对象都是文件,包括普通文件、符号链接、管道、目录、设备、套接口等都以文件的形式出现,文件是一个基础而重要的概念。

1. Linux 文件的属性

Linux 文件或目录的属性主要包括文件或目录的节点、种类、权限模式、链接数量、所归属的用户和用户组、最近访问或修改的时间等内容。如果在 shell 中执行 ls 命令,可以看到文件的各种属性,如图 5.8 所示。

```
root@localhost:
文件(F)  编辑(E)  查看(V)  终端(T)  转到(G)  帮助(H)
[root@localhost root]# ls -lih
总用量 40K
295642 -rw-r--r--    1 root     root          1.4K 2007-06-12  anaconda-ks.cfg
295651 -rwx------    1 root     root            88 8月   8 11:55 foo.c
295657 -rw-r--r--    1 root     root           792 8月   8 11:56 foo.o
295658 -rwxr-xr-x    1 root     root           11K 8月   8 11:56 hello
295653 -rwx------    1 root     root            85 8月   8 11:55 min.c
295655 -rw-r--r--    1 root     root           824 8月   8 11:56 main.o
295659 -rw-r--r--    1 root     root            15 8月   8 14:50 makefile
295660 -rw-r--r--    1 root     root            15 8月   8 14:49 Makefile
[root@localhost root]#
```

图 5.8　文件属性

图 5.8 显示内容从左到右依次为文件的 inode 值、文件类型和权限、文件硬链接数、文件属主、文件所归属的组、文件的大小、最后访问或修改时间、文件名称。

inode 又称作 i 节点或者索引节点,它是保存文件属性的一个数据结构,其中很重要的一个属性是文件的块在存储设备中的具体位置,操作系统根据这个属性在硬盘中寻找具体的文件。因此,inode 实际上是从硬盘中找到相关文件的桥梁。

文件类型和权限字段的第 1 个字符代表了文件的类型,例如,"-"代表普通文件,"d"代表目录,"l"代表符号链接,"c"代表字符设备,"b"代表块设备,"p"代表管道,"s"代表套接字。本字段后续的 9 个字符分为 3 组,每组 3 个字符,第 1 组的 3 个字符分别表示文件属主的读、写和执行权限,第 2 组和第 3 组分别表示用户归属组以及其他用户对文件的读、写和执行权限。读、写和执行权限分别用"r""w"和"x"表示,如没有相应权限,此位置用"-"表示。

文件类型和权限字段的 10 个字符位代表了文件的模式。文件的模式由 16 个二进制位决定,如图 5.9 所示。

图 5.9　文件模式

156

其中文件类型占 4 个二进制位,决定了文件的类型;访问权限位占 9 个二进制位,代表了上面提到的文件权限;3 个修饰位从左到右依次为 setuid(用户标志)位、setgid(组标志)位和黏附位。setuid 和 setgid 位允许普通用户以 root 用户的角色运行只有 root 账号才能运行的程序或命令。例如,/tmp 目录中有一个 root 用户创建的名为 test 的文件,这个文件只有 root 用户才有权限删除,如果以其他用户的身份删除这个文件,系统会提示不允许执行删除文件的操作。但是,如果设置了删除命令(/bin/rm)的 setuid 位,即删除命令的修饰位为二进制的 100,那么即使是其他用户,也可以完成删除此文件的操作,具体过程如图 5.10 所示。图 5.10 中,由于文件 test 是由 root 用户创建的非可执行文件,因此其权限为 644,当以用户 lai 的身份删除 test 文件时,提示没有相关权限。此时,查询 rm 命令可知,rm 的权限是 755,注意属主的权限为 7,也就是"rwx",然后利用 root 身份修改 rm 命令的权限为 4 755,即设置其 setuid 位;再次查询 rm 权限,发现属主权限变为"rws",其中的"s"表示 setuid 位已经被设置。更换为 lai 用户,发现已经可以用 rm 命令成功删除 test 文件了,这就是 setuid 位的用途。setgid 也有类似用法,通过把修饰位设置为二进制的 010 来实现。setuid 和 setgid 可以同时使用,此时需要把修饰位设置为二进制的 110。

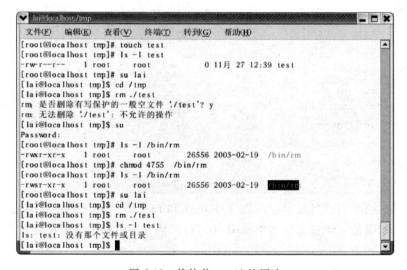

图 5.10 修饰位 setuid 的用法

黏附位现在很少使用了。对于一个目录,即使它的所有权限都开放,权限为"rwxrwxrwx",如果设置了黏附位,则除目录的属主和 root 用户之外的其他用户都不能删除这个目录。黏附位一般用来共享文件。

每创建一个文件,文件都有一个默认的权限,可以用 umask 命令来查询系统当前的默认文件权限。例如,在提示符下执行 umask 命令,返回结果是八进制数 0022,表示系统当前的默认文件权限中不包括归属组与其他用户的写权限。也可以用 umask 命令来指定文件不能拥有的权限。例如,执行如下命令:

```
1    #umask 055
2    #touch filea
3    #ls -l filea
```

可以看到文件 filea 的权限是八进制的 622,不包含组和其他用户的读与执行权限。对于文件来说,umask 假定文件本身具有 666 的权限,假定目录本身具有 777 的权限,在此基础上减去出现在命令行中的权限。

umask 还有一个同名的系统调用,原型如下:

```
1    #include <sys/stat.h>
2    mode_t umask(mode_t newmask)
```

其功能类似于 shell 命令 umask,代表新创建的文件或目录不具备的权限的掩码。

【例 5.9】 程序示例。

```
1    /*   ch5_9.c   */
2    #include <sys/stat.h>
3    #include <stdlib.h>
4
5    int main(void)
6    {
7        system("touch file1");
8        umask(0377);
9        system("touch file2");
10       return 0;
11   }
```

程序执行完成后,在当前目录可以看到文件 file1 和 file2,file1 的权限是 644,这是系统默认的文件权限;file2 的权限是 400,这是因为"umask(0377);"语句屏蔽掉了除用户读之外的所有权限。

2. 系统调用

Linux 系统在 CPU 的保护模式下提供了 4 个运行级别,目前内核只用到了其中的两个级别,分别为级别 0 和级别 3。级别 0 是通常所说的内核模式,级别 3 是通常所说的用户模式。划分这两个级别主要是对系统提供保护。内核模式可以执行一些特权指令和进入用户模式,而用户模式则不能。系统核心程序在级别 0 执行,也称作核心态;用户程序在级别 3 执行,也称作用户态。系统调用是用户程序与核心间的接口,是 UNIX/Linux 操作系统向用户程序提供支持的接口,应用程序通过这些接口向操作系统请求服务,控制转向操作系统,而操作系统在完成服务后,将控制和结果返回给用户程序。

系统调用接口看起来和 C 语言程序中的库函数很相似,但是两者有重要的区别。系统调用工作在核心态,可以直接访问内核提供的各种功能,属于内核的低级接口,用户程序可以通过系统调用陷入内核;而库函数运行在用户空间,是编程的高级接口,而且大部分的库函数都是通过系统调用实现的。

3. 文件操作

对文件的库函数操作使用文件指针来实现,类型为 FILE *,一个进程默认会打开三个文件。第一个是标准输入 stdin,一般为键盘,因此默认情况下可以通过键盘来响应 scanf( )函数;第二个为标准输出 stdout,一般为显示器,因此 printf( )函数的输出默认指向显示器;第三个为标准错误 stderr,默认也为显示器,因此错误信息也可以通过显示器看到。这三个文件中,标准输入和标准输出都是可以重定向的。

(1)打开文件

要对文件进行操作,首先要打开文件,实质是建立起文件相关的内存数据结构。这通过 fopen( )函数来实现,函数原型如下:

```
1   #include <stdio.h>
2   FILE * fopen(const char * path, const char * mode)
```

fopen( )函数有两个参数:第一个参数的含义是文件的地址;第二个参数代表了文件的打开方式,如表 5.1 所示。

表 5.1　文件打开方式

参数	说明
r	只读
r+	读写
w	只写
w+	读写
a	只追加
a+	读、追加

文件的返回值是一个文件指针,可以通过这个指针来访问文件。如果文件打开错误,那么返回 NULL,同时设置 errno 的值;如果文件不存在,那么以 666 的权限创建该文件。

(2)关闭文件

文件操作完毕后要关闭文件,函数原型如下:

```
1   #include<stdio.h>
2   int fclose(FILE * fp);
```

fclose( )函数用来关闭用 fopen( )函数打开的文件,函数的参数是调用 fopen( )时的返回值。此动作会使缓冲区内的数据写入文件中,并释放系统所提供的文件资源。若关闭文件动作成功则返回 0,有错误发生时则返回 EOF,并把错误代码存入 errno。

(3)读文件

fread( )函数负责从文件流中读取数据,函数原型如下:

```
1    #include<stdio.h>
2    size_t fread(void * ptr, size_t size, size_t nmemb, FILE * fp);
```

参数 fp 为已打开的文件指针,参数 ptr 指向欲存放读入数据的存储空间,读取的字符数由参数 size×nmemb 决定。函数的功能是从 fp 指向的文件中读取 nmemb 个记录,每个记录的长度是 size 字节,返回值为实际读取到的记录数,如果此值小于参数 nmemb,则代表可能读到了文件末尾或有错误发生,这时必须用 feof( )或 ferror( )来观察发生了什么情况。

【例 5.10】 演示 fread( )的用法,实现把文件 test 中的前 99 个字符读入内存数组中。

```
1    /*   ch5_10.c   */
2    #include<stdio.h>
3    char a[100];
4    int main()
5    {
6        FILE * stream;
7        stream = fopen("/tmp/test","r");
8        fread(a,50,2,stream);
9        fclose(stream);
10       a[99]='\0'  ;
11       printf("a=%s\n",a);
12       return 0;
13   }
```

(4)写文件

fwrite( )函数用来将数据写入文件流中,函数原型如下:

```
1    #include<stdio.h>
2    size_t fwrite(const void * ptr, size_t size, size_t nmemb, FILE * fp);
```

参数 fp 为已打开的文件指针,参数 ptr 指向欲进行写操作的数据的源地址,写入的字符数由参数 size×nmemb 决定。fwrite( )函数负责把 ptr 指向的内存处的若干字节写入 fp 指向的文件,返回实际写入的 nmemb 数目。

【例 5.11】 演示 fwrite( )的用法,执行完毕后把字符串"just a test\n"写入文件 test 中。

```
1    /*   ch5_11.c   */
2    #include<stdio.h>
3    char name[20];
4    int main()
5    {
6        FILE * stream;
7        sprintf(name,"just a test\n");
```

```
 8        stream=fopen("/tmp/test","w");
 9        fwrite(name,20,1,stream);
10        fclose(stream);
11
12        return 0;
13    }
```

（5）移动文件流指针位置

fseek()函数实现移动文件流指针读写位置的功能。文件流指针不同于文件指针,前者表示文件内部用来指示当前读写位置的指针,后者是指向一个文件的指针,功能类似于文件的句柄。fseek()函数的原型如下:

```
1    #include<stdio.h>
2    int fseek(FILE * fp, long offset, int whence);
```

fseek()函数的参数 fp 为已打开的文件指针,参数 offset 为移动读写位置的位移量,参数 whence 是偏移量的类型,有三种取值:SEEK_SET 代表距文件头向后偏移 offset 长度的位置;SEEK_CUR 代表从当前读写位置往后增加 offset 长度的位置;SEEK_END 代表从文件末尾向前回溯 offset 长度的位置。当 whence 值为 SEEK_CUR 或 SEEK_END 时,参数 offset 允许为负值。欲将读写位置移动到文件开头时可以使用 fseek(FILE * stream,0,SEEK_SET),欲将读写位置移动到文件末尾时可以使用 fseek(FILE * stream,0,SEEK_END)。当函数调用成功时返回值为 0;若有错误则返回-1,errno 会存放错误代码。

（6）其他文件操作函数

关于文件操作的库函数还有很多,比较典型的有以下几个。

```
1    #include <stdio.h>
2    int feof(FILE * s);                              //遇到 EOF 则返回非零值
3    int ferror(FILE * s);                            //如果文件流出错则返回非零值,但是不设置
4                                                          errno 变量
5    void clearerr(FILE * s);                         //清除在文件中已经设置的错误位
6    int fileno(FILE * s);                            //返回与给定文件流相关联的文件描述符
7    int remove( const char * pathname );             //删除文件函数,执行成功返回 0,否则返回-1
8    int rename( const char * oldpath, const char * newpath );
9                                                     //文件重命名函数,执行成功返回 0,否则返回-1
```

5.2.2 目录操作

Linux 中的目录是一个特殊的文件,C 语言对目录的操作也提供了一系列函数支持,通过这些函数可以完成找到当前目录、改变当前目录、创建目录以及删除目录等操作。

1. 返回当前目录

getcwd()函数的功能是得到当前目录的绝对路径,函数原型如下:

```
1  #include <unistd.h>
2  char * getcwd (char * buf, size_t size);
```

getcwd()函数把当前工作目录的绝对路径复制到参数 buf 所指的内存空间,参数 size 为 buf 的空间大小。在调用此函数时,buf 所指的内存空间要足够大,如果工作目录绝对路径的字符串长度超过参数 size 的大小,则返回值为 NULL,同时设置 errno 的值为 ERANGE。如果参数 buf 为 NULL,则会根据 size 的大小自动调用 malloc()函数来分配一段内存以存放工作目录的绝对路径;如果 size 的大小同时也为 0,则函数会根据实际路径字符串的长度来申请动态内存,程序员随后需要利用 free()函数释放掉此动态内存。函数执行成功返回字符串指针,否则返回 NULL。

【例 5.12】 得到系统当前目录,实现类似于 Linux 命令 pwd 的功能。

```
1   /*   ch5_12.c   */
2   #include<unistd.h>
3   #include <stdio.h>
4
5   int main()
6   {
7       char dir[100];
8       getcwd(dir, 100);
9       printf("系统当前工作目录为:%s\n", dir);
10      return 0;
11  }
```

2. 改变当前目录

chdir()函数可以用来改变系统当前目录,函数原型如下:

```
1  #include <unistd.h>
2  int chdir(const char * path);
```

chdir()函数把系统当前工作目录设置为参数 path 指针指向的字符串所代表的目录,函数执行成功返回 0,否则返回-1,同时将错误代码保存在 errno 中。

【例 5.13】 改变当前目录为/etc 并显示。

```
1   /*   ch5_13.c   */
2   #include<unistd.h>
3   #include <stdio.h>
4
5   int main()
```

```
 6  {
 7      char dir[100];
 8      chdir("/etc");
 9      getcwd(dir, 100);
10      printf("改变当前目录到：%s\n", dir);
11      return 0;
12  }
```

读者可以自行尝试修改此程序,完成到任意目录的切换。

3. 建立和删除目录

mkdir( )和 rmdir( )函数可以完成建立目录和删除目录的工作,函数原型如下:

```
 1  #include <unistd.h>
 2  int mkdir(const char * path, mode_t mode);
 3  int rmdir(const char * path);
```

函数执行成功返回 0,否则返回-1,并设置 errno 值。参数 mode 表示新建目录的权限。这两个函数与实现对应功能的 Linux 命令写法相同。

【例 5.14】 首先建立一个目录,然后再删除此目录。

```
 1  /*  ch5_14.c  */
 2  #include <unistd.h>
 3  #include <stdio.h>
 4  #include <sys/types.h>
 5  #include <sys/stat.h>
 6  int main(int argc, char * argv[])
 7  {
 8      mkdir(argv[1], 0);
 9      getchar();
10      rmdir(argv[1]);
11      return 0;
12  }
```

程序执行结果如图 5.11 所示。

在图 5.11 中,操作步骤如下:首先查看/tmp 中没有名为 test 的目录(①),然后执行程序(②),发现 test 目录已经产生,而且权限为 000(③),最后回到程序执行终端按 Enter 键(④),可以看到 test 目录已经被删除(⑤)。

4. 获得目录列表

首先介绍一个与目录相关的结构 dirent,这个结构代表了当前目录中每一个文件的相关属性。

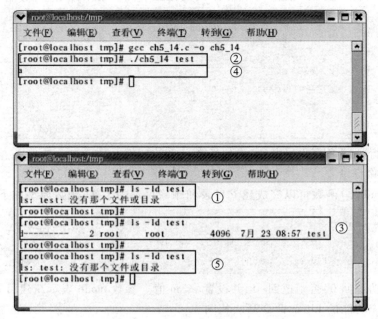

图 5.11　建立和删除目录

```
1   struct dirent
2   {
3       ino_t d_ino;
4       ff_t d_off;
5       signed short int d_reclen;
6       unsigned char d_type;
7       har d_name[256];
8   };
```

上述结构中的几个成员的含义如下。

① d_ino：目录进入点的 inode。

② d_off：目录文件开头至目录进入点的位移。

③ d_reclen：d_name 的长度，不包含 NULL 字符。

④ d_type：d_name 所指的文件类型。

⑤ d_name：文件名。

为了了解某目录中包含哪些文件，首先要用 opendir( )函数打开该目录文件，函数原型如下：

```
1   #include <unistd.h>
2   DIR * opendir(const char * path);
```

path 是要打开的目录名，返回值为指向此目录文件的指针。与文件指针 FILE * 相似，目录指针为 DIR＊,对目录的操作都要使用这个指针。readdir( )函数用来读取目录文件中的每一项,也就是每一个文件的详细情况,参数为前述的目录指针,返回值为 struct dirent 类型的结构指针,函数原型如下:

```
1   #include <sys/types.h>
2   #include <dirent.h>
3   struct dirent * readdir(DIR * dir);
```

【例 5.15】 显示当前目录中的所有文件列表。

```
1   /*  ch5_15.c  */
2   #include <stdio.h>
3   #include <sys/types.h>
4   #include <dirent.h>
5   int main()
6   {
7       DIR * dir;
8       struct dirent * list;
9       dir=opendir("./");
10      list=readdir(dir);
11      printf("当前目录下文件列表为:\n");
12      while(list!=NULL)
13      {
14          printf("%s\n",list->d_name);
15          list=readdir(dir);
16      }
17      closedir(dir);
18      return 0;
19  }
```

5.2.3 内存操作

1. 内存管理函数

C 语言中用来管理内存的函数有很多,最常见的分配动态内存的函数为 malloc( ),除此之外,calloc( )、realloc( )和 alloca( )等函数也能完成类似的功能,但是细节稍有差别。

（1）calloc( )函数

函数原型如下:

```
1   #include <stdlib.h>
2   void * calloc(size_t nmemb,size_t size);
```

calloc( )函数用来申请 nmemb 个相邻的内存单元,每一单元的大小为 size 个字节,申请成功会返回指向第一个元素的指针。calloc( )函数相当于参数为 nmemb×size 的 malloc( )函数调用,唯一不同之处在于,利用 calloc( )函数配置内存时会将内存内容初始化为 0。内容申请失败则返回 NULL。

（2）realloc( )函数

函数原型如下:

```
1   #include <stdlib.h>
2   void * realloc(void * ptr,size_t size);
```

realloc( )函数可以改变以前分配的动态内存的大小,可以与 malloc( )或者 calloc( )函数配合使用。参数 size 如果大于原申请的内存大小,则在原位置旁增加空间,但是 realloc( )不负责对增加的内容部分进行初始化;如果原位置空间大小不足,那么会把原数据空间整体复制到新的位置。如果函数调用失败,返回 NULL,原数据空间内容不变。realloc( )函数的第一个参数如果为 NULL,则作用与 malloc( )函数相同;第二个参数如果为 0,则释放内存。

（3）alloca( )函数

函数原型如下:

```
1   #include <stdlib.h>
2   void * alloca(size_t size);
```

alloca( )函数的功能同样是内存分配,不同之处是其从栈中分配,而不是从堆中分配,因此程序员不需要释放这块内存空间。当调用 alloca( )函数的函数返回时,申请到的内存会自动被释放。alloca( )函数分配的内存不会自动被初始化。

（4）free( )函数

函数原型如下:

```
1   #include <stdlib.h>
2   void free(void * ptr);
```

free( )函数用来释放动态申请的内存,如果不释放,就会造成内存泄露。如果内存已经释放,重复释放会造成不可预料的错误。

2. 内存映射函数

Linux 支持把一个文件映射到内存中,此文件可以是普通文件,也可以是设备文件。与读写磁盘相比,内存映射的好处是读写内存的速度更快,同时便于在内存中共享数据。Linux 提供了一系列内存映射调用。

（1）建立映射

mmap( )函数可以把一个磁盘文件映射到内存,函数原型如下:

```
1   #include <unistd.h>
2   #include <sys/mman.h>
3   void * mmap( void * start, size_t length, int prot, int flags, int fd, off_t off-
    set );
```

mmap()函数一共有 6 个参数:start 为内存映射区首地址,如果设置为 NULL,那么系统会自行寻找一块区域,并把首地址赋值给 start;length 代表需要映射的文件的长度,可以小于文件本身的长度,此时只会映射文件的一部分;prot 为映射区域的权限,主要有读、写、执行几种方式,分别用 PROT_READ、PROT_WRITE、PROT_EXEC 表示;flags 代表映射区域的各种特性,例如,取值为 MAP_SHARED 代表此映射区可以被其他进程共享,同时对该区域的写入操作会写回到文件中, MAP_PRIVATE 则相反;fd 是被映射的文件的文件描述符,注意文件描述符与文件指针的区别; offset 是映射文件的偏移量,代表从文件的何处开始映射,一般设置为 0,表示从文件的开始处映射,offset 必须是文件分页大小的整数倍。函数返回值为指向内存映射区首地址的指针。

（2）解除映射

munmap()函数用来解除文件与内存之间建立起来的映射,函数原型如下:

```
1   #include <unistd.h>
2   #include <sys/mman.h>
3   int munmap(void * start, size_t length);
```

函数执行成功返回 0,否则返回-1,并保存错误代码到 errno。

（3）写回磁盘

msync()函数可以把被映射的文件写回到磁盘中,函数原型如下:

```
1   #include <unistd.h>
2   #include <sys/mman.h>
3   int msync( const void * start, size_t length, int flags);
```

参数 start 为要写回的信息在内存中的首地址;length 为要写回的信息长度;flags 有多种取值,MS_ASYNC 代表调度一次写回操作,然后函数立刻返回,MS_SYNC 代表在函数返回前要完成写操作。

（4）修改属性

mprotect()函数可以修改被映射的内存区域的属性为读、写、执行等,函数原型如下:

```
1   #include <unistd.h>
2   #include <sys/mman.h>
3   int mprotect( const void * start, size_t length, int prot);
```

（5）其他函数

关于内存管理还有其他一些函数,例如,mlock()函数用来给一块内存加锁,使其不会被交换到磁盘中;munlock()函数用来给一块内存解锁;mremap()函数用于改变一块被映射的文件的大小。

5.3 进 程 控 制

进程是操作系统中的一个重要概念,进程分为系统进程和用户进程两类,前者用于实现操作系统的各种功能,后者由用户启动,完成用户指定的功能。进程是操作系统进行资源分配的单位。进程和程序不同,程序是一个静态的概念,包含程序的代码部分和数据部分;而进程是动态的概念,它是程序的运行实例,可以把进程理解为正在运行的程序。进程不但包含程序的代码和数据,而且还包含正在执行的程序的一些属性,如程序当前执行的上下文、运行状态、执行目录、访问的文件、占用的操作系统资源等。

5.3.1 创建进程

每个进程都可以再创建新的进程,此时前者称为父进程,后者称为子进程。进程最重要的属性是进程 ID,即进程号(pid),这是操作系统为每一个进程分配的唯一的标识号码。不同的进程拥有不同的进程号。每一个进程还有一个父进程号,代表它的父进程的进程号。子进程与父进程的进程号不同,除此之外,子进程基本是父进程的一个精确复制,包括代码、数据和进程上下文等。Linux 系统启动的第一个用户级进程是 init 进程,它的进程号永远为 1,是系统所有用户进程的祖先,主要负责执行一些开机初始化脚本和监视程序。

在 UNIX/Linux 系统中,采用 fork() 系统调用来创建一个新的进程。fork() 函数原型如下:

```
1   #include <sys/types.h>
2   #include <unistd.h>
3   pid_t fork(void);
```

fork() 函数的特点是"函数调用一次,但是会返回两次",调用成功时,可以通过检查 fork() 函数的返回值来确定哪个是父进程,哪个是子进程,父进程得到的返回值是子进程的进程号,而子进程则返回 0。

fork() 函数调用也可能失败,例如,系统当前已运行了太多的进程,达到了上限,或者试图运行 fork() 函数的 UID 已经超过了允许运行的进程数。如果 fork() 函数调用失败,则向父进程返回-1,并且不会创建子进程。

【例 5.16】 fork() 函数的基本功能。

```
1   /*  ch5_16.c  */
2   #include <stdio.h>
3   #include <unistd.h>
4   #include <sys/types.h>
5   int main ()
6   {
7       pid_t pid;
8       pid=fork();
9       if (pid < 0)
10          printf("error happened!");
11      else if (pid == 0)
12          printf("this is child process, pid is %d\n",getpid());
```

```
13        else
14            printf("this is parent process, pid is %d\n",getpid());
15      return 0;
16  }
```

程序执行结果如图 5.12 所示。

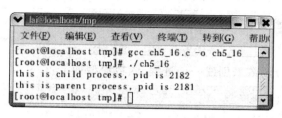

图 5.12   fork( )函数示例

从图 5.12 可知,例 5.16 的第 12 行和第 14 行都得到了执行,证明 fork( )函数确实返回了两次。但是第 12 行和第 14 行分属于 if…else…的不同分支,怎么可能同时执行呢? 要理解这个问题,需要对操作系统的进程管理有所了解。

操作系统为每一个进程都准备了相关的内存区域,用来存储进程信息,如进程上下文,其内容是进程的状态值和使用到的相关寄存器值,包括程序计数器 PC 的值。当发生进程切换时,要把当前进程的相关信息保存在进程上下文中,包括保存寄存器值和 PC 值;然后从即将要执行的进程的上下文中把相关信息恢复到 CPU 的各寄存器和 PC 中,CPU 接下来就会执行新的进程,从而完成进程切换。

当例 5.16 的程序执行到第 8 行,调用 fork( )函数时,会生成当前进程的子进程(此进程除了进程号与父进程不同外,其余信息都相同,并且此子进程也有自己独立的进程上下文),此时相当于内存中存在两个各自独立的进程,即父进程和子进程,它们有相同的代码、数据、上下文,且当前运行位置都处于 fork( )函数中。此后,父进程和子进程的执行就分道扬镳了,子进程返回时,返回值是 0,因此会执行代码的 else if 分支,而父进程返回时,返回值是子进程的进程号,因此会运行 else 分支,从而可以看到显示父进程号和子进程号的两行输出。

多次执行例 5.16,会发现有时先显示父进程号,有时先显示子进程号,这是因为对于父进程和子进程来说,它们的代码是相同的,但执行的先后顺序却是由操作系统的进程调度决定的,进程调度情况的不同,就导致了两者执行顺序的不同。

fork( )函数要复制父进程的全部内存映像给子进程,因此执行非常缓慢。而另外一个函数 vfork( )也会创建新进程,但是不产生父进程的副本,子进程直接运行在父进程的地址空间中,如果需要访问父进程的内存,才会复制该内存给子进程,即采用写时复制(copy-on-write)原则。Linux 系统已经采用了这种技术,因此对于 Linux 系统,fork( )和 vfork( )是一致的。

例 5.16 中用到的 getpid( )函数的功能是返回当前进程的进程号,函数原型如下:

```
1  #include <unistd.h>
2  pid_t getpid(void);
```

由于每个进程的进程号各不相同,许多程序利用 getpid( )函数的返回值来建立临时文件,避免临时文件名相同。

如果要取得当前进程的父进程的进程号,可以使用下面的函数:

```
1  #include <unistd.h>
2  pid_t getppid(void);
```

也可以采用 system( )函数来创建一个进程,函数原型如下:

```
1  #include <stdlib.h>
2  int system(const char * string);
```

system( )函数通过调用 fork( )函数产生子进程,由子进程调用“/bin/sh -c string”来执行参数 string 字符串所代表的 shell 命令,此命令执行完后随即返回原调用的进程。如果 system( )调用/bin/sh 失败,则返回 127,其他失败原因返回-1。如果参数 string 为空指针,则返回非零值。如果 system( )调用成功,则会返回执行 shell 命令后的返回值,但是此返回值也有可能为 system( )调用/bin/sh 失败所返回的 127,因此最好通过检查 errno 来确认执行是否成功。

【例 5.17】 使用 system( )函数执行 shell 命令 ls。

```
1  /*   ch5_17.c   */
2  #include <stdlib.h>
3  int main()
4  {
5      system("ls -al /bin");
6      return 0;
7  }
```

5.3.2 exec 系统调用

fork( )函数的功能是创建新的进程,子进程与父进程的代码和数据是一致的,那么这个新进程有什么用途呢? 按照这个逻辑,是否系统中所有运行的进程的内容都一致呢? 根据常识,每次运行一个程序时,执行的进程的内容就是这个程序的内容,这与 fork( )函数的功能是否矛盾呢?

这就是 exec 系统调用要解决的问题。exec 系统调用的功能是根据参数找到文件系统中的一个程序或者脚本并执行。具体操作是把执行 exec 系统调用的进程空间的代码替换为要执行的程序,执行 exec 系统调用之后,原进程的代码就不复存在了,因此这个系统调用也不必返回,实际上只有 exec 系统调用执行出错才会返回-1。通常,某进程要执行一个新的程序时,首先用 fork( )函数新建一个子进程,然后在子进程中执行 exec 系统调用,用要运行的程序替换掉子进程空间的原有内容并执行这个程序,这就是 Linux 系统执行程序或者脚本文件的过程。如果采用了

copy-on-write 技术,fork( )函数可以不复制父进程的内容,而是等待 exec 系统调用的指示,直接装入要实际运行的程序。exec 系统调用只是一个统称,其实并不存在一个称为 exec( )的系统调用,而是代表了一个函数族,包含 6 个函数,分别如下:

```
1    #include <unistd.h>
2    int execl(const char * path, const char * arg, …);
3    int execlp(const char * file, const char * arg, …);
4    int execle(const char * path, const char * arg , … char * const envp[]);
5    int execv(const char * path, char * const argv[]);
6    int execvp(const char * file, char * const argv[]);
7    int execve(const char * path, char * const argv[] , char * const envp[]);
```

上述 6 个函数中,execve( )是基本的系统调用,其余 5 个函数都是对 execve( )进行了封装的库函数。这 6 个函数的名称很相似,参数也大同小异,分别代表要执行的程序文件名、执行程序时给出的命令行参数以及系统环境变量(如果有)。其中,第一个参数名为 path 的函数要求列出要执行的程序的完整路径,而第一个参数名为 file 的两个函数名末尾都有字母 p,这两个函数的第一个参数只需列出程序的文件名,不需要完整的路径,函数会自动到系统环境变量的路径中搜索文件。6 个函数中,前 3 个函数的函数名中带有字母 l,其参数是通过字符串列举的方式给出要执行的文件名和参数,后 3 个函数的函数名中带有字母 v,其参数类似于 C 语言的主函数的用法,通过字符型指针数组 argv 来提供参数。无论哪种参数列举方式,最后一个参数都必须是 NULL。末尾有字母 e 的函数可以修改系统环境变量的值,而其余 4 个函数只能采用系统默认的环境变量。

【例 5.18】 利用 execve( )系统调用执行程序 date。

```
1    /*   ch5_18.c   */
2    #include <unistd.h>
3    #include <stdlib.h>
4    #include <stdio.h>
5    int main(void)
6    {
7        char * argv[] = {"/bin/date", NULL};
8        if(execve("/bin/date", argv, NULL) = = -1)
9        {
10           printf("execve execute error!");
11           exit(EXIT_FAILURE);
12       }
13       printf("signal here.\n");
14       return 0;
15   }
```

程序的执行结果会显示系统当前时间,但是并不会显示"signal here."。这是因为执行到 ex-ecve()时,进程的当前代码已经被 date 的代码替换掉了,printf()语句已经不复存在,因此不会显示相关内容。如果希望例 5.18 的剩余部分仍然得到执行,可以先利用 fork()函数建立子进程,在子进程中执行 execve()系统调用。

5.3.3 等待进程结束

进程运行时,有时需要等待另一进程的结束,此时要用到 wait()和 waitpid()两个系统调用。

1. wait()系统调用

wait()系统调用的功能是阻塞调用进程自身,直到此进程的某一子进程执行完毕,此后 wait()会收集子进程的相关信息,销毁子进程并返回。wait()的函数原型如下:

```
1  #include <sys/types.h>
2  #include <sys/wait.h>
3  pid_t wait(int * status);
```

子进程的返回信息会保存在指针 status 指向的整型数据中,如果仅仅等待子进程的结束,而不需要收集其信息,可以把参数 status 设置为 NULL。如果调用进程没有子进程,wait()将执行失败并返回-1,否则返回子进程的进程号。

子进程退出状态包含很多信息,例如,子进程是否正常结束,返回值是多少等,这些信息以二进制形式保存在 status 指向的数据中,格式比较烦琐。wait()还支持两个宏,用来分析这个数据。

宏 WIFEXITED(status)用来分析子进程是否正常退出,如果是则返回非 0 值;否则返回 0。参数 status 是 wait()的指针参数指向的数据。

宏 WEXITSTATUS(status)可以从参数 status 中提取子进程的返回值,status 的含义与宏 WIFEXITED()中的相同。

【例 5.19】 wait()函数和相关宏的用法。

```
1  /*  ch5_19.c  */
2  #include <sys/types.h>
3  #include <sys/wait.h>
4  #include <unistd.h>
5  #include <stdio.h>
6  #include <stdlib.h>
7  int main()
8  {
9      int s;
10     pid_t id,retvalue;
11     id=fork();
12     if(id<0)
13     {
```

```
14          printf("something is wrong! \n");
15          exit(EXIT_FAILURE);
16      }
17      else if(id==0)
18      {
19          printf("child process %d started\n", getpid());
20          sleep(3);
21          exit(100);
22      }
23      else
24      {
25          retvalue=wait(&s);
26          if(WIFEXITED(s))
27      {
28          printf("the child process %d exit normally.\n",retvalue);
29          printf("the return code is %d.\n",WEXITSTATUS(s));
30      }
31      else
32          printf("the child process %d exit abnormally.\n",retvalue);
33      }
34      return 0;
35  }
```

程序执行后会显示如下信息：

```
1   child process 2928 started
2   the child process 2928 exit normally.
3   the return code is 100.
```

其中,子进程生成之后首先等待 3 s,然后退出。在此期间,父进程通过 wait( )函数保持阻塞,等待子进程结束之后,对子进程进行清理,并用变量 retvalue 接收子进程的进程号,同时保存子进程的返回值到变量 s 中。由输出的后两行得知子进程正常退出,最后由宏 WEXITSTATUS 提取子进程的返回值。

2. waitpid( )系统调用

waitpid( )系统调用和 wait( )功能类似,但是提供了几个附加的特性,例如,可以等待某个确定的进程结束,可以不阻塞函数自身而直接返回等。函数原型如下：

```
1   #include <sys/types.h>
2   #include <sys/wait.h>
3   pid_t waitpid(pid_t pid, int * status, int options);
```

如果 pid 大于 0,表示等待进程号为 pid 的进程;如果 pid 等于 0,表示等待同一进程组中的任意子进程;如果 pid 为-1,表示等待任何一个子进程,此时 waitpid( )与 wait( )没有区别;如果 pid 小于-1,表示等待其组 ID 等于 pid 绝对值的任何子进程。参数 status 的含义与 wait( )中的相同。参数 options 的值可以设为 0,表示 waitpid( )会阻塞自身,等待子进程退出;也可以设置为 WNO-HANG,表示如果没有任何结束的子进程,那么函数不会像 wait( )那样阻塞自身,而是立刻返回。

waitpid( )的返回值也有多种可能。如果子进程正常返回,那么 waitpid( )的返回值为子进程的 pid;如果 waitpid( )设置了 WNOHANG 参数,而且没有子进程结束,那么返回值为 0;如果 waitpid( )调用出错,返回-1。

【例 5.20】 waitpid( )的用法。

```
1   /*   ch5_20.c   */
2   #include <unistd.h>
3   #include <sys/types.h>
4   #include <sys/wait.h>
5   #include <stdio.h>
6   #include <stdlib.h>
7   int main(void)
8   {
9       pid_t pid, cpid;
10      int status;
11      pid = fork();
12      if(-1 == pid)
13      {
14          printf("fork error! \n");
15          exit(EXIT_FAILURE);
16      }
17      else if(0 == pid)
18      {
19          printf("in child\n");
20          printf("child pid is %d\n", getpid());
21          printf("parent pid is %d\n", getppid());
22          sleep(1);
23          printf("child process is to exit.\n");
24          exit(0);
25      }
26      else
27      {
28          printf("in parent\n");
29          cpid=waitpid(pid, &status, WNOHANG);
```

```
30          while(0 == cpid )
31          {
32              printf("waiting…\n");
33              usleep(300000);
34              cpid=waitpid(pid, &status, WNOHANG);
35          }
36          printf("parent pid is %d\n", getpid());
37          printf("child exited with the code %d\n", status>>8);
38          printf("child pid is %d\n", cpid);
39      }
40      return 0;
41  }
```

例 5.20 的输出如图 5.13 所示。从图 5.13 的输出可知,程序执行时,首先生成子进程,然后进程切换到子进程中开始执行,显示子进程和父进程的 pid,接下来子进程等待 1 s,切换到父进程。由于父进程中以非阻塞状态调用 waitpid( )函数,因此不等子进程结束便立刻返回,之后等待 300 ms。程序执行时父、子进程不断发生进程切换,因此会显示多次"waiting…",直到最后子进程结束,此时 waitpid( )的返回值为子进程号,然后父进程在相关信息输出后结束。

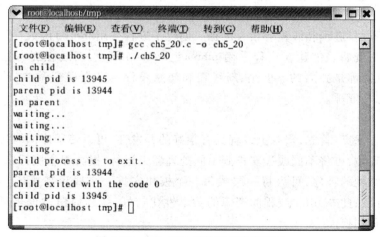

图 5.13   waitpid( )系统调用实例输出

5.3.4   杀死进程

可以使用系统调用 kill( )来结束一个进程,函数原型如下:

```
1   #include <sys/types.h>
2   #include <signal.h>
3   int kill(pid_t pid, int sig);
```

175

kill()可以把参数 sig 指定的信号发送给参数 pid 指定的进程。参数 pid 有多种取值,如果大于 0,表示将信号传给进程识别码为 pid 的进程;如果等于 0,表示将信号传给和当前进程同组的所有进程;如果等于-1,表示将信号广播传送给系统内所有的进程;如果小于-1,表示将信号传给进程组识别码为 pid 绝对值的所有进程。sig 的取值可以为 SIGCHLD,表示发空信号给进程,仅仅用来检测进程是否正常运行;也可以为 SIGTERM,表示终止此进程。函数执行成功则返回 0,如有错误则返回-1,同时设置 errno 值。errno 值为 EINVAL 表示参数 sig 不合法,为 ESRCH 表示 pid 所指定的进程或进程组不存在,为 EPERM 表示权限不够,无法传送信号给指定进程。

5.4 线程控制

【教学课件】
线程控制

一个进程中可以包括多个执行路线,每一个执行路线称作一个线程。线程可由操作系统调度执行,线程切换的代价比进程切换小,适用于很多场合。

5.4.1 线程概述

如果在进程中没有显式生成一个线程,那么该进程就只包含一个线程,称作初始线程,该进程也称作单线程进程,迄今为止介绍的所有进程都是单线程进程。创建进程时,也就同步创建了线程,进程结束时,线程同步结束。也可以在进程中通过线程函数显式创建多个线程,使程序拥有多条执行路线。

在资源分配方面,进程和线程有很大区别。创建子进程采用 fork()函数,子进程拥有与父进程几乎相同的独立资源。创建新线程采用 pthread_creat()函数,新线程拥有独立的栈,函数参数、局部变量等资源都是独立的。但是,新线程和初始线程共享全局变量、文件描述符、信号句柄、当前目录状态等资源。

1. 线程的特点

线程具有以下优点:首先,宏观上线程具有很好的并发性,可以使程序同时做多件事,如果是多处理器的硬件环境,可将不同线程安排到不同处理器上运行,提高程序执行速度;其次,对于分层结构或分模块结构的程序,可为每一层或每一个模块安排一个线程来执行,这样程序结构清晰,便于维护和升级;此外,由于线程间资源的共享性比较好,线程通信过程相对简单,线程切换的代价也小于进程切换。

当然,线程也有一些很明显的缺点。例如,线程切换是有开销的;再如,由于多线程程序呈现出并发运行的特性,因此对于可重入性设计和程序调试提出了较大挑战。

2. 线程的状态

线程的生命周期中主要有以下 4 个状态。

① 就绪态:线程在等待处理器资源时处于就绪态。

② 运行态:线程正在运行时处于运行态。

③ 阻塞态:线程因为缺少除处理器外的某些其他资源而无法运行时处于阻塞态。

④ 终止态:线程运行结束或被取消后处于终止态。

线程一旦被创建,就进入了就绪态,等待内核调度。就绪态的线程被调度后,会进入运行态。在运行态下,如果运行结束或者被取消,则进入终止态;如果处理器被抢占则返回就绪态;如果运行过程中需要的某些资源不能立刻得到,则进入阻塞态,直到条件满足再次返回就绪态,等待下次调度。图 5.14 说明了线程的状态转换。

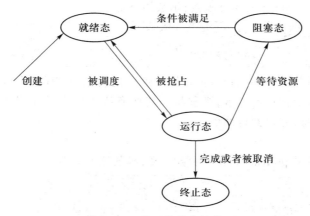

图 5.14　线程的状态转换

5.4.2　多线程程序设计方法

1. 线程支持

多线程程序设计必须考虑可重入性,一般通过定义_REENTRANT 宏实现。该宏对单线程函数库进行了改造,使这些函数库可以运行于多线程编程环境中。编程时,应将该宏放在所有头文件之前的位置。

pthread.h 中提供了很多以 pthread_开头的库函数。pthread 库不是系统默认的库,因此在编译时需要使用-lpthread 选项,以链接到 POSIX thread 库。在编译过程中,往往可以使用-pthread 参数代替-lpthread 参数,该参数在 Linux 系统中可以被展开为"-D_REENTRANT-lpthread",这样在编程的过程中就不必在代码中显式定义_REENTRANT 宏了。此外,由于 pthread 的一些特性,实际应用中对-pthread 的使用也多于-lpthread。

2. 线程相关函数

(1) 创建线程

除了初始线程在进程创建时被自动创建外,其余线程均由 pthread_create() 函数显式创建。pthread_create() 函数的原型如下:

```
1   #include <pthread.h>
2   int pthread_create (pthread_t * thread, pthread_attr_t * attr,void * ( * func)
3                       (void * ),void * arg);
```

函数有 4 个参数,参数 thread 可以返回指向线程标志符的指针,attr 可以设置线程属性,func

177

为新线程启动后执行的函数名称,即函数地址,arg 参数为传递给新线程函数的参数。函数执行成功返回 0,失败则返回错误码。函数执行成功后,新线程将从设定的函数处开始执行,原线程则继续执行。

（2）终止线程

终止线程需要调用 pthread_exit( )函数,函数原型如下:

```
1  #include <pthread.h>
2  void pthread_exit(void * ret)
```

该函数将终止调用此函数的线程,ret 为指向返回值的指针,因此该指针指向的位置不能是局部变量。在初始线程中调用此函数,进程将等待所有线程结束后才终止。在新线程中调用此函数,新线程将结束自身,并得到返回值。

（3）合并线程

线程的合并需要通过 pthread_join( )函数实现,函数原型如下:

```
1  #include <pthread.h>
2  int pthread_join(pthread_t * thread, void * * ret);
```

参数 thread 是要合并的线程,ret 是一个二级指针,它指向一个一级指针,该一级指针指向线程的返回值。函数执行成功时返回 0,失败时返回错误码。通过 pthread_join( )函数合并某线程会等待该线程结束,然后得到其返回值。同时,如果需要合并的线程在合并前已经结束了,并不影响 pthread_join( )函数的执行。

【例 5.21】 线程的创建、合并和终止。

```
1   /*   ch5_21.c  */
2   #include <stdio.h>
3   #include <unistd.h>
4   #include <stdlib.h>
5   #include <pthread.h>
6   void * thread_function(void * arg);
7   char message[] = "Hello World";
8   int main()
9   {
10      int res;
11      pthread_t a_thread;
12      void * thread_result;
13      res = pthread_create(&a_thread, NULL, thread_function,
14                          (void *)message);
15      if (res != 0)
16      {
17          perror("Thread creation failed");
```

```
18              exit(EXIT_FAILURE);
19         }
20      printf("Waiting for thread to finish...\n");
21      res = pthread_join(a_thread, &thread_result);
22      if (res != 0)
23      {
24          perror("Thread join failed");
25          exit(EXIT_FAILURE);
26      }
27      printf("Thread joined, it returned %s\n", (char *)thread_result);
28      printf("Message is now %s\n", message);
29      exit(EXIT_SUCCESS);
30  }
31  void * thread_function(void * arg)
32  {
33      printf("thread_function is running.Argument was %s\n", (char *)arg);
34      sleep(3);
35      strcpy(message, "Bye!");
36      pthread_exit("Thank you for the CPU time");
37  }
```

程序执行结果如图 5.15 所示。

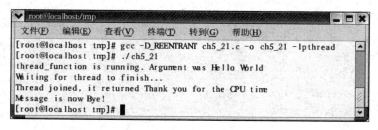

图 5.15　线程创建、合并和终止程序执行结果

结合程序和图 5.15 的运行结果可以看出,初始线程执行过程中创建了一个名为 a_thread 的新线程,创建成功后处理器进行调度并执行了新线程。新线程中执行函数 thread_function( ),打印"thread_function is running.Argument was Hello World",然后等待 3 s。此时处理器再次调度并执行初始线程,在屏幕上显示"Waiting for thread to finish..."。当初始线程执行到 pthread_join( )函数时,需要等到新线程执行结束才可以合并线程。因此当新线程等待的 3 s 结束并重新获得处理器后,会将全局字符数组 message 中的信息改为"Bye!",之后终止线程,返回值为"Thank you for the CPU time"。接下来,初始线程合并新线程,并打印"Thread joined, it returned Thank you for the CPU time",说明顺利得到了新线程的返回值。最后显示"Message is now Bye!",说明在新线

程中修改了字符数组的值,同一进程中的不同线程可以共享全局变量。

【例 5.22】 例 5.21 程序取消线程合并后的新程序。

```c
1  /*  ch5_22.c  */
2  #include <stdio.h>
3  #include <unistd.h>
4  #include <stdlib.h>
5  #include <pthread.h>
6  void * thread_function(void * arg);
7  char message[] = "Hello World";
8
9  int main()
10 {
11     int res;
12     pthread_t a_thread;
13     void * thread_result;
14     res = pthread_create(&a_thread, NULL, thread_function, (void *)message);
15     if (res != 0)
16     {
17         perror("Thread creation failed");
18         exit(EXIT_FAILURE);
19     }
20     printf("Waiting for thread to finish...\n");
21     /*************************************************************
22      * res = pthread_join(a_thread, &thread_result);
23      * if (res != 0)
24      * {
25      *     perror("Thread join failed");
26      *     exit(EXIT_FAILURE);
27      * }
28      *************************************************************/
29     printf("Thread joined, it returned %s\n", (char *)thread_result);
30     printf("Message is now %s\n", message);
31     exit(EXIT_SUCCESS);
32 }
33
34 void * thread_function(void * arg)
35 {
```

```
36        printf("thread_function is running.Argument was %s\n", (char *)arg);
37        sleep(3);
38        strcpy(message, "Bye!");
39        //新加入的语句
40        printf("can you see this? \n");
41        pthread_exit("Thank you for the CPU time");
42    }
```

图 5.16 所示为例 5.22 的执行结果。

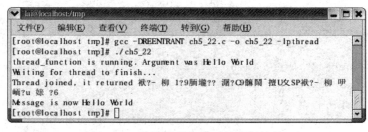

图 5.16   取消线程合并后的执行结果

例 5.22 与例 5.21 相比注释掉了 pthread_join 部分,并且在 thread_function( )函数中添加了一条输出语句;同时,在新线程中仍然有 sleep(3)语句,因此新线程的执行慢于初始线程。从结果中可以看到,并没有显示"can you see this?"语句,说明 thread_function( )函数没有执行完。同时,初始线程也没有从新线程得到返回值,在"Thread joined,it returned"之后显示乱码。这说明初始线程并不会等待其余线程执行结束之后再结束,初始线程一旦结束,整个进程立即结束,导致进程内所有线程全部终止,新线程的函数 thread_function( )无法向初始线程返回值,因此显示乱码,如图 5.16 所示。

【例 5.23】   重新执行线程合并后的新程序。

```
1   /*   ch5_23.c   */
2   #include <stdio.h>
3   #include <unistd.h>
4   #include <stdlib.h>
5   #include <pthread.h>
6   void * thread_function(void * arg);
7   char message[ ] = "Hello World";
8
9   int main()
10  {
11      int res;
12      pthread_t a_thread;
```

181

```
13        void * thread_result;
14        res = pthread_create(&a_thread, NULL, thread_function, (void *)message);
15        if (res != 0)
16        {
17            perror("Thread creation failed");
18            exit(EXIT_FAILURE);
19        }
20        printf("Waiting for thread to finish...\n");
21        sleep(1);
22        res = pthread_join(a_thread, &thread_result);
23        if (res != 0)
24        {
25            perror("Thread join failed");
26            exit(EXIT_FAILURE);
27        }
28        printf("Thread joined, it returned %s\n", (char *)thread_result);
29        printf("Message is now %s\n", message);
30        exit(EXIT_SUCCESS);
31   }
32
33   void * thread_function(void * arg)
34   {
35        printf("thread_function is running.Argument was %s\n", (char *)arg);
36        //sleep(3);
37        strcpy(message, "Bye!");
38        pthread_exit("Thank you for the CPU time");
39   }
```

图 5.17 所示是程序执行结果。

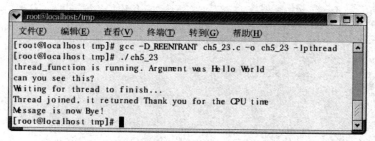

图 5.17   子线程在合并前返回的程序执行结果

例 5.23 与例 5.22 相比,取消了 pthread_join 部分的注释,在 main( ) 函数中等待 1 s,并取消了

thread_function( )函数中的 3 s 等待,使新线程先于初始线程执行完毕。从图 5.17 可以看出,程序正常执行,也可以得到新线程的返回值,说明如果需要合并的线程在合并前已经结束,并不影响 pthread_join( )函数的执行。

【例 5.24】 使用 pthread_exit( )函数结束初始线程的新程序。

```
1   /*   ch5_24.c   */
2   #include <stdio.h>
3   #include <unistd.h>
4   #include <stdlib.h>
5   #include <pthread.h>
6   void * thread_function(void * arg);
7   char message[] = "Hello World";
8
9   int main()
10  {
11      int res;
12      pthread_t a_thread;
13      void * thread_result;
14      res = pthread_create(&a_thread, NULL, thread_function, (void *)message);
15      if (res != 0)
16      {
17          perror("Thread creation failed");
18          exit(EXIT_FAILURE);
19      }
20      printf("Waiting for thread to finish...\n");
21      /*************************************************
22       *   res = pthread_join(a_thread, &thread_result);
23       *   if (res != 0)
24       *   {
25       *       perror("Thread join failed");
26       *       exit(EXIT_FAILURE);
27       *   }
28       *************************************************/
29      printf("Thread joined, it returned %s\n", (char *)thread_result);
30      printf("Message is now %s\n", message);
31      pthread_exit(NULL);
32  }
```

```
33
34   void * thread_function(void * arg)
35   {
36       printf("thread_function is running.Argument was %s\n", (char *)arg);
37       sleep(3);
38       strcpy(message, "Bye!");
39       printf("can you see this? \n");
40       pthread_exit("Thank you for the CPU time");
41   }
```

程序执行结果如图 5.18 所示。例 5.24 与例 5.22 相比,将 main() 函数中的"exit(EXIT_SUC-CESS)"改为了"pthread_exit(NULL)"。从图 5.18 中可以看到"can you see this?"语句,说明当使用 pthread_exit() 函数结束初始线程时,会先等待其他所有线程终止。同时也可以看到,初始线程并没有得到新线程的返回值,因为没有调用 pthread_join() 函数,无法收集其他线程的返回值。

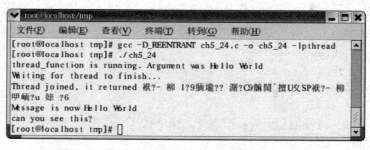

图 5.18　使用 pthread_exit() 函数终止线程的结果

（4）回收线程

线程运行结束后,其占有的资源应被回收,如线程 ID、堆栈、保存线程返回值的内存空间、保存寄存器状态的内存空间等。回收有两种方式:对于具有分离属性的线程,其资源由操作系统回收;对于具有可合并属性的线程,由其他线程执行 pthread_join() 函数来回收。线程默认具有可合并属性,例 5.21 采用的就是这种方式。已经终止但还没有被回收资源的线程称为"僵死"线程。线程资源一旦被回收,意味着该线程从系统中消失,永远不能再被访问。

5.4.3　线程同步

线程体现了程序执行的并发性,同一进程内部的多个线程可以共享除局部变量之外的所有变量。下面的例子证明了线程的并发性。

【例 5.25】　函数并发执行示例。

```
1   /*   ch5_25.c   */
2   #include <stdio.h>
3   #include <unistd.h>
```

```
 4   #include <stdlib.h>
 5   #include <pthread.h>
 6   int run_now = 1;
 7   char message[] = "Hello World";
 8   void * thread_function(void * arg)
 9   {
10       int print_count2 = 0;
11       while(print_count2++ < 20)
12       {
13           if (run_now == 2)
14           {
15               printf("2\n");
16               run_now = 1;
17           }
18           else
19           {
20               sleep(1);
21           }
22       }
23       sleep(3);
24   }
25   int main()
26   {
27       int res;
28       pthread_t a_thread;
29       void * thread_result;
30       int print_count1 = 0;
31       res = pthread_create(&a_thread, NULL, thread_function, (void * )message);
32       if (res ! = 0)
33       {
34           perror("Thread creation failed");
35           exit(EXIT_FAILURE);
36       }
37       while(print_count1++ < 20)
38       {
39           if (run_now == 1)
40           {
41               printf("1\n");
```

```
42              run_now = 2;
43          }
44      else
45          sleep(1);
46  }
47  printf("\nWaiting for thread to finish...\n");
48  res = pthread_join(a_thread, &thread_result);
49  if (res != 0)
50  {
51      perror("Thread join failed");
52      exit(EXIT_FAILURE);
53  }
54  printf("Thread joined\n");
55  exit(EXIT_SUCCESS);
56 }
```

程序执行结果如图 5.19 所示。例 5.25 的主要功能为,在初始线程中,若 run_now 为 1,则打印 run_now 的值,然后将 run_now 修改为 2;在新线程中,若 run_now 的值为 2,则打印 run_now 的值,然后将 run_now 修改为 1。

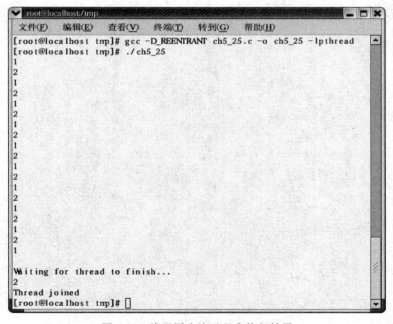

图 5.19　线程同步演示程序执行结果

由图 5.19 可知,1 和 2 交替出现,两线程实现了并发执行。线程之间共享很多资源,对这些

186

资源的操作都会影响其他线程,同时由于处理器调度,这些操作有可能被其他线程干扰和打断,因此必须通过一些方式来实现进程同步。例 5.25 中的两个线程使用查询方式进行同步,效率较低,可考虑使用信号量或互斥量来实现同步。

信号量和互斥量的最大特点是具有原子性,对它们的操作均不能被干扰和打断,这就很好地保证了线程之间的同步性,使得对共享变量的操作不会因为线程调度而出现错误。

1. 信号量

信号量用于线程同步,有 4 个处理函数。

(1)初始化信号量

初始化信号量主要通过 sem_init( )函数实现,函数原型如下:

```
1  #include <semaphore.h>
2  int sem_init(sem_t * sem, int pshared, unsigned int val);
```

函数共三个参数:参数 sem 为信号量对象;参数 pshared 为信号量类型,如果是 0,则为当前进程独享的信号量;参数 val 为信号量的初始值。函数的作用是初始化一个信号量,通过参数 pshared 确定信号量为独享或者共享,通过参数 val 确定信号量初值。函数执行成功时返回 0,失败时返回错误码。

(2)信号量减 1

信号量减 1 主要通过 sem_wait( )函数实现,函数原型如下:

```
1  #include <semaphore.h>
2  int sem_wait(sem_t * sem);
```

参数 sem 为信号量对象。每次执行 sem_wait( )函数,信号量都会减 1,一旦减到 0,线程就进入阻塞态,直到其他线程将信号量增加为正数才能被唤醒。函数执行成功时返回 0,失败时返回错误码。该函数为原子操作。

(3)信号量加 1

信号量加 1 主要通过 sem_post( )函数实现,函数原型如下:

```
1  #include <semaphore.h>
2  int sem_post(sem_t * sem);
```

参数 sem 为信号量对象。每次执行 sem_post( )函数时,若没有因缺少该信号量而阻塞的线程,则信号量加 1;否则,唤醒一个满足条件的阻塞态进程,使之进入就绪态。函数执行成功时返回 0,失败时返回错误码。该函数为原子操作。

(4)销毁信号量

信号量销毁主要通过 sem_destory( ) 函数实现,函数原型如下:

```
1  #include <semaphore.h>
2  int sem_destory(sem_t * sem)
```

参数 sem 为信号量对象。该函数可以销毁信号量。函数执行成功时返回 0,失败时返回错误码。

【例 5.26】 用信号量同步线程。

```
1  /*   ch5_26.c   */
2  #include <stdio.h>
3  #include <unistd.h>
4  #include <stdlib.h>
5  #include <pthread.h>
6  #include <semaphore.h>
7  sem_t bin_sem;
8  #define WORK_SIZE 1024
9  char work_area[WORK_SIZE];
10 //信号量大于 0 时减 1,否则阻塞
11 void * thread_function(void * arg)
12 {
13     sem_wait(&bin_sem);
14     while(strncmp("end", work_area, 3) != 0)
15     {
16         printf("You input % d characters\n", strlen(work_area) -1);
17         sem_wait(&bin_sem);
18     }
19     pthread_exit(NULL);
20 }
21 int main()
22 {
23     int res;
24     pthread_t a_thread;
25     void * thread_result;
26     //将信号量初始化为 0
27     res = sem_init(&bin_sem, 0, 0);
28     if (res != 0)
29     {
30         perror("Semaphore initialization failed");
31         exit(EXIT_FAILURE);
32     }
33     res = pthread_create(&a_thread, NULL, thread_function, NULL);
34     if (res != 0)
35     {
```

```
36          perror("Thread creation failed");
37          exit(EXIT_FAILURE);
38      }
39      printf("Input some text.Enter 'end'to finish\n");
40      //判断是否是终止字符串 end
41      while(strncmp("end", work_area, 3) != 0)
42      {
43          //将输入内容放在 work_area 中
44          fgets(work_area, WORK_SIZE, stdin);
45          sem_post(&bin_sem);//信号量加 1
46      } printf("\nWaiting for thread to finish...\n");
47      //执行结束后合并线程
48      res = pthread_join(a_thread, &thread_result);
49      if (res != 0)
50      {
51          perror("Thread join failed");
52          exit(EXIT_FAILURE);
53      }
54      printf("Thread joined\n");
55      sem_destroy(&bin_sem);                              //销毁信号量
56      exit(EXIT_SUCCESS);
57  }
```

程序执行结果如图 5.20 所示。

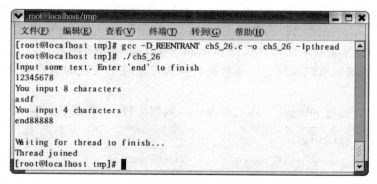

图 5.20　用信号量同步线程程序执行结果

例 5.26 实际是一个生产者-消费者问题的例子,如图 5.20 所示。一个线程负责输入字符,另一个线程负责统计字符个数,两个线程之间通过信号量进行同步。在初始线程中初始化信号量,然后创建新线程,新线程因为信号量为 0 会被阻塞。随后,初始线程进入循环,输入若干字符,调用 sem_post( )函数,唤醒新线程。新线程对输入的字符数目进行统计,之后再次阻塞。如果在初

189

始线程中输入 end,则循环结束,不再统计,初始线程和新线程相继结束。由程序执行结果可知,通过使用信号量,实现了两线程对临界区的共享及同步操作。

2. 互斥量

互斥量可理解为二值信号量,只有 0 和 1 两个值,或只有真和假两个值,同样可用于线程同步。互斥量相关的操作由 4 个函数来实现。

(1) 初始化互斥量

初始化互斥量通过 pthread_mutex_init() 函数实现,函数原型如下:

```
1  #include <pthread.h>
2  int pthread_mutex_init(pthread_mutex * mutex,const pthread_mutexattr_t * mu-
3  texattr);
```

参数 mutex 为互斥量对象;mutexattr 为互斥量属性,若为空,则为默认的快速互斥锁属性。函数执行成功时返回 0,失败时返回错误码。

(2) 互斥量加锁

互斥量加锁通过 pthread_mutex_lock() 函数实现,函数原型如下:

```
1  #include <pthread.h>
2  int pthread_mutex_lock(pthread_mutex * mutex);
```

参数 mutex 为互斥量对象。每次执行 pthread_mutex_lock() 函数,可以原子性地锁住互斥量对象,此时只有当前线程可以访问它。函数执行成功时返回 0,失败时返回错误码。

(3) 互斥量解锁

互斥量解锁通过 pthread_mutex_unlock() 函数实现,函数原型如下:

```
1  #include <pthread.h>
2  int pthread_mutex_unlock(pthread_mutex * mutex);
```

参数 mutex 为互斥量对象。每次执行 pthread_mutex_unlock() 函数,可以原子性地解锁互斥量对象,此时其他线程也可以访问它。函数执行成功时返回 0,失败时返回错误码。

(4) 销毁互斥量

销毁互斥量主要通过 pthread_mutex_destroy() 函数实现,函数原型如下:

```
1  #include <pthread.h>
2  int pthread_mutex_destroy(pthread_mutex * mutex);
```

参数 mutex 为互斥量对象。函数的作用是销毁互斥量。函数执行成功时返回 0,失败时返回错误码。

【例 5.27】 用互斥量同步线程。

```
1  /*  ch5_27.c  */
2  #include <stdio.h>
```

```c
 3   #include <unistd.h>
 4   #include <stdlib.h>
 5   #include <pthread.h>
 6   #include <semaphore.h>
 7   //定义互斥量
 8   pthread_mutex_t work_mutex;
 9   #define WORK_SIZE 1024
10   char work_area[WORK_SIZE];
11   int time_to_exit = 0;
12   void * thread_function(void * arg)
13   {
14       sleep(1);
15       pthread_mutex_lock(&work_mutex);                //互斥量加锁
16       //判断是否是终止字符串 end
17       while(strncmp("end", work_area, 3) != 0)
18       {
19           printf("You input % d characters\n", strlen(work_area) -1);
20           work_area[0] = '\0';
21           pthread_mutex_unlock(&work_mutex);          //互斥量解锁
22           sleep(1);
23           pthread_mutex_lock(&work_mutex);
24           while (work_area[0] == '\0')                //每隔 1 s 判断是否写入了数据
25           {
26               pthread_mutex_unlock(&work_mutex);
27               sleep(1);
28               pthread_mutex_lock(&work_mutex);
29           }
30       }
31       time_to_exit = 1;
32       work_area[0] = '\0';
33       pthread_mutex_unlock(&work_mutex);
34       pthread_exit(0);
35   }
36   int main()
37   {
38       int res;
39       pthread_t a_thread;
40       void * thread_result;
41       res = pthread_mutex_init(&work_mutex, NULL);//初始化互斥量
```

```
42          if (res != 0)
43          {
44              perror("Mutex initialization failed");
45              exit(EXIT_FAILURE);
46          }
47          res = pthread_create(&a_thread, NULL, thread_function, NULL);
48          if (res != 0)
49          {
50              perror("Thread creation failed");
51              exit(EXIT_FAILURE);
52          }
53          pthread_mutex_lock(&work_mutex);
54          printf("Input some text.Enter 'end' to finish\n");
55          while(! time_to_exit)
56          {
57              fgets(work_area, WORK_SIZE, stdin);
58              pthread_mutex_unlock(&work_mutex);
59              while(1)
60              {
61                  pthread_mutex_lock(&work_mutex);
62                  if (work_area[0] != '\0')          //判断数据是否已被读取
63                  {
64                      pthread_mutex_unlock(&work_mutex);
65                      sleep(1);
66                  }
67                  else
68                      break;
69              }
70          }
71          }
72          pthread_mutex_unlock(&work_mutex);          //解锁
73          printf("\nWaiting for thread to finish...\n");
74          res = pthread_join(a_thread, &thread_result);
75          if (res != 0)
76          {
77              perror("Thread join failed");
78              exit(EXIT_FAILURE);
79          }
```

```
80        printf("Thread joined\n");
81        pthread_mutex_destroy(&work_mutex);      //删除互斥量
82        exit(EXIT_SUCCESS);
83  }
```

程序执行结果如图 5.21 所示。

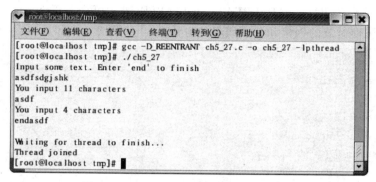

图 5.21　用互斥量同步线程程序执行结果

在例 5.27 中,程序在初始线程中输入字符串,然后在新线程中对字符串的长度进行统计,并将 work_area 清空。如果输入 end,则循环结束,不再统计。由程序运行结果可以看出,通过互斥量可以锁住线程,使得同一时刻只有一个线程可以访问临界区 work_area,也就是说,不论是对 work_area 的读或者写都不会受到其他线程的干扰,从而保证了程序正确运行。本例仍然属于生产者–消费者问题。

互斥量用于线程同步,使得同一时刻只有一个线程可以访问某些对象,但同时需要注意的是,程序需要仔细设计,以避免死锁。

5.4.4　线程属性

创建新线程时,第二个参数代表线程属性。可先创建一个线程属性对象并赋值,然后用此对象去创建新线程,该线程即具有了线程属性对象所描述的相关属性。线程具有分离、继承等属性,可以通过一系列函数对其进行设置。本节主要介绍以下两个函数。

1. 创建属性对象

属性对象的创建通过 pthread_attr_init( ) 函数实现,函数原型如下:

```
1  #include <pthread.h>
2  int pthread_attr_init(pthread_attr_t * attr);
```

参数 attr 为属性类型。函数成功执行即返回 0,否则返回错误码。

2. 设置分离属性

在 5.4.2 节曾经介绍过,初始线程可以等待子线程结束,并得到子线程的返回值,前提是新线程具有可合并属性。但有时候不需要得到新线程的返回值，也不希望出现"僵死"线程，此时可以将线程设置为分离属性。pthread_attr_setdetachstate()函数可以实现该操作，函数原型如下：

```
1  #include <pthread.h>
2  int pthread_attr_setdetachstate(pthread_attr_t * attr,int detachstate);
```

参数 attr 为属性对象，detachstate 为属性值，可取值为 PTHREAD_CREATE_DETACHED，表示分离属性；也可取值为 PTHREAD_CREATE_JOINABLE，表示可合并属性。

【例 5.28】 属性对象的创建和分离线程的方法。

```
1   /*   ch5_28.c   */
2   #include <stdio.h>
3   #include <unistd.h>
4   #include <stdlib.h>
5   #include <pthread.h>
6   char message[] = "Hello World";
7   int thread_finished = 0;
8   //定义线程函数
9   void * thread_function(void * arg)
10  {
11      printf("thread_function is running.Argument was %s\n", (char * )arg);
12      sleep(4);
13      printf("Second thread setting finished flag, and exiting now\n");
14      thread_finished = 1;
15      pthread_exit(NULL);
16  }
17  int main()
18  {
19      int res;
20      pthread_t a_thread;
21      void * thread_result;
22      pthread_attr_t thread_attr;
23      res = pthread_attr_init(&thread_attr);
24      if (res != 0)
25      {
26          perror("Attribute creation failed");
27          exit(EXIT_FAILURE);
28      }
29      //设置分离属性
```

```
30    res = pthread_attr_setdetachstate(&thread_attr, PTHREAD_CREATE_DE-
31    TACHED);
32    if (res != 0)
33    {
34        perror("Setting detached attribute failed");
35        exit(EXIT_FAILURE);
36    }
37    //创建具有分离属性的新线程
38    res = pthread_create(&a_thread, &thread_attr, thread_function, (void
39     *)message);
40    if (res != 0)
41    {
42        perror("Thread creation failed");
43        exit(EXIT_FAILURE);
44    }
45    (void)pthread_attr_destroy(&thread_attr);
46    //判断新线程是否结束
47    while (!thread_finished)
48    {
49        printf("Waiting for thread to say it's finished...\n");
50        sleep(1);
51    }
52    printf("Other thread finished, bye!\n");
53    exit(EXIT_SUCCESS);
54  }
```

程序执行结果如图 5.22 所示。

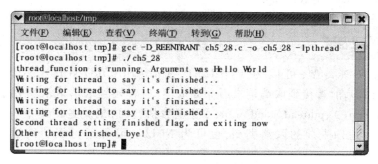

图 5.22　线程属性程序执行结果

在例 5.28 中,主函数初始化了一个线程属性对象 thread_attr,并将其设置为分离属性,然后创建了一个具有分离属性的新线程。在初始线程的 while 循环中,每隔 1 s 输出一条信息。新线程中,休眠 4 s,然后置结束标记 thread_finished 为 1,之后新线程结束。初始线程检测结束标记后退出循环,之后初始线程结束。在本例中,将新线程设计为具有分离属性,因此新线程结束后,其资源将由操作系统负责回收,在初始线程中不需要通过合并线程回收新线程的资源。

5.4.5 线程取消

线程具有两种终止方式:一种是线程运行完全部指令即终止;另一种是被其他线程终止,称作线程取消。当其他线程试图终止某线程时,需要考虑该线程的取消状态和取消类型。本节主要介绍三个关于线程取消的函数。

1. 线程取消

一个线程可以通过调用 pthread_cancel( )函数取消另一个线程,函数原型如下:

```
1   #include <pthread.h>
2   int pthread_cancel(pthread_t thread);
```

参数 thread 为需要取消的线程标识,由 pthread_creat( )返回得到。函数运行成功则返回 0,否则返回非 0 值。即使返回 0,也不一定取消成功,还需要考虑被取消线程自身的状态。

2. 设置取消状态

被取消的线程需要通过 pthread_setcancelstate( )函数设置自身的取消状态,函数原型如下:

```
1   #include <pthread.h>
2   int pthread_setcancelstate(int state, int * oldstate);
```

参数 state 为取消状态,可以为 PTHREAD_CANCEL_ENABLE 或 PTHREAD_CANCEL_DISA-BLE,前者允许自身被其他线程取消,后者则不允许。参数 oldstate 返回先前的取消状态。函数运行成功则返回 0,否则返回非 0 值。

3. 设置取消类型

除了要设置自身的取消状态外,线程还需要设置自身的取消类型,这通过 pthread_setcanceltype( )函数实现,函数原型如下:

```
1   #include <pthread.h>
2   int pthread_setcanceltype(int type, int * oldtype);
```

参数 type 为取消类型,可以为 PTHREAD_CANCEL_ASYNCHRONOUS 或 PTHREAD_CANCEL_DEFERRED,前者接到取消请求后立即取消,后者接到取消请求后并不立刻取消,而是一直等待 pthread_join( )、pthread_cond_wait( )等函数执行时,也就是到了下一个"可取消点"才取消。参数 oldtype 返回先前的取消类型,也可为 NULL。函数运行成功则返回 0,否则返回非 0 值。

【例 5.29】 线程的取消过程。

```
1   /*  ch5_29.c  */
2   #include <stdio.h>
```

```
 3  #include <unistd.h>
 4  #include <stdlib.h>
 5  #include <pthread.h>
 6  void * thread_function(void * arg)
 7  {
 8      int i, res, j;
 9      //设置取消状态为允许态
10      res = pthread_setcancelstate(PTHREAD_CANCEL_ENABLE, NULL);
11      if (res != 0)
12      {
13          perror("Thread pthread_setcancelstate failed");
14          exit(EXIT_FAILURE);
15      }
16      //设置取消类型为到达"可取消点"时取消
17      res = pthread_setcanceltype(PTHREAD_CANCEL_DEFERRED, NULL);
18      if (res != 0)
19      {
20          perror("Thread pthread_setcanceltype failed");
21          exit(EXIT_FAILURE);
22      }
23      printf("thread_function is running\n");
24      for(i = 0; i < 10; i++)
25      {
26          printf("Thread is still running (% d)...\n", i);
27          sleep(1);
28      }
29      pthread_exit(0);
30  }
31  int main()
32  {
33      int res;
34      pthread_t a_thread;
35      void * thread_result;
36      res = pthread_create(&a_thread, NULL, thread_function, NULL);
37      if (res != 0)
38      {
39          perror("Thread creation failed");
40          exit(EXIT_FAILURE);
```

```
41          }
42      sleep(3);
43      printf("Canceling thread...\n");
44      //取消线程 a_thread
45      res = pthread_cancel(a_thread);
46      if (res != 0)
47      {
48          perror("Thread cancelation failed");
49          exit(EXIT_FAILURE);
50      }
51      printf("Waiting for thread to finish...\n");
52      //调用 pthread_join()函数合并并结束新线程
53      res = pthread_join(a_thread, &thread_result);
54      if (res != 0)
55      {
56          perror("Thread join failed");
57          exit(EXIT_FAILURE);
58      }
59      exit(EXIT_SUCCESS);
60  }
```

程序执行结果如图 5.23 所示。

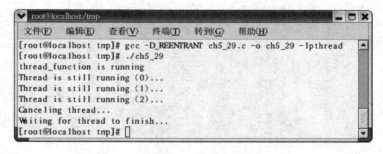

图 5.23   线程取消程序的执行结果

在例 5.29 中,新线程将取消状态设置为 PTHREAD_CANCEL_ENABLE,即可被取消;将取消方式设置为 PTHREAD_CANCEL_DEFERRED,即等到初始线程执行 pthread_join()函数时取消。随后,新线程进入一个 10 次循环等待,每秒输出一条信息。初始线程生成新线程之后睡眠 3 s,然后执行线程取消操作,并通过调用 pthread_join()函数结束新线程。从图 5.23 可以看到,新线程并未完成 10 次循环,说明线程取消成功。

5.5　Linux 库

在 Linux 系统中,目录/lib 和/usr/lib 中很多文件的扩展名中都包含字符串 so 和字母 a,这些文件称作库(library)文件。库是操作系统或者编译器提供的一种目标文件,是可以被多个软件项目使用的二进制代码集,它为操作系统或应用程序的运行提供支持。库文件中包含一些常用功能的目标代码,体现了代码重用的思想。举例来说,很多应用程序都需要访问硬件,如果每个程序都需要在自己的源代码中包含硬件访问部分,那么一方面会增加程序员的工作负担,另一方面会提高程序的维护成本,同时由于程序员的认识水平不一,也会降低程序的可靠性。因此,如果由一部分经验丰富的程序员来精心设计完成这些与平台相关而又与应用无关的代码,以文件的形式交给其他程序员使用,就可以避免上述问题。这些文件就是系统的库文件。

5.5.1　Linux 库概述

C 语言中的库函数就存在于库文件中,当调用某个库函数时,需要在源文件前部包含该函数对应的头文件,其用意就在于通知编译器在头文件中查找该函数的声明,并从头文件对应的库文件中找到该函数的实现代码。在这种机制下,程序员不需要编写诸如屏幕显示、三角函数计算、随机数生成之类的函数,直接调用库函数就可以,不但节省了时间,提高了编程效率,更由于库是经过反复测试的,相对于应用程序员自己实现函数功能来说,还提高了程序的可靠性。

那么,程序是以什么机制来调用库呢？有两种情况,静态编译和动态编译。在应用程序的目标代码编译生成之后,由链接器把库文件和目标文件链接在一起,形成一个完整的可执行程序文件,这种方式叫作静态编译,使用到的相应库称为静态库。静态编译的特点是占用辅存空间大,如果需要在系统中保存多个程序的副本,那么每一个副本中都包含它调用的库函数的一个复制品。另一种情况是源程序可以先编译为目标程序,直到需要运行时才把对应的库链接到可执行程序,这种方式叫作动态编译,使用到的相应库称作共享库,其特点是占用辅存空间小。动态编译是目前广泛使用的方式。还有一个概念叫作动态链接库(dynamical linking library),它其实也属于共享库,但它包含的函数代码被链接到用户目标文件的时机不同,它不像共享库那样在程序运行前链接到程序,而是在程序执行过程中,需要使用到某函数时才进行链接。

在 Linux 系统中,所有库文件的文件名都以字符串"lib"开始,表示这是一个库文件,以".a"结尾的是静态库文件,以".so"结尾的是共享库文件。共享库的命名规则稍显烦琐,有以下几种命名方式：real name、soname 以及 linker name。real name 文件名中包含库名、主版本号、次版本号以及发布号等字段,它代表文件中包含库的代码,这是库的实体文件。soname(shared object name)是库文件的一个符号链接,一般仅包含库名和主版本号。linker name 仍然是库文件的符号链接,它仅包含库名,一般供编译器使用。下面是使用 ls 命令加"-l"参数看到的 png 图形库的相关信息。

```
1  #ls -l *png*
2  lrwxrwxrwx  1 root root  libpng.so -> libpng12.so
3  lrwxrwxrwx  1 root root  libpng.so.2 -> libpng.so.2.1.0.12
4  -rw-r--r--  1 root root  libpng.so.2.1.0.12
```

在以上信息中,libpng.so.2.1.0.12 是共享库的 real name,其中包含库的实现代码;libpng.so.2 是 soname,从文件属性可以看到是一个符号链接;libpng.so 则是 linker name,不包含任何版本号,用于编译链接。

下面是系统中经常用到的一些库。

① libc.so:标准 C 语言库。

② libdb.so:数据库库,头文件为 db.h。

③ libm.so:数学库,头文件为 math.h。

④ libpthread.so:多线程库,头文件为 pthread.h。

⑤ libz.so:压缩例程库,头文件为 zlib.h。

⑥ libvga.so:底层图形库,头文件为 vga.h。

⑦ libcom_err.so:出错处理库,头文件为 com_err.h。

⑧ libdl.so:动态加载库,头文件为 lfcn.h。

在 Linux 系统中,默认会把程序编译为动态链接方式。

5.5.2 库操作工具

Linux 系统中提供了很多对库进行操作的工具,介绍如下。

1. nm 命令

nm 命令可以列出库或目标文件中提供的所有符号,包括变量和函数,以供查询。例如,图 5.24列出了 libc.so.6 中所有包含 sprintf 字符串的符号。

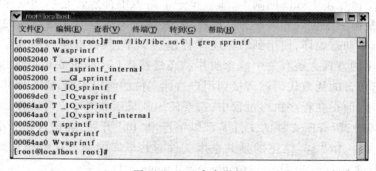

图 5.24　nm 命令举例

2. ar 命令

ar 命令可以建立一个归档文件,通常用来建立静态库。例如,下面的命令可以把文件 file1.o 和 file2.o 合并为文件 libmy.a。参数 c 代表创建一个归档文件(libmy.a),参数 r 表示把后续的若干文件(file1.o、file2.o)插入归档文件中。

```
1  #ar rc libmy.a file1.o file2.o
```

在 5.5.3 节会介绍 ar 命令使用的更多例子。

3. ldd 命令

ldd 命令可以列出程序正常运行所必需的共享库。图 5.25 演示了利用 ldd 命令查看 bash 所依赖库文件的过程。

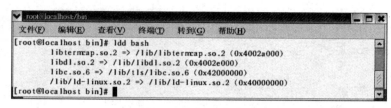

图 5.25　ldd 命令举例

4. ldconfig 命令

当为系统安装库文件之后,需要运行 ldconfig 命令,其功能是根据/etc/ld.so.conf 中的路径检查库文件,并为它们创建相应的 soname,然后更改 ld.so.cache 文件。ldconfig 命令不会创建 linker name,因此目前这些库还不能直接使用,用户可以把 linker name 创建为最新版 soname 或 real name 的符号链接。

应用程序执行时,/lib 目录中的程序 ld-linux.so.X(X 是版本号,视系统不同而不同)会首先被运行,这就是 Linux 系统的程序装载器。装载器负责检查应用程序需要使用的共享库,从 ld.so.conf 指定的目录中找到这些库并加载,然后把加载信息写入缓存文件/lib/ld.conf.cache 中供其他程序使用,以提高系统运行效率。用户可以更改 ld.so.conf 中的路径信息,指引装载器到不同的路径中寻找库。因此,当用户安装了新的库或者改变了原有库的路径之后,首先应该执行 ldconfig 命令来创建 soname 以及更新 ld.conf.cache 文件。

Linux 系统中有一个环境变量名为 LD_LIBRARY_PATH,其内容是用冒号分隔的目录清单。当搜寻库文件时,装载器首先到 LD_LIBRARY_PATH 变量保存的目录中搜索,然后才会读取 ld.so.conf 文件中的目录。LD_LIBRARY_PATH 变量是增加库路径的临时方式,修改 ld.so.conf 则是永久方式。

5.5.3　静态库

静态库一般命名为 libxxx.a。采用静态编译得到的程序文件比较大,因为整个库函数都已经被链接到了程序中。采用静态编译得到的程序在执行时不需要依赖系统函数库的支持,程序中已经包含了这些库函数。如果函数库发生改变,则必须重新编译程序。

静态库的实质就是目标文件的集合,采用 ar 命令来创建。创建静态库时,首先编写源文件,如 file1.c 和 file2.c,然后把源文件分别编译为目标文件(注意使用"-c"选项),最后用 ar 命令把目标文件归档为一个静态库文件。

【例 5.30】 程序由三个文件组成,主函数存在于 main.c 中,hello.c 和 bye.c 文件中包含被主函数调用的两个函数。

```
 1  /*  ch5_30 main.c  */
 2  void hello();
 3  void bye();
 4  int main()
 5  {
 6      hello();
 7      bye();
 8      return 0;
 9  }
10  /*  ch5_30 hello.c  */
11  #include <stdio.h>
12  void hello ()
13  {
14      printf("hello everybody! \n");
15  }
16  /*  ch5_30 bye.c  */
17  #include <stdio.h>
18  void bye()
19  {
20      printf("goodbye! \n");
21  }
```

文件编辑好后,将 hello.c 和 bye.c 编译为目标文件,然后使用 ar 命令生成静态库文件 libmy.a。接下来用 gcc 命令编译 main.c,命令行中要包含新生成的库。还可以使用另外一种方法来生成可执行程序,这种方法更加标准,即把库文件统一移动到系统默认的库路径下,编译时采用"-l"选项加库的名字,此时不需要采用库的全名,只需字符串"lib"之后、".a"之前的部分。无论采用哪种方法,命令行中的库文件都需要出现在源文件之后,否则会提示错误。具体操作步骤如图 5.26 所示。

在 C++环境中生成静态库的方法与上述相同,只需要把 gcc 命令改为 g++即可。

5.5.4 共享库

共享库一般命名为 libxxx.so。与静态库不同,共享库并不会在程序编译时被添加到可执行文件中,而是在程序执行时才会被链接,因此采用动态编译方式得到的可执行程序文件比较小,但是程序的执行依赖于环境,当前操作系统中必须存在程序需要的共享库,否则程序将不能执行。当库文件被更新后,只要函数调用的接口保持不变,应用程序就不必重新编译,这是共享库的另一个优点。

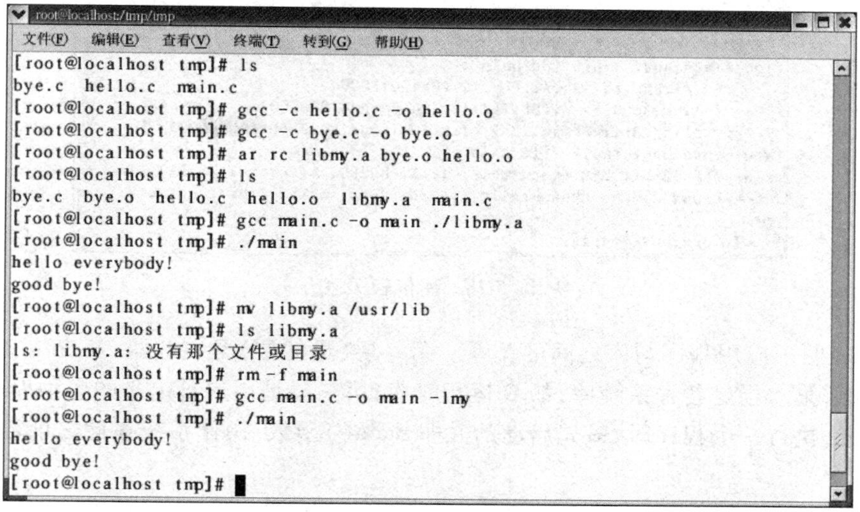

图 5.26　静态库生成过程

编译共享库时要使用 gcc 的"-shared"和"-fPIC"选项,前者表示编译为共享库,后者表示把库文件编译为位置无关代码,否则程序将无法运行。编译程序的方式与静态库基本相同,如果链接当前目录中的共享库,要使用"./"显式指明库文件存在于当前目录中。图 5.27 所示为共享库的生成和使用方法。

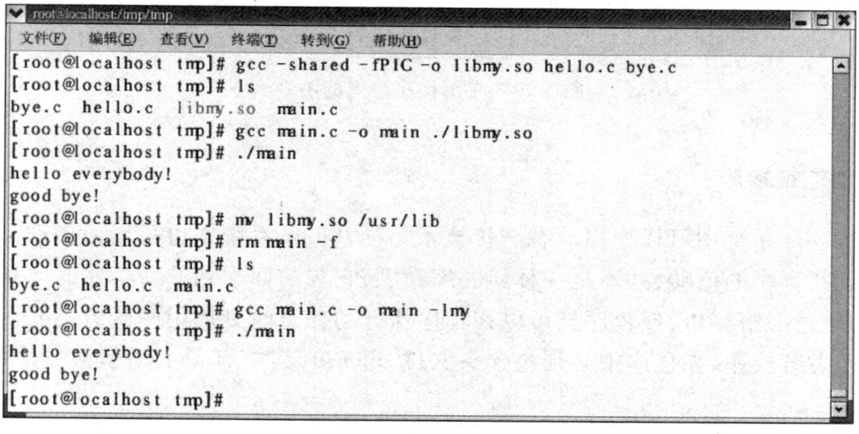

图 5.27　共享库生成过程

用 ldd 命令检查 main 程序运行所需要的动态库,结果如图 5.28 所示。main 程序的运行需要程序装载器 ld-linux.so.2、C 运行时库 libc.so.6 以及自定义的动态库 libmy.so 的支持。file 命令可以用来查看文件的属性,在图 5.28 中可以看到,main 文件的属性为 ELF 格式、32 位小端格式的可执行文件,适用于 80386 处理器,符合 GPL 许可证,由动态链接生成(使用共享库),没有去掉文件中的调试信息。

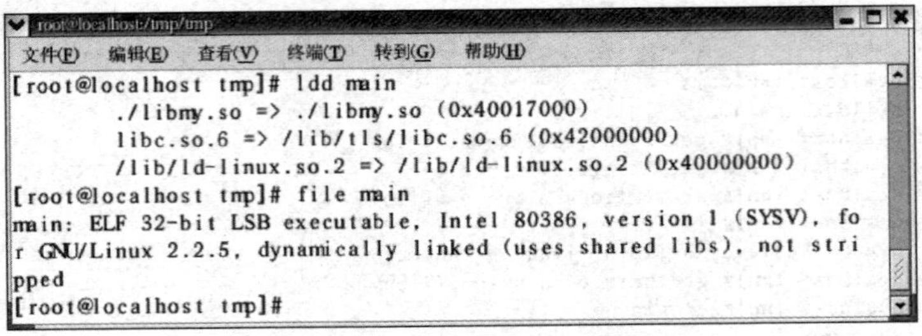

```
root@localhost:/tmp/tmp
文件(F)   编辑(E)   查看(V)   终端(T)   转到(G)   帮助(H)
[root@localhost tmp]# ldd main
        ./libmy.so => ./libmy.so (0x40017000)
        libc.so.6 => /lib/tls/libc.so.6 (0x42000000)
        /lib/ld-linux.so.2 => /lib/ld-linux.so.2 (0x40000000)
[root@localhost tmp]# file main
main: ELF 32-bit LSB executable, Intel 80386, version 1 (SYSV), fo
r GNU/Linux 2.2.5, dynamically linked (uses shared libs), not stri
pped
[root@localhost tmp]#
```

图 5.28　库依赖关系

图 5.29 表明了应用程序与库之间的关系。第一层（最低层）是装载器,负责装载程序运行所需要的共享库;第二层是各种系统库,如 C 运行时库;第三层是用户自定义的各种库;最上层为应用程序。可见,执行一个程序时,最先启动的并非 main( )函数,操作系统在此之前已经完成了很多准备工作。

图 5.29　应用程序与库的关系

5.5.5　动态链接库

如同 Windows 系统中可以使用动态链接技术一样,Linux 系统中也可以使用动态链接库。动态链接库属于共享库的范畴,并不是一种新的库类型,它与前面提到的共享库的区别在于链接的时机不同,它通过一组接口,使程序员可以在程序执行的任意时刻调用库函数。

要使用动态链接库,在程序中必须包含头文件 dlfcn.h,其中定义了动态链接库的接口,主要有 4 个函数。

1. 打开共享库

dlopen( )函数负责打开共享库,函数原型如下:

```
1   void * dlopen (const char * libname, int flag);
```

函数功能为将 libname 代表的库装载到内存,flag 是打开共享库的方式。如果函数调用成功,则返回库句柄;如果库已经被装载过,则返回同样的句柄;如果调用失败,则返回 NULL。如果要装载的库依赖于其他库,必须先装载依赖库。

如果参数 libname 采用绝对路径方式,那么可以直接找到相关库;如果没有指定库路径,那么函数按照如下顺序查找库文件。

① 用户环境变量中的 LD_LIBRARY_PATH 值。

② 动态链接缓冲文件/etc/ld.so.cache。

③ 目录/lib、/usr/lib。

参数 flag 表示在什么时候解决未定义的符号,取值有三个。

① RTLD_LAZY:暂时不处理未定义的函数,先把库装载到内存,等用到未定义的函数时再报错。

② RTLD_NOW:马上检查是否存在未定义的函数,若存在,则 dlopen( )以失败告终。

③ RTLD_GLOBL:使共享库中定义的符号全局可见。

2. 提取函数地址

dlsym( )函数负责提取共享库中某函数的入口地址,函数原型如下:

```
1   void *dlsym(void * handle, char * symbol);
```

使用 dlopen( )函数打开共享库之后,库被装载到内存,并返回参数 handle 代表的句柄。函数 dlsym( )可以根据句柄 handle 获得共享库中名为 symbol 的函数的位置。如果函数执行成功,返回值为位置指针;如果找不到指定函数,返回 NULL。

3. 关闭共享库

dlclose( )函数负责关闭由 dlopen( )函数打开的共享库,函数原型如下:

```
1   int dlclose (void * handle);
```

函数的功能为将句柄 handle 指向的库的引用计数减 1,当计数值为 0 时,将库从内存中卸载。

4. 共享库错误函数

dlerror( )函数负责返回共享库操作时出现的错误信息,函数原型如下:

```
1   const char * dlerror(void);
```

当动态链接库操作函数(dlopen( )、dlsym( )、dlclose( ))执行失败时,dlerror( )可以返回出错信息,返回值为 NULL 时表示操作函数执行成功。

【例 5.31】 一个动态链接库使用的实例,程序由头文件 sub.h、共享库源文件 sub.c 和应用程序 main.c 三个文件组成。

```
1   /*   ch5_31 sub.h   */
2   #ifndef SUB_H
3   #define SUB_H
4   int square(int);
5   #endif
```

```
6    /*  ch5_31 sub.c  */
7    #include <stdio.h>
8    int square(int a)
9    {
10       printf("the square of the number is:");
11       return a * a;
12   }
13   /*  ch5_31 main.c  */
14   #include <stdio.h>
15   #include <stdlib.h>
16   #include <dlfcn.h>
17   #include "sub.h"
18
19   int main()
20   {
21       void * handle;
22       int (* fp)(int);
23       char * error;
24       int n;
25       int result;
26       printf("please input a number.\n");
27       scanf("%d",&n);
28
29       handle=dlopen("/lib/libmydll.so", RTLD_LAZY);
30       if(!handle)
31       {
32           printf("%s\n",dlerror());
33       }
34
35       fp=dlsym(handle, "square");
36       if((error=dlerror())!=NULL)
37       {
38           printf("%s\n",error);
39           dlclose(handle);
40           exit(1);
41       }
42
43       printf("now call the function square.\n");
44       result = (* fp)(n);
```

```
45        printf(" %d\n",result);
46        dlclose(handle);
47        return 0;
48   }
```

sub.c 文件中定义了函数 square( )，负责计算输入参数的平方值。在应用程序 main.c 文件的主函数中，先使用 dlopen( ) 函数打开库文件，然后使用 dlsym( ) 函数把库中函数 square( ) 的位置赋值给函数指针 fp，接着在程序的倒数第 5 行用 fp 指针调用函数 square( )，如果输入数值为 25，屏幕应该显示"the square of the number is：625"。图 5.30 所示为程序执行过程。

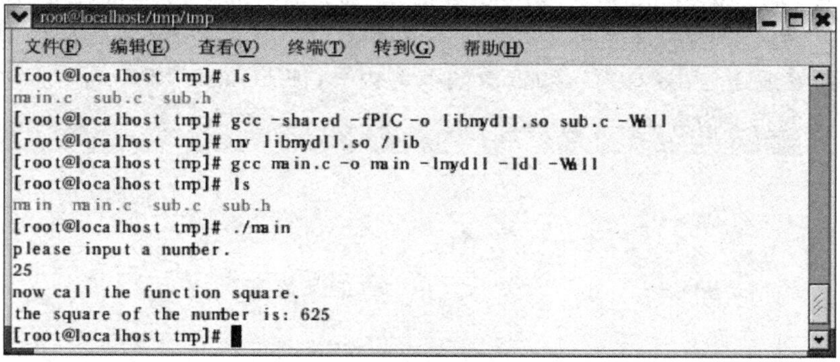

图 5.30　动态链接库程序执行过程

207

第 6 章　嵌入式 Linux 程序设计进阶

　　第 5 章介绍了进程控制和线程控制。在线程控制部分提到了线程间可以通过信号量和互斥量实现线程间通信,那么不同的进程间又是如何通信的呢? 本章主要介绍进程间的几种通信方式,如信号、信号量、管道通信、共享内存和消息队列等内容,即 Linux 的 IPC 机制。此外,还将介绍 Socket 编程机制的相关内容。

源代码:
第 6 章源代码

6.1 信　　号

在 UNIX/Linux 系统中,信号可以用于进程间的异步通信,在不同的进程间传递消息。本节通过对信号、信号集及其相关函数的介绍,使读者对进程间的异步通信方式有所了解。

6.1.1　信号概述

什么是信号？直观地讲,当试图终止一个正在运行的程序时,按 Ctrl+C 键,就会向操作系统发出一个信号。除了这种在 shell 中产生信号的方式外,信号还可以在程序主动调用函数时或者程序运行发生错误时产生,如浮点运算错误、内存段冲突、非法指令等。

所有的信号都在 signal.h 中定义,并且均以 SIG 开头。表 6.1 是本节将要用到的部分信号的说明。Linux 稳定版内核 4.0.2 中共定义了 30 多个信号,将在附录 F 中给出其内容。

表 6.1　部分信号说明

信号名称	说明
SIGALRM	超时信号
SIGINT	中断信号
SIGKILL	杀死进程
SIGQUIT	退出信号

信号生成后,进程会针对信号执行其默认处理。例如,对一个运行中的程序,按 Ctrl+C 键生成一个信号后,当前的前台进程会默认终止。如果不想执行默认操作,那么可以加入捕获和处理信号的代码。进程对每一个信号执行的默认动作都是不同的,收到信号后,进程可能会终止、暂停,甚至忽略该信号;一个暂停的进程收到信号后也可能继续执行。附录 F 中有对信号默认操作的更多介绍。

6.1.2　信号相关函数

通过对信号的简单了解,知道信号可以由进程主动生成,进程可以捕获、响应或忽略信号,这些对信号的操作均可以通过调用函数实现。下面介绍一些与信号相关的函数。

1. 信号处理函数

一个进程可以捕获信号并对信号进行处理,主要通过 signal 库函数实现,函数原型如下。

```
1  #include <signal.h>
2  void (*signal( int sig, void (*func)(int)))(int);
```

信号处理函数有一个 int 类型的参数,用来传递接收到的信号,函数返回类型为 void。signal() 函数有两个参数,一个是准备处理的信号,即参数 sig;另一个是收到信号后将要调用的处理函数,即 func() 函数。signal() 函数执行成功时,返回先前信号处理函数的指针。参数 func

的取值除了可以是一个处理函数外,还可以是宏 SIG_IGN 或宏 SIG_DFL,宏 SIG_IGN 表示忽略信号,宏 SIG_DFL 表示恢复默认信号。

【例 6.1】 signal( )函数的用法。

```
1   /*   ch6_1.c   */
2   #include <signal.h>
3   #include <stdio.h>
4   #include <unistd.h>
5   void sig_alarm(int sig)
6   {
7       printf("---the signal received is %d.\n", sig);
8       signal(SIGINT, SIG_DFL);
9   }
10  int main()
11  {
12      signal(SIGINT, sig_alarm);
13      while(1)
14      {
15          printf("waiting here!\n");
16          sleep(1);
17      }
18      return 0;
19  }
```

程序执行过程中,等待一段时间后按 Ctrl+C 键,过一段时间再次按 Ctrl+C 键,程序执行结果如图 6.1 所示。

在主函数的第二行,将 SIGINT 信号的捕获函数关联为 sig_alarm( )函数,在 sig_alarm( )函数中,将 SIGINT 信号恢复为默认动作,即终止当前前台进程。由程序结果可知,信号可以实现进程间的异步通信。主函数等待捕获 SIGINT 信号,同时循环输出"waiting here!",每次输出后等待 1 s。当第一次按 Ctrl + C 键后,进程捕获该信号,执行 sig_alarm( )函数以处理该信号,重置该信号的处理方式,然后返回主函数继续执行 while 循环。下一次按 Ctrl+C 键时,进程会执行默认操作,即终止进程。

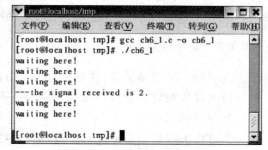

图 6.1 signal( )函数演示程序执行结果

2. 信号发送函数

(1) kill( )函数

通过调用 kill( )函数,进程可以实现发送信号的操作,函数原型如下:

210

```
1    #include<signal.h>
2    int kill(pid_t pid,int sig);
```

函数有两个参数,参数 pid 为进程 ID,参数 sig 为信号。参数 pid 的取值有多种:当 pid>0 时,将发送信号给进程号为 pid 的进程;当 pid=0 时,将发送信号给所有与当前进程属于同一个进程组的进程;当 pid=-1 时,将发送信号给所有进程;当 pid<-1 时,将发送信号给所有进程组 ID 为 -pid 的进程。函数执行成功返回 0,否则返回-1。

通过 kill()函数,进程可以向自身或者其他进程发送一个信号,但并不是每次调用都能成功。发送信号的进程和接收信号的进程必须属于同一个用户,只有这样,发送进程才有权限发送该信号。除此之外,当给定的进程号无效、目标进程不存在或者给定的信号值不合法时,kill()函数都可能调用失败。

【例 6.2】 kill()函数的用法。

```
1    /*  ch6_2.c  */
2    #include <signal.h>
3    #include <stdio.h>
4    #include <unistd.h>
5    #include <stdlib.h>
6    static int alarm_fired=0;
7    void ding(int sig)
8    {
9        alarm_fired=1;
10   }
11   int main()
12   {
13       int pid;
14       printf("alarm application starting\n");
15       //子进程
16       if((pid=fork()) == 0)
17       {
18           sleep(5);
19           kill(getppid(), SIGALRM);
20           exit(0);
21       }
22       printf("waiting for alarm to go off\n");
23       signal(SIGALRM, ding);
24       //挂起父进程,直到异步信号被接收并处理
25       pause();
26       if (alarm_fired)
```

```
27          printf("Ding!\n");
28      printf("done\n");
29      exit(0);
30  }
```

图 6.2 所示为程序执行结果。

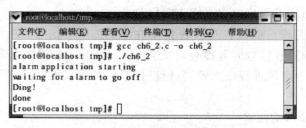

图 6.2   kill( ) 函数演示程序执行结果

由程序及其演示结果可以看出,全局变量 alarm_fired 初值为 0,进程开始后,父进程先输出
"alarm application starting",然后调用 fork( ) 函数创建子进程。在子进程中先等待 5 s,此时父进
程输出"waiting for alarm to go off"后,调用信号处理函数 signal( ),异步等待信号到来,之后父进
程调用 pause( ) 函数将自身挂起。子进程等待 5 s 后,会向父进程发送 SIGALRM 信号,然后子进
程结束。父进程收到信号后,调用 ding( ) 函数处理信号,将 alarm_fired 置为 1,pause( ) 函数返
回。由于 alarm_fired 被置为 1,函数可以执行 if 语句,因此输出"Ding!",最后输出"done",父进
程结束。

（2）alarm( ) 函数

通过调用 alarm( ) 函数,进程可以在特定时间后给自身发送一个 SIGALRM 信号。函数
alarm( ) 也叫"闹钟"函数,作用就相当于一个"闹钟"或者"定时器"。接收到信号后,如果进程未
捕获该信号,则默认动作为终止当前进程。alarm( ) 函数的原型如下：

```
1  #include <unistd.h>
2  unsigned int alarm(unsigned int seconds);
```

参数 seconds 为当前时间和发送信号的时间差,即闹钟时间,也就是说,经过 seconds 秒后,进
程向自身发送一个 SIGALRM 信号。一个进程可以不止一次调用 alarm( ) 函数,但却只能有一个
闹钟时间,每次设置新的闹钟时间,就会替代旧的闹钟时间,此时函数返回值为前一个闹钟的剩
余时间。如果之前并没有设置闹钟时间,那么函数将会返回 0。

【例 6.3】   alarm( ) 函数的用法。

```
1  /*  ch6_3.c  */
2  #include <signal.h>
3  #include <stdio.h>
4  #include <unistd.h>
```

```
5    #include <stdlib.h>
6    int main()
7    {
8        int t;
9        printf("alarm application starting\n");
10       t=alarm(5);
11       printf("t=%d\n",t);
12       while(1)
13       {
14           printf("sleep 1s....\n");
15           sleep(1);
16       }
17       printf("done\n");
18       exit(0);
19   }
```

图 6.3 所示为程序执行结果。

图 6.3　闹钟程序执行结果

由程序及其演示结果可以看出,进程开始后先输出"alarm application starting",然后通过调用 alarm()函数设置闹钟时间为 5 s,并通过变量 t 接收函数返回值。因为之前并未设置闹钟,所以通过输出 t 的值可以看出 alarm()函数的返回值为 0。之后程序进入 while 循环,每次输出"sleep 1 s...."并等待 1 s。5 s 时间结束后,进程会向自身发送 SIGALRM 信号并执行默认动作,终止自身进程。此时循环不再执行,"done"语句也不能被输出,程序直接结束。

3. sigaction()函数

UNIX 规范中定义了一个 sigaction()函数,以提供更加强大的编程接口。函数原型如下:

```
1    #include <signal.h>
2    int sigaction(int sig, const struct sigaction * act, struct sigaction * oact);
```

函数共三个参数:参数 sig 为接收到的信号,其用法与 signal()函数和 kill()函数中的相同;

参数 act 为结构体变量指针,指定接收信号后要执行的动作;oact 为同类型的结构体变量指针,用于保存之前的信号设置,由 sigaction( )函数设置。

参数 act 和 oact 的原型如下:

```
1   struct sigaction {
2   #ifndef __ARCH_HAS_IRIX_SIGACTION
3       __sighandler_t sa_handler;
4       unsigned long sa_flags;
5   #else
6       unsigned int sa_flags;
7       __sighandler_t sa_handler;
8   #endif
9   #ifdef __ARCH_HAS_SA_RESTORER
10      __sigrestore_t sa_restorer;
11  #endif
12      sigset_t sa_mask;
13  };
```

结构体中有 4 个成员:成员 sa_handler 为收到信号后执行的函数,可以被设置为 SIG_DFL 以执行默认操作,或者设置为 SIG_IGN 以忽略信号;成员 sa_mask 为一个信号集,该信号集中的信号发送过来后将被阻塞而不会传递给当前进程;成员 sa_flags 为信号函数选项标识,可以取值为 SA_ONSTACK、SA_RESTART、SA_NOCLDSTOP、SA_RESETHAND、SA_NOCLDWAIT、SA_NODEFER 等。SA_RESETHAND 可以将信号的处理方式置为默认值 SIG_DFL,而 SA_RESTART 可以将信号处理方式重置为上一次的方式。在较早的内核版本中,系统调用被信号中断并处理结束后会自动重启,但在如今的版本中,若想自动重启一个被信号中断的进程,只需将 sa_flags 值设置为 SA_RESTART。

【例 6.4】 调用 sigaction( )函数,并使用将 SA_RESETHAND 重置为默认操作的方法来处理"Ctrl+C"信号。

```
1   /*   ch6_4.c   */
2   #include <signal.h>
3   #include <stdio.h>
4   #include <unistd.h>
5   void sig_alarm(int sig)
6   {
7       printf("---the signal received is % d.\n", sig);
8   }
9   int main()
10  {
11      struct sigaction act;
```

```
12          act.sa_handler=sig_alarm;
13          sigemptyset(&act.sa_mask);
14          //将信号处理函数重置为默认值
15          act.sa_flags=SA_RESETHAND;
16          sigaction(SIGINT, &act, 0);
17          while(1)
18          {
19              printf("waiting here!\n");
20              sleep(1);
21          }
22    }
```

程序执行过程中,等待一段时间后按 Ctrl+C 键,过一段时间再次按 Ctrl+C 键,程序执行结果如图 6.4 所示。

由程序及其演示结果可以看出,程序开始执行后,先创建一个 sigaction 类型的结构体 act,并将结构体中的 sa_handler 设置为 sig_alarm,也就是说,第一次接收信号后,程序会执行 sig_alarm( )函数。随后,程序为 act 的成员 sa_mask 创建了一个空的信号屏蔽字,并将 act 的成员 sa_flags 设置

为 SA_RESETHAND。SA_RESETHAND 可以将信号的处理函数重置为默认值 SIG_DFL,再次接收到信号时,仍会执行默认的信号操作。之后调用 sigaction( )函数关联信号 SIGINT。在 while 循环中,每次循环输出"waiting here!",并等待 1 s。函数执行过程中,在 shell 中按 Ctrl+C 键向进程发送 SIGINT 信号,第一次发送后,进程调用 sig_alarm( )进行处理,因此输出"---the signal received is 2."语句,然后进程继续执行,直到再次接收到 SIGINT 信号,进程执行默认操作而终止。

图 6.4　例 6.4 sigaction( )函数的执行结果

【例 6.5】　调用 sigaction( )函数,并使用 SA_RESTART 重置为上一次操作的方法来处理"Ctrl+C"信号。

```
1    /*  ch6_5.c  */
2    #include <signal.h>
3    #include <stdio.h>
4    #include <unistd.h>
5    void sig_alarm(int sig)
6    {
7        printf("---the signal received is %d.\n", sig);
8    }
```

```
 9   int main()
10   {
11       struct sigaction act;
12       act.sa_handler=sig_alarm;
13       sigemptyset(&act.sa_mask);
14       //自动重置该信号处理方式
15       act.sa_flags=SA_RESTART;
16       sigaction(SIGINT, &act, 0);
17       while(1)
18       {
19           printf("waiting here!\n");
20           sleep(1);
21       }
22   }
```

程序执行过程中间隔几秒,按 Ctrl+C 键,3 次之后按 Ctrl+\键,程序执行结果如图 6.5 所示。

例 6.5 与例 6.4 的内容基本相同,因此其过程在此不再赘述。两者的不同在于 act.sa_flags 的值不同,例 6.5 中将其设置为 SA_RE-START,即信号处理函数执行之后,会将信号处理方式自动重置为与前一次相同。因此,每次按 Ctrl+C 键后都会执行 sig_alarm() 函数,输出"---the signal received is 2."语句。此时,按 Ctrl+\键,可向当前进程发送 SIGQUIT 信号来结束进程。

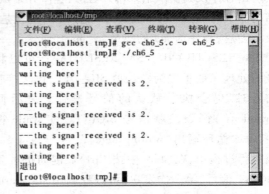

图 6.5　例 6.5 sigaction() 函数的执行结果

6.1.3　信号集相关函数

除了对单个信号的处理外,UNIX/Linux 系统中还有一些函数可以对信号集进行处理,下面做简要介绍。

1. 初始化为空

将一个信号集初始化为空,可以使用 sigemptyset() 函数,函数原型如下:

```
1   #include <signal.h>
2   int sigemptyset(sigset_t * set);
```

参数 set 为要初始化的信号集。函数执行成功返回 0,否则返回-1。

2. 初始化为满

将信号集初始化为包括所有信号,可以使用 sigfillset() 函数,函数原型如下:

```
1  #include <signal.h>
2  int sigfillset(sigset_t * set);
```

参数 set 为要初始化并加入所有信号的信号集。函数执行成功返回 0,否则返回-1。

3. 添加信号

向信号集中添加指定信号,可以使用 sigaddset( )函数,函数原型如下:

```
1  #include <signal.h>
2  int sigaddset(sigset_t * set, int signo);
```

参数 set 为要添加信号的信号集,参数 signo 为要添加的信号。函数执行成功返回 0,否则返回-1。

4. 删除信号

从当前信号集中删除一个信号,可以使用 sigdelset( )函数,函数原型如下:

```
1  #include <signal.h>
2  int sigdelset(sigset_t * set, int signo);
```

参数 set 为要删除信号的信号集,参数 signo 为要删除的信号。函数执行成功返回 0,否则返回-1。

5. 设置屏蔽字

一个进程的信号屏蔽字规定了当前被阻塞而不能传送给该进程的信号集。对信号集进行屏蔽字设置,可以使用 sigprocmask( )函数,函数原型如下:

```
1  #include <signal.h>
2  int sigprocmask(int how, const sigset_t * set, sigset_t * oset);
```

函数有三个参数:参数 set 为要进行屏蔽字设置的信号集;参数 oset 将返回旧的信号集屏蔽字;参数 how 为设置方式。当 how 的值为 SIG_BLOCK 时,会把信号集 set 中的信号添加到信号屏蔽字中;当 how 的值为 SIG_SETMASK 时,会把信号屏蔽字设置为参数 set 中的信号;当 how 的值为 SIG_UNBLOCK 时,会从信号屏蔽字中删除参数 set 中的信号。函数执行成功返回 0,否则返回-1。

被阻塞的信号也叫"未决信号",这个信号并没有消失,也没有被忽略,只是暂时被屏蔽了没有得到处理,一旦屏蔽解除,进程就将处理该信号。

【例 6.6】 信号集处理函数的用法。

```
1  /*  ch6_6.c  */
2  #include <signal.h>
3  #include <stdio.h>
4  #include <unistd.h>
```

```
5    void sig_alarm(int sig)
6    {
7        printf("---the signal received is %d.\n", sig);
8        signal(SIGINT, SIG_DFL);
9    }
10   int main()
11   {
12       sigset_t * set;
13       sigset_t * oldset;
14       sigemptyset(set);
15       sigaddset(set, SIGINT);
16       sigprocmask(SIG_BLOCK, set, oldset);
17       signal(SIGINT, sig_alarm);
18       while(1)
19       {
20           printf("waiting here!\n");
21           sleep(1);
22       }
23       return 0;
24   }
```

程序运行一段时间后,多次按 Ctrl+C 键,再过一段时间,按 Ctrl+\ 键,程序执行结果如图 6.6 所示。

由程序及其演示结果可以看出,程序先初始化一个空的信号集 set,并将 SIGINT 信号添加进该信号集,再调用 sigprocmask( ) 函数将 set 中的函数添加进信号屏蔽字中。接下来在程序中将 SIGINT 的处理函数设置为 sig_alarm( ) 函数,然后程序进入 while 循环,每次循环输出" waiting here!"并等待 1 s。程序执行过程中,按 Ctrl+C 键时,因为 SIGINT 信号已经被加入屏蔽字中,进程不能执行 sig_alarm( ) 函数处理该信号,所以并未输出"---the signal received is 2."语句。最后按 Ctrl+\ 键,进程结束。

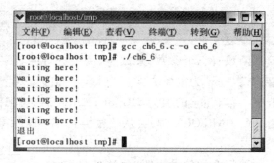

图 6.6　信号集处理函数演示结果

6.1.4　其他信号相关函数

除了 6.1.2 节中介绍的信号相关函数外,UNIX/Linux 中还定义了其他一些信号相关函数。下面介绍 sigismember( )、sigpending( ) 和 sigsuspend( ) 函数。

1. 判断信号是否属于信号集

如果想判断一个信号集中是否包含某个信号,可以调用 sigismember( )函数,函数原型如下:

```
1   #include <stdio.h>
2   int sigismember(sigset_t * set, int signo);
```

参数 set 为要判断的信号集,signo 为信号。若信号在信号集中返回 1,否则返回 0。

2. 查看处于待处理状态的信号

如果想查看哪些信号正处于待处理状态,可以调用 sigpending( )函数,函数原型如下:

```
1   #include <stdio.h>
2   int sigpending(sigset_t * set);
```

参数 set 返回在送往进程时被阻塞的信号的集合。函数执行成功返回 0,否则返回-1。

如果想以原子方式改变信号屏蔽字并挂起进程,可以调用 sigsuspend( )函数,函数原型如下:

```
1   #include <stdio.h>
2   int sigsuspend(const sigset_t * sigmask);
```

参数 sigmask 为一个信号集,调用该函数后,进程会将自己的屏蔽信号集设置为 sigmask 信号集并挂起,直到接收到一个不属于 sigmask 的信号才可以继续执行。这个信号的动作可以是执行信号句柄,也可以是终止该进程。如果是前者,信号句柄返回后,sigsuspend( )函数也将返回,并将信号屏蔽字还原;如果是后者,则 sigsuspend( )函数不返回。函数 sigsuspend( )执行的是一个原子操作。

【例 6.7】 上述信号相关函数的用法。

```
1   /*   ch6_7.c   */
2   #include <signal.h>
3   #include <stdio.h>
4   #include <unistd.h>
5   void wake()
6   {
7       puts("entering wake.");
8       signal(SIGINT,wake);
9       puts("leaving wake.");
10      return;
11  }
12  int main()
13  {
14      sigset_t seta;
```

```
15        sigset_t setb;
16        int t;
17        //初始化一个满集合
18        sigfillset(&seta);
19        signal(SIGINT,wake);
20        //设置屏蔽字为 seta 集合
21        sigprocmask(SIG_SETMASK,&seta,NULL);
22        printf("sleep 5s.Never send the 9th sig.\n");
23        //睡眠 5 s,此时进程屏蔽所有信号
24        sleep(5);
25        //取消对 SIGINT 信号的屏蔽
26        sigdelset(&seta,SIGINT);
27        printf ("wake up now!\n ");
28        //返回当前进程中待处理的信号集
29        sigpending(&setb);
30        //判断 SIGINT 信号是否在 setb 信号集中
31        t=sigismember(&setb, SIGINT);
32        printf("t=%d\n",t);
33        printf("I will sigsuspend!\n ");
34        //挂起,改变屏蔽信号集
35        sigsuspend(&seta);
36        printf("returned from the handler.sleep 5s now.You can press ctrl-c\n");
37        sleep(5);
38        printf ("Reaching the end!\n ");
39        return 0;
40   }
```

将此程序编译后运行两次,分别称为进程 1 和进程 2。

进程 1:程序开始执行后,在程序输出"I will sigsuspend!"语句和"returned from the handler. sleep 5s now.You can press ctrl-c"语句时,分别按 Ctrl+C 键。程序执行结果如图 6.7 所示。

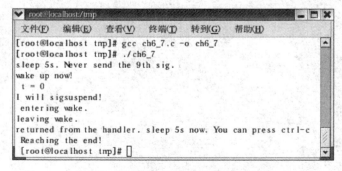

图 6.7　部分信号相关函数演示结果 1

从程序代码、程序执行过程及程序执行结果可以看出,程序先将所有信号添加进信号集 seta 中,再将 SIGINT 信号的处理函数设置为 wake( )函数,然后将信号集 seta 设置为进程的信号屏蔽集。程序输出"sleep 5s.Never send the 9th sig."后,睡眠 5 s,然后将 SIGINT 信号从信号集 seta 中删除,输出"wake up now!"。此时程序会调用 sigpending( )函数得到当前进程阻塞的信号集,通过调用 sigismember( )函数输出其返回值并判断其中是否有 SIGINT 信号,以判断在睡眠期间是否按了 Ctrl+C 键。进程调用 sigsuspend( )函数改变进程信号屏蔽集,程序输出"I will sigsuspend!",然后进程被挂起。此时按 Ctrl+C 键,进程重新执行,调用 wake( )函数处理 SIGINT 信号。在 wake( )函数中,输出"entering wake.",再次将 SIGINT 信号的处理函数设置为 wake( )函数,输出"leaving wake."语句。信号处理函数返回后,信号屏蔽集恢复到调用 sigsuspend( )函数前的状态,sigsuspend( )函数也返回。程序输出"returned from the handler.sleep 5s now.You can press ctrl−c"后会睡眠 5 s,在此期间,按 Ctrl+C 键,信号会重新被屏蔽。最后输出"Reaching the end!"语句,程序结束。

进程 2:程序开始执行后,当程序输出"sleep 5s.Never send the 9th sig."语句和"returned from the handler.sleep 5s now.You can press ctrl−c"语句时,分别按 Ctrl+C 键。程序执行结果如图 6.8 所示。

图 6.8 部分信号相关函数演示结果 2

进程 2 与进程 1 的区别在于,当进程 2 执行到"sleep 5s.Never send the 9th sig."后的睡眠时间时,按 Ctrl+C 键,因为信号集 seta 中的信号(也就是所有信号)都会被屏蔽,因此该 SIGINT 信号会被阻塞。5 s 睡眠时间结束后,调用 sigpending( )函数可以得到当前被屏蔽的信号集合,也就是未决信号的集合,然后调用 sigismember( )函数并得到返回值,发现确实有 SIGINT 信号处于待处理状态。而当进程将 SIGINT 从信号集 seta 中删除,并调用 sigsuspend( )函数改变进程的信号屏蔽字后,该阻塞信号将得到处理,因此进程并未被挂起,而是直接调用 wake( )函数处理 SIGINT 信号,处理结束后,信号屏蔽集会被复原,因此 SIGINT 信号又被加入屏蔽字中,因此此时按 Ctrl+C 键,信号又将被阻塞,5 s 睡眠时间结束后,程序返回。

6.2 管　道

在介绍管道之前,有必要先介绍一下进程间通信,也就是所谓的 IPC(inter-

【教学课件】
管道

221

process communication)机制,或者称为 System V IPC。System V 也叫作 AT&T System V,是 UNIX 操作系统的一个分支。UNIX 系统在 AT&T System V.2 版本中引入了 System V IPC 机制,包括信号量、共享内存、消息队列三种方式。这三种进程间通信方式在同一个版本中出现,还具有相似的接口,因此通常将它们称为 System V IPC。

管道也属于进程间通信的一种方式。对管道的读写遵循先入先出规则。管道分为两种:无名管道和有名管道。顾名思义,无名管道没有文件名,它存在于内存中,但是关联到两个文件描述符,可供有亲缘关系的进程间传递信息,应用有一定的局限性。有名管道有确定的文件名,存在于文件系统中,任何进程都可以向有名管道写入信息与读出信息。

6.2.1 无名管道

1. 创建无名管道

无名管道只能在有共同祖先的进程之间使用,管道使用之前要先创建。创建无名管道使用 pipe( )系统调用,原型如下:

```
1   #include <unistd.h>
2   int pipe(int fd[2]);
```

pipe( )函数的参数是一个长度为 2 的整型数组,这两个数组元素用于保存两个文件描述符,fd[0]用于读出,fd[1]用于写入。pipe( )函数执行成功返回 0,否则返回-1,并在 errno 中保存错误原因。使用 pipe( )函数时,如果打开的文件描述符数量已经超过了进程或系统允许打开的最大值,函数的调用就会失败。

2. 读写管道

读写管道分别使用 read( )和 write( )系统调用,原型如下:

```
1   #include <unistd.h>
2   ssize_t read(int fd,void * buf ,size_t count);
3   ssize_t write (int fd,const void * buf,size_t count);
```

read( )用于从文件描述符 fd 代表的文件中把长度为 count 的信息读出,并写入 buf 指向的内存缓冲区中,返回值为实际读取到的字节数。当有错误发生时返回-1,错误代码存入 errno 中。

write( )会把参数 buf 指向的内存中的 count 个字节写入文件描述符 fd 代表的文件内。如果顺利,write( )会返回实际写入的字节数。当有错误发生时返回-1,错误代码存入 errno 中。

3. 关闭管道

管道使用完毕要关闭,可以使用 close( )系统调用,原型如下:

```
1   #include <unistd.h>
2   int close(int fd);
```

close( )系统调用会将描述符 fd 代表的管道关闭。

【例 6.8】 无名管道的用法。

```
1    /*   ch6_8.c   */
2    #include <unistd.h>
3    #include <sys/wait.h>
4    #include <stdio.h>
5    #include <stdlib.h>
6    int main()
7    {
8        int fd[2];
9        int pid;
10       if((pipe(fd))<0)
11       {
12           printf("pipe error happened!\n");
13           exit(EXIT_FAILURE);
14       }
15       pid=fork();
16       if(pid<0)
17       {
18           printf("process error happened!\n");
19           exit(EXIT_FAILURE);
20       }
21       else if (pid == 0)
22       {
23           char out[30];
24           close(fd[1]);
25           read(fd[0], out, 30);
26           printf("%s",out);
27           close(fd[0]);
28           exit(EXIT_SUCCESS);
29       }
30       else
31       {
32           char buf[30]="this is a test of pipe!\n";
33           close(fd[0]);
34           write(fd[1], buf, 30);
35           close(fd[1]);
36           wait(NULL);
37       }
38       return 0;
39   }
```

在例 6.8 的代码中,首先利用 pipe( )函数建立管道,然后生成一个子进程,在父进程中定义一个字符串,并把它写入无名管道的写入端。子进程的功能是从同一管道的读出端读取此信息并显示。程序执行结果如图 6.9 所示,说明管道工作正常。

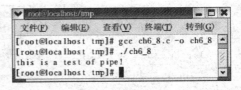

图 6.9　无名管道程序执行结果

6.2.2　有名管道

有名管道通常称为 fifo,是文件系统中的文件,功能比无名管道强大。互不相关的进程可以利用有名管道共享信息。

Linux 操作系统也提供了 shell 命令来建立有名管道,命令为 mkfifo。图 6.10 所示为使用 shell 命令建立有名管道的示例。首先在当前目录中以 600 的权限建立有名管道 fifo1,然后采用重定向的方法在后台运行 cat 命令,试图从管道中读出信息,但是此时管道内容还不存在,因此 cat 命令无法显示信息。接下来执行 ls 命令,并把输出重定向到管道,一旦管道中包含了信息, cat 命令就可以完成信息的显示。

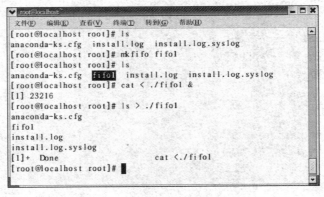

图 6.10　有名管道操作

也可以在程序中实现有名管道的创建,这需要使用 mkfifo( )函数(函数名与创建有名管道的 shell 命令同名),函数原型如下:

```
1  #include <sys/types.h>
2  #include <sys/stat.h>
3  int mkfifo(const char * pathname, mode_t mode);
```

mkfifo( )函数会以 mode 指定的访问权限,按照 pathname 指定的文件全名来创建有名管道。管道创建时,相关目录中不允许存在同名文件。管道创建成功返回 0,否则返回-1,错误原因存于 errno 中。

对管道操作前需要先用 open( )系统调用打开管道,read( )和 write( )系统调用可以读写管道,使用完毕后用 close( )系统调用关闭管道。

【例 6.9】 有名管道的创建过程。

```
1   /*   ch6_9.c   */
2   #include <sys/stat.h>
3   #include <stdio.h>
4   #include <stdlib.h>
5
6   int main(int argc, char * argv[])
7   {
8       if((mkfifo(argv[1], 0777))<0)
9       {
10          printf("fifo make error!\n");
11          exit(EXIT_FAILURE);
12      }
13      printf("succeed.\n");
14      return 0;
15  }
```

6.3   信   号   量

如果对进程间通信有一定的了解，可能会知道 POSIX IPC。在 5.4.3 节介绍过一种线程间通信的方式——信号量，信号量采用的就是 POSIX IPC 机制，这是一种更轻量级的 IPC 机制。本节主要介绍信号量在进程间通信中的作用。

【教学课件】
信号量

6.3.1   信号量概述

1. 信号量简介

进程间的信号量和线程间的信号量作用基本相同，都是为了保证同一时刻临界区只能被一个进程或者线程访问。当信号量为正时，可以对临界区进行访问；当信号量为 0 时，不能对临界区进行访问。这种机制为原子操作，可同时完成信号量的检测和加减功能。

本节所要介绍的信号量是 System V IPC 机制下的信号量。信号量分为二进制信号量和通用信号量，前者的取值可以是 0 和 1，后者可以是任意非负整数。

2. 信号量的操作

对于信号量的操作主要有两种，分别是 P 操作和 V 操作，统称为 PV 操作。

执行 P 操作时，进程会检测信号，如果信号量的值大于 0，就将信号量减 1；否则，挂起该进程，使之进入阻塞态。执行 V 操作时，检测信号量，如果有缺少该信号量而进入阻塞态的进程，则取消挂起；如果没有，则将信号量加 1。

6.3.2 信号量相关函数

System V IPC 中定义了一系列可以对信号量进行操作的函数,这些函数可以处理一组信号量。事实上,大多数情况下,只需要一个信号量就可以解决问题。下面主要介绍三个信号量处理函数。

1. 获取信号量

通过调用 semget( ) 函数可以得到一个信号量,该信号量可以是新创建的,也可以是已有的函数。函数原型如下:

```
1  #include <sys/sem.h>
2  int semget(key_t key, int num_sems, int sem_flags);
```

函数有三个参数:参数 key 为信号量的键值;参数 num_sems 为需要的信号量的数目,如果是打开而非创建信号量,该参数会被忽略;参数 sem_flags 为一组标志,表示信号量的权限。权限标志可以和 IPC_CREAT、IPC_EXCL 的函数操作类型进行按位或。IPC_CREAT 表示创建一个新的信号量,但如果该键值已经被创建了信号量,也不会返回错误。而 IPC_EXCL 本身并不独立使用,需要和 IPC_CREAT 一起使用,两者一起使用可以保证创建一个新的信号量而不是打开一个已有的信号量。函数执行成功会返回一个信号量标识符;失败会返回 -1,errno 会被设置成相应的错误类型。如果想要在程序中对信号量进行访问,需要通过给定一个键值,由系统生成信号标识符来访问。

2. 改变信号量

通过调用 semop( ) 函数可以改变信号量的值。函数原型如下:

```
1  #include <sys/sem.h>
2  int semop(int sem_id, struct sembuf * sem_ops, size_t num_sem_ops);
```

函数有三个参数:参数 sem_id 是信号量的标识符,由 semget( ) 函数返回;参数 sem_ops 是一个结构体,指示对信号量的操作;num_sem_ops 是 sem_ops 的结构数组的元素个数。

信号量的操作信息通常保存在 sembuf 结构体中,其定义如下:

```
1  struct sembuf
2  {
3      short sem_num;
4      short sem_op;
5      short sem_flg;
6  }
```

成员 sem_num 为某个信号量在一组信号量中的编号,如果只有一个信号量,则取值一般为 0;sem_op 为对信号量的操作,值为 -1 表示 P 操作,值为 1 表示 V 操作;sem_flg 为信号操作标志,可以取值为 IPC_NOWAIT 或 SEM_UNDO,前者表示对信号的操作不能满足时,semop( ) 函数立刻返回,同时设定错误信息,后者表示如果进程结束时没有释放信号量,操作系统自动释放该信号量。

函数执行成功则返回 0；否则返回-1，errno 被置为相应的错误类型。

3. 控制信号量

通过调用 semctl( )函数可以直接控制信号量信息。函数原型如下：

```
1  #include <sys/sem.h>
2  int semctl(int sem_id, int sem_num, int command,…);
```

这是一个可变参数的函数，参数 sem_id 表示信号标识符，由 semget( )函数返回；参数 sem_num 表示信号量编号；参数 command 表示对信号量控制操作的命令，可以取 SETVAL、IPC_RMID 等值，取值 SETVAL 时表示信号量的值初始化为 val（取决于第 4 个参数），取值 IPC_RMID 时表示删除不再使用的信号量。如果该函数有第 4 个参数，则该参数应该是 union semun 结构。需要注意的是，该结构需要人为定义。

使用以上三个函数时都需要包含头文件 sem.h，但更多时候还需要包含以下两个头文件：

```
1  #include <sys/types.h>
2  #include <sys/ipc.h>
```

6.3.3 信号量处理函数程序示例

【例 6.10】 信号量相关函数的用法。

```
1   /*   ch6_10.c   */
2   #include <unistd.h>
3   #include <stdlib.h>
4   #include <stdio.h>
5   #include <sys/types.h>
6   #include <sys/ipc.h>
7   #include <sys/sem.h>
8   union semun
9   {
10      int val;
11      struct semid_ds * buf;
12      unsigned short int * array;
13      struct seminfo * __buf;
14  };
15  static int set_semvalue(void);
16  static void del_semvalue(void);
17  static int semaphore_p(void);
18  static int semaphore_v(void);
19  static int sem_id;
20  int main(int argc, char * argv[])
```

```
21  {
22      int i;
23      int pause_time;
24      char op_char='O';
25      srand((unsigned int)getpid());
26      sem_id=semget((key_t)1234, 1, 0666 | IPC_CREAT);
27      //如果进程有参数,初始化信号量,并将本进程的字符修改为 X
28      if (argc>1)
29      {
30          if (! set_semvalue())
31          {
32              fprintf(stderr, "Failed to initialize semaphore\n");
33              exit(EXIT_FAILURE);
34          }
35          op_char='X';
36          sleep(5);
37      }
38      //输出字符
39      for(i=0; i<10; i++)
40      {
41          //执行 P 操作
42          if (!semaphore_p())
43              exit(EXIT_FAILURE);
44          printf("%c", op_char);
45          fflush(stdout);
46          pause_time=rand() % 3;
47          sleep(pause_time);
48          printf("%c", op_char);
49          fflush(stdout);
50          //执行 V 操作
51          if (!semaphore_v())
52              exit(EXIT_FAILURE);
53          pause_time=rand() % 2;
54          sleep(pause_time);
55      }
56      printf("\n%d - finished\n", getpid());
57      //如果进程有参数,挂起 10 s,删除信号量
58      if (argc>1)
59      {
```

228

```
60          sleep(10);
61          del_semvalue();
62      }
63      exit(EXIT_SUCCESS);
64  }
65  //将信号量初始化为 1
66  static int set_semvalue(void)
67  {
68      union semun sem_union;
69      sem_union.val=1;
70      if (semctl(sem_id, 0, SETVAL, sem_union) == -1)
71          return(0);
72      return(1);
73  }
74  //删除信号量
75  static void del_semvalue(void)
76  {
77      union semun sem_union;
78      if (semctl(sem_id, 0, IPC_RMID, sem_union) == -1)
79          fprintf(stderr, "Failed to delete semaphore\n");
80  }
81  //P 操作
82  static int semaphore_p(void)
83  {
84      struct sembuf sem_b;
85      sem_b.sem_num=0;
86      sem_b.sem_op=-1;
87      sem_b.sem_flg=SEM_UNDO;
88      if (semop(sem_id, &sem_b, 1) == -1)
89      {
90          fprintf(stderr, "semaphore_p failed\n");
91          return(0);
92      }
93      return(1);
94  }
95  //V 操作
96  static int semaphore_v(void)
97  {
98      struct sembuf sem_b;
```

```
99          sem_b.sem_num=0;
100         sem_b.sem_op=1;
101         sem_b.sem_flg=SEM_UNDO;
102         if (semop(sem_id, &sem_b, 1) == -1)
103         {
104             fprintf(stderr, "semaphore_v failed\n");
105             return(0);
106         }
107         return(1);
108     }
```

例 6.10 的主要功能是在进程进入和离开缓冲区时打印字符。如果程序运行时没有输入参数,将打印字符 O,否则打印字符 X。程序执行过程及结果如图 6.11 所示。

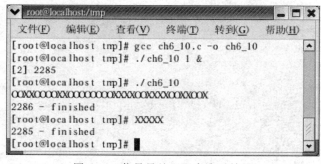

图 6.11   信号量处理程序演示结果

先通过“./ch6_10 1 &”执行该程序,该进程有一个参数 1,且在后台执行,进程号为 2285。再运行一个进程,没有参数,进程号为 2286。

第一个进程开始执行后,将 op_char 的值置为 O,同时创建一个 key 为 1234 的信号量,第二个进程执行时将打开该信号量。然后通过 argc 判断是否有参数,如果大于 1 表示有参数,否则没有。当进程有参数时,调用 set_semvalue( )函数将信号量值初始化为 1,同时将 op_char 的值改为 X。在 for 循环中,通过 PV 操作保证同一时刻只有一个进程可以访问临界区。先执行 P 操作,信号减 1,输出 op_char 的值并清空缓冲区,然后进程睡眠随机时间;退出缓冲区时,同样输出 op_char 的值并清空缓冲区,执行 V 操作,然后睡眠随机时间,此时另一个进程将执行。这样两个进程交替执行,直到自己的循环结束。观察图 6.11,发现字符 O 与字符 X 均会成对出现,即保证进程可以独占资源。循环结束时,有参数的进程会调用 del_semvalue( )函数删除该信号量。

6.4 共 享 内 存

本节介绍另外一种 IPC 通信方法——共享内存。采用共享内存,两个进程可以访问同一段内存空间,这种方式在进行大量数据交互时具有很快的速度。

【教学课件】
共享内存

230

6.4.1 共享内存简介

当一段共享内存被创建后,多个进程可以分别连接到该共享内存,从而实现进程间通信。共享内存通信机制的效率非常高,因为进程不必复制数据而可以直接对内存进行读写访问。图 6.12 所示为共享内存示意。连接到共享内存的任何一个进程对共享内存所做的修改,其他进程均可看到,因此需要信号量或互斥量等机制来维持进程正常运行。

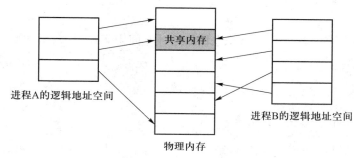

图 6.12　共享内存示意

6.4.2 共享内存操作函数

与共享内存相关的系统调用通常有创建共享内存的 shmget( ) 函数,映射共享内存的 shmat( )函数,分离共享内存的 shmdt( ) 函数以及控制共享内存的 shmctl( ) 函数等。在共享内存机制中,首先必须创建共享内存,但是共享内存创建之后还不能使用,必须将其映射到进程自身的地址空间中才能使用。使用完毕后,应将共享内存从进程地址空间中分离出去。分离并不意味着删除共享内存,仅代表进程已无法访问共享内存,只有执行了删除操作,共享内存才会真正消失,其占用的资源也才会被操作系统收回。

1. 获取共享内存

shmget( )函数可以创建共享内存,函数原型如下:

```
1   #include <sys/types.h>
2   #include <sys/ipc.h>
3   #include <sys/shm.h>
4   int shmget(key_t key, size_t size, int shmflg);
```

参数 key 为键值。参数 size 为要申请的共享内存大小。参数 shmflg 为权限位,可以和 IPC_CREAT、IPC_EXCL 的函数操作类型进行按位或。函数调用成功则返回共享内存的标识符,失败则返回−1。一个新的共享内存被创建后,还需要连接到进程中才可以使用。

2. 连接共享内存

shmat( )函数可以连接共享内存,从而对其进行读写访问,函数原型如下:

```
1   #include <sys/types.h>
```

```
2   #include <sys/ipc.h>
3   #include <sys/shm.h>
4   void * shmat(int shm_id, const void * shm_addr, int shmflg);
```

参数 shm_id 为共享内存标识符,由 shmget( )函数得到。参数 shm_addr 为共享内存在当前进程中映射的位置,如果指定为 NULL,则由内核分配。参数 shmflg 表示对共享内存的读写权限。函数调用成功则返回指向共享内存第一个字节的指针,否则返回-1。

3. 取消连接

shmdt( )函数可以将共享内存从当前进程的地址空间中剥离出去,函数原型如下:

```
1   #include <sys/types.h>
2   #include <sys/ipc.h>
3   #include <sys/shm.h>
4   void * shmdt(const void * shm_addr);
```

参数 shm_addr 是共享内存的起始地址。该函数调用成功时返回 0,失败时则返回-1。

4. 控制共享内存

shmctl( )函数可以对共享内存进行各种控制操作,函数原型如下:

```
1   #include <sys/types.h>
2   #include <sys/ipc.h>
3   #include <sys/shm.h>
4   int shmctl(int shm_id, int command, struct shmid_ds * buf);
```

参数 shm_id 为共享内存标识符。参数 command 是控制命令,可取值 IPC_STAT、IPC_SET 和 IPC_RMID,其中 IPC_RMID 用于删除共享内存。参数 buf 指向包含状态、权限信息等内容的结构体。该函数调用成功时返回 0;失败则返回-1。

6.4.3 共享内存程序示例

共享内存的实例有很多,包括生产者-消费者模式、存储映射 I/O 等。本示例程序采用生产者-消费者模式。

【例 6.11】 生产者-消费者使用共享内存实现进程间通信的过程。

数据结构的定义存放在头文件 share.h 中。

```
1   /*   ch6_11   share.h   */
2   //共享内存容量
3   #define TEXT_SZ 2048
4   struct shared_use_st
5   {
6       int written_by_you;
7       char some_text[TEXT_SZ];
```

```
8  };
```

头文件 share.h 中的宏 TEXT_SZ 定义了共享内存大小,结构体 share_use_st 定义了存放共享内存数据的数据结构。

消费者程序 customer.c 如下:

```
 1   /*   ch6_11   customer.c      */
 2   #include <unistd.h>
 3   #include <stdlib.h>
 4   #include <stdio.h>
 5   #include <string.h>
 6   #include <sys/types.h>
 7   #include <sys/ipc.h>
 8   #include <sys/shm.h>
 9   #include "share.h"
10   int main()
11   {
12       int running=1;
13       void * shared_memory=(void *)0;
14       struct shared_use_st * shared_stuff;
15       int shmid;
16       srand((unsigned int)getpid());
17       //创建一个共享内存并得到标识符
18       shmid=shmget((key_t)1234, sizeof(struct shared_use_st), 0666 | IPC_CREAT);
19       if (shmid == -1)
20       {
21           fprintf(stderr, "shmget failed\n");
22           exit(EXIT_FAILURE);
23       }
24       //将当前进程连接到共享内存
25       shared_memory=shmat(shmid, (void *)0, 0);
26       if (shared_memory == (void *)-1)
27       {
28           fprintf(stderr, "shmat failed\n");
29           exit(EXIT_FAILURE);
30       }
31       printf("Memory attached at %X\n", (int)shared_memory);
32       shared_stuff=(struct shared_use_st *)shared_memory;
33       shared_stuff->written_by_you=0;
```

```
34        while(running)
35        {
36            //如果生产者已经写入数据,读取数据
37            if (shared_stuff->written_by_you)
38            {
39                printf("You wrote: %s", shared_stuff->some_text);
40                sleep( rand() % 4 );
41                shared_stuff->written_by_you=0;
42                if (strncmp(shared_stuff->some_text, "end", 3) == 0)
43                    running=0;
44            }
45        }
46        if (shmdt(shared_memory) == -1)
47        {
48            fprintf(stderr, "shmdt failed\n");
49            exit(EXIT_FAILURE);
50        }
51        if (shmctl(shmid, IPC_RMID, 0) == -1)
52        {
53            fprintf(stderr, "shmctl(IPC_RMID) failed\n");
54            exit(EXIT_FAILURE);
55        }
56        exit(EXIT_SUCCESS);
57 }
```

　　消费者进程首先创建一块共享内存,然后连接该共享内存并将连接后得到的地址输出。消费者在进入 while 循环前将标志位 written_by_you 设置为 0,然后判断生产者是否将其修改为 1,一旦生产者对其进行了修改,就读取生产者发送的内容并打印。之后休眠并清除该内容,继续等待生产者发送消息,直到 end 字符串到来。在程序执行结束前,消费者需要将共享内存从自身进程地址空间中剥离。由于共享内存是由消费者创建的,因此消费者有义务负责最终销毁共享内存。

　　生产者程序 producer.c 如下:

```
1 /*   ch6_11   producer.c    */
2 #include <unistd.h>
3 #include <stdlib.h>
4 #include <stdio.h>
5 #include <string.h>
6 #include <sys/types.h>
```

```
7    #include <sys/ipc.h>
8    #include <sys/shm.h>
9    #include "share.h"
10   int main()
11   {
12       int running=1;
13       void * shared_memory=(void *)0;
14       struct shared_use_st * shared_stuff;
15       char buffer[BUFSIZ];
16       int shmid;
17       //得到消费者创建的共享内存的标识符
18       shmid=shmget((key_t)1234, sizeof(struct shared_use_st), 0666 | IPC_CREAT);
19
20       if (shmid == -1)
21       {
22           fprintf(stderr, "shmget failed\n");
23           exit(EXIT_FAILURE);
24       }
25       //连接该共享内存
26       shared_memory=shmat(shmid, (void *)0, 0);
27       if (shared_memory == (void *)-1)
28       {
29           fprintf(stderr, "shmat failed\n");
30           exit(EXIT_FAILURE);
31       }
32
33       printf("Memory attached at %X\n", (int)shared_memory);
34       shared_stuff=(struct shared_use_st *)shared_memory;
35       while(running)
36       {
37           //等待消费者输出完成,并将 written_by_you 清零
38           while(shared_stuff->written_by_you == 1)
39           {
40               sleep(1);
41               printf("waiting for client...\n");
42           }
43           printf("Enter some text: ");
44           fgets(buffer, BUFSIZ, stdin);
45           strncpy(shared_stuff->some_text, buffer, TEXT_SZ);
```

```
46          shared_stuff->written_by_you=1;
47          if (strncmp(buffer, "end", 3) == 0)
48              running=0;
49      }
50      if (shmdt(shared_memory) == -1)
51      {
52          fprintf(stderr, "shmdt failed\n");
53          exit(EXIT_FAILURE);
54      }
55      printf("producer exit.\n");
56      exit(EXIT_SUCCESS);
57  }
```

生产者使用 shmget( )函数得到已经创建过的共享内存,连接到该共享内存并打印连接后得到的地址与消费者进行比较。在 while 循环中,判断 written_by_you 是否被清零,如果是则写入数据,不是则等待消费者读取数据。如果希望结束进程,则输入 end 字符串,之后将共享内存从自身进程地址空间剥离,但是不需要销毁共享内存,这一工作由消费者完成。图 6.13 所示为共享内存生产者-消费者程序的运行结果。

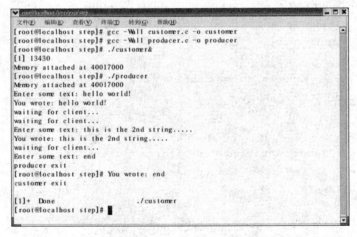

图 6.13　共享内存生产者-消费者程序运行结果

6.5　消息队列

6.5.1　消息队列简介

消息队列是一种高效的进程间通信方法。通过消息队列,两个无关进程可以相互通信，一个进程向消息队列中写入数据，另一个进程从消息队列中读出信息，并且接收进程可以选择接收不同类型的数据块。消息队列之间相互独立，由 IPC 标识符区分。消息队列和命名管道有很多相似之处，例如，它们都有阻塞问题，两者的区别在于消息队列没有打开和关闭管道的复杂性，但是消息队列中每个数据块的大小有限制，数据块的数量也有限制。

6.5.2 消息队列操作函数

1. 获取消息队列

msgget( )函数用来创建和访问一个消息队列，函数原型如下：

```
1  #include <sys/types.h>
2  #include <sys/ipc.h>
3  #include <sys/shm.h>
4  int msgget(key_t key, int msgflg);
```

参数 key 为命名特定消息队列的键值，该键值可以由 ftok( )函数生成。第二个参数 msgflg 为权限标志位，可以与 IPC_CREAT 或 IPC_EXCL 进行或操作，效果类似于 semget( )函数的 sem_flags 参数。

2. 发送消息

获得消息队列标识符后，调用 msgsnd( )函数可以向消息队列中添加消息，函数原型如下：

```
1  #include <sys/types.h>
2  #include <sys/ipc.h>
3  #include <sys/shm.h>
4  int msgsnd(int msgid, const void * msg_ptr, size_t msg_sz, int msgflg);
```

参数 msgid 为队列标识符，由 msgget( )函数得到。参数 msg_ptr 是一个 void 型指针，指向待发送的内容，该内容必须以一个长整型变量为先导，表示数据类型，后续为要传输的数据内容，可以参考结构体 my_msg。结构体参数 msg_sz 为消息长度，该长度不包括消息中数据类型占用的长整型变量长度。参数 msgflg 表示队列已满时的处理方式，取值为 0 时表示忽略；取值为 IPC_NOWAIT 时，如消息队列已满则函数立刻返回；其余情况下，进程进入阻塞态直到消息队列有足够的空间。msgsnd( )函数调用成功返回 0，失败则返回−1。

结构体 my_msg 的定义如下：

```
1  struct my_msg {
2      long int msg_type;/ *指示将要传输的数据类型 * /
3   *  int [BUFSIZ];       / *将要传输的数据,类型不限 * /
4  }
```

3. 接收消息

调用 msgrcv( )函数可以获取消息队列内的消息，函数原型如下：

```
1   #include <sys/types.h>
2   #include <sys/ipc.h>
3   #include <sys/shm.h>
4   int msgrcv(int msgid, void * msg_ptr, size_t msg_sz, long int msg_type, int msg-
    flg);
```

参数 msgid 为队列标识符。参数 msg_ptr 指向准备接收消息的缓冲区,同样以长整型变量开始。参数 msg_sz 为消息长度,不包括消息类型的 4 个字节。参数 msg_type 表示要接收的消息类型:取值为 0 时,取出消息队列中的第一个消息;取值为正数时,取出消息队列中该消息类型的第一个消息;取值为负数时,取出消息队列中消息类型小于或等于其绝对值的第一个消息。参数 msgflg 表示队列空时的处理方式,取值为 IPC_NOWAIT 时,函数将会立刻返回-1;否则进程进入阻塞态直到接收到一条对应消息。函数调用成功时,将消息复制到缓冲区,同时删除消息队列中对应的消息并返回复制到消息缓冲区的实际字节数;调用失败则返回-1。

4. 控制消息队列

调用 msgctl() 函数可以对消息队列进行控制,函数原型如下:

```
1   #include <sys/types.h>
2   #include <sys/ipc.h>
3   #include <sys/shm.h>
4   int msgctl(int msgid, int command, struct msgid_ds * buf);
```

参数 msgid 为消息队列标识符;参数 command 为指令,指示要对消息队列进行的操作;参数 buf 可以用来修改消息队列模式和访问权限。其中 command 的取值如下:IPC_STAT 表示将消息队列的 msgid_id 结构存储在 buf 中;IPC_SET 表示把消息队列的 msgid_id 结构设置为 buf 中存储的值;IPC_RMID 表示删除消息队列。

函数 msgctl() 调用成功返回 0,失败则返回-1。

6.5.3 消息队列程序示例

【例 6.12】 使用消息队列相关函数进行两个进程的相互通信,接收者程序(receive.c)从消息队列中接收消息,发送者程序(send.c)发送消息到消息队列。允许两个程序创建消息队列,但只有接收者在接收完最后一个消息后才可以删除消息队列。

下面是接收者的实现代码。

```
1   /*   ch6_12 receive.c  /
2   #include <stdlib.h>
3   #include <stdio.h>
4   #include <string.h>
5   #include <errno.h>
6   #include <unistd.h>
```

```c
 7   #include <sys/types.h>
 8   #include <sys/ipc.h>
 9   #include <sys/msg.h>
10   struct my_msg
11   {
12       long int my_msg_type;
13       char some_text[BUFSIZ];
14   };
15
16   int main()
17   {
18       int running=1;
19       int msgid;
20       struct my_msg some_data;
21       long int msg_to_receive=0;
22       msgid=msgget((key_t)1234, 0666 | IPC_CREAT);
23       if (msgid == -1)
24       {
25           fprintf(stderr, "msgget failed with error: %d\n", errno);
26           exit(EXIT_FAILURE);
27       }
28       while(running)
29       {
30           if (msgrcv(msgid, (void *)&some_data, BUFSIZ, msg_to_receive, 0) == -1)
31           {
32               fprintf(stderr, "msgrcv failed with error: %d\n", errno);
33               exit(EXIT_FAILURE);
34           }
35           printf("You wrote: %s", some_data.some_text);
36           if (strncmp(some_data.some_text, "end", 3) == 0)
37               running=0;
38       }
39       if (msgctl(msgid, IPC_RMID, 0) == -1)
40       {
41           fprintf(stderr, "msgctl(IPC_RMID) failed\n");
42           exit(EXIT_FAILURE);
43       }
44       exit(EXIT_SUCCESS);
45   }
```

接收进程使用 my_msg 结构类型变量 some_data 保存消息队列的消息,使用 msgget( )函数创建键值为 1234 的消息队列,当消息队列创建失败时会打印提示信息并退出程序。变量 running 初始值为 1,在 while 循环中,通过 msgrcv( )函数不断从消息队列中读取消息到 some_data 结构体中并打印出来。每次读到消息后匹配是否为 end,如果为 end,则将 running 置为 0,程序退出循环,删除消息队列并结束。

下面是发送者的实现代码。

```
1   /*   ch6_12 send.c /
2   #include <stdlib.h>
3   #include <stdio.h>
4   #include <string.h>
5   #include <errno.h>
6   #include <unistd.h>
7   #include <sys/types.h>
8   #include <sys/ipc.h>
9   #include <sys/msg.h>
10  #define MAX_TEXT 512
11
12  struct my_msg
13  {
14      long int my_msg_type;
15      char some_text[MAX_TEXT];
16  };
17  int main()
18  {
19      int running=1;
20      struct my_msg some_data;
21      int msgid;
22      char buffer[BUFSIZ];
23
24      msgid=msgget((key_t)1234, 0666 | IPC_CREAT);
25      if (msgid == -1)
26      {
27          fprintf(stderr, "msgget failed with error: %d\n", errno);
28          exit(EXIT_FAILURE);
29      }
30
31      while(running)
32      {
```

```
33          printf("Enter some text: ");
34          fgets(buffer, BUFSIZ, stdin);
35          some_data.my_msg_type=1;
36          strcpy(some_data.some_text, buffer);
37
38          if (msgsnd(msgid, (void *)&some_data, MAX_TEXT, 0) == -1)
39          {
40              fprintf(stderr, "msgsnd failed\n");
41              exit(EXIT_FAILURE);
42          }
43          if (strncmp(buffer, "end", 3) == 0)
44          {
45              running=0;
46          }
47      }
48
49      exit(EXIT_SUCCESS);
50  }
```

　　发送者进程使用 my_msg 结构类型变量 some_data 保存将要放入消息队列中的消息,获取到键值为 1234 的消息队列后将进入循环,在循环体中进程一直读取标准输入流的数据并复制到 my_msg 类型结构体变量 some_data 的成员 some_text 中,之后使用 msgsnd( )函数将消息发送到消息队列中。如果读取到的输入流的数据为 end,将在执行完上述操作后退出循环和程序。

　　图 6.14 所示为消息队列程序的运行效果。

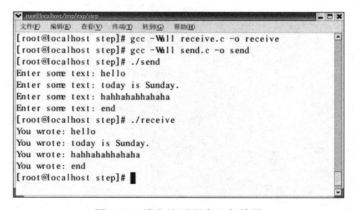

图 6.14　消息队列程序运行效果

第7章 嵌入式 Linux 内核驱动程序设计

在嵌入式系统中,由于系统需求不同,软硬件设计方法也各有不同,软硬件模块均可根据需求进行裁剪,这与 PC 系统存在很大差异。每一种系统硬件模块都必须通过软件控制才能发挥作用。嵌入式系统的软件一般采用分层结构设计,处于最底层的是驱动程序层,该层软件只负责提供控制硬件以及读取硬件工作状态的方法,并不直接体现用户功能需求;在驱动程序层之上的是应用程序层,应用程序的功能由需求决定,并为用户提供人机界面和操作接口。这种设计方式的好处是避免硬件控制程序和业务逻辑程序相混淆,降低嵌入式工程师的软件开发工作量,并且当业务逻辑有所更改时,不需要对驱动程序层做大幅改动,系统结构清晰,便于调试和维护。本章主要介绍基于嵌入式 Linux 的驱动程序设计方法。

源代码:
第 7 章源代码

7.1　Linux 内核模块

在 Linux 系统中,驱动程序是以内核模块形式体现的,模块是驱动程序的载体,因此介绍驱动程序设计方法之前,先介绍内核模块的设计方法。在嵌入式设备中,2.4 和 2.6 版本的 Linux 内核应用最为广泛,两者略有差别,而 2.6 版本及之后的驱动程序基本类似,因此本节内容主要基于 Linux 2.4 和 Linux 2.6 内核,采用的 Linux 发行版分别是 Red Hat Linux 9 和 Ubuntu 10。

7.1.1　Linux 内核模块概述

在介绍内核模块之前,需要先了解一下操作系统内核的类型。按照内核的体积和功能的不同,操作系统内核可以分为两种:微内核(micro kernel)与单内核(monolithic kernel)。

顾名思义,采用微内核的操作系统的内核体积很小,包含的功能也很少,只负责进行内存管理、进程调度、进程通信、中断等工作,而把传统操作系统内核的其他功能模块,如设备驱动、文件系统、网络协议等作为服务器运行于内核之上。每个功能模块都体现为一个单独的进程,它们通过内核转发消息进行联系,因此微内核更像是一个消息转发站。这种内核结构有利于降低内核各功能模块之间的耦合性,使得在不影响系统其他部分工作的前提下,用更高效的实现代替现有的功能模块的工作更加容易,同时具有更好的可扩展性。但是,不同功能模块之间的消息传递需要一定的开销,这势必会影响系统运行的效率。采用微内核的操作系统有 Mach、QNX、minix、Windows NT 等。

单内核操作系统采用了内核单一化设计,内核是一个单独的二进制映像,包含操作系统内核的各个组成部分,其模块间的通信是通过直接调用其他模块中的函数实现的,而不是消息传递。单内核又称作单一内核、大内核、宏内核(macro kernel)等。单内核运行时避免了频繁的消息传递,因此执行效率较高,但是从软件工程的角度来说,所有功能模块结合在一起作为一个进程运行,导致内核难以维护和增加新的功能。典型的单内核操作系统有 Multics、UNIX、Linux、MS-DOS、OS/360 等系统。

微内核和单内核各有优缺点,在 Linux 诞生之初,由于内核结构还曾经引起了 Tanenbaum 与 Linus Torvald 的一场论战。时至今日,Linux 已经被移植到了各种平台,早已证明了它蓬勃的生命力。

Linux 采用单内核结构,同时支持模块特性。模块的全称为动态可加载内核模块(loadable kernel module),是一种目标对象文件,一般由一组函数或数据结构组成,运行于内核空间,不能被交换出内存。模块没有经过链接,不能独立运行,但是其代码可以在运行时链接到系统中作为内核的一部分运行,动态扩充内核的功能,也可以从内核中卸载。模块一旦被插入内核,就获得和内核同等的地位,代码与内核代码完全等价。采用模块机制之后,更改内核特性时不再需要重新编译内核,可以把内核编译得很小,只包括一些最常用的功能,而把大部分功能作为模块编译,需要时再动态插入内核,利用模块来实现系统的可扩展性,使得内核结构更加紧凑、灵活,这就是

Linux 内核模块的重要作用。

但是,操作系统采用内核模式也有一些不足。模块装入内核之后即作为内核的一部分运行,获得和内核完全等同的权限,可以访问内核的任意部分,如果模块出了问题,可能会影响到整个操作系统的稳定性,严重时甚至导致内核的崩溃。内核中维护了一张符号表,包含内核中所有全局变量和函数的地址,当模块插入内核时,会把自身的全局变量和函数插入内核符号表中,当模块卸载时,需要把相应的标识符从内核符号表中删除,这些都会产生系统运行开销。某些需要插入内核中的模块,其运行可能依赖于早先插入的模块,因此内核还需要维护模块之间的依赖关系,这也会造成一定的开销。可以用模块机制来实现文件系统、驱动程序等功能,但是操作系统最基础、最核心的部分不能使用模块机制,如进程调度、内存管理等功能。

Linux 系统一般都包含对内核操作的实用工具软件,例如,modutils 就是管理内核模块的一个实用工具集,主要包括以下几个程序。

① insmod:用来把编译好的模块插入内核中。insmod 运行时会自动调用模块中的 init_module()函数。只有超级用户才有使用 insmod 的权限。

② rmmod:用来卸载插入内核中的模块。rmmod 运行时会自动调用模块中的 cleanup_module()函数。只有超级用户才有使用 rmmod 的权限。

③ lsmod:用来显示当前系统中所有正在运行的模块的信息,这个程序实际读取并显示文件/proc/modules 中的信息。一般用户可以使用 lsmod 命令。

④ ksyms:用来显示内核符号和模块符号表的信息。

⑤ depmod:处理可加载内核模块的依赖关系。depmod 会检查模块之间的依赖性,然后把依赖关系写入文件 modules.dep。

⑥ modprobe:根据模块之间的依赖关系自动插入所需模块。modprobe 根据 depmod 分析得到的依赖关系,调用 insmod 完成模块的自动装载。

7.1.2 Linux 内核模块实例

1. Linux 2.4 内核模块实例

下面介绍 Linux 2.4 内核模块的编写方式。首先来看一个简单的例子。

【例 7.1】 最简单的模块的编写方法。

```
1   /*   ch7_1.c   */
2   #define MODULE
3   #include <linux/module.h>
4   int init_module(void)
5   {
6       printk("<1>hello world! \n");
7       return 0;
8   }
9   void cleanup_module(void)
10  {
```

```
11        printk("<1>good bye! \n");
12    }
```

例 7.1 的第 2 行定义了宏 MODULE,它虽然在程序中没有显式使用,但是相当于一个开关,在第 3 行包含的头文件 linux/module.h 中,会根据这个宏是否曾经定义过来执行某些操作,形式如下:

```
1    #ifdef MODULE
2    …
3    #else
4    …
5    #endif
```

因此,宏 MODULE 必须置于头文件包含语句"#include <linux/module.h>"之前。头文件 linux/module.h 是每一个模块程序都必须包含的,其中定义了模块程序需要的数据结构及版本控制特性。

init_module()函数是模块的必要组成部分,负责向内核注册模块提供新功能,当使用 insmod 命令插入模块时,init_module()函数会被调用。与此类似,cleanup_module()函数也是必不可少的,每当模块被卸载时该函数就会被自动调用,负责通知内核当前模块已经被卸载。

printk()是内核输出函数,功能与常用的 printf()类似,但是不支持浮点数显示。printk()是一个内核函数,实现代码包含在内核中,工作在内核空间,而 printf()函数的实现代码包含在 libc 中,工作在用户空间。内核代码不能使用用户空间的资源,因此模块只能使用 printk()函数。printk()函数可以对显示信息的优先级进行分类,这通过在消息前加一个代表消息优先级的数字或者宏来实现。在头文件<linux/kernel.h>中定义了 8 种消息优先级别,如下所示。

① KERN_EMERG:优先级别最高,表示最紧急的情况,一般代表系统即将崩溃。

② KERN_ALERT:优先级别次高,表示非常紧急的情况,需要立刻采取行动。

③ KERN_CRIT:很紧急,常用于发生了严重的软硬件操作失败的情况。

④ KERN_ERR:用于提示发生了错误,常用在驱动程序中,报告来自硬件的错误。

⑤ KERN_WARNING:警告级别,代表可能发生了错误,但是这类错误通常不会有很严重的后果。

⑥ KERN_NOTICE:告知级别,表示目前系统出现了什么情况,但属于正常情况。

⑦ KERN_INFO:提示性信息。

⑧ KERN_DEBUG:调试信息,级别最低。

每个宏被展开后都表现为一个尖括号中的整数值,范围为 0~7,数字越小代表优先级别越高。

如果不设置优先级别,printk()函数的默认优先级由宏 DEFAULT_MESSAGE_LOGLEVEL 确定,这个宏在文件 kernel/printk.c 中定义。如果 printk()中的消息级别小于变量 console_loglevel 的值,内核会把消息输出到控制台。console_loglevel 的初始值为 DEFAULT_CONSOLE_

LOGLEVEL,这个值可以通过 sys_syslog 系统调用来修改。

例 7.1 的代码编写完成之后,以 root 身份登录 Red Hat Linux 9,在 X Window 中启动一个终端,依次输入以下命令:

```
1  #gcc -c ch7_1.c -o hello.o
2  #insmod hello.o
```

执行命令后,发现并没有成功地把模块插入内核,系统提示模块的版本号与内核版本的修订号不兼容:hello.o: kernel-module version mismatch hello.o was compiled for kernel version 2.4.20 while this kernel is version 2.4.20-8。

解决办法有两种,可任选其一。

① 编译时添加头文件路径:-I/usr/src/linux-2.4.20-8/include。

② 把/usr/include/linux/version.h 文件的第一行改为 2.4.20-8。

再次插入内核,发现仍旧有警告信息提示:Warning: loading hello.o will taint the kernel: no license See http://www.tux.org/lkml/#export-tainted for information about tainted modules。从 2.4 版本开始,Linux 内核引入了一种代码识别机制,如果源代码不遵守 GPL 许可证,系统就会发出警告。可以通过宏 MODULE_LICENSE( )设定源代码遵从 GPL 许可证,从而取消警告。修改后的代码如下所示。

【例 7.2】 增加相关宏表示遵守 GPL 许可证。

```
1   /*   ch7_2.c   */
2   #define MODULE
3   #include <linux/module.h>
4   int init_module(void)
5   {
6       MODULE_LICENSE("GPL");
7       printk("<1>hello world!\n");
8       return 0;
9   }
10  void cleanup_module(void)
11  {
12      printk("<1>good bye!\n");
13  }
```

重新编译模块,并使用 insmod 命令插入模块,发现不再有警告信息,但是字符串"hello world!"并没有显示。从前面的分析中得知,可能是 printk( )函数中使用的消息优先级不够。重新修改优先级为<0>,再次编译、插入模块,发现信息可以正常显示。

回到控制台,设置 printk( )函数的消息优先级为<1>,编译并插入模块,发现信息可以正确显示。这是因为在 X Window 的终端运行 insmod 和 rmmod 命令时,只要 printk( )的消息级别不是<0>,那么信息只会输出到系统日志文件中。要想显示这些信息,必须在控制台运行插入模块命令。实际上,根据控制台的默认优先级,在控制台插入模块时,printk( )函数的消息优先级在<0>~<5>之间都可以正常显示。

从 Linux 2.4 内核开始,可以为模块的"初始化"和"清理"函数任意命名,而不必限定为 init_module 或 cleanup_module。定义在文件 linux/init.h 中的宏 module_init( )和 module_exit( )可以帮助完成这个功能,但是这两个宏必须在函数之后定义。下面是一个例子。

【例 7.3】 使用不同的函数名。

```
1   /*   ch7_3.c   */
2   #define MODULE
3   #include <linux/module.h>
4   #include <linux/kernel.h>
5   #include <linux/init.h>
6   static int __init myinit(void)
7   {
8       MODULE_LICENSE("GPL");
9       printk("<0>hello world!\n");
10      return 0;
11  }
12  static void __exit myexit(void)
13  {
14      printk ("<0>good bye!\n");
15  }
16  module_init(myinit);
17  module_exit(myexit);
```

例 7.3 中使用了自定义的函数名 myinit 和 myexit,然后使用宏来注册这两个函数。2.2 版本之后的内核还有一个新特性,就是宏__init 和__exit 的使用。如果模块是被编译进内核,而不是动态加载的,宏__init 会在初始化完成之后丢弃"初始化"函数,从而节省内存空间;宏__exit 将直接忽略"清理"函数,因为编译进内核的模块是不需要进行清理的。

【例 7.4】 对上述模块做进一步修改。

```
1   /*   ch7_4.c   */
2   #define MODULE
3   #include <linux/module.h>
4   #include <linux/kernel.h>
5   #include <linux/init.h>
6   #define DRIVER_AUTHOR "DUT"
7   #define DRIVER_DESC "a example of module!"
8   #define DRIVER_DEV "virtue device!"
9   static int __init hello_init(void)
```

```
10    {
11        MODULE_LICENSE("GPL");
12        printk("<0>hello world!\n");
13        return 0;
14    }
15    static void __exit hello_exit(void)
16    {
17        printk ("<0>good bye!\n");
18    }
19    module_init(hello_init);
20    module_exit(hello_exit);
21    MODULE_AUTHOR(DRIVER_AUTHOR);
22    MODULE_DESCRIPTION(DRIVER_DESC);
23    MODULE_SUPPORTED_DEVICE(DRIVER_DEV);
```

可以在代码中加入一些宏来描述模块文件的属性,这些宏在 linux/module.h 中定义。宏 MODULE_AUTHOR( )用来声明作者信息,宏 MODULE_DESCRIPTION( )用来声明模块的描述信息,宏 MODULE_SUPPORTED_DEVICE( )用来声明模块支持的设备。

可以编写一个 Makefile 文件来编译模块。仍旧以前述的 hello 模块为例,文件内容如下:

```
1    #Makefile
2    CC=gcc
3    MODCFLAGS:=-Wall-DMODULE-D__KERNEL__-DLINUX
4    MODCFLAGS +=-I /usr/src/linux-2.4.20-8/include
5    hello.o : hello.c /usr/include/linux/version.h
6        $(CC) $(MODCFLAGS)-c hello.c
```

为了保护某些内核空间的数据结构,使其不被暴露给用户空间的程序,经常要使用下面的结构:

```
1    #indef __KERNEL__
2    …
3    #endif
```

Makefile 文件中定义了 __KERNEL__ 选项,能够起到开关的作用。

2. Linux 2.6 内核模块实例

下面介绍 Linux 2.6 内核模块的编写方式,并对比 Linux 2.4 内核的模块进行分析。

与 2.4 版本内核相比,2.6 版本内核在可扩展性、吞吐率等方面有较大提升,而且 2.6 版本内核把 uCLinux 的大部分功能并入主流内核功能中,扩展了对多种嵌入式平台的支持,其新特性主要包括以下内容。

① 使用了全新的调度器算法,优化了调度机制。

248

② 显著改善了虚拟内存的性能。

③ 支持更多的文件系统。

④ 引进了内存池技术。内存池其实相当于后备高速缓存,可在紧急状态下使用。

⑤ 支持更多的系统设备,相比于 2.4 版本内核所支持每一类设备的最大数量为 256,2.6 版本内核中取消了这种限制,最多可以支持 4 095 种设备类型,且每个单独类型支持超过 100 万个子设备。

⑥ 支持反向映射机制,极大提高了页面回收速度。

在模块方面,2.6 版本内核使用新的入口和出口函数,需要用宏 module_init( )和 module_exit( )声明。2.6 版本内核中的许可协议已经改变,不再使用 2.4 版本内核中的 GPL,而使用 Dual BSD/GPL,否则会有警告提示。模块参数必须显式包含头文件<linux/moduleparam.h>,而不是旧版本的 MODULE_PARM( )和 MODULE_OARM_DESC( )。新增模块别名 MODULE_ALIAS("alias-name"),而旧版本是在/etc/modules.conf 中配置。模块计数不再使用 2.4 版本中的 MOD_INC_USE_COUNT 和 MOD_DEC_USE_COUNT,而使用 try_module_get(&module)和 module_put( )。2.4版本内核中的内存分配头文件<linux/malloc.h>不再使用,转而使用<linux/slab.h>。旧版本的 kdev_t 被废除,新版本的 dev_t 被扩展到了 32 位,包括 12 位主设备号和 20 位次设备号。

【例 7.5】 将例 7.2 修改为在 2.6 版本内核中可运行的模块程序。

```
 1  /*  ch7_5.c  */
 2  #define MODULE
 3  #include <linux/module.h>
 4  #include <linux/init.h>
 5  int init_module(void)
 6  {
 7      MODULE_LICENSE("Dual BSD/GPL");
 8      printk("<1>hello world!\n");
 9      return 0;
10  }
11  void cleanup_module(void)
12  {
13      printk("<1>good bye!\n");
14  }
15  module_init(init_module);
16  module_exit(cleanup_module);
```

例 7.3 和例 7.4 等类似程序,修改许可协议后也可在 2.6 版本内核中加载运行。需要注意的是,Linux 2.6 内核的模块扩展名为.ko,以与普通目标文件的扩展名.o 区别。

7.1.3 Linux 内核模块实现机制

内核模块与 Linux 程序有很多不同。前者入口为 init_module( )函数或由宏 module_init 指定的函数,出口为 cleanup_module( )函数或者由宏 module_exit 指定的函数,后者入口为 main( )函数,没有出口,或者以 atexit( )函数登记的函数作为出口;前者编译需要使用-DMODULE 选项,或在代码中添加宏 MODULE,后者不需要参数;前者通过 insmod 链接入内核运行,后者可以直接运行;前者属于内核代码,使用 kdb、kgdb、kdbug 等工具调试,后者使用 gdb 调试;前者一旦出错,对系统可能有毁灭性影响,而后者对系统影响很小。

　　Linux 支持模块堆叠技术,即后续模块可以使用先前插入内核的模块的资源,体现了模块之间的依赖关系。为此,每个模块都维护了一个称作模块引用计数器(reference counter)的数据结构,用来对使用到当前模块的程序进行计数。每当有新的程序使用到某模块时,它的计数器就执行加 1 操作;当某程序使用完当前模块时,计数器减 1,当计数器减为 0 时,代表没有任何一个程序依赖于当前模块,此时当前模块可以顺利从内核中卸载。

　　linux/module.h 文件中定义了内核模块的数据结构 struct module,具体定义如下:

```
1   struct module
2   {
3       unsigned long size_of_struct;
4       struct module * next;
5       const char * name;              /* 模块的名称 */
6       unsigned long size;             /* 模块使用空间的大小 */
7       union
8       {
9           long pad;                   /* 模块引用计数器 */
10      } uc;
11      unsigned long flags;            /* 模块状态标志 */
12      unsigned nsyms;                 /* 该模块定义的符号的数目 */
13      unsigned ndeps;                 /* 被该模块引用的模块链表中节点的数目 */
14
15      struct module_symbol * syms;    /* 指向该模块符号表的指针 */
16      struct module_ref * deps;       /* 指向被该模块引用的模块组成的链表 */
17      struct module_ref * refs;       /* 依赖该模块的模块的链表 */
18      int (* init)(void);             /* 指向模块中 init_module()函数的指针 */
19      void (* cleanup)(void);         /* 指向模块中 cleanup_module()函数的指针 */
20      /* 中断向量表起始地址 */
21      const struct exception_table_entry * ex_table_start;
22      /* 中断向量表终止地址 */
23      const struct exception_table_entry * ex_table_end;
24  #ifdef __alpha__
25      unsigned long gp;
26  #endif
27      /* Members past this point are extensions to the basic
```

```
28      module support and are optional.  Use mod_member_present()
29      to examine them. */
30   const struct module_persist *persist_start;   /* 维护一些模块相关的数据 */
31   const struct module_persist *persist_end;
32   int (*can_unload)(void);
33   int runsize;
34   const char *kallsyms_start;        /* 内核符号表起始地址   */
35   const char *kallsyms_end;          /* 内核符号表终止地址 */
36   const char *archdata_start;        /* 模块的体系结构相关的数据的起始地址 */
37   const char *archdata_end;          /* 模块的体系结构相关的数据的终止地址 */
38   const char *kernel_data;           /* 为内核内部使用而保留的指针 */
39 };
```

kernel/module.c 文件中定义了模块的具体实现,包括创建模块、初始化模块、卸载模块等函数。

（1）创建模块

每当插入一个新模块时,需要运行系统调用 sys_create_module(const char * name_user, size_t size)来创建模块。具体过程为首先检查当前用户是否有插入模块的权限,然后检查模块的入口参数是否合法,接下来查找模块链表,如果系统目前已经有同名模块在运行,那么模块插入失败,并给出失败提示;如果没有同名模块,那么在内核中为模块分配存储空间,以便复制模块。此外还需要初始化 module 结构的部分域,最后把模块结构插入模块链表中,完成模块的创建过程。

（2）初始化模块

系统调用 sys_init_module(const char * name_user, struct module * mod_user)完成在内核空间初始化模块的过程。具体过程为首先在内核空间的 module_list 链表中找到相应的模块,判断内核是否为 module 留出足够的空间,如果已经分配了足够的空间,需要把模块代码从用户空间复制到内核空间。接下来遍历 module 的 deps 链表,检查是否已经把 module 依赖的所有模块都加载。再次遍历 module 的 deps 链表,找到每一个依赖模块,修改依赖模块的 ref 指针为本模块。由于每个模块都有一个计数器变量 uc.usecont,因此要先初始化这个变量。最后还需要给 struct module 结构的每一个成员赋值,设置 flags 标志字。

（3）卸载模块

系统调用 sys_delete_module(const char * name_user)负责把模块从内核中卸载。具体过程为首先判断入口参数,如果链表中有这个模块,则准备删除这个模块;如果入口为 NULL,则扫描链表,准备删除所有没用到的模块。找到待删除模块后,判断其 ref 指针,如为空则继续判断 flags 变量,以决定模块是否可以删除。如果可以删除,调用 free_module() 函数删除相应模块,此函数会调用模块中定义的退出函数 cleanup_module()。

当使用 insmod 命令插入模块时,系统从命令行读入要链接的模块名,确定模块代码所在文件的位置,通常为 lib/modules 的某个子目录;然后计算存放模块代码、模块名和 module 结构所需内存空间的大小,执行函数 sys_create_module(),传递新模块的名称和大小;获得所有已链接模块的模块名,获得所有的内核符号表和已链接模块符号表,重定位模块文件中包含的文件对象的代码;在用户空间分配内存,把 module 结构、模块名、模块代码复制到这个空间中,其中 init 和 cleanup 域指向相应的函数;调用 sys_init_module(),传递前述用户态内存地址,释放用户态内存地址,完成 insmod 全过程。

当使用 rmmod 命令卸载模块时,需要找到内核模块链表,分析内核模块链表中各模块的依赖关系,向 sys_delete_module() 函数传递模块名,卸载相应模块。

7.2　Linux 驱动程序工作原理

7.2.1　设备驱动程序概述

计算机系统是一个软硬件结合的综合体,每一个程序的执行都是软硬件协同工作的结果。应用程序执行时要得到各种硬件的支持,但是不同硬件的特性千差万别,如果单纯依靠应用程序操作各类硬件,一方面增加了编程的难度,另一方面会使程序员不能把精力集中于解决问题,同时也会导致大量关于硬件编程的重复劳动。操作系统软件在计算机系统中位于底层硬件和上层软件之间,起到承上启下的作用,对下负责管理各种硬件,对上负责为应用程序提供统一的硬件接口,使程序员可以摆脱硬件的束缚,专注于解决问题。

下面介绍设备号、设备文件以及设备驱动程序的概念。

1. 设备号

在 Linux 系统中,内核为设备维护了一对编号,称为主设备号(major number)和次设备号(minor number)。主设备号代表了设备的类型,决定使用何种设备驱动程序;次设备号代表某类型设备的第几个实例。不同的设备具有不同的主设备号,相同的设备具有相同的主设备号和不同的次设备号。在 2.4 版本内核中,主设备号和次设备号各为 8 位二进制数;在 2.6 版本内核中,主设备号为 12 位,次设备号为 20 位。

常用的 Linux 设备都有各自约定俗成的主设备号,例如,软盘驱动器的设备号是 2,硬盘的设备号是 3,并口的设备号是 6,小型计算机系统接口(small computer standard interface,SCSI)的 CD-ROM 的设备号是 11,声卡的设备号是 14,游戏杆的设备号是 15,等等。在文件 linux-2.6.32.2/include/linux/major.h 中可以找到各种设备号的定义。

在文件/usr/include/linux/kdev_t.h 中定义了以下三个宏,专门负责设备号操作。

① MKDEV():可以把主、次设备号合成一个变量 dev。

② MAJOR():可由 dev 获取主设备号。

③ MINOR():可由 dev 获取次设备号。

在这三个宏的帮助下,可以简化程序的设计。

2. 设备文件

在 Linux 内核中,虽然采用主、次设备号可以唯一标识一个设备,但是不能要求用户记住系统的每一个设备号,对于用户来说,采用主、次设备号的方式来表示设备是不现实的。为此,Linux 系统又把每一个设备虚拟为一个文件,称为设备文件,使不同的硬件设备在设备文件这个层次达到了统一,用户可以像访问普通文件一样,通过设备文件来访问设备。实际上,在 Linux 系统中,所有实体都被看作文件,如硬件设备、目录、管道以及内存的一些数据结构等。上层应用可以采用一组统一的文件访问接口来访问各种实体,简化了程序的设计,而由设备文件到具体设备的映射则是驱动程序的任务。设备文件存在于/dev 目录中,文件名一般由两部分组成:设备类型和设备序号。例如,hda 代表系统的第一块 IDE(integrated device electronics)硬盘,hdb 代表系统的第二块 IDE 硬盘,sdb 则代表系统的第二块 SCSI 硬盘。进一步地,hda1 代表系统第一块 IDE 硬盘的第一个分区,以此类推。图 7.1 所示是 Red Hat Linux 9 中的设备文件。

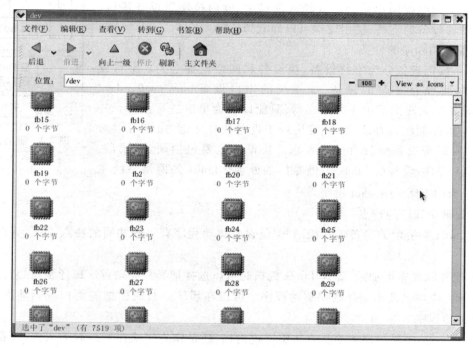

图 7.1　Red Hat Linux 9 中的设备文件

3. 设备驱动程序

在 Linux 环境中,操作系统必须向设备提供操作指令,还需要处理来自设备的中断请求,并且为程序提供设备的访问接口。为此,操作系统一般提供设备驱动程序来专门完成对特定硬件的控制。设备驱动程序又称为驱动程序,在不引起歧义时可以简称为驱动,是处理或操作硬件控制器的软件。从本质上讲,它们是内核中具有高特权级的、驻留内存的、可共享的底层硬件处理程序。驱动程序由一组函数和数据结构组成,封装了控制的细节,通过一个确定的接口提供一组操作,应用程序可通过这组操作来直接调用驱动程序,达到控制硬件的目的。

在 Linux 系统中,每个硬件设备必须有驱动程序的支持才能正常工作。驱动程序是内核的一部分,不同的应用程序可以共享这些驱动程序。当用户访问代表某个硬件的设备文件时,实际是由对应的驱动程序解析用户的意图,操控硬件,并把硬件的响应反馈给用户。因此,驱动程序的作用就是在设备文件和硬件之间架起一座联系的桥梁,帮助用户访问硬件。

图 7.2 说明了驱动程序在计算机系统中的地位。终端用户运行的应用程序通过设备文件来访问硬件,驱动程序通过统一的接口把用户的访问翻译成对硬件的具体操作,实现用户对硬件的控制。

4. 设备驱动程序的运行方式

Linux 系统的驱动程序有两种运行方式:一种是把驱动程序编译为内核的一部分,系统启动时,驱动程序即向内核注册自身,作为内核的一部分直接运行;另一种是把驱动程序编译为模块形式,脱离内核,只在需要时才把驱动程序按照模块的形式插入内核中,向内核注册设备接口,以提供对硬件设备的支持,使用完毕可以卸载掉。

5. 设备驱动程序的分类

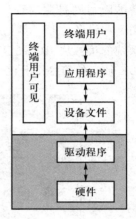

图 7.2　驱动程序

Linux 系统把设备分为字符设备、块设备和网络设备三类。字符设备是指存取时没有缓存的设备,如系统的串口设备/dev/cua0、/dev/cua1。块设备的读写则都由缓存来支持,只能以块为单位进行读写。并且块设备必须能够随机存取,即不管块处于设备的什么地方,都可以对它进行读写,字符设备则没有这个要求。块设备主要包括硬盘、软盘、CD-ROM 等。网络设备在 Linux 中做专门的处理。Linux 的网络系统主要是基于 BSD UNIX 的 socket 机制。

6. 设备驱动程序的特点

虽然 Linux 系统中的设备各不相同,但是设备驱动程序有一些共同的特点,主要有以下几个方面。

① 可配置和动态可加载:编译 Linux 内核时可以选择把哪些驱动程序编译至核心,把哪些驱动程序编译为模块以及不编译哪些驱动程序。可以在系统运行时根据需要加载驱动程序,不需要时卸载驱动程序。

② 核心代码:驱动程序无论是直接编译进内核,还是作为模块在运行时插入内核,都体现为核心代码的一部分。驱动程序设计不当将会导致灾难性错误,使系统受到严重损伤,甚至破坏文件系统,导致数据丢失。

③ 核心接口:驱动程序必须为系统核心提供一个标准接口。

④ 核心机制:驱动程序与模块一样,运行于核心态,可以使用系统核心的一切资源。

7.2.2　设备驱动程序接口

驱动程序由一些重要的数据结构和函数组成,包括内核文件结构、file_operations 结构、内核 i 节点结构、驱动程序注册和取消函数、内核空间和用户空间的数据复制函数等。

1. 内核文件结构

Linux 中,所有文件都由 struct file 结构来表示,内核文件也不例外。file 结构代表一个打开的文件,由 open( )系统调用负责创建,由 close( )系统调用负责撤销。struct file 定义在文件 linux-2.6.32.2/include/linux/fs.h 中,其主要成员如下:

```
1   struct file
2   {
3       ...
4       struct dentry * f_dentry;
5       struct file_operations * f_op;
6       mode_t f_mode;
7       loff_t f_pos;
8       void * private_data;
9       ...
10  }
```

f_dentry 是虚拟文件系统中文件管理的结构指针,记录了关于文件管理的信息。f_op 是 file_operations 结构类型的指针,提供了所有操作函数的接口,内核打开文件时对这个指针赋值,需要进行文件操作时,根据指针 f_op 找到其成员指向的各个函数。f_mode 是文件的读、写、执行等权限;f_pos 是 64 位的文件指针;private_data 是一个无类型指针,没有明确的用途,驱动程序可以把这个指针应用于各种目的,这是 struct file 提供的一个额外的功能,如不需要使用,可以忽略该成员。

2. file_operations 结构

file_operations 结构在文件 linux/fs.h 中定义,是驱动程序最重要的组成部分,它的成员是一系列函数指针,驱动程序设计人员最主要的工作就是设计每个函数指针对应的函数实现。file_operations 结构的定义如下:

```
1   struct file_operations {
2       struct module * owner;
3       loff_t ( * llseek) (struct file *, loff_t, int);
4       ssize_t ( * read) (struct file *, char __user *, size_t, loff_t *);
5       ssize_t ( * write) (struct file *, const char __user *, size_t, loff_t *);
6       ssize_t ( * aio_read) (struct kiocb *, const struct iovec *, unsigned
7                             long, loff_t);
8       ssize_t ( * aio_write) (struct kiocb *, const struct iovec *, unsigned
9                              long, loff_t);
10      int ( * readdir) (struct file *, void *, filldir_t);
11      unsigned int ( * poll) (struct file *, struct poll_table_struct *);
12      int ( * ioctl) (struct inode *, struct file *, unsigned int, unsigned
13                      long);
14      long ( * unlocked_ioctl) (struct file *, unsigned int, unsigned long);
```

```
15      long (*compat_ioctl) (struct file *, unsigned int, unsigned long);
16      int (*mmap) (struct file *, struct vm_area_struct *);
17      int (*open) (struct inode *, struct file *);
18      int (*flush) (struct file *, fl_owner_t id);
19      int (*release) (struct inode *, struct file *);
20      int (*fsync) (struct file *, struct dentry *, int datasync);
21      int (*aio_fsync) (struct kiocb *, int datasync);
22      int (*fasync) (int, struct file *, int);
23      int (*lock) (struct file *, int, struct file_lock *);
24      ssize_t (*sendpage) (struct file *, struct page *, int, size_t, loff_t *,
25                           int);
26      unsigned long (*get_unmapped_area)(struct file *, unsigned long, unsigned
27                                    long, unsigned long, unsigned long);
28      int (*check_flags)(int);
29      int (*flock) (struct file *, int, struct file_lock *);
30      ssize_t (*splice_write)(struct pipe_inode_info *, struct file *, loff_t
31                           *, size_t, unsigned int);
32      ssize_t (*splice_read)(struct file *, loff_t *, struct pipe_inode_info
33                           *, size_t, unsigned int);
34      int (*setlease)(struct file *, long, struct file_lock * *);
35  };
```

下面介绍 file_operations 结构中的主要成员的含义。llseek 指针指向的函数用来定位文件指针,使用时需要提供一个偏移量作为参数;read 指针指向的函数负责从设备中读取数据,使用时需要提供一块数据缓冲区以及要读取的数据的长度;write 指针指向的函数负责向设备写入信息,使用时需要提供源数据的位置指针以及数据的长度;readdir 指针指向的函数只用于文件系统,不用于设备操作;ioctl 指针指向的函数可以向设备发送控制信息,或从设备读取状态信息;mmap 指针指向的函数负责映射设备内存到进程地址空间,一般块设备会使用这个指针;open 指针指向的函数负责打开设备,并完成初始化工作;release 指针指向的函数负责关闭设备,清除分配给设备的资源;fsync 指针指向的函数负责实现内存与设备的同步。并不是每个驱动程序都必须实现上述所有指针指向的函数定义,设备驱动程序编写者的任务就是决定需要用哪些接口函数操作设备,编写所需函数的代码,然后用定义好的函数创建一个 file_operations 结构的实例。

3. 内核 inode 结构

前面介绍过表示文件结构的 file 数据类型,对于某个确定的文件,file 数据实例可以有多个,代表多个打开的文件,但是它们都指向单一的 inode 结构——内核在内部表示文件的结构类型。inode 结构是文件系统 i 节点数据结构的超集,其中定义了大量的数据结构,其中的两个字段与驱动程序有关。

(1) dev_t i_rdev:该字段包含设备编号(dev_t 在 2.4 版本内核中是 16 位,在 2.6 版本内核中是 32 位）。

（2）struct cdev * i_cdev:cdev 是内核中表示字符设备的结构。当 inode 指向一个字符设备时，该字段包含指向此种结构的指针。

4. 驱动注册和取消注册函数

驱动程序在内核中正常工作的前提是要先向内核注册。下面分别介绍字符设备驱动程序和块设备驱动程序的注册函数。

（1）字符设备

在建立一个字符之前，驱动程序需要先向内核申请一个主设备号，这个设备号可以由申请函数提出，也可以由内核自动给出。完成该工作的函数如下：

```
1  int register_chrdev(unsigned int major, const char * name, struct file_opera-
tions * fops);
```

函数中，参数 major 是设备驱动程序向内核申请的主设备号，如果为 0 则表示请求系统为此驱动程序自动分配一个主设备号；字符串指针 name 指向要注册的设备的名称；file_operations 类型结构指针 fops 指向一个结构，其内容是完成各种文件操作的函数指针，相关内容在本节后面介绍。当 major 为非 0 时，函数返回 0 表示主设备号申请成功；返回-EINVAL 表示申请的主设备号非法；返回-EBUSY 表示所申请的主设备号已经被其他设备驱动程序占用。当 major 为 0 时，表示申请动态分配主设备号成功，则此函数将返回所分配的主设备号。无论何种情况，一旦主设备号申请成功，设备名就会出现在/proc/devices 文件中。

当设备不再使用时，可以取消设备，释放相关主设备号，采用的函数如下：

```
1  int unregister_chrdev(unsigned int major, const char * name);
```

其中，major 为要释放的主设备号，name 指向对应的设备名。系统会根据 major 的值找到对应的设备名，如果与 name 相符，则可以成功取消设备，设备会从/dev 中消失；如果设备名与 name 不同或者主设备号超出所允许的范围，则返回-EINVAL。

（2）块设备

块设备的注册采用 register_blkdev( )函数，各参数的含义同字符设备。函数原型如下：

```
1  int register_blkdev (unsigned int major, const char * name, struct file_opera-
tions * fops);
```

块设备的取消采用 unregister_blkdev( )函数，函数原型如下：

```
1  int unregister_blkdev (unsigned int major, const char * name);
```

5. 数据传送函数

系统调用 read( )和 write( )中一般都要调用下面两个函数，分别用来把数据从用户空间复制到内核空间以及把数据从内核空间复制到用户空间。

```
1   unsigned long copy_from_user(void * to, const void * from, unsigned long n);
2   unsigned long copy_to_user (void * to, void * from, unsigned long len);
```

这两个函数的函数名说明了它们之间的区别,参数的位置有所不同,第一个参数统一代表目的地址,第二个参数是数据复制的源地址,第三个参数是复制的数据的长度。

6. cdev 字符设备结构体

内核中的每个字符设备都对应一个 cdev 结构的变量。在 linux/cdev.h 中有相关定义:

```
1   struct cdev {
2       struct kobject kobj;
3       struct module * owner;                      // 驱动所属模块
4       const struct file_operations * ops;         // 操纵字符设备文件的结构体
5       struct list_head list;                      // 与 cdev 对应的字符设备文件的
6                                                   // inode->i_devices 的链表头
7       dev_t dev;                                  // 起始设备编号
8       unsigned int count;                         // 设备范围号
9   };
```

函数 struct cdev * cdev_alloc(void) 和 void cdev_init(struct cdev * cdev, const struct file_operations * fops) 是 cdev 初始化函数,前者用于动态申请一个 cdev 结构的内存空间,后者用于初始化 cdev 结构的各成员,并建立 cdev 和 file_operations 之间的连接。

函数 int cdev_add(struct cdev * p, dev_t dev, unsigned count)用于向系统添加一个 cdev,完成字符设备的注册。函数 void cdev_del(struct cdev * p)用于从系统中删除一个 cdev 设备,完成注销工作。

7. 设备文件系统操作函数

Linux 2.4 内核中引入了设备文件系统 devfs,devfs 在早期的 2.6 版本内核中还有所使用,它的出现使得设备驱动程序能够自主管理自己的设备文件。相关函数的声明如下:

```
1   devfs_handle_t devfs_mk_dir(devfs_handle_t dir, const char * name, void *
2                                      info);
```

devfs_mk_dir( )函数的作用是创建设备目录节点,其中参数 dir 是要创建目录的父目录句柄,如果为 NULL,则在/dev 中创建目录;name 是目录名称;info 由用户自定义,通常为 NULL。

devfs_register( )函数的作用是注册设备,并在设备目录中建立设备节点,其中参数 dir 是该设备文件所在的目录;name 是设备名称;flags 是按位或的标志;major 是主设备号;minor 是次设备号;mode 是默认的文件模式;ops 是操作设备的结构的指针;info 是用户自定义信息。

```
1   devfs_handle_t devfs_register(devfs_handle_t dir, const char * name, unsigned
2                                      int flags, unsigned int major, unsigned int
3                                      minor, umode_t mode, void * ops, void * info);
```

devfs_unregister( )函数的作用是在卸载设备时删除设备目录和设备节点。

```
1  void devfs_unregister(devfs_handle_t de);
```

8. udev

旧版本的 Linux 内核一般使用静态设备创建方法,会在/dev 中创建大量设备节点,而无论这些设备是否真的存在。从内核版本 2.6.18 开始,Linux 完全移除了 devfs 系统,转而采用 udev 的方式动态创建设备节点,使设备节点与真实存在的设备相对应。udev 是 2.6 版本内核的设备管理器,完全工作在用户态,利用设备加入或移除内核所发生的热插拔事件来进行工作。在热插拔时,设备的详细信息会由内核输入位于/sys 的 sysfs 文件系统。udev 的设备名策略、权限控制和事件处理都是在用户态下完成的,它利用 sysfs 中的信息进行创建设备文件节点的工作。

以内核版本 2.6.26 为例,内核中定义了 struct class 结构体,驱动程序初始化时调用创建函数 class_create( )为设备创建一个 class,创建的 class 存放在/sys/fs/中,然后调用 device_create( )函数创建一个设备文件。这样,在加载设备时,用户空间中的 udev 会自动响应 device_create( )函数,在/sys 中寻找对应的 class,从而创建设备节点。使用函数时需要包含 linux/device.h 头文件。

在 2.6.13 内核版本之前使用的 API 如下。

```
1  class_simple_create():创建 class。
2  class_simple_destroy():销毁 class。
3  class_simple_device_add():创建 device。
4  class_simple_device_destroy():销毁 device。
```

在 2.6.13 内核版本和 2.6.26 内核版本之间的版本使用的 API 如下。

```
1  class_create():创建 class。
2  class_destroy():销毁 class。
3  class_device_create():创建 device。
4  class_device_destroy():销毁 device。
```

在 2.6.26 内核版本之后的新版本中使用的 API 如下。

```
1  class_create():创建 class。
2  class_destroy():销毁 class。
3  device_create():创建 device。
4  device_destroy():销毁 device。
```

7.3 Linux 内核虚拟驱动程序设计实例

【教学课件】
Linux 内核虚拟
驱动程序设计实例

7.3.1 Linux 2.4 内核虚拟驱动程序

在基于嵌入式 Linux 的系统编程中,用驱动程序控制硬件是一项重要工作。硬件的工作模式和工作状态主要由硬件控制器中的控制寄存器和状态寄存器来体现,对硬件的了解,实质上是对这些寄存器的了解。当向控制寄存器中写入控制字时,可以令硬件以用户希望的模式工作;当读取状态寄存器时,用户可了解硬件当前的工作状态。无论是控制寄存器还是状态寄存器,在 Linux 系统中都体现为内核空间的一个存储单元,所以对硬件的控制,实质是对某内核空间存储单元的读写。因此,可以在内核空间定义一个存储单元来模拟硬件寄存器,即创造一个虚拟设备,通过编写虚拟驱动程序来控制这个虚拟设备,这与编写驱动程序控制真实设备本质上并无区别。对于真实设备而言,只需要将该虚拟设备的存储单元替换为若干真实的硬件寄存器,按照数据手册中对寄存器各位的定义,通过驱动程序访问这些位,即可实现对真实硬件设备的控制。

下面的驱动程序虚拟了一个字符设备驱动程序,运行于 Red Hat Linux 9,其功能是在内核空间定义一个数据,然后通过测试程序调用驱动程序来读取及修改这个数据。这个驱动程序的内容虽然很简单,但是已经包含了驱动程序的框架。

【例 7.6】 程序由三部分组成,即驱动程序 driver.c、Makefile 文件和测试程序 test.c。

```
1   /*    ch7_6 驱动程序 driver.c     */
2   #include <linux/module.h>
3   #include <linux/init.h>
4   #include <linux/fs.h>
5   #include <asm/uaccess.h>
6   MODULE_LICENSE("GPL");
7   #define MAJOR_NUM 254
8   #define EFALUT 1
9   static ssize_t my_read(struct file * fp,char * buf,size_t size,loff_t * off);
10  static ssize_t my_write(struct file * fp,const char * buf,size_t size,loff_
11                          t * off);
12  struct file_operations my_ops=
13  {
14      read:my_read,
15      write:my_write,
16  };
17  static int var=0;
18  static int __init my_init(void)
19  {
20      int ret;
21      ret=register_chrdev(MAJOR_NUM,"mydev",&my_ops);
22      if(ret)
23      {
24          printk("device register failed!\n");
25      }
```

```
26        else
27        {
28            printk("device register succeed!\n");
29        }
30        return ret;
31  }
32  static void __exit my_exit(void)
33  {
34        int ret;
35        ret=unregister_chrdev(MAJOR_NUM,"mydev");
36        if(ret)
37        {
38            printk("device unregister failed!\n");
39        }
40        else
41        {
42            printk("device unregister succeed!\n");
43        }
44  }
45  static ssize_t my_read(struct file * fp,char * buf,size_t size,loff_t * off)
46  {
47        if(copy_to_user(buf,&var,sizeof(int)))
48        {
49            return -EFAULT;
50        }
51        return sizeof(int);
52  }
53  static ssize_t my_write(struct file * fp,const char * buf,size_t size,loff_
54                          t * off)
55  {
56        if(copy_from_user(&var,buf,sizeof(int)))
57        {
58            return -EFAULT;
59        }
60        return sizeof(int);
61  }
62  module_init(my_init);
63  module_exit(my_exit);
```

程序的前 2~5 行是需要包含的头文件。第 6 行声明该代码遵守 GPL 许可证。第 7 行虚拟了一个主设备号,这个驱动程序除了可以访问内核空间的数据之外,没有其他功能,不需要申请一个对应到物理设备的实际设备号。驱动程序中只用到了读、写两个函数,所以第 12~16 行只为 file_operations 类型结构变量 my_ops 的 read 和 write 两个指针赋值,第 9、11 行是对应的函数声明。第 17 行声明的变量 var 存在于内核空间,这就是将来在测试程序中要读取并修改的变量。第 18~31 行是重新命名的模块注册函数 my_init( ),其中第 21 行注册了 MAJOR_NUM 代表的设备,设备名为 mydev,同时把结构指针 &my_ops 传递给内核。第 22~29 行是对设备注册成功与否的检测。第 32~44 行是重新命名的模块取消函数,其中利用 unregister_chrdev( ) 函数实现了驱动程序的卸载。在代码的最后两行通过宏对模块注册和取消函数作了说明。第 45~52 行的 my_read( ) 函数负责把信息从内核空间复制到用户空间,实际只使用了函数的前两个参数,含义依次为设备文件文件指针和用户空间的缓冲区首地址 buf。第 47 行的 copy_to_user( ) 函数负责实现数据从内核空间到用户空间的复制,即从内核空间指针 &var 指向的地点复制到用户空间指针 buf 指向的位置,长度为一个整型数据的长度。第 53~61 行的 my_write( ) 函数实现了相反的功能,把数据从用户空间写入内核空间,其中第 56 行的 copy_from_user( ) 函数负责实现数据的复制,即从 buf 指向的用户空间到 &var 指向的内核空间的复制,即向内核进行写操作。

可以采用下面的 Makefile 文件对驱动程序进行编译。

```
1  INCLUDEDIR=/usr/src/linux-2.4/include
2  CC=gcc
3     CFLAG= -D__KERNEL__ -DMODULE -DLINUX -I ${INCLUDEDIR}
4  all:driver.o
5  driver.o:driver.c
6     $(CC) $(CFLAG) -c driver.c
7  clean:
8     rm -f *.o
```

在命令行执行 make 命令之后,用 insmod 命令插入模块,然后需要在/dev 目录中建立一个设备文件,主设备号为 254,次设备号为 0,字母 c 代表字符设备,命令如下:

```
1  #mknod /dev/mydev c 254 0
```

接下来编写测试程序,代码如下所示:

```
1  /*    ch7_6 驱动测试程序 test.c    */
2  #include <sys/types.h>
3  #include <sys/stat.h>
4  #include <stdio.h>
5  #include <fcntl.h>
6  int main()
7  {
8     int fd,num;
```

```
 9       fd=open("/dev/mydev",O_RDWR,S_IRUSR|S_IWUSR);
10       if(fd!=-1)
11       {
12           read(fd,&num,sizeof(int));
13           printf("my read num is %d\n",num);
14           printf("please input a num:");
15           scanf("%d",&num);
16           write(fd,&num,sizeof(int));
17           read(fd,&num,sizeof(int));
18           printf("my read num is %d\n",num);
19           close(fd);
20       }
21       else
22           printf("open device failed!\n");
23       return 0;
24   }
```

在测试程序中,首先打开/dev/mydev 设备,然后从设备文件中读取并显示数据,此时显示值应为 0。接下来通过控制台输入一个新的数据,把它写入设备文件中,再次从设备文件中读取并显示此数据,此时显示值应该是刚写入的新的数值。多次运行测试程序,发现每次读取到的数值都是上一次运行时写入设备文件中的值,说明驱动程序运行正常。

7.3.2 Linux 2.6 内核虚拟驱动程序

本节虚拟一个 Linux 2.6 内核的字符设备驱动程序,仍然通过内核信息访问来介绍驱动程序架构,该驱动程序可以运行于 2.6 内核的 Ubuntu 系统中。

【例 7.7】 程序由 4 部分组成,即驱动程序 sunny.c、sunny.h、Makefile 文件和测试程序 test.c。

```
 1   /*    ch7_7 驱动程序 sunny.c    */
 2   #include <linux/module.h>
 3   #include <linux/kernel.h>
 4   #include <linux/fs.h>
 5   #include <linux/errno.h>
 6   #include <linux/types.h>
 7   #include <linux/fcntl.h>
 8   #include <linux/cdev.h>
 9   #include <linux/version.h>
10   #include <linux/vmalloc.h>
11   #include <linux/ctype.h>
12   #include <linux/pagemap.h>
```

```
13   #include "sunny.h"
14   #define DEVNAME "sunny"
15   MODULE_LICENSE("Dual BSD/GPL");
16   struct sunny_dev * sunny_devices;
17   static unsigned char sunny_inc=0;      //记录被打开的次数
18   static u8 sunnyBuffer[256]="hello world!\n";
19
20   int sunny_open(struct inode * inode, struct file * filp)
21   {
22       struct sunny_dev * dev;
23       if(sunny_inc>0)return -ERESTARTSYS;
24       sunny_inc++;
25       //根据结构体变量中的某个域成员变量指针来获取指向该结构体变量的指针
26       dev=container_of(inode->i_cdev, struct sunny_dev, cdev);
27       filp->private_data=dev;
28       return 0;
29   }
30   int sunny_release(struct inode * inode, struct file * filp)
31   {
32       sunny_inc--;
33       return 0;
34   }
35   ssize_t sunny_read(struct file * filp, char __user * buf, size_t count, loff_t
36                      * f_pos)
37   {
38       if(count>256)
39           return -1;
40       copy_to_user(buf,sunnyBuffer,count);
41       return count;
42   }
43
44   ssize_t sunny_write(struct file * filp, const char __user * buf, size_t count,
                         loff_t * f_pos)
45   {
46       if(count>256)
47           return -1;
48       copy_from_user(sunnyBuffer, buf, count);
49       return count;
50   }
```

```
51
52   struct file_operations sunny_fops={
53       .owner=THIS_MODULE,
54       .read=sunny_read,
55       .write=sunny_write,
56       .open=sunny_open,
57       .release=sunny_release,
58   };
59   int sunny_init_module(void)
60   {
61       dev_t dev=MKDEV(DEMO_MAJOR, DEMO_MINOR);                //合并主、次设备号
62       register_chrdev_region(dev, 1, DEV_NAME);              //注册设备
63       sunny_devices=kmalloc(sizeof(struct sunny_dev), GFP_KERNEL);
64       memset(sunny_devices, 0, sizeof(struct sunny_dev));    //初始化内存
65       cdev_init(&sunny_devices->cdev, &sunny_fops);          //初始化 cdev
66       sunny_devices->cdev.owner=THIS_MODULE;
67       sunny_devices->cdev.ops=&sunny_fops;
68       cdev_add (&sunny_devices->cdev, dev, 1);               //注册设备
69       return 0;
70   }
71   void sunny_cleanup_module(void)
72   {
73       dev_t devno=MKDEV(DEMO_MAJOR, DEMO_MINOR);
74       if (sunny_devices)
75       {
76           cdev_del(&sunny_devices->cdev);                    //释放设备内存
77           kfree(sunny_devices);
78       }
79       unregister_chrdev_region(devno,1);                     //释放设备号
80   }
81   module_init(sunny_init_module);
82   module_exit(sunny_cleanup_module);
83
```

下面是 sunny.h 头文件。

```
1   /*    ch7_7 头文件 sunny.h    */
2   #ifndef _SUNNY_H_
3   #define _SUNNY_H_
4   #include <linux/ioctl.h>
```

```
5   #define DEMO_MAJOR 50
6   #define DEMO_MINOR 0
7   struct sunny_dev
8   {
9       struct cdev cdev;//字符设备结构
10  };
11  ssize_t sunny_read(struct file * filp, char __user * buf, size_t count, loff_t * f_
12                     pos);
13  ssize_t sunny_write(struct file * filp, const char __user * buf, size_t count,
14                     loff_t * f_pos);
15  #endif
```

例 7.7 的驱动程序代码与 2.4 内核驱动程序类似,注册驱动程序使用 register_chrdev_region( )函数,卸载驱动程序使用 unregister_chrdev_region( )函数,但曾经采用 cdev 结构对设备进行管理。

采用下面的 Makefile 文件可以对驱动程序进行编译。

```
1   #ch7_7 makefile
2   #makefile for sunny
3   obj-m:=sunny.o
4   KDIR:=/lib/modules/$(shell uname -r)/build
5   PWD:=$(shell pwd)
6   all:
7       make -C $(KDIR) M=$(PWD) modules
```

接下来编写测试程序,代码如下:

```
1   /*    ch7_7 驱动测试程序 test.c     */
2   #include <sys/types.h>
3   #include <unistd.h>
4   #include <fcntl.h>
5   #include <linux/rtc.h>
6   #include <linux/ioctl.h>
7   #include <stdio.h>
8   #include <stdlib.h>
9   #include <string.h>
10  main()
11  {
12      int fd;
13      char stu[256];
14      char buf[256];
```

```
15        int count;
16        fd=open("/dev/sunny",O_RDWR);
17        if(fd==-1)
18        {
19            perror("error open");
20            exit(-1);
21        }
22        read(fd,buf,256);
23        printf("My read info is: %s\n", buf);
24        printf("Please input your class and name:");
25        scanf("%s", stu);
26        count=strlen(stu)+1;
27        buf[count]='\n';
28        write(fd,stu,count);
29        close(fd);
30    }
```

在控制台编译驱动程序和测试程序,用 insmod 命令插入模块,建立设备文件节点,运行测试程序,观察显示的信息,然后修改该字符串内容并写入内核中,再次运行测试程序,可重现修改过的字符串。操作步骤如下:

```
1    #make
2    #gcc -o test test.c
3    #sudo insmod ./sunny.ko
4    #sudo mknod /dev/sunny c 50 0
5    #./test
```

7.4 ARM9/Linux 2.4 内核驱动程序设计实例

7.4.1 蜂鸣器驱动程序设计实例

本节展示一个运行于 S3C2410/Linux 2.4 内核的蜂鸣器驱动程序实例。S3C2410 芯片的 GPB0 端口连接蜂鸣器。当给 GPB0 端口写低电平时,蜂鸣器鸣响;当给 GPB0 端口写高电平时,蜂鸣器静音。图 7.3 所示为蜂鸣器电路。

【教学课件】
ARM9/Linux 2.4
内核驱动程序
设计实例

设计步骤如下。

1. 编写驱动程序

设计蜂鸣器驱动程序时,首先定义一个 struct unit 结构类型,作为一个蜂鸣器控制单元来控制蜂鸣器。在驱动程序中,对蜂鸣器的访问通过读写该类型结构变量中的数据来实现。该结构

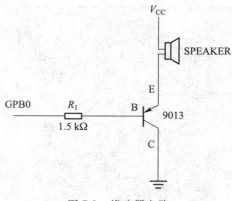

图 7.3 蜂鸣器电路

类型定义如下：

```
1   struct unit {
2       u32 * GPB_CON;
3       u32 * GPB_DAT;
4   };
```

结构类型 struct unit 中的各成员定义如下：

① GPB_CON：I/O 端口 B 的配置寄存器。

② GPB_DAT：I/O 端口 B 的数据寄存器。

然后定义一个该结构类型的变量，并用预先定义好的宏为成员赋值，将寄存器地址赋值给对应成员：

```
1   static struct unit buzzer_unit={
2       .GPB_CON= (u32 *)S3C2410_GPBCON,
3       .GPB_DAT= (u32 *)S3C2410_GPBDAT,
4   };
```

上述宏的定义如下所示，因为 Linux 采用虚拟内存方式工作，因此须采用 io_p2v( )函数将寄存器的物理地址转换为虚拟地址。

```
1   #define GPB_CTL_BASE        io_p2v(0x56000010)
2   #define S3C2410_GPBCON      (GPB_CTL_BASE + 0x0)
3   #define S3C2410_GPBDAT      (GPB_CTL_BASE + 0x4)
```

蜂鸣器字符设备驱动程序实现的函数有 Buzzer_open( )、Buzzer_release( )、Buzzer_write( )，因此需要先注册一个 struct file_operations 结构变量，并把这些函数的入口地址分别赋值给该结构变量中对应的成员。这样当用户程序打开设备时，Buzzer_open( )被调用；关闭设备时，Buzzer_release( )被调用；写蜂鸣器状态时，Buzzer_write( )被调用，从而控制蜂鸣器鸣响与否。蜂鸣器设备驱动程序的 struct file_operations 结构变量的定义如下：

```
1   struct file_operations Buzzer_Ctl_ops =
2   {
3       open: Buzzer_open,
4       write: Buzzer_write,
5       release: Buzzer_release,
6   };
```

Buzzer_Ctl_ops 结构变量中各成员赋值的函数定义如下。

① Buzzer_open：在用户程序打开设备时，Buzzer_open( )函数把蜂鸣器控制单元地址赋值给文件结构的私有指针，并增加用户打开句柄计数。

```
1   ssize_t Buzzer_open(struct inode * inode, struct file * file)
2   {
3       MOD_INC_USE_COUNT;
4       file->private_data=&buzzer_unit;
5       return 0;
6   }
```

② Buzzer_release：当用户关闭设备时，减去用户计数。

```
1   ssize_t Buzzer_release(struct inode * inode, struct file * file)
2   {
3       MOD_DEC_USE_COUNT;
4       return 0;
5   }
```

③ Buzzer_write：从用户空间复制控制数据，通过 buzzer_set_value( )函数将其写入处理器连接蜂鸣器的 I/O 接口数据寄存器，使蜂鸣器鸣响或者静音。

```
1   ssize_t Buzzer_write(struct file * file, const char * buf, size_t count, loff_
2                         t * offset)
3   {
4       char temp;
5       int ret;
6       struct unit * unit=(struct unit * )file->private_data;
7       ret=copy_from_user(&temp,buf,count);
8       if(ret!=0)
9       {
10          printk("wrong!\n");
11          return -EFAULT;
12      }
```

```
13        else
14        buzzer_set_value(unit, temp);                    //设置蜂鸣器状态
15        return ret;
16  }
```

buzzer_set_value( )函数的定义如下：

```
1  static void buzzer_set_value(struct unit * unit, u8 val)
2  {
3      if(val==1)
4      {
5          * unit->GPB_DAT = * unit->GPB_DAT & (~0x1);   //PB0 置低电平,蜂鸣器响起
6      }
7      else
8      {
9          * unit->GPB_DAT = * unit->GPB_DAT | 0x1;       //PB0 置高电平,蜂鸣器静音
10      }
11  }
```

模块初始化和退出函数定义如下。

（1）模块初始化

当内核启动时,使用 module_init 宏指定驱动程序初始化函数。代码如下：

```
1  module_init(init_buzzer);
```

模块初始化时进行设备注册,这里采用设备文件系统的形式。BUZZER_MAJOR 为主设备号 222,在系统内唯一标识蜂鸣器设备类型,该设备号不可与其他设备号重复。BUZZER_DEVNAME 为设备名称 buzzer,用户程序使用这个名称来打开设备。Buzzer_Ctl_ops 为 struct file_operations 类型结构变量,内核使用此结构变量定位驱动程序的操作函数。最后,进行硬件相关的初始化工作。代码如下：

```
1  static int __init init_buzzer()
2  {
3      int res;
4      printk("This is my Buzzer driver!\n");
5      //向 devfs 登记此类设备的主设备号、设备名称和操作,建立三者的联系
6      res=devfs_register_chrdev(BUZZER_MAJOR, BUZZER_DEVNAME,&Buzzer_Ctl_ops);
7      //建立设备目录节点
8      devfs_buzzer_dir=devfs_mk_dir(NULL, BUZZER_DEVNAME, NULL);
9      //登记具体设备,并在指定目录中建立设备叶节点
```

```
10      devfs_handle=devfs_register(devfs_buzzer_dir, "0", DEVFS_FL_DEFAULT,
11                                  BUZZER_MAJOR, 0,S_IFCHR | S_IRUSR |S_
12                                  IWUSR,&Buzzer_Ctl_ops, NULL);
13      init_hardware(&buzzer_unit);//初始化硬件
14      return res;
15  }
```

在模块初始化的同时,也初始化蜂鸣器硬件控制模块,即初始化 I/O 配置寄存器和蜂鸣器初始状态。代码如下:

```
1   static void __init init_hardware(struct unit * unit)
2   {
3       * unit->GPB_CON &= ~0x2;        //PBCON1=0
4       * unit->GPB_CON |= 0x1;         //PBCON0=1
5       * unit->GPB_DAT |= 0x1;         //PB0 初始值为1,不发声(低电平发声)
6   }
```

(2)模块退出

使用 module_exit 宏指定驱动程序的退出函数。代码如下:

```
1   module_exit(clean_buzzer);
```

模块卸载时需要注销设备,代码如下:

```
1   static void __exit clean_buzzer()
2   {
3       devfs_unregister_chrdev(BUZZER_MAJOR,BUZZER_DEVNAME);
4       devfs_unregister(devfs_handle);
5       devfs_unregister(devfs_buzzer_dir);
6   }
```

2. 编译加载驱动程序

利用下面的 Makefile 文件交叉编译驱动程序:

```
1   # Makefile for the kernel i2c driver (Module).
2   WKDIR      = /usr/local/src/edukit-2410
3   CROSSDIR   = /usr
4   INSTALLDIR = /home/app
5   #$(WKDIR)/drivers
6   #  /* output module name */
7   MODDEV     = buzzer.o
8   #  /* source file(s) */
```

```
 9  MODFILE = buzzer.c
10  #  /* header file(s) */
11  MODFILE_H =
12  CROSS = arm-linux-
13  CC = $(CROSS) gcc
14  AS = $(CROSS) as
15  LD = $(CROSS) ld
16  MACRO = -DMODULE -D__KERNEL__ -DCONFIG_KERNELD
17  ifdef DEBUG
18  CFLAGS = -g
19  endif
20  CFLAGS = -O2 -fomit-frame-pointer
21  CFLAGS += $(MACRO) -mapcs-32-march = armv4-mtune = arm9tdmi-fno-builtin
22  INCLUDES = -I $(WKDIR)/kernel/include \
23           -I $(CROSSDIR)/arm-linux/include \
24           -I $(CROSSDIR)/lib/gcc-lib/arm-linux/2.95.3/include \
25  $(MODDEV):  $(MODFILE) $(MODFILE_H) Makefile
26     $(CC) $(CFLAGS) $(INCLUDES) -o $@ -c $<
27  install: $(MODDEV)
28     mkdir-p $(INSTALLDIR)
29     cp--target-dir = $(INSTALLDIR) $(MODDEV)
30  clean:
31     -rm -f $(MODDEV)
```

交叉编译成功后,将驱动程序的目标文件下载到目标机,利用 insmod 命令将其加载到内核中。命令如下:

```
1  #insmod buzzer.ko
```

3. 驱动测试程序

下面的程序用来测试蜂鸣器设备是否正常工作。

```
1  /*  ch7_8 驱动测试程序 buzzer_test.c  */
2  #include <unistd.h>
3  #include <stdio.h>
4  #include <stdlib.h>
5  #include <linux/fcntl.h>
6
7  int main(int argc, char ** argv)
8  {
```

```
9          int fd, on, off;
10         int i=0;
11         static char * driver="/dev/buzzer/0";
12         on=1;
13         off =0;
14         printf("BUZZER test example base on Linux.\n");
15         fd=open(driver, O_RDWR);
16         if(fd <0)
17         {
18             printf("Can't not open %s\n",driver);
19             return fd;
20         }
21         for(;i<10;i++)
22         {
23             if(i%2==0)
24             {
25                 write(fd, &on, 1);
26                 printf("Buzzer ON!\n");
27                 usleep(1000 * 1000);
28             }
29             else
30             {
31                 write(fd, &off, 1);
32                 printf("Buzzer OFF!\n");
33                 sleep(1);
34             }
35         }
36     printf(" end.\n");
37     close(fd);
38     return 0;
39 }
```

在宿主机上通过配置好的交叉编译工具链交叉编译测试程序,生成可以在目标机运行的测试程序。在宿主机上运行 Windows 附件中自带的超级终端串口通信程序(波特率为 115 200、1位停止位、无检验位、无硬件流控制),或者使用其他串口通信程序。通过超级终端将生成的测试程序发送到目标机(或者使用其他通信方式发送),运行测试程序,可以听到蜂鸣声有规律地鸣响。

7.4.2 ADC 驱动程序设计实例

本节展示一个运行于 S3C2410/Linux 2.4 内核的 ADC 驱动程序实例。ADC 是 analog to digital converter 的缩写,意为模数转换器,可实现把模拟信号转变为数字量。如图 7.4 所示,处理器读取的模拟电压值采用滑动变阻器分压获得,当用户旋动滑动变阻器旋钮时,处理器读取的模拟电压值发生变化,实时读取该模拟值并进行 A/D 转换,即可得到实时变化的数字量。

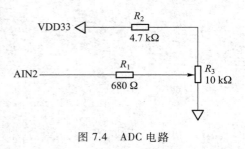

图 7.4 ADC 电路

使用模数转换之前,应先设置模数转换的时间和频率。当处理器的 PLCK 频率是 50 MHz,且 ADCCON 寄存器中预分频器的设置值为 49 时,转换得到 10 位数字量的时间总共需要

A/D 转换器频率 = 50 MHz/(49+1) = 1 MHz

转换时间 = 1/(1 MHz/5 周期) = 1/200 kHz = 5 μs

S3C2410 的 ADC 控制寄存器为 ADCCON,地址是 0x58000000,其复位值是 0x3FC4。

S3C2410 的 ADC 转换数据寄存器为 ADCDAT0,地址是 0x5800000C。

表 7.1 为 ADCCON 寄存器相关位的定义。

表 7.1 ADCCON 寄存器相关位的定义

寄存器	位	描述	起始状态
PRSCEN	[14]	A/D 转换器预分频器使能: 0:停止,1:使能	0
PRSCVL	[13:6]	A/D 转换器预分频器数值: 数值范围:1~255	0xFF
SUL_MUX	[5:3]	模拟输入通道选择: 000:AIN0…111:AIN7(XP) 利用二进制数字表示通道 0~7	000
ENABLE_START	[0]	启动 A/D 操作: 0:无操作 1:启动转换,启动后置 0	0

模数转换的驱动程序设计步骤如下。

1. 编写驱动程序

设计 ADC 驱动程序时,首先定义一个 struct unit 结构类型,作为一个 ADC 控制单元来控制 ADC 工作。在驱动程序中,对 ADC 的访问通过读写该类型结构变量中的数据来实现。该结构类型定义如下：

```
1   struct unit
2   {
3       u32 *ADC_CON;
4       u32 *ADC_DAT;
5   };
```

结构类型 unit 中的各成员定义如下：

① ADC_CON：ADC 控制寄存器。

② ADC_DAT：ADC 数据寄存器。

利用预定义宏进行结构体成员初始化，将寄存器地址赋值给对应成员，代码如下：

```
1   static struct unit adc_unit =
2   {
3       .ADC_CON = (u32 *)S3C2410_ADCCON,
4       .ADC_DAT = (u32 *)S3C2410_ADCDAT,
5   };
```

预定义宏如下：

```
1   #define adc_CTL_BASE            io_p2v(0x58000000)
2   #define S3C2410_ADCCON          (adc_CTL_BASE + 0x0)
3   #define S3C2410_ADCDAT          (adc_CTL_BASE + 0xC)
```

io_p2v( )函数可以把物理地址映射为内存的虚拟地址，以访问这些寄存器。

ADC 设备驱动程序实现的函数有 adc_open( )、adc_release( )、adc_write( )、adc_ioctl( )，因此需要先注册一个 struct file_operations 结构变量，并把这些函数的入口地址分别赋值给该结构变量中对应的成员。这样当用户程序打开设备时，adc_open( )被调用；关闭设备时，adc_release( )被调用；写 ADC 状态时，adc_write( )被调用；控制 ADC 工作状态时，adc_ioctl( )被调用。ADC 设备驱动程序的 struct file_operations 结构变量的定义如下：

```
1   struct file_operations adc_Ctl_ops =
2   {
3       open:    adc_open,
4       read:    adc_read,
5       write:   adc_write,
6       ioctl:   adc_ioctl,
7       release: adc_release,
8   };
```

adc_Ctl_ops 结构变量中各成员赋值的函数定义如下。

① adc_open：在用户程序打开设备时，adc_open( )把 ADC 控制单元赋值给文件结构的私有

指针,并增加用户打开句柄计数。

```
1   ssize_t adc_open(struct inode * inode, struct file * file)
2   {
3       MOD_INC_USE_COUNT;
4       file->private_data=&adc_unit;
5       return 0;
6   }
```

② adc_release:当用户关闭设备时,减去用户计数。

```
1   ssize_t adc_release(struct inode * inode, struct file * file)
2   {
3       MOD_DEC_USE_COUNT;
4       return 0;
5   }
```

③ adc_read:将保存于 global 全局变量中的 A/D 转换数值复制到用户缓冲区,返回读取的字节数。

```
1   ssize_t adc_read(struct file * file, char * buf, size_t count, loff_t * offset)
2   {
3       int ret;
4       int temp;
5       temp=global;
6       ret=copy_to_user(buf, &temp, count);          //把转换后的数值送用户
7       if(ret!=0)
8       {
9           printk("The copy to user error!\n");
10          return-EFAULT;
11      }
12      return ret;
13  }
```

④ adc_ioctl:获取用户发送的控制命令,在 switch-case 结构中设置不同命令类型的具体执行逻辑。本例只有一种命令类型,即 ADC 的启动命令 START_ADC,可将 ADC 控制寄存器的第 0 位置 1,从而启动 ADC。代码如下:

```
1   int adc_ioctl(struct inode * inode, struct file * filp,unsigned int cmd,
2                  unsigned long arg)
3   {
4       switch(cmd)
```

```
5      {
6          case START_ADC: * adc_unit.ADC_CON |= 0x1; break;   //位 0 置 1,启动 ADC
7          default:
8          {
9              printk("the ioctl error!\n");
10             break;
11         }
12     }
13     return 0;
14 }
```

模块初始化和退出函数定义如下。

（1）模块初始化

当内核启动时,使用 module_init 宏指定驱动程序初始化函数。代码如下:

```
1  module_init(init_adc);
```

模块初始化时进行设备注册,此处同样使用设备文件系统的方式。ADC_MAJOR 为主设备号 224,ADC_DEVNAME 为设备名称 adc,用户程序使用这个名称来打开设备。adc_Ctl_ops 为 struct file_operations 结构,内核使用此结构定位驱动程序的操作函数。注册完成后,用 request_irq( )函数向系统申请 ADC 中断。最后,进行硬件相关的初始化工作。代码如下:

```
1   static int __init init_adc()
2   {
3       int res;
4       printk("This is my Adc driver!\n");
5       devfs_register_chrdev(ADC_MAJOR, ADC_DEVNAME, &adc_Ctl_ops);
6       devfs_adc_dir=devfs_mk_dir(NULL, ADC_DEVNAME, NULL);
7       devfs_handle=devfs_register(devfs_adc_dir,"0", DEVFS_FL_DEFAULT,ADC_
8                               MAJOR, 0,S_IFCHR |S_IRUSR |S_IWUSR,&adc_
9                               Ctl_ops, NULL);
10      res=request_irq(IRQ_ADC_DONE, adcdone_int_handler,SA_INTERRUPT,ADC_
11                      DEVNAME, NULL);
12      if(res<0)
13          printk("The IRQ Wrong!\n");
14      init_hardware(&adc_unit);
15      return res;
16  }
```

上述代码中,request_irq( )函数用于向系统注册 ADC 中断,将 ADC 中断的处理函数设置为 adcdone_int_handler( ),该函数的定义如下:

```
1   static void adcdone_int_handler(int irq, void * dev_id, struct pt_regs * reg)
2   {
3       global = ( (int) * adc_unit.ADC_DAT & 0x3FF);      //得到转换后的数据
4   }
```

因此,当用户启动 ADC 后,旋动滑动变阻器,处理器引脚接收到的模拟电压值即开始 A/D 转换过程,当转换完毕后触发中断,执行 adcdone_int_handler( )函数,将转换后得到的数字量赋值给全局变量 global,此后用户即可通过 read( )函数读取该数值。

在模块初始化的同时,也初始化 ADC 硬件控制模块,即初始化 ADC 配置寄存器和 ADC 数据寄存器初始状态,须初始化的位如表 7.1 所示。代码如下:

```
1   static void __init init_hardware(struct unit * unit)
2   {
3       char preScaler=PCLK/ADC_FREQ-1;
4       //14: AD converter prescaler enable   1(enable)
5       //6-13: AD converter prescaler value   取值 1~255
6       //3-5: analog input channel select   010:   AIN2
7       * unit->ADC_CON = (1<<14) | (preScaler<<6) | (1<<4);
8       * unit->ADC_DAT = 0x0;
9   }
```

(2)模块退出

使用 module_exit 宏指定驱动程序的退出函数。代码如下:

```
1   module_exit(clean_adc);
```

模块卸载时需要注销设备,并使用 free_irq( )函数注销中断。代码如下:

```
1   static void __exit clean_adc()
2   {
3       devfs_unregister_chrdev(ADC_MAJOR,ADC_DEVNAME);
4       devfs_unregister(devfs_handle);
5       devfs_unregister(devfs_adc_dir);
6       free_irq(IRQ_ADC_DONE,NULL);
7   }
```

2. 编译加载驱动程序

利用下面的 Makefile 文件交叉编译驱动程序。

```
1   #ch7_9ADC 驱动程序编译 makefile
2   # Makefile for the adc drive
```

278

```
 3   WKDIR          = /usr/local/src/edukit-2410
 4   CROSSDIR       = /usr
 5   INSTALLDIR     = /home/app
 6   #$(WKDIR)/drivers
 7   # output module name
 8   MODDEV         = adc.o
 9   # source file(s)
10   MODFILE        = adc.c
11   #header file(s)
12   MODFILE_H      =
13   CROSS = arm-linux-
14   CC = $(CROSS)gcc
15   AS = $(CROSS)as
16   LD = $(CROSS)ld
17   MACRO = -DMODULE -D__KERNEL__ -DCONFIG_KERNELD
18   ifdef DEBUG
19   CFLAGS = -g
20   endif
21   CFLAGS = -O2 -fomit-frame-pointer
22   CFLAGS += $(MACRO) -mapcs-32-march=armv4-mtune=arm9tdmi-fno-builtin
23   INCLUDES = -I$(WKDIR)/kernel/include \
24              -I$(CROSSDIR)/arm-linux/include \
25              -I$(CROSSDIR)/lib/gcc-lib/arm-linux/2.95.3/include \
26   $(MODDEV):  $(MODFILE) $(MODFILE_H) Makefile
27       $(CC) $(CFLAGS) $(INCLUDES)-o $@ -c $<
28   install: $(MODDEV)
29       mkdir -p $(INSTALLDIR)
30       cp --target-dir=$(INSTALLDIR) $(MODDEV)
31   clean:
32       -rm -f $(MODDEV)
```

交叉编译成功后,将驱动程序的目标文件下载到目标机,利用 insmod 命令将其加载到内核中。命令如下:

```
1   #insmod adc.ko
```

3. 驱动测试程序

下面的程序用来测试 ADC 设备是否正常工作。

```
1   /*    ch7_9 驱动测试程序 acd_test.c  */
```

```
 2   #include <unistd.h>
 3   #include <stdio.h>
 4   #include <stdlib.h>
 5   #include <getopt.h>
 6   #include <fcntl.h>
 7
 8   #define START_ADC 0 x0304
 9   int main(int argc, char * * argv)
10   {
11       int fd1,adcData;
12       int start_adc=1;
13       static char * driver1="/dev/adc/0";
14       /* 打开设备 */
15       fd1=open(driver1,O_RDWR);
16       if( fd1<0 )
17       {
18           printf("adc device open fail\n");
19           return -1;
20       }
21       while( 1 )
22       {
23           ioctl(fd1,START_ADC,&start_adc);      //启动,start_adc 是附加参数
24           read(fd1,&adcData,2);
25           adcData &= 0x3ff;
26           printf("the adcData is : %d\n",adcData);
27           usleep(500 * 1000);
28       }
29       printf("end.\n");
30       return 0;
31   }
```

在宿主机上通过配置好的交叉编译工具链交叉编译测试程序,生成可以在目标机运行的测试程序 adc_test.o。在宿主机上运行 Windows 附件中自带的超级终端串口通信程序(波特率为 115 200、1 位停止位、无检验位、无硬件流控制),将生成的程序发送到目标机(或者使用其他通信方式发送),运行测试程序,旋动 ADC 旋钮,在超级终端中可观察到代表电压值的读数的变化情况。

7.4.3   中断驱动程序设计实例

本节展示一个运行于 S3C2410/Linux 2.4 内核的按键中断驱动程序实例。

嵌入式系统一般对实时性要求较高,当有外界中断请求到来时,需要尽快响应中断。但是,中断服务程序在执行过程中会屏蔽掉同一条中断信号线上的后续中断,如果设置了 IRQF_DIS-ABLED 标记,甚至会屏蔽掉系统的所有中断,造成系统响应速度大幅下降,不再具有实时性,还有可能导致严重后果。同时,如果系统正在执行关键代码时发生了中断请求,也希望该中断响应能够迅速得到处理,缩短系统被打断的时间。基于以上原因,Linux 的中断服务程序一般分为两部分:中断的上半部(top half)和中断的下半部(bottom half)。对于那些本身就非常短小的中断服务程序,如 7.4.2 节所示的 ADC 实例,中断要求的所有工作在上半部就可以完成,因此不需要再设计下半部。但是对于规模稍大的中断服务程序,应将其分为上下两个部分,在上半部中只对中断进行响应,完成中断的登记工作,或者完成该中断源请求的必须立即完成的工作;对于其他实时性要求不高的工作,则应放到中断的下半部来完成,下半部可以通过多种机制实现,如小任务(tasklet)、工作队列或者软中断。本节采用小任务的中断下半部处理模式。

S3C2410 有 56 个中断源,其中 32 个中断源提供中断控制器。外部中断 EINT4～EINT7 通过"或"的形式提供一个中断源送至中断控制器,EINT8～EINT23 也通过"或"的形式提供一个中断源送至中断控制器。ARM9 提供了两种中断模式,IRQ(interrupt request,中断请求)和 FIQ(fast interrupt request,快速中断请求)。所有的中断源都必须确定使用哪一种中断模式。在 S3C2410 系统中,外部中断设计有外部中断控制寄存器 EXTINTN0～EXTINTN2、外部中断屏蔽寄存器 EINTMASK 和外部中断挂起寄存器 EINTPEND。图 7.5 所示是按键中断电路的原理图。

外部中断控制寄存器主要控制外部中断触发模式,包括高电平、低电平、脉冲上升沿、脉冲下降沿和双沿 5 种触发方式。控制 EINT0 的为 EXTINTN0[2:0]位。触发方式取值如下:000,低电平;001,高电平;01X,下降沿;10X,上升沿;11X,双沿。

本节的实例用来实现按键中断,每当按下实验设备上的按键时,即可触发一个中断,然后在超级终端上显示一条信息。中断驱动程序的设计步骤如下。

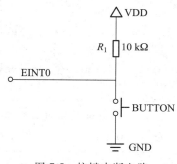

图 7.5 按键中断电路

1. 编写驱动程序

设计中断驱动程序时,首先定义一个 struct unit 结构类型,作为一个中断控制单元来控制中断模块。在驱动程序中,对中断控制器的访问通过读写该类型结构变量中的数据来实现。结构类型定义如下:

```
1   struct unit {
2       u32 * GPF_CON;
3       u32 * rEXTINT0;
4   };
```

结构 unit 中的结构体成员定义如下:

① GPF_CON:PF 控制寄存器。

② rEXTINT0:外部中断控制寄存器。

然后定义一个该结构类型的变量,并用预先定义好的宏为成员赋值,将寄存器地址赋值给对应成员,代码如下:

```
1   static struct unit eint0_unit={
2      .GPF_CON = (u32 *)S3C2410_GPFCON,
3      .rEXTINT0 = (u32 *)S3C2410_EXTINT0,
4   };
```

预定义宏如下:

```
1   #define S3C2410_GPFCON        io_p2v(0x56000050)
2   #define S3C2410_EXTINT0       io_p2v(0x56000088)
```

中断驱动程序实现的函数有 eint0_open( )、eint0_release( )、eint_write( ),因此需要先注册一个 struct file_operations 结构变量,并把这些函数的入口地址分别赋值给该结构变量中对应的成员。这样当用户程序打开设备时,eint0_open( )被调用;关闭设备时,eint_release( )被调用;写中断状态时,eint0_write( )被调用。中断驱动程序的 struct file_operations 结构变量的定义如下:

```
1   struct file_operations eint0_Ctl_ops =
2   {
3      open:eint0_open,
4      write:eint0_write,
5      release:eint0_release,
6   };
```

eint0_Ctl_ops 结构变量中各成员赋值的函数定义如下。

① eint0_open:当用户程序打开设备时,增加用户打开句柄计数。

```
1   ssize_t eint0_open(struct inode * inode, struct file * file)
2   {
3      MOD_INC_USE_COUNT;
4      return 0;
5   }
```

② eint0_release:当用户关闭设备时,减去用户计数。

```
1   ssize_t eint0_release(struct inode * inode, struct file * file)
2   {
3      MOD_DEC_USE_COUNT;
4      return 0;
5   }
```

③ eint0_write:从用户空间复制数据,本例中为复制用户发来的测试程序进程号,将其赋值给变量 pid。

```
1    ssize_t eint0_write(struct file * file, const char * buf, size_t count, loff_t
2                        * offset)
3    {
4        int ret,temp;
5        ret=copy_from_user(&temp,buf,count);
6        pid=temp;
7        return 0;
8    }
```

模块初始化和退出函数定义如下。

（1）模块初始化

当内核启动时,使用 module_init 宏指定驱动程序初始化函数。代码如下:

```
1    module_init(init_eint0);
```

模块初始化时进行设备注册,本例仍使用设备文件系统方式。EINT0_MAJOR 为主设备号 223,EINT0_DEVNAME 为设备名称 eint0,用户程序使用这个名称来打开设备。eint0_Ctl_ops 为 struct file_operations 结构,内核使用此结构定位驱动程序的操作函数。之后,初始化模块需要初始化硬件以及向系统注册中断。代码如下:

```
1    static int __init init_eint0()
2    {
3        int res;
4        printk("This is my Eint0 driver!\n");
5        devfs_register_chrdev(EINT0_MAJOR, EINT0_DEVNAME, &eint0_Ctl_ops);
6        devfs_eint0_dir=devfs_mk_dir(NULL, EINT0_DEVNAME, NULL);
7        devfs_handle=devfs_register(devfs_eint0_dir, "0", DEVFS_FL_DEFAULT,
8                                    EINT0_MAJOR, 0,S_IFCHR | S_IRUSR | S_IWUSR,
9                                    &eint0_Ctl_ops, NULL);
10       init_hardware(&eint0_unit);
11       //参数说明:IRQ_EINT0 为中断号,eint0_handler 为中断回调函数
12       //SA_INTERRUPT 为快速中断(进入中断处理时自动关中断),EINT0_DEVNAME 为设备名
13       //NULL 为不使用共享中断
14       res=request_irq (IRQ_EINT0, eint0_handler, SA_INTERRUPT , EINT0_DEVNAME,
15                        NULL);
16       if(res<0)
17           printk("The IRQ Wrong!\n");
18       return res;
19   }
```

init_hardware( )函数负责硬件初始化定义,将 I/O 口设置为中断方式,下降沿有效。代码如下:

```
1    static void __init init_hardware(struct unit * unit)
2    {
3        * unit->GPF_CON      &= ~ (0x3);         //PF 口低两位置 0
4        * unit->GPF_CON      |=   (1<<1);        //低两位为 10,即 EINT0 中断方式
5        * unit->rEXTINT0     &= ~ (3<<1);        //1、2 位清 0
6        * unit->rEXTINT0     |= (1<<1);          //第 1 位置 1,第 2 位置 0,下降沿有效
7    }
```

上述代码中,request_irq( )函数用于向系统注册中断,将按键中断的处理函数设置为 eint0_handler,这就是中断的上半部。eint0_handler( )函数的定义如下:

```
1    static void eint0_handler(int irq, void * dev_id, struct pt_regs * reg)
2    {
3        tasklet_schedule(&my_tasklet);          //此函数用来调度一个 tasklet 运行
4    }
```

此函数仅在小任务队列中调度一个小任务 my_tasklet,小任务队列的声明如下所示:

```
1    DECLARE_TASKLET(my_tasklet,eint0_do_tasklet,NULL);
```

完成小任务调度之后,中断上半部执行完毕,中断程序执行结束。接下来,由操作系统的调度算法调度小任务队列中的各任务,当调度到本例添加的小任务后,即执行 eint0_do_tasklet( )函数,这就是中断的下半部。eint0_do_tasklet( )函数仅调用 mysig( )函数,函数定义如下:

```
1    void eint0_do_tasklet()
2    {
3        mysig();
4    }
```

mysig( )函数的功能较多,执行时间较长,但因其作为中断下半部执行,此时中断处理过程已经结束,因此不会影响系统的实时性。mysig( )函数的定义如下:

```
1    static int mysig(void)
2    {
3        siginfo_t info;
4        struct task_struct * p;                 //task_struct 即进程控制块
5        read_lock(&tasklist_lock);              //减 1 为负则加锁,等待锁变量变为 1
6                                                //否则继续执行
7        for_each_task(p)                        //遍历进程表中的每一个进程
8        {
9            if(p->pid == pid)                   //如能找到 pid 变量代表的用户进程则跳出
```

```
10          {
11              read_unlock(&tasklist_lock);
12              goto find_ps;
13          }
14      }
15      read_unlock(&tasklist_lock);
16      printk("can not find process\n");
17      return -1;
18      find_ps:
19      printk("send signal to user space\n");
20      send_sig_info(MY_EINT0_SIG, &info, p);    //给 p 指向的用户进程发信号
21      return 0;
22  }
```

（2）模块退出

使用 module_exit 宏指定驱动程序的退出函数。代码如下：

```
1   module_exit(clean_eint0);
```

模块卸载时需要注销设备，删除设备文件目录并且释放中断资源。代码如下：

```
1   static void __exit clean_eint0()
2   {
3       devfs_unregister_chrdev(EINT0_MAJOR,EINT0_DEVNAME);
4       devfs_unregister(devfs_handle);
5       devfs_unregister(devfs_eint0_dir);
6       free_irq(IRQ_EINT0,NULL);
7   }
```

2. 编译加载驱动程序

利用下面的 Makefile 文件编译驱动程序。

```
1   # ch7_10 EINT0 驱动程序编译 makefile
2   # Makefile for the eint0 driver.
3   WKDIR         = /usr/local/src/edukit-2410
4   CROSSDIR      = /usr
5   INSTALLDIR    = /home/app
6   #$(WKDIR)/drivers
7   # / * output module name * /
8   MODDEV        = eint0.o
9   # / * source file(s) * /
10  MODFILE       = eint0.c
```

```
11  # / * header file(s) * /
12  MODFILE_H =
13  CROSS = arm-linux-
14  CC = $(CROSS) gcc
15  AS = $(CROSS) as
16  LD = $(CROSS) ld
17  MACRO = -DMODULE -D__KERNEL__ -DCONFIG_KERNELD
18  ifdef DEBUG
19  CFLAGS = -g
20  endif
21  CFLAGS = -O2 -fomit-frame-pointer
22  CFLAGS += $(MACRO) -mapcs-32 -march = armv4 -mtune = arm9tdmi -fno-builtin
23  INCLUDES = -I $(WKDIR)/kernel/include \
24           -I $(CROSSDIR)/arm-linux/include \
25           -I $(CROSSDIR)/lib/gcc-lib/arm-linux/2.95.3/include \
26  $(MODDEV):  $(MODFILE) $(MODFILE_H) Makefile
27      $(CC) $(CFLAGS) $(INCLUDES) -o $@ -c $<
28  install: $(MODDEV)
29      mkdir -p $(INSTALLDIR)
30      cp --target-dir = $(INSTALLDIR) $(MODDEV)
31  clean:
32      -rm -f $(MODDEV)
```

编译成功后将驱动程序模块下载到目标机,利用命令 insmod 加载到内核中。命令如下：

```
1  #insmod eint0.ko
```

3. 驱动测试程序

下面的程序用来测试中断按键是否正常工作。

```
1  /*     ch7_10 驱动测试程序 eint0_test.c     */
2  #include <unistd.h>
3  #include <stdio.h>
4  #include <stdlib.h>
5  #include <getopt.h>
6  #include <fcntl.h>
7  #include <signal.h>
8  #define MYSIG 50
9
10 void handler()
```

```
11   {    //信号句柄函数,每当收到信号时会被调用
12        printf("int eint0 signal handler,signal sending success!\n");
13   }
14   int main(int argc, char ** argv)
15   {
16       int fd1, adcData,pid,oflags;
17       static char * driver1="/dev/eint0/0";
18       fd1=open(driver1, O_RDWR);
19       if(fd1<0 )
20       {
21           printf("device open fail\n");
22           return -1;
23       }
24       pid=getpid();
25       printf("the process pid is :%d",pid);
26       write(fd1,&pid,4);             //将本测试程序的进程号写入驱动程序
27       signal(MYSIG,handler);         //当接收到 MYSIG 信号时调用 handler 函数
28       //以下几行设置异步通知机制
29       //设置本进程为设备文件的拥有者,告诉内核将信号发给本进程
30       fcntl( STDIN_FILENO, F_SETOWN, getpid() );
31       //读取打开文件描述符的状态
32       oflags=fcntl(STDIN_FILENO, F_GETFL);
33       //设置 FASYNC 标志,修改打开文件描述符的状态,启动异步通知机制
34       fcntl( STDIN_FILENO,F_SETFL,oflags |FASYNC );
35       while(1)
36       {//通过无限循环等待用户按键
37       }
38       close(fd1);
39       printf(" end.\n");
40       return 0;
41   }
```

下面总结该中断实例的工作机制。在驱动程序中完成常规初始化后注册中断,并将 eint0_handler( )函数注册为中断服务程序的上半部,一旦中断发生,该函数即被自动调用;在 eint0_handler( )函数中仅仅完成将中断下半部加入小任务队列中,然后立即返回,保证中断响应的实时性;在测试程序中,首先获取自身进程号并将其写入中断程序,使中断程序可以识别出与自己通信的用户空间进程;接下来,测试程序用 signal( )函数将约定信号与句柄 handler 关联在一起,一旦收到该信号,即执行 handler( )函数,之后进入无限循环等待。

当用户按下按键后,中断被触发,中断上半部 eint0_handler( )函数被立即执行,下半部被加

入小任务队列,中断返回;之后操作系统在某一时刻会调度到中断下半部函数 eint0_do_tasklet ( ),然后会执行到下半部的实际逻辑部分及 mysig( )函数;在 mysig( )函数中,根据用户进程写入的进程号遍历进程表,找到用户进程,并向该用户进程发出约定的信号,至此一次按键的驱动程序部分执行完毕。用户进程收到驱动程序发来的约定信号之后,由于该信号已被关联到 handler ( )函数,因此会立即在超级终端屏幕上显示"int eint0 signal handler, signal sending success!",至此一次按键的用户进程部分执行完毕,等待下次按键。以上机制,通过在运行于内核空间的驱动程序和运行于用户空间的测试程序之间建立异步联系,实现了中断方式下设备的控制。

在宿主机上通过配置好的交叉编译工具链交叉编译测试程序,生成可以在目标机运行的测试程序。在宿主机上运行 Windows 附件中自带的超级终端串口通信程序(波特率为 115 200、1 位停止位、无检验位、无硬件流控制),或者使用其他串口通信程序。通过超级终端将生成的程序发送到目标机(或者使用其他通信设备发送),运行测试程序,每次按下实验设备的按键,均可在超级终端窗口看到输出"int eint0 signal handler, signal sending success!",按键设备可以正常工作在中断模式下。

7.5 ARM9/Linux 2.6 内核驱动程序设计实例

7.5.1 按键驱动程序设计实例

本节展示一个运行于 S3C2440/Linux 2.6 内核的按键驱动程序实例。

嵌入式系统的按键设备一般分为两种:独立按键和矩阵键盘。当按键数目较少时一般采用独立按键形式,较多时往往采用矩阵键盘,以节省 I/O 接口线。如图 7.6 所示,一个 4×4 的矩阵键盘只需要 8 条 I/O 接口线,而独立按键则需要 16 条 I/O 接口线。如再增加一条 I/O 接口线,则矩阵键盘可支持 20 个按键。但是,在功能确定的前提下,硬件资源的节省必将导致软件复杂度的上升,因此矩阵键盘的软件实现较为复杂。

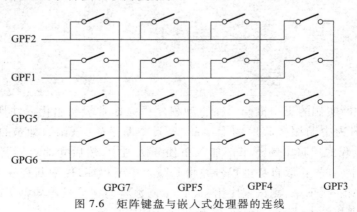

图 7.6   矩阵键盘与嵌入式处理器的连线

图 7.6 所示是矩阵键盘与嵌入式处理器的连线示意,键盘的列线为输出线,从左到右依次连

288

接处理器的引脚 GPG7、GPF5、GPF4 和 GPF3;键盘的行线为输入线,右侧通过上拉电阻连接至电源,左侧从上到下依次连接至嵌入式处理器的引脚 GPF2、GPF1、GPG5 和 GPG6,这 4 个引脚采用中断模式工作,下降沿触发。矩阵键盘的按键识别有多种方法,本例采用逐列扫描法,流程如下。

首先,设置连接列线的处理器引脚输出低电平,设置连接行线的处理器引脚工作在中断模式下。当按键不被按下时,中断引脚通过电阻连接至电源,始终保持为高电平,中断不会被触发。一旦有按键按下,该行电平即被列线拉低为低电平,该行对应的中断即被触发,从而完成行识别。然后,程序执行对应行的中断服务程序,在其中逐一将各列线设置为高电平,同时继续检测按键行是否仍为低电平,如为低,说明按下的键不在该列;如为高,说明按下的键从属于该列,从而完成列识别。

按照图 7.6 所示连接方式,矩阵键盘驱动程序的设计步骤如下。

1. 编写驱动程序

设计按键驱动程序时,首先定义一个行线中断信息结构类型 struct button_irq_desc 和一个列线信息结构类型 col_desc。在驱动程序中,对按键的访问通过读写这两个类型结构变量中的数据来实现。行线中断信息结构类型定义如下:

```
1  struct button_irq_desc {
2      int irq;
3      int pin;
4      int pin_setting;
5      int number;
6      char * name;
7  };
```

结构类型 button_irq_desc 中的各成员定义如下:

① irq:行线对应的中断号。

② pin:行线对应的 I/O 接口。

③ pin_setting:行线对应的引脚描述,实际并未用到,保留。

④ number:定义行线值,以传递给应用层。

⑤ name:行线的名称。

生成行线中断信息结构变量数组,每个数组元素对应一行,代码如下:

```
1  static struct button_irq_desc button_irqs []={
2      {IRQ_EINT2, S3C2410_GPF(2) ,  S3C2410_GPF2_EINT2 , 0 , "ROW1"},
3      {IRQ_EINT1, S3C2410_GPF(1) ,  S3C2410_GPF1_EINT1 , 1 , "ROW2"},
4      {IRQ_EINT13, S3C2410_GPG(5) ,  S3C2410_GPG5_EINT13 , 2 , "ROW3"},
5      {IRQ_EINT14, S3C2410_GPG(6) ,  S3C2410_GPG6_EINT14 , 3 , "ROW4"},
6  };
```

列线信息结构类型 col_desc 定义如下:

```
1   struct col_desc
2   {
3       int pin;
4       int pin_setting;
5   };
```

结构类型 col_desc 中的各成员定义如下：

① pin：列线对应的 I/O 接口。

② pin_setting：连线对应的引脚功能定义，设置为输出。

生成列线结构变量数组，每个数组元素对应一列，代码如下：

```
1   static struct col_desc col_table []={
2       {S3C2410_GPG(7) , S3C2410_GPIO_OUTPUT},
3       {S3C2410_GPF(5) , S3C2410_GPIO_OUTPUT},
4       {S3C2410_GPF(4) , S3C2410_GPIO_OUTPUT},
5       {S3C2410_GPF(3) , S3C2410_GPIO_OUTPUT},
6   };
```

下面分别设置各个 I/O 接口的输入输出状态。

① 按键设备驱动程序实现的函数有 s3c24xx_buttons_open()、s3c24xx_buttons_close()、s3c24xx_buttons_read() 和 s3c24xx_buttons_poll()，因此需要先注册一个 struct file_operations 结构变量，并把这些函数的入口地址分别赋值给该结构变量中对应的成员。这样当用户程序打开按键设备时，s3c24xx_buttons_open() 被调用；关闭按键设备时，s3c24xx_buttons_close() 被调用；读取按键状态并保存到用户空间时，s3c24xx_buttons_read() 被调用；等待按键按下时，s3c24xx_buttons_poll() 被调用。按键设备驱动程序的 struct file_operations 结构变量的定义如下：

```
1   static struct file_operations dev_fops={
2       .owner  =  THIS_MODULE,
3       .open   =  s3c24xx_buttons_open,
4       .release=  s3c24xx_buttons_close,
5       .read   =  s3c24xx_buttons_read,
6       .poll   =  s3c24xx_buttons_poll,
7   };
```

dev_fops 结构变量中各成员赋值的函数定义如下。

s3c24xx_buttons_open：用户程序打开按键设备时，s3c24xx_buttons_open() 函数注册中断，配置列线引脚输出模式。

```
1   static int s3c24xx_buttons_open(struct inode * inode, struct file * file)
2   {
```

```
3        int i, j;
4        int err=0;
5        for (i=0; i<sizeof(button_irqs)/sizeof(button_irqs[0]); i++)
6        {
7            if (button_irqs[i].irq<0)
8                continue;
9            //将各行线中断处理函数统一注册为 button_interrupt()
10           err=request_irq(button_irqs[i].irq,buttons_interrupt,
11             IRQ_TYPE_LEVEL_LOW,button_irqs[i].name, (void *)&button_irqs[i]);
12           if (err)
13               break;
14       }
15       for(j=0; j<4; j++)          //配置列线各引脚为输出状态
16       {
17           s3c2410_gpio_cfgpin(col_table[j].pin, col_table[j].pin_setting);
18       }
19       if (err)                    //如果出错,释放已经注册的中断,并返回
20       {
21           i--;
22           for (; i >= 0; i--)
23           {
24               if (button_irqs[i].irq<0)
25               {
26                   continue;
27               }
28               disable_irq(button_irqs[i].irq);
29               free_irq(button_irqs[i].irq, (void *)&button_irqs[i]);
30           }
31           return -EBUSY;
32       }
33       ev_press=1;                 //注册成功,则中断队列标记为1,表示可以通过 read 读取
34       for(i=0; i< 4; i++)         //列线拉低
35       {
36           s3c2410_gpio_setpin(col_table[i].pin, 0);
37       }
38       return 0;
39   }
```

② s3c24xx_buttons_close:当用户关闭设备时,释放中断号。

```
1   static int s3c24xx_buttons_close(struct inode * inode, struct file * file)
2   {
3       int i;
4       for (i=0; i<sizeof(button_irqs)/sizeof(button_irqs[0]); i++)
5       {
6           if (button_irqs[i].irq<0)
7           {
8           continue;
9           }
10      }
11      //释放中断号,并注销中断处理函数
12      free_irq(button_irqs[i].irq, (void *)&button_irqs[i]);
13      return 0;
14  }
```

③ s3c24xx_buttons_read:从控制单元获得状态值,判断按下的是哪一个按键。
//对应应用程序的 read 函数,主要用来向用户空间传递键值

```
1   static int s3c24xx_buttons_read(struct file * filp, char __user * buff, size_
2                                    t count, loff_t * offp)
3   {
4       unsigned long err;
5       if (!ev_press)
6       {
7           if (filp->f_flags & O_NONBLOCK)
8               return -EAGAIN;
9           //当中断标识为 0,并且该设备是以阻塞方式打开时
10          //进入休眠状态,等待被唤醒
11          else
12              wait_event_interruptible(button_waitq, ev_press);
13      }
14      user_values[0]=row+48;
15      user_values[1]=col+48;
16      //采用 copy_to_user()函数将判断出的按键位置(二维数组)写入用户空间
17      //供应用程序使用
18      err=copy_to_user(buff, (const void *)user_values, 2);
19      user_values[0]='0';
20      user_values[1]='0';
21      col=-1;
22      row=-1;
```

```
23        ev_press=0;                //把中断标识清零
24        return err ? -EFAULT : min(sizeof(key_values), count);
25    }
```

④ s3c24xx_buttons_poll：等待按键按下。

```
1     static unsigned int s3c24xx_buttons_poll( struct file * file, struct poll_
2                                              table_struct * wait)
3     {
4         unsigned int mask=0;
5         //把调用 poll() 或者 select() 的进程挂入队列,以便被驱动程序唤醒
6         poll_wait(file, &button_waitq, wait);
7         if (ev_press)
8             mask |= POLLIN | POLLRDNORM;
9         return mask;
10    }
```

⑤ 中断处理函数。

```
1     static irqreturn_t buttons_interrupt(int irq, void * dev_id)
2     {
3         struct button_irq_desc * button_irqs = (struct button_irq_desc * )dev_id;
4         int down;                                    //存放对应引脚电平
5         int i,t=10;
6         //s3c2410_gpio_getpin(S3C2410_GPG(9))表示如果 GPG9 为低电平则返回的是 0
7         //如果是高电平则返回的 GPxDAT 中的 GPG9 对应位的值是 0x0100
8         //而不是 0x0001
9         down=!s3c2410_gpio_getpin(button_irqs->pin);
10        if(down == 1)                                //表示按键按下
11        {
12            udelay(100);
13            down=!s3c2410_gpio_getpin(button_irqs->pin);
14            if((down == 1)&&(ev_press == 0))
15            {
16                key_values[button_irqs->number]='0'+ down; //确定横向位置
17                ev_press=1;                          //设置中断标志为 1
18                for(i=0; i<4; i++)                   //列扫描法确定按键位置
19                {
20                    s3c2410_gpio_setpin(col_table[i].pin, 1);
21                    udelay(10);
22                    t=s3c2410_gpio_getpin(button_irqs->pin);
```

```
23              switch(t)                          //确定按键列位置
24              {
25                  case 2:
26                  case 4:
27                  case 32:
28                  case 64:
29                      row=button_irqs->number;
30                      col=i;
31                      break;
32                  default:
33                      row=-1;
34                      col=-1;
35                      break;
36              }
37              s3c2410_gpio_setpin(col_table[i].pin, 0);
38              if((row >= 0) && (col >= 0))
39              {
40                  break;
41              }
42          }
43      }
44      wake_up_interruptible(&button_waitq);    //唤醒休眠的进程
45  }
46  return IRQ_RETVAL(IRQ_HANDLED);
47 }
```

模块初始化和退出函数定义如下。

（1）模块初始化

当内核启动时,使用 module_init 宏指定驱动程序初始化函数。代码如下:

```
1  module_init(dev_init);
```

在模块初始化时进行设备注册,注册设备的类型为 misc 设备。DEVICE_NAME 为设备名称 dial_key,用户程序使用这个名称来打开设备。dev_fops 为 struct file_operations 结构,内核使用此结构定位驱动程序的操作函数。

```
1  static int __init dev_init(void)
2  {
3      int ret;
4      ret=misc_register(&misc);
```

294

```
5       printk (DEVICE_NAME"\tinitialized\n");
6       return ret;
7   }
8   static struct miscdevice misc={
9       .minor=MISC_DYNAMIC_MINOR,
10      .name=DEVICE_NAME,
11      .fops=&dev_fops,
12  };
```

（2）模块退出

使用 module_exit 宏指定驱动程序的退出函数。代码如下：

```
1   module_exit(dev_exit);
```

模块卸载时需要注销设备。代码如下：

```
1   static void __exit dev_exit(void)
2   {
3       misc_deregister(&misc);
4       printk (DEVICE_NAME"\exit\n");
5   }
```

2. 编译加载驱动程序

利用下面的 Makefile 文件编译驱动。

```
1   # Description:
2   # Makefile for 2.6 device drivers
3   # Comment/uncomment the following line to disable/enable debugging
4   #DEBUG=y
5   # Add your debugging flag (or not) to CFLAGS
6   ifeq ($(DEBUG),y)
7       DEBFLAGS=-O -g -DCAN_DEBUG
8       # "-O" is needed to expand inlines
9   else
10      DEBFLAGS=-O2
11  endif
12  ifneq ($(KERNELRELEASE),)
13      # call from kernel build system
14      obj-m := dial_keyboard_drv_task.o
15  else
16      KERNELDIR ? = /usr/src/linux-2.6.32.2
17      PWD := $(shell pwd)
```

```
18      CC := arm-linux-gcc
19      HOSTCC := gcc
20      export CC HOSTCC
21      default:
22          $(MAKE) -C $(KERNELDIR) M=$(PWD) modules
23  endif
24  clean:
25      rm -rf *.o *.ko
```

　　将编译成功后的驱动程序下载到目标机,利用命令 insmod 加载驱动程序到内核中,命令如下:

```
1   #insmod dial_keyboard_drv_task.ko
```

3. 驱动测试程序

下面的程序用来测试矩阵键盘设备是否正常工作。

```
1   /*      ch7_11 驱动测试程序 button_test.c      */
2   #include <stdio.h>
3   #include <stdlib.h>
4   #include <unistd.h>
5   #include <sys/ioctl.h>
6   #include <sys/types.h>
7   #include <sys/stat.h>
8   #include <fcntl.h>
9   #include <sys/select.h>
10  #include <sys/time.h>
11  #include <errno.h>
12  #include <time.h>
13  int main(void)
14  {
15      int buttons_fd;
16      char current_state;
17      char buttons[2]={'0','0'};
18      buttons_fd=open("/dev/dial_key", 0);              //打开按键设备
19      if (buttons_fd<0)
20      {
21          perror("open device buttons failed");         //打开按键失败
22          exit(1);
23      }
```

```
24      while(1)                                              //打开成功,执行循环
25      {
26          char realchar='x';
27          char current_buttons[2];
28          if ((read(buttons_fd,current_buttons,sizeof current_buttons)!=
29              sizeof current_buttons))
30          {
31              perror("read buttons:");                      //读取按键失败
32              exit(1);
33          }
34          buttons[0]=current_buttons[0];
35          buttons[1]=current_buttons[1];
36          switch(buttons[0])
37          {
38              case 51:
39                  switch(buttons[1])
40                  {
41                      case 51:
42                          realchar='1';                     //按键1
43                          break;
44                      case 50:
45                          realchar='2';                     //按键2
46                          break;
47                      case 49:
48                          realchar='3';                     //按键3
49                          break;
50                      case 48:
51                          realchar='A';                     //按键A
52                          break;
53                  }
54                  break;
55              case 50:
56                  switch(buttons[1])
57                  {
58                      case 51:
59                          realchar='4';                     //按键4
60                          break;
61                      case 50:
```

```
62                    realchar='5';                  //按键 5
63                    break;
64                case 49:
65                    realchar='6';                  //按键 6
66                    break;
67                case 48:
68                    realchar='B';                  //按键 B
69                    break;
70            }
71          break;
72      case 49:
73          switch(buttons[1])
74          {
75                case 51:
76                    realchar='7';                  //按键 7
77                    break;
78                case 50:
79                    realchar='8';                  //按键 8
80                    break;
81                case 49:
82                    realchar='9';                  //按键 9
83                    break;
84                case 48:
85                    realchar='C';                  //按键 C
86                    break;
87          }
88          break;
89      case 48:
90          switch(buttons[1])
91          {
92                case 51:
93                    realchar='*';                  //按键 *
94                    break;
95                case 50:
96                    realchar='0';                  //按键 0
97                    break;
98                case 49:
99                    realchar='#';                  //按键 #
```

```
100                         break;
101                     case 48:
102                         realchar='D';                    //按键 D
103                         break;
104                 }
105                 break;
106         }
107         if(realchar!='x')
108             printf("the put key is %c\n",realchar);  //输出按下的键值
109     }
110     close(buttons_fd);
111     return 0;
112 }
```

在宿主机上通过配置好的交叉编译工具链交叉编译测试程序,生成可以在目标机运行的测试程序。在宿主机上运行 Windows 附件中自带的超级终端串口通信程序(波特率为 115 200、1 位停止位、无检验位、无硬件流控制),或者使用其他串口通信程序。通过超级终端将生成的程序发送到目标机(或者使用其他通信设备发送),运行测试程序,按矩阵键盘的任意键,可在超级终端上观察到该键的键码。

7.5.2 PWM 驱动程序设计实例

本节展示一个运行于 S3C2440/Linux 2.6 内核的 PWM 驱动程序实例,由 PWM 控制蜂鸣器鸣响。

1. PWM 概述

PWM 的含义为脉宽调制,它是一种利用微控制器的数字输出对模拟电路进行控制的非常有效的技术,广泛应用于测量、通信、功率控制与变换等领域。S3C2440 处理器有 5 个 16 位定时器,其中定时器 0、1、2 和 3 具有 PWM 功能,下面介绍相关的控制寄存器。

(1)定时器配置寄存器 0(TCFG0)

定时器输入时钟频率 = PCLK / {预分频值+1} / {分频值},其中,预分频值为 0~255,分频值为 2、4、8、16。具体描述如表 7.2 和表 7.3 所示。

表 7.2　定时器配置寄存器 0

寄存器	地址	R/W	描述	复位值
TCFG0	0x51000000	R/W	配置两个 8 位预分频器	0x00000000

表 7.3　定时器配置寄存器 0 各位描述

TCFG0	位	描述	初始状态
保留	[31:24]	-	0x00

299

TCFG0	位	描述	初始状态
死区长度	[23:16]	该 8 位决定了死区段。死区段持续为 1 的时间等于定时器 0 持续为 1 的时间	0x00
prescaler 1	[15:8]	该 8 位决定了定时器 2、3 和 4 的预分频值	0x00
prescaler 0	[7:0]	该 8 位决定了定时器 0 和 1 的预分频值	0x00

（2）定时器配置寄存器 1（TCFG1）

定时器配置寄存器 1 的具体描述如表 7.4 和表 7.5 所示。

表 7.4　定时器配置寄存器 1

寄存器	地址	R/W	描述	复位值
TCFG1	0x51000004	R/W	5 路多路选择器和 DMA 模式选择寄存器	0x00000000

表 7.5　定时器配置寄存器 1 各位描述

TCFG1	位	描述	初始状态
保留	[21:20]		00
DMA 模式	[19:18]	选择 DMA 请求通道： 0000=未选择（所有中断）；0001=定时器 0； 0010=定时器 1；0011=定时器 2；0100=定时器 3； 0101=定时器 4；0110=保留	00
MUX 4	[17:16]	选择 PWM 定时器 4 的选通输入： 0000=1/2；0001=1/4；0010=1/8； 0011=1/16；01xx=外部 TCLK1	00
MUX 3	[15:14]	选择 PWM 定时器 3 的选通输入： 0000=1/2；0001=1/4；0010=1/8； 0011=1/16；01xx=外部 TCLK1	00
MUX 2	[13:12]	选择 PWM 定时器 2 的选通输入： 0000=1/2；0001=1/4；0010=1/8； 0011=1/16；01xx=外部 TCLK1	00
MUX 1	[11:10]	选择 PWM 定时器 1 的选通输入： 0000=1/2；0001=1/4；0010=1/8； 0011=1/16；01xx=外部 TCLK1	00

TCFG1	位	描述	初始状态
MUX 0	[9:8]	选择 PWM 定时器 0 的选通输入： 0000=1/2；0001=1/4；0010=1/8； 0011=1/16；01xx=外部 TCLK1	00

（3）操控 PWM 的步骤

第一步：PWM 是通过引脚 TOUT0 输出的，而这个引脚是与 GPB0 复用的，因此需要把相应的引脚配置成 TOUT 输出。

第二步：设置定时器的输出时钟频率，它以 PCLK 为基准，再除以寄存器 TCFG0 的 prescaler 参数和用寄存器 TCFG1 配置的 divider 参数。

第三步：设置脉冲宽度，通过寄存器 TCNTBn 对寄存器 TCNTn 进行配置，TCNTn 递减计数，如果减到 0，则又自动重新装载 TCNTBn 中的数，重新开始计数。同时，寄存器 TCMPBn 作为比较寄存器与计数值进行比较，当 TCNTn 等于 TCMPBn 时，TOUTn 输出的电平会翻转，而当 TCNTn 减 0 时，电平再次翻转，周而复始。因此这一步的关键是设置寄存器 TCNTBn 和 TCMPBn，前者可以确定一个计数周期的时间长度，而后者可以确定方波的占空比。由于 S3C2440 的定时器具有双缓存，因此可以在定时器运行的状态下改变这两个寄存器的值，它会在下个周期开始有效。

第四步：对 PWM 的控制通过寄存器 TCON 实现，一般来说，每个定时器有 4 个位需要配置（定时器 0 多一个死区位）：启动/终止位，用于启动和终止定时器；手动更新位，用于手动更新 TCNTBn 和 TCMPBn，这里要注意的是，在定时开始时，一定要把这一位清零，否则是不能开启定时器的；输出反转位，用于改变输出的电平方向，使原先的高电平变为低电平，而低电平变为高电平；自动重载位，用于 TCNTn 减为 0 后重载 TCNTBn 中的值，当不再计数时，可以使自动重载无效，这样在 TCNTn 减为 0 后，不会有新的数加载给它，那么 TOUTn 输出会始终保持一个电平（输出反转位为 0 时，是高电平输出；输出反转位为 1 时，是低电平输出），这样就没有 PWM 功能了，因此这一位可以用于停止 PWM。

2. 编写驱动程序

设计 PWM 驱动程序，首先要配置各个寄存器，并且设置 PWM 的频率。代码如下：

```
1    static void PWM_Set_Freq( unsigned long freq )
2    {
3        unsigned long tcon;
4        unsigned long tcnt;
5        unsigned long tcfg1;
6        unsigned long tcfg0;
7        struct clk * clk_p;
8        unsigned long pclk;
```

```
9          s3c2410_gpio_cfgpin(S3C2410_GPB(0), S3C2410_GPB0_TOUT0);
10         tcon = __raw_readl(S3C2410_TCON);
11         tcfg1 = __raw_readl(S3C2410_TCFG1);
12         tcfg0 = __raw_readl(S3C2410_TCFG0);
13         tcfg0 &= ~S3C2410_TCFG_PRESCALER0_MASK;
14         tcfg0 |= (50-1);
15         tcfg1 &= ~S3C2410_TCFG1_MUX0_MASK;
16         tcfg1 |= S3C2410_TCFG1_MUX0_DIV16;
17         __raw_writel(tcfg1, S3C2410_TCFG1);
18         __raw_writel(tcfg0, S3C2410_TCFG0);
19         clk_p = clk_get(NULL, "pclk");
20         pclk = clk_get_rate(clk_p);
21         tcnt = (pclk/50/16)/freq;
22         __raw_writel(tcnt, S3C2410_TCNTB(0));
23         __raw_writel(tcnt/2, S3C2410_TCMPB(0));
24         tcon &= ~0x1f;
25         tcon |= 0xb;
26         __raw_writel(tcon, S3C2410_TCON);
27         tcon &= ~2;
28         __raw_writel(tcon, S3C2410_TCON);
29   }
```

程序第 9 行设置 GPB0 为 TOUT0，PWM 输出；第 10 行为读取定时器控制寄存器的值；第 11、12 行为读取定时器配置寄存器 1、0 的值；第 13、14 行为设置定时器 0 和 1 预分频值；第 16 行对定时器 0 进行 16 分割；第 17 行把 tcfg1 的值写入分割寄存器 S3C2410_TCFG1 中；第 18 行把 tcfg0 的值写入预分频寄存器 S3C2410_TCFG0 中；第 19、20 行开启对应时钟源，并获得频率值；第 21 行得到定时器输入时钟；第 22、23 行设置 PWM 的调制频率和占空比；第 24、25 行开启自动重载，关闭变相，更新 TCNTB0 和 TCMPB0，启动定时器 0；第 26～28 行把 tcon 写入计数器控制寄存器 S3C2410_TCON 中。

PWM 驱动程序实现的函数有 pwm_open( )、pwm_close( )和 pwm_ioctl( )，因此需要先注册一个 struct file_operations 结构变量，并把这些函数的入口地址分别赋值给该结构变量中对应的成员。这样当用户程序打开设备时，pwm_open( )被调用；关闭设备时，pwm_close( )被调用；发送控制信息给驱动程序时，pwm_ioctl( )被调用。PWM 设备驱动程序的 struct file_operations 结构变量声明方法如下：

```
1   static struct file_operations pwm_fops =
2   {
3       .owner = THIS_MODULE,
4       .open = pwm_open,
```

```
5        .release=pwm_close,
6        .ioctl=pwm_ioctl,
7    };
```

① pwm_open:在用户程序打开设备时,pwm_open( )检测是否获得信号量。

```
1    static int pwm_open(struct inode * inode, struct file * file)
2    {
3        if (!down_trylock(&lock))
4            return 0;
5        else
6            return -EBUSY;
7    }
```

② pwm_close:调用 pwm_stop( )函数,停止输出并释放占用的信号量。

```
1    static int pwm_close(struct inode * inode, struct file * file)
2    {
3        pwm_stop();
4        up(&lock);
5        return 0;
6    }
7    static void pwm_stop(void)
8    {
9        s3c2410_gpio_cfgpin(S3C2410_GPB(0), S3C2410_GPIO_OUTPUT);
10       s3c2410_gpio_setpin(S3C2410_GPB(0), 0);
11   }
```

③ pwm_ioctl:从用户空间获取命令,进行相应操作。

```
1    static int pwm_ioctl(struct inode * inode, struct file * file, unsigned int
2                        cmd,unsigned long arg)
3    {
4        switch(cmd)
5        {
6            case PWM_IOCTL_SET_FREQ:
7                if (arg == 0)
8                    return -EINVAL;
9                PWM_Set_Freq(arg);
10               break;
11           case PWM_IOCTL_STOP:
12               pwm_stop();
```

```
13              break;
14          }
15      return 0;
16  }
```

模块初始化和退出函数定义如下。

（1）模块初始化

当内核启动时，使用 module_init 宏指定驱动程序初始化函数。代码如下：

```
1   module_init(pwm_init);
```

模块初始化时进行设备注册，PWM 注册为 misc 设备，PWM_DEVNAME 为设备名称 pwm，用户程序使用这个名称来打开设备。pwm_fops 为 struct file_operations 结构，内核使用此结构定位驱动程序的操作函数。代码如下：

```
1   static int __init pwm_init(void)
2   {
3       int ret;
4       init_MUTEX(&lock);              //初始化一个互斥锁
5       ret=misc_register(&misc);       //注册一个 misc 设备
6       if(ret<0)
7       {
8           printk(DEVICE_NAME " register falid!\n");
9           return ret;
10      }
11      printk (DEVICE_NAME " initialized!\n");
12      return 0;
13  }
```

（2）模块退出

使用 module_exit 宏指定驱动程序的退出函数。代码如下：

```
1   module_exit(clean_buzzer);
```

模块卸载时需要注销设备。代码如下：

```
1   static void __exit pwm_exit(void)
2   {
3       misc_deregister(&misc);
4   }
```

3. 编译加载驱动程序

利用下面的 Makefile 文件编译驱动程序。

```
1  KERN_DIR=/work/armlinux/linux-2.6.32.2
2  all:
3  make -C $(KERN_DIR) M='pwd'modules
4  clean:
5  make -C $(KERN_DIR) M='pwd'modules clean
6  rm -rf modules.order
7  obj-m := mini2440_pwm.o
```

编译成功后,将驱动程序的模块文件下载到目标机,利用 insmod 命令加载驱动程序到内核中,命令如下:

```
1  #insmod mini2440_pwm.ko
```

4. 驱动测试程序

下面的程序用来测试 PWM 设备是否正常工作。

```
1   /*      ch7_12 驱动测试程序 pwm_test.c      */
2   #include <stdio.h>
3   #include <termios.h>                                //POSIX 终端控制定义
4   #include <unistd.h>                                 //UNIX 标准函数定义
5   #include <stdlib.h>
6   #define PWM_IOCTL_SET_FREQ 1
7   #define PWM_IOCTL_STOP 0
8   #define ESC_KEY 0x1b                                //定义 ESC_KEY 为 Esc 键的键值
9   static int getch(void)//定义函数在终端上获得输入,并把输入的量(int)返回
10  {
11      struct termios oldt,newt;                       //终端结构体 struct termios
12      int ch;
13      if (!isatty(STDIN_FILENO))                      //判断串口是否与标准输入相连
14      {
15          fprintf(stderr, "this problem should be run at a terminal\n");
16          exit(1);
17      }
18      if(tcgetattr(STDIN_FILENO, &oldt)<0)            //获取终端的设置参数
19      {
20          perror("save the terminal setting");
21          exit(1);
22      }
23      newt=oldt;
24      newt.c_lflag &= ~( ICANON | ECHO );
```

```
25        //控制终端编辑功能参数 ICANON 表示使用标准输入模式
26        //参数 ECHO 表示显示输入字符
27        if(tcsetattr(STDIN_FILENO,TCSANOW,&newt)<0)          //保存新的终端参数
28        {
29            perror("set terminal");
30            exit(1);
31        }
32        ch=getchar();
33        // restore termial setting
34        if(tcsetattr(STDIN_FILENO,TCSANOW,&oldt)<0)          //恢复保存旧的终端参数
35        {
36            perror("restore the terminal setting");
37            exit(1);
38        }
39        return ch;
40   }
41   static int fd=-1;
42   static void close_buzzer(void);
43   static void open_buzzer(void)                            //打开蜂鸣器
44   {
45        fd=open("/dev/pwm", 0);                             //打开 pwm 设备驱动文件
46        if (fd<0)
47        {
48            perror("open pwm_buzzer device");      //打开错误则终止进程,退出参数为1
49            exit(1);
50        }
51        // any function exit call will stop the buzzer
52        atexit(close_buzzer);                               //退出回调 close_buzzer
53   }
54   static void close_buzzer(void)                           //关闭蜂鸣器
55   {
56        if (fd >= 0)
57        {
58            ioctl(fd, PWM_IOCTL_STOP);                      //停止蜂鸣器
59            close(fd);                                      //关闭设备驱动文件
60            fd=-1;
61        }
62   }
```

```
63    static void set_buzzer_freq(int freq)
64    {
65        int ret=ioctl(fd, PWM_IOCTL_SET_FREQ, freq);              //设置频率
66        if(ret<0)                                                 //如果输入的频率错误
67        {
68            perror("set the frequency of the buzzer");
69            exit(1);                                              //退出,返回1
70        }
71    }
72    static void stop_buzzer(void)                                 //关闭蜂鸣器
73    {
74        int ret=ioctl(fd, PWM_IOCTL_STOP);
75        if(ret<0)
76        {
77            perror("stop the buzzer");
78            exit(1);
79        }
80    }
81    int main(int argc, char ** argv)
82    {
83        int freq=1000;
84        open_buzzer();                                            //打开蜂鸣器
85        printf( "\nBUZZER TEST ( PWMControl )\n" );
86        printf( "Press +/- to increase/reduce the frequency of the BUZZER\n" );
87        printf( "Press 'ESC' key to Exit this program\n\n" );
88        while(1)
89        {
90            int key;
91            set_buzzer_freq(freq);                                //设置蜂鸣器频率
92            printf( "\tFreq =%d\n", freq );
93            key=getch();
94            switch(key)
95            {
96                case '+':
97                    if( freq<20000 )
98                    freq += 10;
99                    break;
100               case '-':
101                    if( freq>11 )
```

```
102              freq -= 10 ;
103              break;
104          case ESC_KEY:
105          case EOF:
106              stop_buzzer();
107              exit(0);
108          default:
109              break;
110          }
111      }
112  }
```

　　在宿主机上通过配置好的交叉编译工具链交叉编译测试程序,生成可以在目标机运行的测试程序。在宿主机上运行 Windows 附件中自带的超级终端串口通信程序(波特率为 115 200、1位停止位、无检验位、无硬件流控制),或者使用其他串口通信程序。通过超级终端将生成的程序发送到目标机(或者使用其他通信设备发送),运行测试程序,观察蜂鸣器是否受到 PWM 控制并正常工作。

第 8 章　STM32F103 软件设计

STM32F103 是一款基于 Cortex-M3 内核设计的 32 位嵌入式处理器。该系列处理器的架构简单,工具简便易用,功耗较低并且价格易接受,同时还具有丰富的外设,能够满足医疗、工业以及消费类市场的各种应用需求。本章主要介绍基于 STM32F103 处理器的软件设计。

源代码:
第 8 章源代码

8.1　外部按键中断

中断在计算机系统中起着重要作用,它很大程度上缓解了 CPU 的压力,提高了 CPU 的执行效率。在中断出现之前,CPU 采用轮询方式对 I/O 设备进行服务,这使得 CPU 执行效率很低。如果某个 I/O 设备出现了某种异常,CPU 就无法处理其他 I/O 设备发来的请求;如果某些 I/O 设备需要更高优先级的服务,CPU 也无法对其迅速进行处理。中断的出现很好地解决了以上问题。本节设计了中断实例,系统上电后 LED 灯点亮,每按一次外部按键触发一次中断,在中断程序中反转 LED 灯的状态。

8.1.1　工作原理

1. LED

发光二极管(light emitting diode,LED)是半导体二极管的一种,由 PN 结构成,具有单向导电性。当向发光二极管提供正向电压时,从 P 区注入 N 区的空穴和由 N 区注入 P 区的电子移动到 PN 结附近数微米范围内,分别与 N 区的电子和 P 区的空穴复合,产生自发辐射的荧光。不同半导体材料中电子和空穴所处的能量状态不同,因此电子和空穴复合时释放出的能量多少也不同,释放出的能量越多,发出的光波长越短,因此不同化合物制成的发光二极管的发光颜色不同。例如,磷砷化镓二极管发红光,磷化镓二极管发绿光,碳化硅二极管发黄光。最常用的是发红光、绿光或黄光的二极管,这些发光二极管常作为仪器设备的指示灯使用。

2. 中断

STM32F103 处理器具有 16 个内核中断和 60 个可屏蔽中断,并内置嵌套向量中断控制器 NVIC。NVIC 通过中断优先级寄存器为各个中断进行优先级分组,以分配抢占优先级和响应优先级。抢占优先级也称为先占优先级,其概念与 51 单片机类似,即抢占优先级较高的中断可以在抢占优先级较低的中断处理过程中被响应。响应优先级也称为次占优先级,当两个抢占优先级相同的中断同时触发时,优先执行响应优先级较高的中断。如果两个中断的响应优先级也相同,则优先执行中断向量表中位置较高的中断。具体的中断处理流程如下所述。

① 用户程序初始化 NVIC,配置中断优先级并使能相关中断,开始正常运行用户程序。

② 中断被触发后,NVIC 判断该中断优先级,以决定中断执行顺序。

③ 将正在使用的寄存器及断点地址压入堆栈,保护现场。

④ 在中断向量表中找到中断服务程序的入口地址,跳转到中断服务程序。

⑤ 在中断服务程序中执行相应的中断处理,并清除中断标志。

⑥ 中断服务完成后,恢复现场,返回到断点处继续执行。

8.1.2　电路介绍

按键中断电路如图 8.1 所示,STM32F103 处理器的 PA2 引脚与 LED 相连,输出高电平时,LED 被点亮。PA1 引脚与按键相连,初始状态下,PA1 为高电平,不会触发中断。而当按键被按下时,PA1 由高电平变为低电平,产生下降沿,触发 PA1 引脚中断,程序随即跳转到中断服务程序,反转 LED 灯的状态。

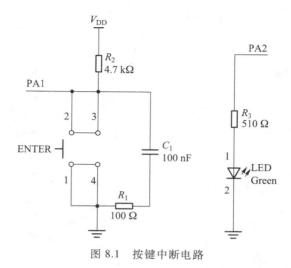

图 8.1 按键中断电路

8.1.3 软件设计

程序功能是按下按键使 LED 灯反转状态,首先定义相关宏,代码如下:

```
1   //使能端口时钟
2   #define LED_RCC_CLK_ENABLE()   __HAL_RCC_GPIOA_CLK_ENABLE()
3   #define LED_GPIO_PIN           GPIO_PIN_2        //定义 LED 引脚
4   #define LED_GPIO               GPIOA             //定义相应端口
5   #define LED_ON   HAL_GPIO_WritePin(LED_GPIO,LED_GPIO_PIN,GPIO_PIN_SET)
6   #define LED_OFF  HAL_GPIO_WritePin(LED_GPIO,LED_GPIO_PIN,GPIO_PIN_RESET)
7
8   #define LED_TOGGLE HAL_GPIO_TogglePin(LED_GPIO,LED_GPIO_PIN) //反转 LED
9   //使能端口时钟
10  #define KEY_RCC_CLK_ENABLE()   __HAL_RCC_GPIOA_CLK_ENABLE()
11  #define KEY_GPIO_PIN           GPIO_PIN_1        //定义按键引脚
12  #define KEY_GPIO               GPIOA             //定义相应端口
13  #define KEY_EXTI_IRQn          EXTI1_IRQn        //定义中断号
14  #define KEY_EXTI_IRQHandler    EXTI1_IRQHandler //定义中断服务程序
15  //读取按键状态,1 表示按键未按下,0 表示按键按下
16  #define KEY_State              HAL_GPIO_ReadPin(KEY_GPIO,KEY_GPIO_PIN)
```

然后编写延时函数 delay_us( )和 delay_ms( ),delay_us( )函数为微秒级延时,输入参数为 1时,延时约 1 μs;delay_ms( )函数为毫秒级延时,输入参数为 1 时,延时约 1 ms。函数代码如下

所示:

```
1    void delay_us(uint32_t nus)
2    {
3        uint32_t ticks, told, tnow, tcnt = 0, reload = SysTick->LOAD;
4        ticks = nus * 72;                      //HCLK=72 MHz,则在所需计数上乘以72
5        told = SysTick->VAL;                   //获取滴答时钟当前计数值,以计算延时间隔
6        while(1)
7        {
8            tnow = SysTick->VAL;               //获取滴答时钟当前计数值
9            if(tnow!=told)                     //若两个值不相等
10           {
11               if(tnow < told)                //若 tnow 小于 told
12                   tcnt += told-tnow;         //计算延时间隔
13               else                           //若 tnow 大于 told
14                   tcnt += reload-tnow+told;  //计算延时间隔
15               told = tnow;
16               if(tcnt >= ticks)
17                   break;                     //延时间隔满足需求时跳出循环
18           }
19       }
20   }
21   void delay_ms(uint16_t nms)
22   {
23       uint32_t i;
24       for(i = 0; i < nms; i++)               //循环 nms 次
25           delay_us(1000);                    //延时约 1 ms
26   }
```

下面初始化 LED 灯和按键,并初始化外部中断,代码如下:

```
1    void LED_GPIO_Init(void)
2    {
3        GPIO_InitTypeDef GPIO_InitStruct;                    //定义 GPIO 结构体
4        LED_RCC_CLK_ENABLE();                                //使能 LED 对应 I/O 端口的时钟
5        //输入低电平
6        HAL_GPIO_WritePin(LED_GPIO, LED_GPIO_PIN, GPIO_PIN_RESET);
7        GPIO_InitStruct.Pin = LED_GPIO_PIN;                  //设置 LED 对应的引脚
8        GPIO_InitStruct.Mode = GPIO_MODE_OUTPUT_PP;          //设置为输出模式
9        GPIO_InitStruct.Speed = GPIO_SPEED_FREQ_LOW;         //设置操作速度
10       HAL_GPIO_Init(LED_GPIO, &GPIO_InitStruct);           //初始化 LED 引脚
```

```
11    }
12    void KEY_GPIO_Init(void)
13    {
14        GPIO_InitTypeDef GPIO_InitStruct;                      //定义 GPIO 结构体
15        KEY_RCC_CLK_ENABLE();                                  //使能按键对应 I/O 端口的时钟
16        GPIO_InitStruct.Pin = KEY_GPIO_PIN;                    //设置按键对应的引脚
17        GPIO_InitStruct.Mode = GPIO_MODE_IT_FALLING;          //下降沿触发的外部中断模式
18        GPIO_InitStruct.Pull = GPIO_PULLUP;                   //设置为上拉模式
19        HAL_GPIO_Init(KEY_GPIO, &GPIO_InitStruct);           //初始化按键引脚
20        //EXTI 中断初始化
21        HAL_NVIC_SetPriority(KEY_EXTI_IRQn, 1, 0);           //设置中断优先级
22        HAL_NVIC_EnableIRQ(KEY_EXTI_IRQn);                   //使能中断
23    }
```

接下来编写中断服务程序和外部中断回调函数。中断服务程序 EXTI1_IRQHandler( )调用外部中断通用处理函数 HAL_GPIO_EXTI_IRQHandler( ),参数为 GPIO_PIN_1。外部中断通用处理函数的主要功能是清除中断标识位,然后调用外部中断回调函数 HAL_GPIO_EXTI_Callback( ),在该函数中实现 LED 灯的反转,代码如下:

```
1    void EXTI1_IRQHandler(void)
2    {
3        HAL_GPIO_EXTI_IRQHandler(GPIO_PIN_1);       //调用外部中断通用处理函数
4    }
5    void HAL_GPIO_EXTI_Callback(uint16_t GPIO_Pin)
6    {
7        if(GPIO_Pin == GPIO_PIN_1)                  //判断中断引脚是否为 GPIO_PIN_1
8        {
9            delay_ms(100);                          //按键去抖
10           if(KEY_State == 0)                      //若当前按键按下,则反转 LED 灯
11               LED_TOGGLE;
12       }
13   }
```

最后在主函数中初始化 LED 和按键,进入 while 循环等待按键按下。按键按下时,中断被触发,LED 灯的状态反转。代码如下:

```
1    int main(void)
2    {
3        HAL_Init();
4        SystemClock_Config();                       //系统时钟频率设置为 72 MHz
```

```
5        LED_GPIO_Init();              //初始化 LED
6        KEY_GPIO_Init();              //初始化按键
7        LED_ON;                       //点亮 LED
8        while(1){}                    //等待按键按下,按键按下时,中断被触发,LED 灯反转
9    }
```

运行程序,首先看到 LED 持续点亮,表明程序初始化完成,然后按下按键,可以看到 LED 灯立即反转,说明处理器顺利进入中断响应。

8.2 定时器中断

【教学课件】
定时器中断

定时器是 STM32 处理器的重要功能模块之一,在工业检测和控制领域中有广泛应用。STM32F103 处理器共有 11 个定时器,包括 2 个高级控制定时器、4 个通用定时器、2 个基本定时器、2 个看门狗定时器和 1 个系统滴答定时器。其中,通用定时器包含一个由可编程预分频器驱动的 16 位自动重载计数器,除了基本的定时功能外,还可用于输入捕捉、输出比较和生成 PWM 信号。本节设置通用定时器 TIM3 的定时时长为 1 s,控制 1 位共阴极数码管循环显示数字 0~9。

8.2.1 工作原理

1. 定时器

(1) 计数模式

通用定时器存在以下 3 种计数模式。

① 向上计数模式:计数器从 0 开始向上计数到预设值,然后产生溢出事件,并重新从 0 开始计数。

② 向下计数模式:计数器从预设值开始向下计数到 0,然后产生溢出事件,并重新从预设值开始计数。

③ 中央对齐模式:计数器从 0 开始向上计数到预设值,产生溢出事件,然后向下计数到 1,再次产生溢出事件,并重新从 0 开始向上计数,因此也被称为向上/向下计数模式。

(2) 时钟源

通用定时器有 4 种时钟源:内部时钟(CK_INT)、外部输入引脚(Tix)、外部触发输入(ETR)和内部触发输入(ITRx),基本定时功能一般采用内部时钟作为时钟源。通用定时器的时钟输入不是直接来自 APB1 总线,而是来自于 APB1 总线上的一个预分频器,对内部时钟进行分频。该预分频器将内部时钟频率分为两路,一路供定时器使用,另一路供其他外设使用。通过设置预分频器,APB1 在为通用定时器提供较高时钟频率的同时,还可以为其他外设提供较低的时钟频率。

(3) 定时时长

定时器的定时时长计算公式如下所示:

$$TIM\_Out = \frac{(TIM\_Period+1) \times (TIM\_Prescaler+1)}{TIM\_CLK}$$

其中,TIM_Out 为定时时长;TIM_Period 为预设值,可自动重新装载;TIM_Prescaler 为定时器内部预分频器的值;TIM_CLK 为定时器的输入时钟频率。例如,TIM_Period 为 35 999,TIM_Prescaler 为 1 999,定时器的输入时钟频率为 72 MHz,则定时时长为 1 s。

2. 数码管

数码管通常由 8 段发光二极管构成,其外形如图 8.2(a)所示,其中 a~g 这 7 段构成了数字 8 的形状,另外一段用 dp 表示,用来显示小数点。通常 8 段数码管按照内部接线方式的不同可以分为共阳极和共阴极两类,其结构如图 8.2(b)和图 8.2(c)所示。共阳极数码管内部的 8 段发光二极管的阳极连接在一起,阴极引向器件外部,工作时,将阳极一端接至电源正极,在某一段发光二极管的阴极上提供一个低电平,能够将其点亮,这样用 8 个引脚控制 8 个发光二极管的阴极,即可形成需要显示的数字或字符。共阴极数码管则将阴极连接在一起并接地,工作时,在某一段发光二极管的阳极上提供高电平,能够将其点亮。

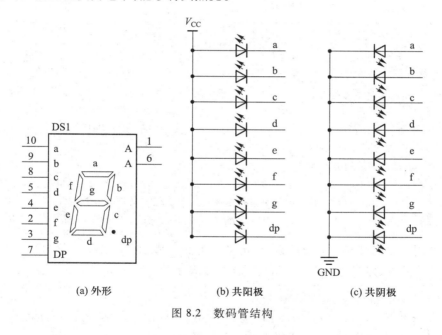

(a) 外形　　　　(b) 共阳极　　　　(c) 共阴极

图 8.2　数码管结构

8.2.2　电路介绍

数码管电路如图 8.3 所示,STM32F103 处理器的 $PC_0 \sim PC_6$ 这 7 个 I/O 端口分别与段选引脚 a~g 相连,用于点亮数码管。由于该数码管为共阴极数码管,其 K 引脚接地,因此当处理器的 I/O 端口输出高电平时,数码管被点亮。

315

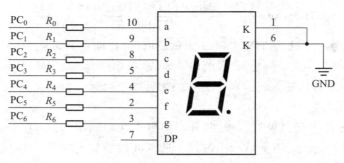

图 8.3　共阴极数码管电路

8.2.3　软件设计

程序通过通用定时器 TIM3 控制数码管循环显示数字 $0\sim9$。首先定义相关宏,其中使用 Display 的缩写 DPY 表示数码管。代码如下:

```
1   //使能所用端口时钟
2   #define DPY_RCC_CLK_ENABLE()  __HAL_RCC_GPIOC_CLK_ENABLE()
3   //定义控制数码管的端口位
4   #define DPY_GPIO_PIN (GPIO_PIN_0 |GPIO_PIN_1 |GPIO_PIN_2 |GPIO_PIN_3 |GPIO_PIN_
5                       4 |GPIO_PIN_5 |GPIO_PIN_6)
6   #define DPY_GPIO              GPIOC          //定义所用端口
7   #define GENERAL_TIMx          TIM3           //定义所用定时器
8   //定义定时器时钟使能语句
9   #define GENERAL_TIM_RCC_CLK_ENABLE()__HAL_RCC_TIM3_CLK_ENABLE()
10  #define GENERAL_TIM_PRESCALER 36000 -1       //定义定时器预分频值
11  #define GENERAL_TIM_PERIOD    2000-1         //定义定时器预设值
```

为了使共阴极数码管显示需要的数字,定义一个 table 数组,将其初始化为数字 $0\sim9$ 对应的数码管控制值。此外,定义计数器 counter,以便循环显示数字。相关代码如下:

```
1   //数字 0~9 对应的数码管控制值
2   uint8_t table[10]={0x3f,0x06,0x5b,0x4f,0x66,0x6d,0x7d,0x07,0x7f,0x67};
3   uint8_t counter = 0;//计数器,用于循环显示数字
```

接下来定义数码管初始化函数,对控制数码管的 I/O 端口进行设置,代码如下:

```
1   void DPY_GPIO_Init(void)
2   {
3       GPIO_InitTypeDef GPIO_Init;                //定义 GPIO 结构体
4       DPY_RCC_CLK_ENABLE ();                     //使能 GPIOC 时钟
5       GPIO_Init.Pin = DPY_GPIO_PIN;              //设置数码管引脚
```

```
 6        GPIO_Init.Mode = GPIO_MODE_OUTPUT_PP;                    //设置端口模式
 7        GPIO_Init.Pull = GPIO_PULLUP;                            //设置上拉模式
 8        GPIO_Init.Speed = GPIO_SPEED_FREQ_LOW;                   //设置端口速度
 9        HAL_GPIO_Init(DPY_GPIO, &GPIO_Init);                     //初始化数码管引脚
10        //熄灭数码管
11        HAL_GPIO_WritePin(DPY_GPIO, DPY_ GPIO_PIN, GPIO_PIN_RESET);
12   }
```

下面初始化通用定时器 TIM3,设置定时时长为 1 s。首先设置定时器 TIM3 的预分频值和预设值,并设置为向上计数模式;然后初始化定时器,并使能定时器中断。此外,还需要编写 HAL_TIM_Base_MspInit( )函数,以设置底层硬件。相关代码如下:

```
 1   TIM_HandleTypeDef htimx;                                     //定义 TIM3 结构体
 2   void GENERAL_TIMx_Init(void)
 3   {
 4       htimx.Instance=GENERAL_TIMx;                             //通用定时器 TIM3
 5       htimx.Init.Prescaler=GENERAL_TIM_PRESCALER;              //设置预分频值
 6       htimx.Init.CounterMode=TIM_COUNTERMODE_UP;               //向上计数模式
 7       htimx.Init.Period=GENERAL_TIM_PERIOD;                    //设置预设值
 8       htimx.Init.ClockDivision=TIM_CLOCKDIVISION_DIV1;         //时钟分频因子
 9       if (HAL_TIM_Base_Init(&htimx) != HAL_OK)                 //初始化定时器 TIM3
10           Error_Handler();
11       //使能定时器中断并开启更新中断
12       if (HAL_TIM_Base_Start_IT(&htimx) != HAL_OK)
13           Error_Handler();
14   }
15   //初始化底层硬件,会被 HAL_TIM_Base_Init()函数调用
16   void HAL_TIM_Base_MspInit(TIM_HandleTypeDef * htim)
17   {
18       if(htim->Instance==TIM3)
19       {
20           GENERAL_TIM_RCC_CLK_ENABLE();                        //使能 TIM3 时钟
21           HAL_NVIC_SetPriority(TIM3_IRQn,1,3);                 //设置中断优先级
22           HAL_NVIC_EnableIRQ(TIM3_IRQn);                       //开启 TIM3 中断
23       }
24   }
```

然后编写数码管显示函数 DPY_Display( ),该函数调用 GPIO_WritePin( )函数输出数字对应的数码管控制值,使数码管显示相应数字。代码如下:

```
1    void DPY_Display(uint8_t num)
2    {
3        GPIO_WritePin(DPY_GPIO, DPY_GPIO_PIN, table[num]);  //输出数码管控制值
4    }
5    void GPIO_WritePin(GPIO_TypeDef * GPIOx, uint16_t GPIO_Pin, uint16_t PortVal)
6    {
7        assert_param(IS_GPIO_PIN(GPIO_Pin));        //检查待设置端口位
8        GPIOx->ODR = PortVal;                       //将数码管控制值赋给输出数据寄存器
9    }
```

接下来编写中断服务程序和定时器更新中断回调函数。中断服务程序调用定时器中断通用处理函数 HAL_TIM_IRQHandler( ),参数为 htimx,即 TIM3 中断。定时器中断通用处理函数的主要功能是清除中断标识位,然后调用定时器更新中断回调函数 HAL_TIM_PeriodElapsedCallback( ),在该函数中实现数码管循环显示数字 0~9。代码如下:

```
1    void TIM3_IRQHandler(void)
2    {
3        HAL_TIM_IRQHandler(&htimx);             //调用定时器中断通用处理函数
4    }
5    void HAL_TIM_PeriodElapsedCallback(TIM_HandleTypeDef * htim)
6    {
7        DPY_Display(counter);                   //使数码管显示相应数字
8        counter++;                              //计数器,使数码管循环显示数字 0~9
9        if(counter == 10)                       //重新开始循环
10           counter = 0;
11   }
```

最后在主函数中初始化相应函数,并等待定时器中断发生,以循环显示数字 0~9。代码如下:

```
1    int main(void)
2    {
3        HAL_Init();                             //初始化 HAL 库
4        SystemClock_Config();                   //时钟频率为 72 MHz
5        DPY_GPIO_Init();                        //初始化数码管
6        GENERAL_TIMx_Init();                    //初始化定时器
7        while (1){}                             //数码管循环显示数字 0~9
8    }
```

运行程序,可以看到数码管以 1 s 的间隔循环显示数字 0~9。

8.3 PWM 流水灯

【教学课件】
PWM 流水灯

脉宽调制(pulse-width modulation,PWM)是嵌入式系统的常用功能之一,通过微处理器的数字输出有效地控制模拟电路,无须进行 D/A 转换,从而最大限度地降低信号噪声。此外,PWM 具有操控灵活简单、动态响应出众等优点,广泛应用于电力、电子技术等行业。

本节通过通用定时器 TIM3 产生 PWM 信号,由处理器的 PB5 引脚与 LED 灯相连,输出高电平时点亮 LED 灯。首先将 1 s 划分为 100 个时间间隔,每个时间间隔为 10 ms,调节 PB5 引脚输出电平的占空比,使高电平占比从 0% 逐渐增加至 100%,每个时间间隔增加 1%,因此 LED 灯将在 1 s 内由熄灭状态逐渐变为最亮状态。在下一秒内,每隔 10 ms 将占空比降低 1%,因此下一秒结束时,LED 灯完全熄灭。如此循环执行,实现呼吸灯的效果。

8.3.1 工作原理

STM32 处理器通过定时器产生 PWM 信号,每个定时器有 4 个通道,每个通道有 1 个捕获/比较寄存器,通过将计数器值 TIMx_CNT 与捕获/比较寄存器值 TIMx_CCRx 进行比较,据此输出高低电平,产生 PWM 信号。捕获/比较寄存器可设置两种 PWM 模式。

1. PWM 模式 1

在向上计数时,如果 TIMx_CNT<TIMx_CCRx,通道输出有效电平,否则输出无效电平;在向下计数时,如果 TIMx_CNT>TIMx_CCRx,通道输出无效电平,否则输出有效电平。

2. PWM 模式 2

在向上计数时,如果 TIMx_CNT<TIMx_CCRx,通道输出无效电平,否则输出有效电平;在向下计数时,如果 TIMx_CNT>TIMx_CCRx,通道输出有效电平,否则输出无效电平。

捕获/比较寄存器可设置输出的有效或无效电平为高电平或低电平。PWM 实现步骤如下。

① 使能定时器时钟和相关 I/O 端口时钟。

② 初始化 I/O 端口为复用功能输出模式。

③ 初始化定时器,设置相关通道为 PWM 模式。

④ 使能通道,产生 PWM 信号。

⑤ 改变比较值 TIMx_CCRx,以调节 PWM 的占空比。

8.3.2 软件设计

程序的功能是通过定时器 TIM3 产生 PWM 信号,控制 LED 灯的亮度变化,LED 灯的电路图可参考图 8.1。首先定义相关宏,代码如下:

```
1   //定义定时器时钟使能语句
2   #define GENERAL_TIM_RCC_CLK_ENABLE()    __HAL_RCC_TIM3_CLK_ENABLE()
3   //定义所用端口时钟使能语句
```

```
4    #define GENERAL_TIM_GPIO_RCC_CLK_ENABLE()    __HAL_RCC_GPIOB_CLK_ENABLE()
5    //定义引脚复用时钟使能语句
6    #define GENERAL_TIM_GPIO_AFIO_CLK_ENABLE()    __HAL_RCC_AFIO_CLK_ENABLE()
7    //定义定时器部分映射时钟使能语句
8    #define GENERAL_TIM_AFIO_REMAP_CLK_ENABLE()  __HAL_AFIO_REMAP_TIM3_PARTIAL()
9    #define GENERAL_TIMx                TIM3          //定义所用定时器
10   #define GENERAL_TIM_CH2_PORT        GPIOB         //定义通道2的相应端口
11   #define GENERAL_TIM_CH2_PIN         GPIO_PIN_5    //定义相应引脚
12   #define GENERAL_TIM_PRESCALER       0             //定义定时器预分频值
13   #define GENERAL_TIM_PERIOD          100           //定义定时器预设值
```

下面初始化定时器 TIM3,使能定时器时钟和相关 I/O 端口时钟,初始化 I/O 端口为复用功能输出模式,并设置通道 2 为 PWM 模式 1,使能通道 2 输出 PWM 信号。代码如下:

```
1    //初始化定时器硬件配置,可被 HAL_TIM_PWM_Init()函数调用
2    void HAL_TIM_PWM_MspInit(TIM_HandleTypeDef * htim)
3    {
4        GPIO_InitTypeDef GPIO_InitStructure;                    //定义 GPIO 结构体
5        GENERAL_TIM_RCC_CLK_ENABLE();                          //使能定时器时钟
6        GENERAL_TIM_GPIO_RCC_CLK_ENABLE();                     //使能定时器通道端口时钟
7        GENERAL_TIM_GPIO_AFIO_CLK_ENABLE();                    //使能引脚复用时钟
8        GENERAL_TIM_AFIO_REMAP_CLK_ENABLE();                   //使能定时器部分重映射时钟
9        //定时器通道2功能引脚初始化
10       GPIO_InitStructure.Pin = GENERAL_TIM_CH2_PIN;          //设置通道2对应的端口号
11       GPIO_InitStructure.Mode = GPIO_MODE_AF_PP;             //复用推挽模式
12       GPIO_InitStructure.Pull = GPIO_PULLUP;                 //上拉模式
13       GPIO_InitStructure.Speed = GPIO_SPEED_FREQ_LOW;   //设置操作速度
14       HAL_GPIO_Init(GENERAL_TIM_CH2_PORT,&GPIO_InitStructure);   //初始化引脚
15   }
16   void GENERAL_TIMx_Init(void)
17   {
18       TIM_HandleTypeDef htimx;                               //定义定时器结构体
19       TIM_OC_InitTypeDef sConfigOC;                          //定义输出比较结构体
20       htimx.Instance = GENERAL_TIMx;                         //配置所用定时器
21       htimx.Init.Prescaler = GENERAL_TIM_PRESCALER;     //设置预分频值
22       htimx.Init.CounterMode = TIM_COUNTERMODE_UP;      //向上计数模式
23       htimx.Init.Period = GENERAL_TIM_PERIOD;               //设置预设值
24       htimx.Init.ClockDivision = TIM_CLOCKDIVISION_DIV1;   //时钟分频因子
25       htimx.Init.RepetitionCounter = 0;                     //设置重复计数器值
26       HAL_TIM_PWM_Init(&htimx);                             //定时器 PWM 初始化
```

```
27
28      sConfigOC.OCMode = TIM_OCMODE_PWM1;        //选择 PWM 模式 1
29      sConfigOC.Pulse = 0;                       //设置待装入捕获/比较寄存器的脉冲值
30      sConfigOC.OCPolarity = TIM_OCPOLARITY_LOW;  //设置极性-有效为低电平
31      //配置通道
32      HAL_TIM_PWM_ConfigChannel(&htimx, &sConfigOC, TIM_CHANNEL_2);
33      //打开定时器通道 2,开始生成 PWM
34      HAL_TIM_PWM_Start(&htimx, TIM_CHANNEL_2);
35  }
```

然后编写函数改变 TIM3 捕获/比较寄存器 CCR2 的比较值,以调节 PWM 的占空比。代码如下:

```
1  void TIM_SetTIM3Compare2(uint32_t compare)
2  {
3      TIM3->CCR2 = compare;                       //调节 PWM 的占空比
4  }
```

最后在主函数中调用 TIM_SetTIM3Compare2( )函数,修改 PWM 的占空比,实现 LED 灯的亮度变化。代码如下:

```
1  int main(void)
2  {
3      HAL_Init();                        //初始化 HAL 库
4      SystemClock_Config();              //时钟频率 72 MHz
5      uint8_t dir = 1;                   //0 表示高电平占比减少,LED 灯变暗;1 相反
6      uint16_t Led_pwm = 0;              //改变 PWM 占空比
7      GENERAL_TIMx_Init();               //通用定时器初始化
8      while(1)                           //PWM 控制 LED 灯由暗变亮,再由亮变暗;循环变化
9      {
10         TIM_SetTIM3Compare2(Led_pwm);  //改变比较值,调节 PWM 占空比
11         if(dir)                        //若 dir 为 1
12             Led_pwm+=1;                //由暗变亮
13         else                           //若 dir 为 0
14             Led_pwm-=1;                //由亮变暗
15         if(Led_pwm >= 100)             //若占空比达到 100
16             dir = 0;                   //已达到最亮,开始变暗
17         if(Led_pwm == 0)               //若占空比为 0
18             dir = 1;                   //已达到最暗,开始变亮
19         delay_ms(10);                  //延时约 10 ms
```

```
20          }
21  }
```

运行程序时,可以看到 LED 灯在一秒内由暗变亮,下一秒内由亮变暗,如此循环显示。

8.4 LED 点阵

LED 点阵显示屏由若干按矩阵排列的发光二极管组成,其显示方式可分为静态显示和动态显示两种:静态显示通过 I/O 端口对显示屏内部每个发光二极管的行、列引脚进行控制,实现点阵的显示工作,由于二极管的行、列引脚都分别由不同的 I/O 端口控制,因此,使用这种显示方式的点阵原理简单,软件控制方便,但硬件接线复杂;动态显示采用扫描方式,先将点阵逐行(列)选通,然后控制选通行(列)中多个发光二极管的亮灭,进而实现点阵的显示工作,此种方式的软件控制比静态显示方式的软件控制复杂,但硬件连接简单,在实际应用中一般采用动态显示方式控制点阵。由于 LED 显示屏具有亮度高、寿命长和性能稳定等优点,因此被广泛应用于汽车报站器、广告屏等大屏幕显示场合。

本节将介绍 LED 点阵的基本工作原理,并在 LED 点阵上循环显示"一""帆""风""顺"4 个汉字,由定时器控制每个汉字显示 1 s。

8.4.1 工作原理

1. LED 点阵

图 8.4 所示为 4×4 LED 点阵显示屏,由 16 个发光二极管组成,每个发光二极管放置在行列的交叉点上,通过控制每个二极管的亮灭,可以实现点阵的显示功能。

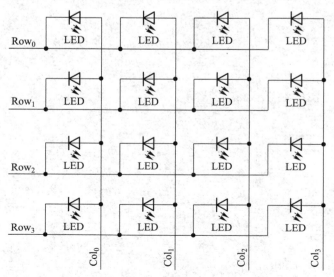

图 8.4 LED 点阵显示屏结构原理

图 8.4 中的 $Row_0 \sim Row_3$ 为点阵的行控制线，$Col_0 \sim Col_3$ 为点阵的列控制线。每个二极管的行控制和列控制均对应 4 位二进制数中的 1 位，当点阵的某根行控制线被置为低电平、某根列控制线被置为高电平时，在行列控制线交叉处的二极管就会被点亮。为了用点阵显示信息，需要建立数据显示文件，由该文件控制点阵中每一个发光二极管的亮灭，从而完成对所需内容的显示。例如，用 4×4 LED 点阵实现字符"1"的显示，可以建立一个数组 ASCII[4] = {0xF,0x0,0xF,0xF}，在时刻 0，将 Col_0 置高电平，Col_1、Col_2、Col_3 置低电平，将 ASCII[0]赋给 $Row_0 \sim Row_3$，Col_0 列上的发光二极管全部熄灭；在时刻 1，将 Col_1 置高电平，Col_0、Col_2、Col_3 置低电平，将 ASCII[1]赋给

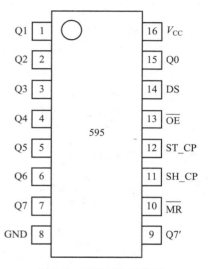

$Row_0 \sim Row_3$，Col_1 列上的发光二极管全部点亮；在时刻 2，将 Col_2 置高电平，Col_0、Col_1、Col_3 置低电平，将 ASCII[2]赋给 $Row_0 \sim Row_3$，Col_2 列上的发光二极管全部熄灭；在时刻 3，将 Col_3 置高电平，Col_0、Col_1、Col_2 置低电平，将 ASCII[3]赋给 $Row_0 \sim Row_3$，Col_3 列上的发光二极管全部熄灭，由于点阵扫描速度很快，因此可以显示稳定的字符"1"。用点阵方式构成图形或字符时，可以根据实际需要对数据显示文件进行任意组合和变化，只要设计好合适的数据显示文件，就可以得到满意的显示效果。对于字符、数字和汉字的显示，其数据显示文件可以采用现行计算机通用的字库字模。

图 8.5　74HC595 引脚图

2. 74HC595

74HC595 是一款高速 CMOS 器件，带有 8 位移位寄存器和存储寄存器，能够将串行输入转换为并行输出，其引脚图如图 8.5 所示。

其引脚标号与引脚功能的对应关系如表 8.1 所示。

表 8.1　74HC595 引脚说明

符号	引脚	描述
V_{CC}	16	电源
Q0 ~ Q7	15,7 ~ 1	并行数据输出
DS	14	串行数据输入
$\overline{OE}$	13	输出使能（低电平有效）
ST_CP	12	输出存储器锁存时钟线
SH_CP	11	移位寄存器时钟输入
$\overline{MR}$	10	移位寄存器清零（低电平有效）
Q7′	9	串行数据输出
GND	8	地

74HC595 可作为数码管显示驱动，主要功能是将串行数据线上提供的串行数据输入转换为

并行输出,该过程通过移位实现。在移位时钟信号 SH_CP 的上升沿,74HC595 采集串行数据 DS 引脚信号,将信号移入移位寄存器中;在输出时钟信号 ST_CP 的上升沿,移位寄存器中的内容被送入输出存储寄存器并输出到 Q0～Q7 引脚上。因此,在进行 8 位数据传输时,SH_CP 引脚连接时钟,DS 引脚连接串行输入数据,数据的最高位应在 SH_CP 产生上升沿之前传输到 DS 引脚上,并在下一个上升沿之前将数据的下一位送到 DS 引脚上,8 个时钟周期后,移位寄存器中保存一个 8 位的数据,在 ST_CP 引脚的下一个上升沿将数据送到输出存储寄存器中并输出。

8.4.2 电路介绍

点阵电路设计如图 8.6 所示。图中的 DS 与 STM32F103 处理器的 PB15 引脚相连,可通过该引脚向 74HC595 芯片发送数据;SH_CP 与 PB13 引脚相连,控制 74HC595 芯片移位寄存器的时钟信号;ST_CP 与 PB12 引脚相连,控制 74HC595 芯片输出存储器的时钟信号。

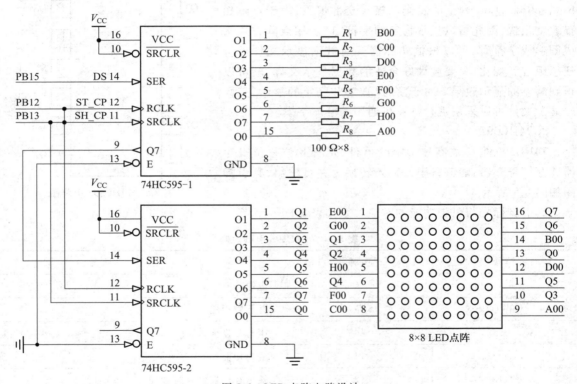

图 8.6　LED 点阵电路设计

通过图 8.6 可以发现,8×8 LED 点阵的控制是通过两个 74HC595 芯片级联完成的,74HC595-1 的串行输出端(Q7)与 74HC595-2 的串行输入端相连,使得 74HC595 的输出数据线数量由 8 位扩展为 16 位。在保证 LED 点阵正常显示需求的前提下,这种方式仅仅使用处理器的 3 个 I/O 端口即可完成对 8×8 LED 点阵的控制,这使得电路被大大简化,同时通过这种级联的方式也可以在不增加 I/O 端口数量的基础上完成对数据线位数的扩充。图 8.6 中的两片 74HC595 芯片分别完成对点阵行线和列线的控制,74HC595-1 控制点阵行线,74HC595-2 控制点阵列线。

8.4.3 软件设计

程序的功能是在 8×8 的 LED 点阵上循环显示"一""帆""风""顺"4 个汉字,需要设计程序控制 8×8 LED 点阵的 8 根行线和 8 根列线。首先发送列信号,向两片 74HC595 的移位寄存器时钟引脚同时发送一个上升沿信号,两片 74HC595 的数据即整体右移一位,当循环 8 次后,列信号被存于 74HC595-1 的移位寄存器中。然后发送行信号,重复上述步骤,循环 8 次后,列信号被移至 74HC595-2 的移位寄存器中,而行信号则存于 74HC595-1 的移位寄存器中。随后向两片74HC595 的输出存储器时钟引脚同时发送一个上升沿信号,两片 74HC595 即向 LED 点阵输出保存的行列数据,可完成点阵中一列 LED 的显示控制,其余列的显示控制方式与上述过程完全相同。虽然 8 列 LED 实际上是依次工作,但是由于各列的显示间隔非常小,人眼难以区分,因此显示效果是 LED 的各列同时工作,显示一个完整图案。本例通过定时器中断来更换 LED 点阵显示的汉字,定时时长为 1 s,即每个图案显示 1 s。

下面详细分析 8×8 LED 点阵显示的主要代码。首先,定义各个 I/O 引脚及定时器的相关宏,方便程序的调用,代码如下:

```
 1  //定义定时器时钟使能语句
 2  #define GENERAL_TIM_RCC_CLK_ENABLE()   __HAL_RCC_TIM3_CLK_ENABLE()
 3  #define GENERAL_TIMx              TIM3           //定义所用定时器
 4  #define GENERAL_TIM_PRESCALER     36000-1        //定义定时器预分频值
 5  #define GENERAL_TIM_PERIOD        2000-1         //定义定时器预设值
 6  #define SHCP_GPIO_PORT            GPIOB          //移位寄存器时钟输入端口
 7  #define SHCP_GPIO_PIN             GPIO_PIN_13    //移位寄存器时钟输入引脚
 8  #define STCP_GPIO_PORT            GPIOB          //输出存储器锁存时钟输入端口
 9  #define STCP_GPIO_PIN             GPIO_PIN_12    //输出存储器锁存时钟输入引脚
10  #define DS_GPIO_PORT              GPIOB          //串行数据输入端口
11  #define DS_GPIO_PIN               GPIO_PIN_15    //串行数据输入引脚
12  //定义所用端口的时钟使能语句
13  #define HC595_RCC_CLK_ENABLE   __HAL_RCC_GPIOB_CLK_ENABLE
14  #define HC595_SHCP_Low()   HAL_GPIO_WritePin(SHCP_GPIO_PORT,
15                     SHCP_GPIO_PI,GPIO_PIN_RESET)  //SHCP 引脚置低电平
16  #define HC595_SHCP_High()  HAL_GPIO_WritePin(SHCP_GPIO_PORT,
17                     SHCP_GPIO_PIN,GPIO_PIN_SET)   //SHCP 引脚置高电平
18  #define HC595_STCP_Low()   HAL_GPIO_WritePin(STCP_GPIO_PORT,
19                     STCP_GPIO_PIN, GPIO_PIN_RESET)//STCP 引脚置低电平
20  #define HC595_STCP_High()  HAL_GPIO_WritePin(STCP_GPIO_PORT,
21                     STCP_GPIO_PIN,GPIO_PIN_SET)    //STCP 引脚置高电平
22  #define HC595_DS_Low()    HAL_GPIO_WritePin(DS_GPIO_PORT,DS_GPIO_PIN,
```

```
23                                          GPIO_PIN_RESET)        //DS 引脚置低电平
24  #define HC595_DS_High()    HAL_GPIO_WritePin(DS_GPIO_PORT,DS_GPIO_PIN,
25                                          GPIO_PIN_SET)          //DS 引脚置高电平
```

定义需要显示的字模、列选通信号以及一些会使用到的变量,代码如下:

```
 1  uint8_t digit_tab[4][8] =                              //每一行为 1 个字的字模
 2  {
 3      {0x00,0x08,0x08,0x08,0x08,0x08,0x08,0x00},          //"一"的字模
 4      {0x00,0x3C,0xFF,0xBC,0x7F,0x11,0x7F,0xC0},          //"帆"的字模
 5      {0x00,0x40,0x3F,0x15,0x09,0x15,0x7F,0x60},          //"风"的字模
 6      {0x7F,0x3C,0x7E,0x5D,0x25,0x1F,0x25,0x5D},          //"顺"的字模
 7  };
 8  //column_tab 数组用来选通相应的列
 9  uint8_t column_tab[]={0xfe,0xfd,0xfb,0xf7,0xef,0xdf,0xbf,0x7f,};
10  uint8_t column_count;                                   //列计数
11  uint8_t display_count;                                  //点阵字符显示计数
```

下面编写 74HC595 的初始化函数,初始化相应引脚,同时设置引脚为输出模式。函数代码如下:

```
 1  void HC595_GPIO_Init(void)
 2  {
 3      GPIO_InitTypeDef GPIO_InitStruct;                   //定义 GPIO 结构体
 4      HC595_RCC_CLK_ENABLE();                             //使能 HC595 时钟
 5      GPIO_InitStruct.Mode = GPIO_MODE_OUTPUT_PP;         //设置为输出模式
 6      GPIO_InitStruct.Speed = GPIO_SPEED_FREQ_LOW;        //设置操作速度
 7      GPIO_InitStruct.Pin = SHCP_GPIO_PIN;                //设置 SHCP 引脚
 8      HAL_GPIO_Init(SHCP_GPIO_PORT, &GPIO_InitStruct);    //初始化 SHCP 引脚
 9      GPIO_InitStruct.Pin = STCP_GPIO_PIN;                //设置 STCP 引脚
10      HAL_GPIO_Init(STCP_GPIO_PORT, &GPIO_InitStruct);    //初始化 STCP 引脚
11      GPIO_InitStruct.Pin = DS_GPIO_PIN;                  //设置 DS 引脚
12      HAL_GPIO_Init(DS_GPIO_PORT, &GPIO_InitStruct);      //初始化 DS 引脚
13      //引脚初始状态置低电平,便于产生上升沿
14      HAL_GPIO_WritePin(SHCP_GPIO_PORT, SHCP_GPIO_PIN, GPIO_PIN_RESET);
15      HAL_GPIO_WritePin(STCP_GPIO_PORT, STCP_GPIO_PIN, GPIO_PIN_RESET);
16      HAL_GPIO_WritePin(DS_GPIO_PORT, DS_GPIO_PIN, GPIO_PIN_RESET);
17  }
```

编写 HC595_In_Byte( ) 函数和 HC595_Out( ) 函数。HC595_In_Byte( ) 函数完成向 74HC595 芯片发送 8 位数据的功能,该函数接收一个 8 位的数据为参数,将该数据从高位到低位依次移入

74HC595 芯片。HC595_Out（ ）函数完成点阵一列的显示功能，代码结构十分简单，仅仅在 74HC595 芯片存储寄存器上产生一个上升沿信号，就可以将存放于 74HC595 芯片中的数据并行输出到点阵。函数代码如下：

```
1   void HC595_In_Byte(uint8_t byte)
2   {
3       uint8_t i;
4       for(i=0; i<8; i++)                      //循环8次，从高到低依次传送1个字节数据
5       {
6           HC595_SHCP_Low();                   //SHCP拉低，便于产生上升沿
7           if(byte & 0x80)                     //先传输高位，通过"与"运算判断最高位是否为1
8               HC595_DS_High();                //若最高位为1，则串行输入1
9           else                                //若最高位为0
10              HC595_DS_Low();                 //串行输入0
11          HC595_SHCP_High();                  //SHCP拉高，产生上升沿，将当前位送入移位寄存器
12          byte <<= 1;                         //左移一位重复上述操作
13      }
14  }
15  void HC595_Out(void)
16  {
17      HC595_STCP_Low();                       //将STCP引脚置低电平，便于产生上升沿
18      HC595_STCP_High();                      //STCP产生上升沿，将数据并行输出
19  }
```

编写点阵显示函数，该函数不断点亮各个列的 LED，显示图案，当某图案显示一定的时间后，开始显示下一个图案。函数代码如下：

```
1   void Matrix_Display(void)
2   {
3       HC595_In_Byte(column_tab[column_count]);                      //发送列选通信号
4       HC595_In_Byte(digit_tab[display_count][column_count]);       //发送行选通信号
5       HC595_Out();                                                 //点阵显示，每次显示一列
6       column_count++;                                              //列计数
7       if(column_count==8)                                          //若显示8列，即完成
8           column_count=0;                                          //从头显示该字符
9   }
```

定时器相关函数可参考 8.2.3 节，定时时长为 1 s。在定时器更新中断回调函数中更换 LED 点阵显示的图案，代码如下：

```
1    void HAL_TIM_PeriodElapsedCallback(TIM_HandleTypeDef * htim)
2    {
3        display_count++;                    //每个图案显示 1 s,然后显示下一个图案
4        if(display_count == 4)             //重新开始循环
5            display_count = 0;
6    }
```

最后在主函数中初始化 74HC595,并循环调用点阵显示函数,循环显示"一""帆""风""顺" 4 个汉字。代码如下:

```
1    int main(void)
2    {
3        HAL_Init();                        //初始化 HAL 库
4        SystemClock_Config();              //系统时钟频率为 72 MHz
5        HC595_GPIO_Init();                 //74HC595 初始化
6        GENERAL_TIMx_Init();               //定时器初始化
7        while(1)                           //循环显示"一""帆""风""顺"
8            Matrix_Display();              //显示汉字
9    }
```

运行程序,可以看到 LED 点阵以 1 s 为间隔循环显示汉字"一""帆""风""顺"。

8.5　步 进 电 机

步进电机又称为阶跃电动机或脉冲电动机,其功能是将电脉冲信号转变为线位移或角位移。电机的转速、停止位置只取决于脉冲数和脉冲信号的频率,不受负载变化的影响,每输入一个脉冲信号,电机即转过一个步距角。步进电机只有周期误差而无累积误差,因此广泛应用于位置和速度控制领域。本节通过定时器控制步进电机旋转,使转轴先顺时针转动一圈,再逆时针转动一圈,转速约 7.3 r/min。

8.5.1　工作原理

1. 步进电机分类

步进电机可分为 3 类:磁阻式步进电机、永磁式步进电机和混合式步进电机。

(1) 磁阻式步进电机

磁阻式步进电机也称为反应式步进电机,其转子采用软磁材料,具有结构简单、步距角小、运行频率高等优点,但功耗较大,效率较低,动态性能较差。图 8.7 所示为三相单三拍磁阻式步进电机的工作原理。该电机定子由 A 相、B 相和 C 相等 3 个绕组组成,当 A 相绕组通电时,会达到如图 8.7(a)所示的稳定状态;当 B 相绕组通电时,转子逆时针旋转 30°,达到如图 8.7(b)所示的稳定状态;当 C 相通电时,转子又逆时针旋转 30°,达到如图 8.7(c)所示的稳定状态,这样转子按

照 A-B-C 的顺序不断重复,即实现步进电机的转动。除单三拍方式之外,该电机还有双三拍方式和六拍方式,步距角分别为 30° 和 15°。

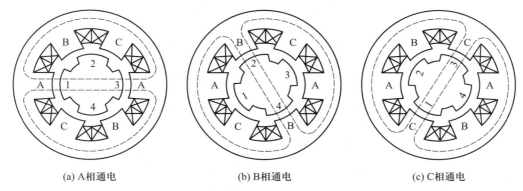

(a) A相通电   (b) B相通电   (c) C相通电

图 8.7   三相单三拍磁阻式步进电机

（2）永磁式步进电机

永磁式步进电机的转子采用永磁材料,具有成本低、效率高、电流小、动态性能好等优点,但步距角一般较大。该电机具有较强的反电势,其自身阻尼作用比较好,在运转过程中比较平稳,并且噪声低,低频振动小。四相永磁式步进电机如图 8.8 所示,有 2 对绕组和 8 个极靴。

（3）混合式步进电机

混合式步进电机结合了磁阻式和永磁式步进电机的优点,转子采用轴向磁化的磁铁,具有转矩大、步距角小、动态性能好等优点,但结构较复杂,成本较高。混合式步进电机分为两相步进电机和五相步进电机,步距角分别为 1.8° 和 0.72°。

2. ULN2003

ULN2003 由 7 个 NPN 达林顿管组成,每个达林顿管都串联一个基极电阻,可在 5 V 的工作电压下与 CMOS 或 TTL 电路相连。其工作电压高,电流大,灌电流可达 500 mA,结构如图 8.9 所示。

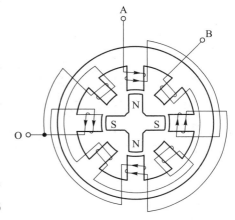

图 8.8   四相永磁式步进电机

8.5.2   电路介绍

步进电机的电路原理如图 8.10 所示。STM32F103 处理器的引脚 PG6 ~ PG9 通过 J1 与 ULN2003 的输入引脚 4~7 相连,依次命名该 4 个引脚为 MOTOR1、MOTOR2、MOTOR3 和 MOTOR4,然后经达林顿管放大电流,通过输出引脚 10~13 控制步进电机。本例使用的步进电机型号是 28BYJ-48,其 4 个输入引脚 A~D 和电源引脚分别接图中 J2 的引脚 4~8。

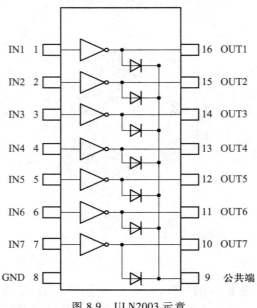

图 8.9　ULN2003 示意

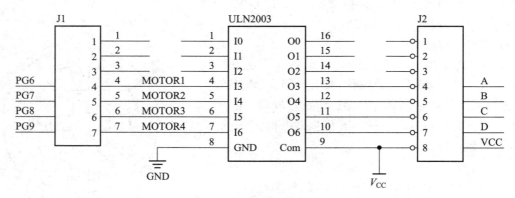

图 8.10　步进电机电路原理

8.5.3　软件设计

本例采用八拍方式驱动步进电机旋转,使转子转动一圈需 64 个节拍,而 28BYJ-48 永磁式步进电机的转轴转动一圈需要转子转动 64 圈,即该步进电机的转轴转动一圈需 4 096 个节拍,若每 2 ms 输出一个节拍,则转轴约 8.192 s 转动一圈。

28BYJ-48 永磁式步进电机的顺时针转动步骤如下。

① 将 MOTOR1 置高电平,MOTOR2、MOTOR3、MOTOR4 置低电平。

② 将 MOTOR1 和 MOTOR2 置高电平,MOTOR3、MOTOR4 置低电平。

③ 将 MOTOR2 置高电平,MOTOR1、MOTOR3、MOTOR4 置低电平。

④ 将 MOTOR2 和 MOTOR3 置高电平,MOTOR1、MOTOR4 置低电平。

⑤ 将 MOTOR3 置高电平,MOTOR1、MOTOR2、MOTOR4 置低电平。

⑥ 将 MOTOR3 和 MOTOR4 置高电平,MOTOR1、MOTOR2 置低电平。

⑦ 将 MOTOR4 置高电平,MOTOR1、MOTOR2、MOTOR3 置低电平。

⑧ 将 MOTOR4 和 MOTOR1 置高电平,MOTOR2、MOTOR3 置低电平。

该步进电机的逆时针转动步骤与顺时针转动步骤相反。

下面分析步进电机驱动程序的主要代码,使步进电机先顺时针转动一圈,再逆时针转动一圈,转速约 7.3 r/min。

首先,定义各个 I/O 引脚的相关宏,方便程序的调用。代码如下:

```
1   //定义相应端口时钟使能语句
2   #define MOTOR_RCC_CLK_ENABLE()      __HAL_RCC_GPIOG_CLK_ENABLE()
3   //定义步进电机相应引脚
4   #define MOTOR_GPIO_PIN     (GPIO_PIN_6 |GPIO_PIN_7 |GPIO_PIN_8 |GPIO_PIN_9)
5   #define MOTOR_GPIO_PORT        GPIOG      //定义相应端口
6   #define STEPMOTOR_SPEED        2         //节拍输出速度,值越大转速越慢
7   #define MOTOR1_ON  HAL_GPIO_WritePin(MOTOR_GPIO_PORT,GPIO_PIN_6,
8                                   GPIO_PIN_SET) //MOTOR1 置高电平
9   #define MOTOR1_OFF  HAL_GPIO_WritePin(MOTOR_GPIO_PORT,GPIO_PIN_6,
10                                  GPIO_PIN_RESET)//MOTOR1 置低电平
11  #define MOTOR2_ON  HAL_GPIO_WritePin(MOTOR_GPIO_PORT,GPIO_PIN_7,
12                                  GPIO_PIN_SET)  //MOTOR2 置高电平
13  #define MOTOR2_OFF  HAL_GPIO_WritePin(MOTOR_GPIO_PORT,GPIO_PIN_7,
14                                  GPIO_PIN_RESET)//MOTOR2 置低电平
15  #define MOTOR3_ON  HAL_GPIO_WritePin(MOTOR_GPIO_PORT,GPIO_PIN_8,
16                                  GPIO_PIN_SET)  //MOTOR3 置高电平
17  #define MOTOR3_OFF  HAL_GPIO_WritePin(MOTOR_GPIO_PORT,GPIO_PIN_8,
18                                  GPIO_PIN_RESET)//MOTOR3 置低电平
19  #define MOTOR4_ON  HAL_GPIO_WritePin(MOTOR_GPIO_PORT,GPIO_PIN_9,
20                                  GPIO_PIN_SET)  //MOTOR4 置高电平
21  #define MOTOR4_OFF  HAL_GPIO_WritePin(MOTOR_GPIO_PORT,GPIO_PIN_9,
22                                  GPIO_PIN_RESET)//MOTOR4 置低电平
```

然后编写初始化函数,初始化处理器相应 I/O 引脚,同时设置引脚为输出模式。函数代码如下:

```
1   void MOTOR_GPIO_Init(void)
2   {
3       GPIO_InitTypeDef GPIO_InitStruct;                    //定义 GPIO 结构体
4       MOTOR_RCC_CLK_ENABLE();                              //使能端口时钟
```

```
 5      GPIO_InitStruct.Pin = MOTOR_GPIO_PIN;                //设置步进电机引脚
 6      GPIO_InitStruct.Mode = GPIO_MODE_OUTPUT_PP;          //设置为输出模式
 7      GPIO_InitStruct.Speed = GPIO_SPEED_FREQ_HIGH;        //设置操作速度
 8      HAL_GPIO_Init(MOTOR_GPIO_PORT, &GPIO_InitStruct);   //初始化相应引脚
 9      //输入低电平
10      HAL_GPIO_WritePin(MOTOR_GPIO_PORT,MOTOR_GPIO_PIN, GPIO_PIN_RESET);
11   }
```

下面编写步进电机脉冲控制函数,该函数的功能是向步进电机发送一个脉冲,即一个节拍,参数 direction 用于选择转动方向,1 是顺时针转动,0 是逆时针转动;参数 step 是步进序号,用于选择待输出的脉冲信号。代码如下:

```
 1  void MOTOR_Pulse(uint8_t direction,uint8_t step)
 2  {
 3      uint8_t pulse=0;
 4      if(direction==0)                    //逆时针转动
 5          pulse=8-step;
 6      else                                //顺时针转动
 7          pulse=step;
 8      switch(pulse)
 9      {
10          case 0:                         //将 MOTOR1 置高电平,其他置低电平
11              MOTOR1_ON;MOTOR2_OFF; MOTOR3_OFF; MOTOR4_OFF;
12              break;
13          case 1:                         //将 MOTOR1 和 MOTOR2 置高电平,其他置低电平
14              MOTOR1_ON; MOTOR2_ON;MOTOR3_OFF; MOTOR4_OFF;
15              break;
16          case 2:                         //将 MOTOR2 置高电平,其他置低电平
17              MOTOR1_OFF; MOTOR2_ON; MOTOR3_OFF;MOTOR4_OFF;
18              break;
19          case 3:                         //将 MOTOR2 和 MOTOR3 置高电平,其他置低电平
20              MOTOR1_OFF; MOTOR2_ON; MOTOR3_ON; MOTOR4_OFF;
21              break;
22          case 4:                         //将 MOTOR3 置高电平,其他置低电平
23              MOTOR1_OFF;MOTOR2_OFF; MOTOR3_ON; MOTOR4_OFF;
24              break;
25          case 5:                         //将 MOTOR3 和 MOTOR4 置高电平,其他置低电平
26              MOTOR1_OFF; MOTOR2_OFF;MOTOR3_ON; MOTOR4_ON;
27              break;
```

```
28        case 6:                              //将 MOTOR4 置高电平,其他置低电平
29            MOTOR1_OFF; MOTOR2_OFF; MOTOR3_OFF;MOTOR4_ON;
30            break;
31        case 7:                              //将 MOTOR1 和 MOTOR4 置高电平,其他置低电平
32            MOTOR1_ON; MOTOR2_OFF; MOTOR3_OFF; MOTOR4_ON;
33            break;
34    }
35 }
```

接下来编写定时器中断相关函数,具体函数可参考 8.2.3 节,将定时时长设为 1 ms,然后设置定时器更新中断回调函数,每 2 ms 输出一次脉冲信号,使步进电机先顺时针转动一圈,再逆时针转动一圈。代码如下:

```
1  void HAL_TIM_PeriodElapsedCallback(TIM_HandleTypeDef * htim)
2  {
3      static uint8_t count=0;                    //统计当前节拍转动时间,控制转动速度
4      static uint8_t step=0;                     //当前步进节拍
5      static uint16_t pulse_count=0;             //脉冲计数,4 096 个脉冲电机转动一圈
6      if(circle_number)                          //如果剩余转动圈数不为 0
7      {
8          count++;                               //每次定时器中断加 1
9          if(count == STEPMOTOR_SPEED)           //时间计数与目标相等时,输出下一节拍
10         {
11             MOTOR_Pulse(direction,step);       //输出新节拍信号
12             pulse_count++;                     //脉冲输出数增加
13             step++;                            //节拍数增加
14             if(step == 8)                      //若 step 为 8,重新输出节拍
15                 step=0;
16             count=0;                           //时间计数清零
17         }
18         //如果输出了 4 096 个脉冲信号,则电机已经转动了一圈
19         if(pulse_count==4096)
20         {
21             pulse_count=0;                     //脉冲计数清零
22             circle_number--;                   //剩余转动圈数减 1
23             direction=0;                       //逆时针转动
24         }
25     }
26     else                                       //停机
```

```
27            MOTOR1_OFF; MOTOR2_OFF; MOTOR3_OFF; MOTOR4_OFF;
28  }
```

在主函数中初始化步进电机和定时器,使步进电机先顺时针转动一圈,再逆时针转动一圈。代码如下:

```
1  int main(void)
2  {
3      HAL_Init();                    //初始化 HAL 库
4      SystemClock_Config();          //系统时钟频率为 72 MHz
5      MOTOR_GPIO_Init();             //初始化步进电机
6      GENERAL_TIMx_Init();           //初始化定时器,1 ms 中断 1 次
7      while(1){}                     //步进电机先顺时针转动一圈,再逆时针转动一圈
8  }
```

运行步进电机驱动程序,可以观察到步进电机的转轴先顺时针转动一圈,再逆时针转动一圈,转速约 7.3 r/min。

* 第 9 章　STM32F401 软件设计

STM32F401 是一款基于 Cortex-M4 内核设计的高性能 32 位嵌入式处理器。该系列处理器的最高工作频率为 84 MHz，具有单精度浮点单元（FPU），可支持所有 ARM 单精度数据处理指令和数据类型。此外，该系列处理器还包含一套完整的 DSP 指令和一个增强应用程序安全性的内存保护单元。本章主要介绍基于 STM32F401 处理器的软件设计。本章为选学内容。

源代码：
第 9 章源代码

9.1 独立看门狗

在嵌入式系统中,由于微控制器受到外部干扰,程序运行至错误地址或进入死循环的情况时有发生,看门狗能够在微控制器进入错误状态后使其重新复位,返回到正确的程序流程中。STM32F401 处理器内置独立看门狗(independent watchdog,IWDG)和窗口看门狗(window watchdog,WWDG),用来检测和解决由软件错误引起的故障。

本节通过按键中断演示看门狗的工作过程。系统上电后先进行初始化工作,然后持续点亮 LED 灯;当第一次按下按键后,程序进入一个无限循环,在此循环中令 LED 灯不断闪烁,并进行喂狗操作;再次按下按键,在循环中增加一个软件延时,模拟程序进入错误状态,使程序不能按时喂狗,从而导致独立看门狗发出复位信号,此时可再次观察到 LED 灯持续点亮,说明系统已经复位。

9.1.1 工作原理

嵌入式系统主程序通常在一个无限循环中处理各种系统任务,如果程序运行至错误地址或进入死循环,可以利用这个性质复位进入错误状态的程序。

独立看门狗的主体是一个定时器,采用向下计数模式,在计数到 0 时产生复位信号,其时钟由独立 RC 振荡器提供,在处理器的工作、停止、待机模式下均可正常运行。独立看门狗工作时,先将定时时间初始化为略大于系统完成单次正常循环的时间,然后在每一次循环中重新设置独立看门狗的定时时间,这一过程称为喂狗。由于喂狗的时间间隔总小于独立看门狗的定时时间,因此程序正常执行时,独立看门狗不会发出复位信号。如程序运行至错误地址或进入死循环,没有及时完成喂狗操作,独立看门狗会计数到 0,向处理器发出复位信号,使其回到初始状态并重新运行。

9.1.2 模块结构

独立看门狗模块的相关寄存器有 4 个,如表 9.1 所示。

表 9.1　独立看门狗模块相关寄存器

寄存器	名称	描述	地址偏移量
IWDG_KR	关键字寄存器	向该寄存器写入 0xAAAA,重新设置独立看门狗的定时时间	0x00
IWDG_PR	预分频器寄存器	通过该寄存器设定相应的分频系数	0x04
IWDG_RLR	重载寄存器	该寄存器保存计数器重载值	0x08
IWDG_SR	状态寄存器	该寄存器保存计数器重载值和预分频值的更新状态	0x0C

这 4 个寄存器各位的功能如表 9.2~表 9.5 所示。

表 9.2　IWDG_KR 寄存器

IWDG_KR	功能	描述
31:16	保留	—
15:0	关键值(只写)	写入 0xAAAA,重新设置独立看门狗的定时时间; 写入 0x5555,允许访问 IWDG_PR 和 IWDG_RLR 寄存器; 写入 0xCCCC,启动独立看门狗

表 9.3　IWDG_PR 寄存器

IWDG_PR	功能	描述
31:3	保留	—
2:0	预分频值	000:4 分频;001:8 分频;010:16 分频;011:32 分频;100:64 分频;101:128 分频;110:256 分频;111:256 分频。只有当 IWDG_SR 寄存器中的 PVU 位复位时,才能更改预分频值

表 9.4　IWDG_RLR 寄存器

IWDG_RLR	功能	描述
31:12	保留	—
11:0	计数器重载值	在 IWDG_KR 寄存器中写入 0xAAAA 时,该值会重装载到计数器中,计数器将从此值递减计数。只有当 IWDG_SR 寄存器中的 RVU 位复位时,才能更改该值

表 9.5　IWDG_SR 寄存器

IWDG_SR	功能	描述
31:2	保留	—
1	RVU	看门狗计数器重载值更新标志位,复位时才能更改计数器重载值
0	PVU	看门狗预分频值更新标志位,复位时才能更改预分频值

独立看门狗的定时时间由计数器重载值和预分频值共同决定,其计算公式如下所示:

$$TIM\_Out = \frac{TIM\_Period \times TIM\_Prescaler}{TIM\_CLK}$$

其中,TIM_Out 为定时时间;TIM_Period 为计数器重载值;TIM_Prescaler 为预分频值;独立看门狗所用时钟源是内部低速时钟 LSI,因此 TIM_CLK 为 40 kHz。例如,TIM_Period 为 625,TIM_Prescaler 为 64,则定时时长为 1 s。

独立看门狗的运行过程如下。

① 设置喂狗时间间隔,即看门狗的定时时间。

② 启动看门狗。

③ 在看门狗溢出前进行喂狗操作。

④ 若看门狗溢出,发送复位信号,使系统复位。

9.1.3　软件设计

程序通过使用按键中断使系统不能按时进行喂狗操作,导致系统复位。系统上电后,首先持续点亮 LED 灯,然后按下按键,程序进入正常运行的无限循环,在此循环中反转 LED 灯的状态,并进行喂狗操作。如果 LED 灯持续闪烁,说明独立看门狗没有发送复位信号,系统正常运行。再次按下按键,程序进入模拟的错误状态,未及时进行喂狗操作,因此独立看门狗发出复位信号,使系统复位,此时的现象应为 LED 灯持续点亮。

首先,定义各个 I/O 引脚的相关宏,方便程序的调用。代码如下:

```
1  //使能端口时钟
2  #define LED_RCC_CLK_ENABLE()  __HAL_RCC_GPIOA_CLK_ENABLE()
3  #define LED_GPIO_PIN          GPIO_PIN_5          //LED 灯引脚
4  #define LED_GPIO              GPIOA               //相应端口
5  //点亮 LED 灯
6  #define LED_ON
7  HAL_GPIO_WritePin(LED_GPIO,LED_GPIO_PIN,GPIO_PIN_SET)
8  //熄灭 LED 灯
9  #define LED_OFF
10 HAL_GPIO_WritePin(LED_GPIO,LED_GPIO_PIN,GPIO_PIN_RESET)
11 #define LED_TOGGLE HAL_GPIO_TogglePin(LED_GPIO,LED_GPIO_PIN)//反转 LED 灯
12 //使能端口时钟
13 #define KEY_RCC_CLK_ENABLE()  __HAL_RCC_GPIOC_CLK_ENABLE()
14 #define KEY_GPIO_PIN          GPIO_PIN_13         //按键引脚
15 #define KEY_GPIO              GPIOC               //相应端口
16 #define KEY_EXTI_IRQn         EXTI15_10_IRQn      //中断号
17 #define KEY_EXTI_IRQHandler   EXTI15_10_IRQHandler //中断服务程序
```

定义全局变量 KEY_State 用来记录按键状态,0 表示按键未按下,1 表示按键按下。代码如下:

```
1  uint8_t KEY_State = 0;                           //记录按键状态
```

编写延时函数 delay_us( )和 delay_ms( ),delay_us( )函数为微秒级延时,输入参数为 1 时,延时约 1 μs;delay_ms( )函数为毫秒级延时,输入参数为 1 时,延时约 1 ms。函数代码如下所示:

```
1   void delay_us(uint32_t nus)
2   {
3       uint32_t ticks, told, tnow, tcnt = 0, reload = SysTick->LOAD;
4       ticks = nus * 84;                       //HCLK=84 MHz,则在所需计数上乘以 84
5       told = SysTick->VAL;                    //获取滴答时钟当前计数值,以计算延时间隔
6       while(1)
7       {
8           tnow = SysTick->VAL;                //获取滴答时钟当前计数值
9           if(tnow!=told)                      //两个值不相等时
10          {
11              if(tnow<told)                   //若 tnow 小于 told
12                  tcnt += told-tnow;          //计算延时间隔
13              else                            //若 tnow 大于 told
14                  tcnt += reload-tnow+told;   //计算延时间隔
15              told = tnow;
16              if(tcnt>=ticks)                 //延时间隔满足需求时跳出循环
17                  break;
18          }
19      }
20  }
21  void delay_ms(uint16_t nms)
22  {
23      uint32_t i;
24      for(i=0;i<nms;i++)                      //循环 nms 次
25          delay_us(1000);                     //延时约 1 ms
26  }
```

下面初始化 LED 灯和按键,并初始化外部中断。代码如下:

```
1   void LED_GPIO_Init(void)
2   {
3       GPIO_InitTypeDef GPIO_InitStruct;                       //定义 GPIO 结构体
4       LED_RCC_CLK_ENABLE();                                   //使能 LED 对应 I/O 端口的时钟
5       //LED 灯引脚置 0
6       HAL_GPIO_WritePin(LED_GPIO, LED_GPIO_PIN, GPIO_PIN_RESET);
7       GPIO_InitStruct.Pin = LED_GPIO_PIN;                     //设置 LED 灯引脚
8       GPIO_InitStruct.Mode = GPIO_MODE_OUTPUT_PP;             //设置为输出模式
9       GPIO_InitStruct.Speed = GPIO_SPEED_FREQ_HIGH;           //设置操作速度
10      HAL_GPIO_Init(LED_GPIO, &GPIO_InitStruct);              //初始化 LED 灯引脚
11  }
```

```
12   void KEY_GPIO_Init(void)
13   {
14       GPIO_InitTypeDef GPIO_InitStruct;                    //定义 GPIO 结构体
15       KEY_RCC_CLK_ENABLE();                                //使能按键对应 I/O 端口的时钟
16       GPIO_InitStruct.Pin = KEY_GPIO_PIN;                  //设置按键对应的引脚
17       GPIO_InitStruct.Mode = GPIO_MODE_IT_FALLING;         //下降沿触发的外部中断模式
18       GPIO_InitStruct.Pull = GPIO_PULLUP;                  //设置为上拉模式
19       HAL_GPIO_Init(KEY_GPIO, &GPIO_InitStruct);           //初始化按键引脚
20       //EXTI 中断初始化
21       HAL_NVIC_SetPriority(KEY_EXTI_IRQn, 1, 1);           //设置中断优先级
22       HAL_NVIC_EnableIRQ(KEY_EXTI_IRQn);                   //使能中断
23   }
```

编写看门狗初始化函数,通过参数 TIM_Prescaler 和 TIM_Reload 设置看门狗的定时时间。代码如下:

```
1   IWDG_HandleTypeDef hiwdg;                                //定义独立看门狗结构体
2   void IWDG_Init(uint8_t TIM_Prescaler ,uint16_t TIM_Reload)
3   {
4       hiwdg.Instance = IWDG;                               //独立看门狗
5       hiwdg.Init.Prescaler = TIM_Prescaler;                //设置预分频值
6       hiwdg.Init.Reload = TIM_Reload;                      //设置计数器重载值
7       HAL_IWDG_Init(&hiwdg);                               //初始化独立看门狗
8   }
```

编写主函数,首先在函数中完成相关设备的初始化工作,其中看门狗定时器的定时时长为 1 s。然后等待按键按下,此时 LED 灯持续点亮。按键按下后启动独立看门狗,进入无限循环,完整执行一个循环大约需 0.8 s,在循环中进行喂狗操作,并反转 LED 灯的状态,因此可以观察到 LED 灯持续闪烁。再次按下按键模拟程序出错,将循环延时 1.5 s,使程序不能按时完成喂狗操作,因此看门狗中断被触发,系统复位,此时 LED 灯持续点亮。代码如下:

```
1   int main(void)
2   {
3       HAL_Init();                                          //初始化 HAL 库
4       SystemClock_Config();                                //时钟频率为 84 MHz
5       LED_GPIO_Init();                                     //初始化 LED 灯
6       KEY_GPIO_Init();                                     //初始化按键
7       IWDG_Init(IWDG_PRESCALER_64,625);                    //设置独立看门狗定时时长为 1 s
8       LED_ON;                                              //点亮 LED 灯
9       //按键未按下时,LED 灯常亮;按键按下后,LED 灯持续闪烁,正常进行喂狗操作
```

```
10        while(KEY_State == 0){}                  //等待按键按下
11        KEY_State = 0;                           //标志位置 0
12        __HAL_IWDG_START(&hiwdg);                //启动独立看门狗
13    //按键未按下时,LED 灯持续闪烁,正常进行喂狗操作;按键按下后,延时 1.5 s
14    //使看门狗溢出,系统复位,此时 LED 灯常亮
15    while (1)
16    {
17        LED_TOGGLE;                              //反转 LED 灯
18        HAL_IWDG_Refresh(&hiwdg);                //喂狗
19        delay_ms(800);                           //延时 0.8 s
20        if(KEY_State == 1)                       //若按键按下,则延时 1 s,看门狗溢出
21        {
22            delay_ms(1500);                      //延时 1.5 s
23            KEY_State = 0;                       //标志位清 0
24        }
25    }
26 }
```

接下来编写中断服务程序和外部中断回调函数,如果中断引脚为 GPIO_PIN_13,将 KEY_State 置 1,表示按键按下。代码如下:

```
1  void EXTI15_10_IRQHandler(void)
2  {
3      HAL_GPIO_EXTI_IRQHandler(GPIO_PIN_13);       //调用外部中断通用处理函数
4  }
5  void HAL_GPIO_EXTI_Callback(uint16_t GPIO_Pin)
6  {
7      //如果中断引脚为 GPIO_PIN_13,将 KEY_State 置 1,表示按键按下
8      if(GPIO_Pin == GPIO_PIN_13)
9          KEY_State = 1;
10 }
```

运行程序,首先看到 LED 灯持续点亮,表明程序初始化完成,但还未进入无限循环中;然后按下按键,可以看到 LED 灯持续闪烁,表明程序正常运行,喂狗有效;此时再次按下按键,发现 LED 灯持续点亮,表明独立看门狗发出复位信号,程序被复位,已经回到起始状态。

9.2 通用异步接收发送设备

通用异步接收发送设备(universal asynchronous receiver/transmitter,UART)用于低速串行通信协议。该协议占用较少的资源,对通信双方时钟同步性要求不

【教学课件】
通用异步接收
发送设备

高,广泛应用于通信领域中数据传输量较少的场合。UART 作为一种通用串行数据总线,可实现数据的全双工传输,在传输过程中将数据的每个字符逐位分时传输,单向传输仅占用一条数据线。本节实现 UART 传送数据的功能,首先从 PC 端向 STM32F401 处理器发送字符串,如"Hello World",STM32F401 处理器将每个字符加 1,然后发送至 PC 端进行回显。

9.2.1 工作原理

1. 异步串行通信的数据帧结构

异步串行通信的数据帧结构如图 9.1 所示。在串行数据传输的过程中,数据以字符为单元进行传输,每个字符包含 5~8 位有效数据,数据的每一位分时共用同一条数据线进行串行传输。字符的传输以一个低电平作为起始位,表示数据开始传输;紧接着是 8 个二进制数据位;在数据位的后面是奇偶校验位,是否需要奇偶校验由相关寄存器进行设定;最后,字符传输以一个高电平作为停止位,表示数据传输结束。多个字符的传输没有时间间隔要求,在一个字符传输结束后,紧跟停止位的是若干空闲位,表示等待下一个字符进行传输。

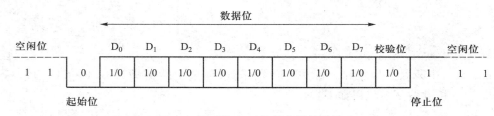

图 9.1 异步串行通信的数据帧结构

2. RS232C 标准简介

RS232C 接口是一种用于串行通信的标准,全称为"数据终端设备和数据通信设备之间串行二进制数据交换接口技术标准"。该标准是由美国电子工业协会以及一些相关设备厂家联合制定的。该标准采用 DB25 作为连接器,随着技术的不断进步,DB25 逐步被 DB9 所取代。RS232C 信号电平在正负值之间摆动,接收器工作电平典型值为 +3~+12 V 与 -3~-12 V,而发送端驱动器输出正电平一般为 +5~+15 V,负电平为 -5~-15 V。由于接收电平和发送电平的差值仅为 2~3 V,因此其共模抑制能力差,限制了最大传输距离。此外,RS232C 是为点对点通信设计的,其驱动器的负载为 3~7 kΩ,适合本地设备之间的通信。

3. 串口电平转换芯片简介

STM32F401 处理器的串口输入、输出均为 TTL 电平,其逻辑 1 的电平是 5 V,逻辑 0 的电平是 0 V。计算机串口使用 RS232C 标准,逻辑 1 的电平是 -3~-12 V,逻辑 0 的电平是 +3~+12 V。由于 STM32F401 处理器串口与计算机串口的电平规范不同,通信时须经过电平转换。

本例使用 MAX3232 作为串口电平转换芯片,其引脚说明如表 9.6 所示。

9.2.2 电路介绍

串口模块的原理图如图 9.2 所示。STM32F401 处理器的 PA3 引脚与 MAX3232 的引脚

R2OUT 相连,用于接收数据;PA2 引脚与 MAX3232 的 T2IN 引脚相连,用于发送数据;MAX3223 的 T2OUT 和 R2IN 连接至 9 针 D 型接口,实现 RS-232 电平与单片机的 TTL 电平间的转换。

表 9.6   MAX3232 引脚说明

编号	符号	引脚说明	编号	符号	引脚说明
1	C1+	倍压电荷泵电容的正端	9	R1OUT	TTL/CMOS 接收器输出
2	Vs+	电荷泵产生的+5.5 V	10	T1IN	TTL/CMOS 发送器输入
3	C1−	倍压电荷泵电容的负端	11	T2IN	TTL/CMOS 发送器输入
4	C2+	反向电荷泵电容的正端	12	R2OUT	TTL/CMOS 接收器输出
5	C2−	反向电荷泵电容的负端	13	R2IN	RS-232 接收器输入
6	Vs−	电荷泵产生的−5.5 V	14	T2OUT	RS-232 发送器输出
7	T1OUT	RS-232 发送器输出	15	GND	地
8	R1IN	RS-232 接收器输入	16	VCC	+3.0～+5.5 V 供电电源

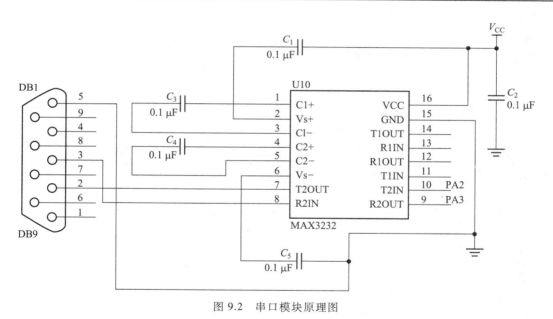

图 9.2   串口模块原理图

9.2.3   软件设计

首先定义相关宏,代码如下:

```
1   #define UARTx                        USART2          //所用串口
2   #define UARTx_BAUDRATE               9600            //所设波特率
3   //使能串口时钟
```

```
4   #define UARTx_RCC_CLK_ENABLE()        __HAL_RCC_USART2_CLK_ENABLE()
5   //使能端口时钟
6   #define UARTx_GPIO_RCC_CLK_ENABLE()   __HAL_RCC_GPIOA_CLK_ENABLE()
7   #define UARTx_Tx_GPIO_PIN             GPIO_PIN_2       //发送引脚
8   #define UARTx_Tx_GPIO                 GPIOA            //发送端口
9   #define UARTx_Rx_GPIO_PIN             GPIO_PIN_3       //接收引脚
10  #define UARTx_Rx_GPIO                 GPIOA            //接收端口
11  #define UARTx_IRQn                    USART2_IRQn      //串口中断号
```

然后定义变量 RxBuffer,存储接收到的数据,代码如下:

```
1   uint8_t RxBuffer;                                     //存储接收到的数据
```

下面初始化串口,配置参数及相关 I/O 端口,将串口波特率设为 9 600,数据位设为 8 位,停止位设为 1 位,并配置串口中断,代码如下:

```
1   UART_HandleTypeDef uartx;                             //定义 UART 结构体
2   void UARTx_Init(void)
3   {
4       UARTx_RCC_CLK_ENABLE();                           //使能串口时钟
5
6       uartx.Instance = UARTx;                           //设置相应串口
7       uartx.Init.BaudRate = UARTx_BAUDRATE;             //设置波特率
8       uartx.Init.WordLength = UART_WORDLENGTH_8B;       //设置字长为 8 位
9       uartx.Init.StopBits = UART_STOPBITS_1;            //设置停止位为 1 位
10      uartx.Init.Parity = UART_PARITY_NONE;             //设置奇偶校验位
11      uartx.Init.HwFlowCtl = UART_HWCONTROL_NONE;       //设置为硬件流控模式
12      uartx.Init.Mode = UART_MODE_TX_RX;                //设置为收发模式
13      uartx.Init.OverSampling = UART_OVERSAMPLING_16;   //过采样设定
14      uartx.RxState = HAL_UART_STATE_READY;             //设置接收状态
15      if(HAL_UART_Init(&uartx) != HAL_OK)               //初始化串口
16          HAL_UART_Init(&uartx);
17      //配置串口中断并使能
18      HAL_NVIC_SetPriority(UARTx_IRQn, 1, 1);           //设置优先级
19      HAL_NVIC_EnableIRQ(UARTx_IRQn);                   //使能串口中断
20      __HAL_UART_ENABLE(&uartx);                        //使能串口
21  }
22  //串口硬件初始化配置,该函数被 HAL 库内部调用
23  void HAL_UART_MspInit(UART_HandleTypeDef * huart)
24  {
25      GPIO_InitTypeDef GPIO_InitStruct;                 //定义 GPIO 结构体
```

```
26        if(huart->Instance==USART2)                        //若为 USART2
27        {
28            UARTx_GPIO_RCC_CLK_ENABLE();                    //使能相应 GPIO 时钟
29            //串口外设功能 GPIO 配置
30            GPIO_InitStruct.Pin = UARTx_Tx_GPIO_PIN;        //发送引脚配置
31            GPIO_InitStruct.Mode = GPIO_MODE_AF_PP;         //复用推挽模式
32            GPIO_InitStruct.Pull = GPIO_PULLUP;             //设置为上拉模式
33            GPIO_InitStruct.Speed = GPIO_SPEED_FREQ_HIGH;   //设置操作速度
34            GPIO_InitStruct.Alternate = GPIO_AF7_USART2;    //USART2 引脚映射
35            HAL_GPIO_Init(UARTx_Tx_GPIO, &GPIO_InitStruct); //初始化发送引脚
36
37            GPIO_InitStruct.Pin = UARTx_Rx_GPIO_PIN;        //接收引脚配置
38            HAL_GPIO_Init(UARTx_Rx_GPIO, &GPIO_InitStruct); //初始化接收引脚
39        }
40  }
```

编写串口中断服务程序及串口接收完成回调函数,每接收一个字节数据便触发中断,在串口接收完成回调函数中将收到的每个字符加1,然后发送回 PC 端进行回显。代码如下:

```
1   void USART2_IRQHandler(void)
2   {
3       HAL_UART_IRQHandler(&uartx);                         //调用中断通用处理函数
4   }
5   void HAL_UART_RxCpltCallback(UART_HandleTypeDef *UartHandle)
6   {
7       RxBuffer=RxBuffer+1;                                 //接收到的字符加 1
8       HAL_UART_Transmit(&uartx,&RxBuffer,1,0);             //将加 1 后的数据发送到 PC 端
9       HAL_UART_Receive_IT(&uartx,&RxBuffer,1);             //等待 PC 发送数据
10  }
```

编写主函数,初始化串口并使能接收中断,等待 PC 发送数据并回显。代码如下:

```
1   int main(void)
2   {
3       HAL_Init();                                          //初始化 HAL 库
4       SystemClock_Config();                               //系统时钟频率为 84 MHz
5       UARTx_Init();                                        //初始化串口并配置串口中断优先级
6       //使能接收,每接收一个字节数据便触发中断
7       HAL_UART_Receive_IT(&uartx,&RxBuffer,1);
8       while (1){}                                          //等待 PC 发送数据并回显
9   }
```

打开串口调试助手,设置波特率为 9 600,数据位为 8 位,停止位为 1 位,运行程序,通过串口调试助手发送字符串,如"Hello World",可以看到串口调试助手显示每个字符加 1 后的字符串。

9.3 实时时钟

【教学课件】
实时时钟

STM32F401 处理器的实时时钟(real-time clock,RTC)是一个独立的 BCD 定时器/计数器,其提供 1 个日历时钟、2 个具有中断功能的可编程闹钟和 1 个可编程周期性唤醒定时器,此外还包含用于管理低功耗模式的自动唤醒单元。

本节实现 RTC 的闹钟功能,首先获取处理器的当前日历时间,将 RTC 可编程闹钟的触发时间设为当前日历时间之后 5 s,然后每秒通过串口显示当前日历时间及闹钟倒计时,当闹钟时间与日历时间一致时,触发中断,反转 LED 灯的状态。

9.3.1 工作原理

1. 时钟及分频

STM32F401 处理器的 RTC 时钟源有 3 个:LSE 时钟、HSE 时钟及 LSI 时钟,一般选择 LSE 时钟作为 RTC 的时钟源。LSE 的时钟频率为 32.768 kHz,而 RTC 需要的时钟频率为 1 Hz,因此须设置 RTC 的可编程预分频器,以提供 RTC 所需的时钟频率。STM32F401 处理器的 RTC 预分频器分为 7 位异步预分频器和 15 位同步预分频器,其中 7 位异步预分频器由预分频器寄存器 RTC_PRER 的 PREDIV_A 位配置,15 位同步预分频器由 RTC_PRER 的 PREDIV_S 位配置。RTC 的时钟频率的计算公式如下所示:

$$f_{ck\_spre} = \frac{f_{RTCCLK}}{(PREDIV\_S+1) \times (PREDIV\_A+1)}$$

其中,f_{ck_spre} 为 RTC 所需的 1 Hz 时钟频率,可用于更新日历时间等信息;f_{RTCCLK} 为时钟源,一般采用时钟频率为 32.768 kHz 的 LSE 时钟作为 RTC 的时钟源;PREDIV_A 和 PREDIV_S 是分别用于设置 RTC 的 7 位异步预分频器和 15 位同步预分频器,可将 PREDIV_A 设为 0x7F,PREDIV_S 设为 0xFF。

2. 可编程闹钟

STM32F401 处理器包含两个可编程闹钟:ALARM_A 和 ALARM_B,可通过 RTC 控制寄存器 RTC_CR 使能相应闹钟及中断。如果日历的秒、分钟、小时、日期、星期与 ALARM_A 或 ALARM_B 的设置一致,相应闹钟会触发中断。如果屏蔽掉日期和星期,则闹钟只会比较秒、分钟和小时,与闹钟设置的时间一致则触发中断。

9.3.2 软件设计

串口每秒显示当前日历时间与闹钟倒计时,当可编程闹钟 ALARM_A 的时间与日历相同时,触发中断,反转 LED 灯的状态。LED 灯及 UART 的相关函数可参考 9.1.3 节和 9.2.3 节,下面主要介绍 RTC 的相关函数。

首先定义闹钟触发标志位,通过该标志位控制闹钟倒计时。代码如下:

```
1  uint8_t RTC_State = 0;              //闹钟触发标志位,0 表示闹钟未触发,1 表示闹钟触发
```

下面编写 RTC_Set_Time()和 RTC_Set_Date()函数,RTC_Set_Time()函数用于设置日历的时、分、秒,RTC_Set_Date()函数用于设置日历的年、月、日和星期,这两个函数会被 RTC 初始化函数调用。代码如下:

```
1  HAL_StatusTypeDef RTC_Set_Time(uint8_t hour,uint8_t min,uint8_t sec,uint8_t
2                    timeformat)
3  {
4      RTC_TimeTypeDef RTC_TimeStructure;                //定义 RTC 时间结构体
5      RTC_TimeStructure.Hours=hour;                     //设置小时
6      RTC_TimeStructure.Minutes=min;                    //设置分
7      RTC_TimeStructure.Seconds=sec;                    //设置秒
8      RTC_TimeStructure.TimeFormat=timeformat;          //设置时间格式
9      //设置 DayLight 保存操作
10     RTC_TimeStructure.DayLightSaving=RTC_DAYLIGHTSAVING_NONE;
11     //设置 RTC 存储操作
12     RTC_TimeStructure.StoreOperation=RTC_STOREOPERATION_RESET;
13     //设置时间,并返回是否成功
14     return HAL_RTC_SetTime(&hrtc,&RTC_TimeStructure,RTC_FORMAT_BCD);
15 }
16 HAL_StatusTypeDef RTC_Set_Date(uint8_t year,uint8_t month,uint8_t date,
17                   uint8_t week)
18 {
19     RTC_DateTypeDef RTC_DateStructure;                //定义 RTC 日期结构体
20     RTC_DateStructure.Date=date;                      //设置日期
11     RTC_DateStructure.WeekDay=week;                   //设置星期
22     RTC_DateStructure.Month=month;                    //设置月份
23     RTC_DateStructure.Year=year;                      //设置年份
24     //设置日期,并返回是否成功
25     return HAL_RTC_SetDate(&hrtc,&RTC_DateStructure,RTC_FORMAT_BCD);
26 }
```

编写 RTC 初始化函数,设置异步分频系数和同步分频系数,配置日历,并使用 LSE 时钟作为时钟源。代码如下:

```
1  RTC_HandleTypeDef hrtc;                   //定义 RTC 结构体
2  void RTC_Init(void)
3  {
```

```
4       //初始化 RTC 实时时钟并设置时间和日期
5       hrtc.Instance = RTC;                                      //设置 RTC
6       hrtc.Init.HourFormat = RTC_HOURFORMAT_24;        //设置为 24 小时格式
7       hrtc.Init.AsynchPrediv = 0X7F;                    //设置 RTC 异步分频系数为 0X7F
8       hrtc.Init.SynchPrediv = 0XFF;                     //设置 RTC 同步分频系数为 0XFF
9       hrtc.Init.OutPut = RTC_OUTPUT_DISABLE;           //不使能 RTC_ALARM 输出的标志
10      hrtc.Init.OutPutPolarity = RTC_OUTPUT_POLARITY_HIGH;  //设置输出极性为高
11      hrtc.Init.OutPutType = RTC_OUTPUT_TYPE_OPENDRAIN;     //设置为开漏输出
12      HAL_RTC_Init(&hrtc);                                      //初始化 RTC
13      //是否第一次配置 RTC
14      if(HAL_RTCEx_BKUPRead(&hrtc,RTC_BKP_DR0)!=0X5050)
15      {
16          RTC_Set_Time(11,32,10,RTC_HOURFORMAT12_AM);      //设置时间
17          RTC_Set_Date(18,7,11,3);                         //设置日期
18          HAL_RTCEx_BKUPWrite(&hrtc,RTC_BKP_DR0,0X5050);   //标记已初始化
19      }
20  }
21  // HAL_RTC_MspInit()函数供 HAL 库内部函数调用
22  void HAL_RTC_MspInit(RTC_HandleTypeDef * hrtc)
23  {
24      RCC_OscInitTypeDef          RCC_OscInitStruct;       //定义 RCC 振荡器结构体
25      RCC_PeriphCLKInitTypeDef PeriphClkInitStruct;    //定义 RCC 扩展时钟结构体
26      if(hrtc->Instance==RTC)
27      {
28          __HAL_RCC_PWR_CLK_ENABLE();                          //使能电源时钟 PWR
29          HAL_PWR_EnableBkUpAccess();                          //取消备份区域写保护
30          //配置外部低速时钟 LSE 为 RTC 时钟源
31          RCC_OscInitStruct.OscillatorType=RCC_OSCILLATORTYPE_LSE;
32          RCC_OscInitStruct.PLL.PLLState = RCC_PLL_NONE;       //设置 PLL 状态
33          RCC_OscInitStruct.LSEState = RCC_LSE_ON;             //开启 LSE
34          HAL_RCC_OscConfig(&RCC_OscInitStruct);               //初始化振荡器
35          //设置外设为 RTC
36          PeriphClkInitStruct.PeriphClockSelection = RCC_PERIPHCLK_RTC;
37          //设置 RTC 时钟源为 LSE
38          PeriphClkInitStruct.RTCClockSelection = RCC_RTCCLKSOURCE_LSE;
39          //初始化 RTC 时钟源为 LSE
40          HAL_RCCEx_PeriphCLKConfig(&PeriphClkInitStruct);
41          __HAL_RCC_RTC_ENABLE();                              //RTC 时钟使能
42      }
43  }
```

下面编写闹钟函数,该闹钟函数屏蔽日期,采用时、分、秒和星期进行匹配,当日历与闹钟设置的时间相同时触发中断。代码如下:

```
1   void RTC_Set_AlarmA(uint8_t hour,uint8_t min,uint8_t sec,uint8_t week)
2   {
3       RTC_AlarmTypeDef RTC_AlarmStruct;                    //定义 RTC 闹钟结构体
4
5       RTC_AlarmStruct.AlarmTime.Hours=hour;               //设置闹钟的小时
6       RTC_AlarmStruct.AlarmTime.Minutes=min;             //设置闹钟的分钟
7       RTC_AlarmStruct.AlarmTime.Seconds=sec;             //设置闹钟的秒
8       //设置为上午
9       RTC_AlarmStruct.AlarmTime.TimeFormat=RTC_HOURFORMAT12_AM;
.10     RTC_AlarmStruct.AlarmMask=RTC_ALARMMASK_NONE;      //精确匹配
11      //不匹配毫秒
12      RTC_AlarmStruct.AlarmSubSecondMask=RTC_ALARMSUBSECONDMASK_ALL;
13      //设置按星期匹配
14      RTC_AlarmStruct.AlarmDateWeekDaySel=RTC_ALARMDATEWEEKDAYSEL_WEEKDAY;
15      RTC_AlarmStruct.AlarmDateWeekDay=week;             //设置星期
16      RTC_AlarmStruct.Alarm=RTC_ALARM_A;                 //设置闹钟 A
17      //配置中断
18      HAL_RTC_SetAlarm_IT(&hrtc,&RTC_AlarmStruct,RTC_FORMAT_BIN);
19      HAL_NVIC_SetPriority(RTC_Alarm_IRQn,0x01,0x02);   //设置中断优先级
20      HAL_NVIC_EnableIRQ(RTC_Alarm_IRQn);               //使能中断
21  }
```

编写 RTC 可编程闹钟中断服务程序和中断回调函数,在中断回调函数中反转 LED 灯的状态。代码如下:

```
1   void RTC_Alarm_IRQHandler(void)
2   {
3       HAL_RTC_AlarmIRQHandler(&hrtc);                    //RTC 闹钟中断通用处理函数
4   }
5   void HAL_RTC_AlarmAEventCallback(RTC_HandleTypeDef * hrtc)
6   {
7       LED_TOGGLE;                                        //反转 LED 灯的状态
8       RTC_State = 1;                                     //标志位置1,闹钟已触发
9   }
```

编写串口显示函数,显示当前日历时间及闹钟倒计时,代码如下:

```
1   void UARTx_Transmit_Time_Date(void)
2   {
3       RTC_TimeTypeDef RTC_TimeStruct;                         //定义 RTC 时间结构体
4       RTC_DateTypeDef RTC_DateStruct;                         //定义 RTC 日期结构体
5       uint8_t TxBuffer0[12]="当前时间为:";                     //待显示数据
6       uint8_t TxBuffer1[13]="秒后闹钟响应\n";                  //待显示数据
7       uint8_t TxBuffer2[11]="闹钟已响应\n";                    //待显示数据
8       //十进制数对应的相应字符
9       char table[10] = {'0','1','2','3','4','5','6','7','8','9'};
10      static uint8_t counter=5;                               //计数器,显示闹钟剩余时间
11      //获取日历时间(时、分、秒)
12      HAL_RTC_GetTime(&hrtc,&RTC_TimeStruct,RTC_FORMAT_BIN);
13      //获取日历时间(日期和星期)
14      HAL_RTC_GetDate(&hrtc,&RTC_DateStruct,RTC_FORMAT_BIN);
15      HAL_UART_Transmit(&uartx,TxBuffer0,12,1000);            //显示相应汉字
16      TxBuffer0[0] = table[RTC_TimeStruct.Hours/10];          //显示小时的十位
17      TxBuffer0[1] = table[RTC_TimeStruct.Hours%10];          //显示小时的个位
18      TxBuffer0[2] = ':';                                     //显示冒号
19      TxBuffer0[3] = table[RTC_TimeStruct.Minutes/10];        //显示分钟的十位
20      TxBuffer0[4] = table[RTC_TimeStruct.Minutes%10];        //显示分钟的个位
21      TxBuffer0[5] = ':';                                     //显示冒号
22      TxBuffer0[6] = table[RTC_TimeStruct.Seconds/10];        //显示秒的十位
23      TxBuffer0[7] = table[RTC_TimeStruct.Seconds%10];        //显示秒的个位
24      TxBuffer0[8] = ',';                                     //显示逗号
25      HAL_UART_Transmit(&uartx,TxBuffer0,9,1000);             //显示当前时间
26
27      if(counter>0)                                           //counter 不为 0 时
28      {
29          TxBuffer0[0] = table[counter];                      //显示闹钟倒计时
30          HAL_UART_Transmit(&uartx,TxBuffer0,1,1000);         //显示 counter
31          HAL_UART_Transmit(&uartx,TxBuffer1,13,1000);        //显示相应汉字
32      }
33      else                                                    //counter 为 0 时
34      {
35          HAL_UART_Transmit(&uartx,TxBuffer2,11,1000);        //显示闹钟已响应
36      }
37      counter--;                                              //counter 减 1
38  }
```

在主函数中获取当前日历时间,并将闹钟的触发时间设为当前日历时间之后 5 s,代码如下:

```
1   int main(void)
2   {
3       HAL_Init();                                      //初始化 HAL 库
4       SystemClock_Config();                            //系统时钟频率设为 84 MHz
5       RTC_Init();                                      //初始化 RTC
6       LED_GPIO_Init();                                 //初始化 LED 灯
7       UARTx_Init();                                    //初始化串口
8       delay_ms(1000);                                  //稍做延时
9       RTC_TimeTypeDef RTC_TimeStruct;                  //定义 RTC 时间结构体
10      RTC_DateTypeDef RTC_DateStruct;                  //定义 RTC 日期结构体
11      HAL_RTC_GetTime(&hrtc,&RTC_TimeStruct,RTC_FORMAT_BIN);   //获取时、分、秒
12      //获取日期和星期
13      HAL_RTC_GetDate(&hrtc,&RTC_DateStruct,RTC_FORMAT_BIN);
14      //闹钟触发时间设为当前日历时间的 5 s 后
15      RTC_Set_AlarmA(RTC_TimeStruct.Hours,RTC_TimeStruct.Minutes,RTC_
16                      TimeStru ct.Seconds+5,RTC_DateStruct.WeekDay);
17      LED_ON;            //点亮 LED 灯
18      //等待闹钟中断,每秒显示当前日历时间及闹钟倒计时,闹钟触发时反转 LED 灯
19      while (1)
20      {
21          if(RTC_State == 0)                           //闹钟未触发时,每秒显示当前日历时间及
22                                                       //闹钟倒计时
23          {
24              UARTx_Transmit_Time_Date();              //串口传送当前日历时间及闹钟倒计时
25              delay_ms(1000);                          //延时 1 s
26          }
27      }
28  }
```

运行程序,可以观察到 LED 灯点亮,且串口每秒显示当前日历时间及闹钟倒计时,5 s 后 LED 灯熄灭,倒计时结束,这表明闹钟 ALARM_A 触发中断,反转了 LED 灯的状态。

9.4　字符型 LCD

【教学课件】
字符型 LCD

字符型 LCD 是一种较为常见的液晶显示器,具有功耗低、体积小、使用简单等优点,广泛应用于袖珍仪表和低功耗应用系统。字符型液晶显示器 LCD 1602 的外围电路配置简单,价格便宜,具有很高的性价比。本节主要介绍 LCD 1602 的基本工作原理并设计实例,使 LCD 1602 显示屏的第一行从右向左滚动显示字符串"Dalian University Of Technology"。

9.4.1 工作原理

1. 主要参数

LCD 1602 的主要参数包括显示容量、工作电压等,如表 9.7 所示。

表 9.7 LCD 1602 的主要参数

主要参数	参数说明
显示容量	16×2 个字符
工作电压	3.3 V 或 5 V
工作电流	2.0 mA(5.0 V)
字符尺寸	2.95 mm×4.35 mm

2. 引脚说明

LCD 1602 的各个引脚说明如表 9.8 所示。

表 9.8 LCD 1602 引脚说明

编号	符号	引脚说明	编号	符号	引脚说明
1	VSS	电源地	9	DB2	Data I/O
2	VDD	电源正极	10	DB3	Data I/O
3	VL	液晶显示偏压	11	DB4	Data I/O
4	RS	数据/命令选择(H/L)	12	DB5	Data I/O
5	R/W	读/写选择(H/L)	13	DB6	Data I/O
6	E	使能信号	14	DB7	Data I/O
7	DB0	Data I/O	15	BLA	背光源正极
8	DB1	Data I/O	16	BLK	背光源负极

3. 主控芯片简介及 RAM 地址映射

HD44780 液晶芯片是 LCD 1602 的主控芯片,其内置了默认字模产生器(character generator ROM,CGROM)、用户自定义字模产生器(character generator RAM,CGRAM)和显示存储器(display data RAM,DDRAM)。CGROM 存放 192 个常用字符的字模;CGRAM 存放用户自定义的字符图形;DDRAM 存放待显示数据,其地址和 LCD 1602 屏幕显示字符位置的对应关系如图 9.3 所示,向 DDRAM 地址空间写入字符对应的数据编码,就能够在屏幕上的相应位置显示该字符。LCD 1602 显示字符时要查看字库,以寻找字符对应的数据编码,其中英文字母的编码值与 ASCII 码相同。例如,要使显示屏幕的第一行第一列显示字符 A,则须向 DDRAM 的地址 00H 中写入字符 A 的数据编码 65。

4. 指令说明

当 RS 引脚和 R/W 引脚都为低电平时,LCD 1602 将 DB0~DB7 引脚上的相应指令写入指令

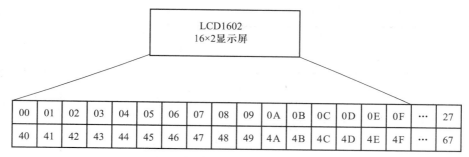

| 00 | 01 | 02 | 03 | 04 | 05 | 06 | 07 | 08 | 09 | 0A | 0B | 0C | 0D | 0E | 0F | ··· | 27 |
| 40 | 41 | 42 | 43 | 44 | 45 | 46 | 47 | 48 | 49 | 4A | 4B | 4C | 4D | 4E | 4F | ··· | 67 |

图 9.3　LCD 1602 字符显示位置与 DDRAM 地址空间的对应关系

暂存器;当 RS 引脚为低电平,R/W 引脚为高电平时,LCD 1602 将输出忙标志 BF 及地址计数器 AC 的值;当 RS 引脚为高电平,R/W 引脚为低电平时,LCD 1602 将 DB0~DB7 引脚上的数据写入数据暂存器;当 RS 引脚和 R/W 引脚都为高电平时,LCD 1602 从数据暂存器中输出数据。

（1）清屏指令

RS	R/W	DB7	DB6	DB5	DB4	DB3	DB2	DB1	DB0
0	0	0	0	0	0	0	0	0	1

运行时间(250 kHz):1.64 ms。

功能:清除 DDRAM 和地址计数器(AC)值,光标归位。

（2）归位指令

RS	R/W	DB7	DB6	DB5	DB4	DB3	DB2	DB1	DB0
0	0	0	0	0	0	0	0	1	—

运行时间(250 kHz):1.64 ms。

功能:AC=0,光标、画面回起始位,DDRAM 中的内容不变。

（3）输入方式设置指令

RS	R/W	DB7	DB6	DB5	DB4	DB3	DB2	DB1	DB0
0	0	0	0	0	0	0	1	I/D	S

运行时间(250 kHz):40 μs。

功能:设置光标、画面的移动方式。

I/D=1:数据读写操作后,光标或闪烁向右移动,AC 自动加 1。

I/D=0:数据读写操作后,光标或闪烁向左移动,AC 自动减 1。

S=1:数据读写操作,画面平移。

S=0:数据读写操作,画面不动。

（4）显示开关及光标控制指令

RS	R/W	DB7	DB6	DB5	DB4	DB3	DB2	DB1	DB0
0	0	0	0	0	0	1	D	C	B

运行时间（250 kHz）：40 μs。

功能：设置显示、光标及闪烁的开、关。

D 表示显示开关：D＝1 为开显示，D＝0 为关显示。

C 表示光标开关：C＝1 为显示光标，C＝0 为不显示光标。

B 表示闪烁开关：B＝1 为光标闪烁，B＝0 为光标不闪烁。

（5）光标、画面位移指令

RS	R/W	DB7	DB6	DB5	DB4	DB3	DB2	DB1	DB0
0	0	0	0	0	1	S/C	R/L	—	—

运行时间（250 kHz）：40 μs。

功能：光标、画面移动，不影响 DDRAM。

S/C＝1：画面平移一个字符位。

S/C＝0：光标平移一个字符位。

R/L＝1：右移。

R/L＝0：左移。

（6）功能设置指令

RS	R/W	DB7	DB6	DB5	DB4	DB3	DB2	DB1	DB0
0	0	0	0	1	DL	N	F	—	—

运行时间（250 kHz）：40 μs。

功能：工作方式设置（初始化指令）。

DL＝1：8 位数据接口；DL＝0：4 位数据接口。

N＝1：两行显示模式；N＝0：单行显示模式。

F＝1：5×10 点阵显示模式；F＝0：5×7 点阵显示模式。

（7）CGRAM 地址设置指令

RS	R/W	DB7	DB6	DB5	DB4	DB3	DB2	DB1	DB0
0	0	0	1	A5	A4	A3	A2	A1	A0

运行时间（250 kHz）：40 μs。

功能：设置 CGRAM 地址，A5～A0＝0～3FH。

（8）DDRAM 地址设置指令

RS	R/W	DB7	DB6	DB5	DB4	DB3	DB2	DB1	DB0
0	0	1	A6	A5	A4	A3	A2	A1	A0

运行时间（250 kHz）：40 μs。

功能：设置 DDRAM 地址。

单行显示时，A6~A0 = 0~4FH。

两行显示时，首行 A6~A0 = 00H~2FH，次行 A6~A0 = 40H~67H。

（9）读 BF 及 AC 值指令

RS	R/W	DB7	DB6	DB5	DB4	DB3	DB2	DB1	DB0
0	1	BF	AC6	AC5	AC4	AC3	AC2	AC1	AC0

功能：读 BF 值和地址计数器 AC 值。

BF = 1：忙；BF = 0：准备好。

此时，AC 值为最近一次地址设置（CGRAM 或 DDRAM）定义。

（10）写数据指令

RS	R/W	DB7	DB6	DB5	DB4	DB3	DB2	DB1	DB0
1	0				数	据			

运行时间（250 kHz）：40 μs。

功能：将数据写入 DDRAM 或 CGRAM。

（11）读数据指令

RS	R/W	DB7	DB6	DB5	DB4	DB3	DB2	DB1	DB0
1	1				数	据			

运行时间（250 kHz）：40 μs。

功能：从 DDRAM 或 CGRAM 中读出数据。

5. 读写操作过程

LCD 1602 的读状态、读数据、写指令、写数据这 4 项基本操作较常使用，下面介绍这 4 项基本操作的过程。

① 读状态：当数据/命令选择引脚（RS）为低电平，读/写选择引脚（R/W）、使能信号引脚（E）为高电平时，数据引脚（D0~D7）输出当前引脚状态。

② 读数据：当 RS 引脚、R/W 引脚、E 引脚均为高电平时，D0~D7 引脚输出数据。

③ 写指令：当 RS 引脚、R/W 引脚为低电平，E 引脚出现高脉冲信号时，LCD 1602 会从 D0~

D7 引脚处读入当前数据线上的数值,作为指令码。

④ 写数据:当 RS 引脚为高电平,R/W 引脚为低电平,E 引脚出现高脉冲信号时,LCD 1602 会从 D0~D7 引脚处读入数据线上的数值,作为当前数据输入。

9.4.2 电路介绍

LCD 1602 的电路设计如图 9.4 所示,STM32F401 处理器的 PA0 引脚与 LCD 1602 的 4 引脚相连,用于选择数据或命令模式; PA1 引脚与 LCD 1602 的 5 引脚相连,用于选择读写操作;PA4 引脚与 LCD 1602 的 6 引脚相连,用于发出使能信号;PC0~PC7 引脚与 LCD 1602 的 7~14 引脚相连,用于传送数据。此外, LCD 1602的 3 引脚外接滑动电阻,以调节液晶显示屏的对比度。

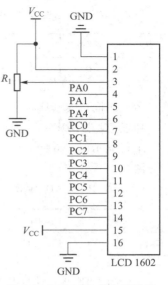

图 9.4 LCD1602 的电路设计

9.4.3 软件设计

首先定义相关 I/O 引脚的宏,方便程序调用,代码如下:

```
1   #define RS_PORT          GPIOA                    //数据/命令选择端口
2   #define RS_PIN           GPIO_PIN_0               //数据/命令选择引脚
3   #define RW_PORT          GPIOA                    //读写选择端口
4   #define RW_PIN           GPIO_PIN_1               //读写选择引脚
5   #define E_PORT           GPIOA                    //使能端口
6   #define E_PIN            GPIO_PIN_4               //使能引脚
7   //定义所有数据引脚
8   #define DB_PIN (GPIO_PIN_0 |GPIO_PIN_1 |GPIO_PIN_2 |GPIO_PIN_3 |GPIO_PIN_4 |GPIO_
9                   PIN_5 |GPIO_PIN_6 |GPIO_PIN_7)
10  #define DB_PORT GPIOC                             //数据端口
11  #define LCD_WriteData(x)    GPIOC->ODR = x        //写数据
```

编写 I/O 引脚初始化函数,初始化 LCD 1602 的相关 I/O 引脚,代码如下:

```
1   void LCD_GPIO_Init(void)
2   {
3       GPIO_InitTypeDef GPIO_InitStruct;            //定义 GPIO 结构体
4       __HAL_RCC_GPIOA_CLK_ENABLE();                //使能 PA 端口相应时钟
5       __HAL_RCC_GPIOC_CLK_ENABLE();                //使能 PC 端口时钟
6       GPIO_InitStruct.Pin = RS_PIN;                //设置数据/命令选择引脚
7       GPIO_InitStruct.Pull = GPIO_PULLUP;          //设置为上拉模式
8       GPIO_InitStruct.Mode = GPIO_MODE_OUTPUT_PP;  //设置为输出模式
9       GPIO_InitStruct.Speed = GPIO_SPEED_FAST;     //设置速度
```

```
10      HAL_GPIO_Init(RS_PORT, &GPIO_InitStruct);          //初始化数据/命令选择引脚
11      GPIO_InitStruct.Pin = RW_PIN;                      //设置读写选择引脚
12      HAL_GPIO_Init(RW_PORT, &GPIO_InitStruct);          //初始化读写选择引脚
13      GPIO_InitStruct.Pin = E_PIN;                       //设置使能引脚
14      HAL_GPIO_Init(E_PORT, &GPIO_InitStruct);           //初始化使能引脚
15      GPIO_InitStruct.Pin = DB_PIN;                      //设置数据引脚 DB0 ~ DB7
16      HAL_GPIO_Init(DB_PORT, &GPIO_InitStruct);          //初始化数据引脚
17  }
```

编写写指令函数,首先选择写指令模式,然后向数据线上写入指令,最后向使能信号引脚输入一个高脉冲信号,使 LCD 1602 读取数据线上的指令。函数代码如下:

```
1   void Write_cmd(uint8_t cmd)
2   {
3       HAL_GPIO_WritePin(E_PORT, E_PIN, GPIO_PIN_RESET);      //E 引脚置低电平
4       HAL_GPIO_WritePin(RS_PORT, RS_PIN, GPIO_PIN_RESET);   //选择命令模式
5       HAL_GPIO_WritePin(RW_PORT, RW_PIN, GPIO_PIN_RESET);   //选择写模式
6       LCD_WriteData(cmd);                                   //写指令
7       delay_ms(5);                                          //稍做延时
8       //E 引脚置高电平,便于形成一个高脉冲
9       HAL_GPIO_WritePin(E_PORT, E_PIN, GPIO_PIN_SET);
10      delay_ms(5);                                          //稍做延时
11      //E 引脚置低电平,形成一个高脉冲,使 LCD 1602 读取数据线上的指令
12      HAL_GPIO_WritePin(E_PORT, E_PIN, GPIO_PIN_RESET);
13  }
```

编写写入数据函数,首先选择写数据模式,然后向数据线上写入数据,再向使能信号引脚输入一个高脉冲信号,使 LCD 1602 读取数据线上的数据。函数代码如下:

```
1   void Write_data(uint8_t data)
2   {
3       HAL_GPIO_WritePin(E_PORT, E_PIN, GPIO_PIN_RESET);      //E 引脚置低电平
4       HAL_GPIO_WritePin(RS_PORT, RS_PIN, GPIO_PIN_SET);     //选择数据模式
5       HAL_GPIO_WritePin(RW_PORT, RW_PIN, GPIO_PIN_RESET);   //选择写模式
6       LCD_WriteData(data);                                  //写数据
7       delay_ms(5);                                          //稍做延时
8       //E 引脚置高电平,便于形成一个高脉冲
9       HAL_GPIO_WritePin(E_PORT, E_PIN, GPIO_PIN_SET);
10      delay_ms(5);                                          //稍做延时
11      //E 引脚置低电平,形成一个高脉冲,使 LCD 1602 读取数据线上的数据
```

```
12        HAL_GPIO_WritePin(E_PORT, E_PIN, GPIO_PIN_RESET);
13    }
```

编写 LCD 初始化函数,主要工作为启动 LCD 1602,并设置其初始工作模式,代码如下:

```
1    void LCD_Init(void)
2    {
3        Write_cmd(0x38);    //8 位数据接口,2 行显示,5×7 点阵字符
4        Write_cmd(0x0c);    //开启显示器,关闭光标
5        Write_cmd(0x06);    //设置光标右移模式
6        Write_cmd(0x01);    //清屏
7        Write_cmd(0x80);    //设置数据指针起点,0x80 为第一行第一个字符位置
8    }
```

编写主函数,循环显示设置的字符串,代码如下:

```
1    int main(void)
2    {
3        //待显示的字符串
4        unsigned char str[31] = "Dalian University Of Technology";
5        uint8_t i;
6        HAL_Init();                    //初始化 HAL 库
7        SystemClock_Config();          //系统时钟频率为 84 MHz
8        LCD_GPIO_Init();               //初始化 LCD 1602 的相应引脚
9        LCD_Init();                    //初始化 LCD 1602
10       Write_cmd(0x01);               //清屏
11       for(i = 0; i < 31; i++)        //显示字符
12           Write_data(str[i]);        //向 LCD 1602 写数据
13       Write_cmd(0x07);               //设置每写一次整屏右移
14       while(1)                       //显示字符
15       {
16           Write_cmd(0x80);           //设置为第一行
17           for(i = 0; i < 31; i++)    //显示字符
18           {
19               Write_data(str[i]);    //向 LCD 1602 写数据
20               delay_ms(500);         //延时 0.5 s
21           }
22       }
23   }
```

运行程序后,LCD 1602 显示屏的第一行从右向左滚动显示字符串“Dalian University Of Technology”,每隔 0.5 s 显示一个字符。

9.5 温度传感器

温度传感器通常由敏感元件和转换元件组成,可采集温度数据并将其转换成可用电信号。DS18B20 是美国达拉斯(Dallas)半导体公司设计的数字化温度传感器,直接输出温度值的数字量,无须 A/D 转换,通过"一线总线",即单一数据线与控制器连接传输温度数据,体积小、使用方便,可以多片共同使用,组成温度传感器网络。本节使用 DS18B20 温度传感器读取当前温度数据,并使用两位数码管动态显示当前温度值的整数部分。

9.5.1 工作原理

1. 引脚介绍

DS18B20 的三视图如图 9.5 所示。

DS18B20 的引脚有三个:地(GND)、数据总线(DQ)和电源(V_{DD}),典型封装见附录图 F.1。芯片支持寄生电源模式,此时芯片通过数据线取电,不用连接电源引脚,可以缩减电路规模。DS18B20 采用 3.0 ~ 5.5 V 供电,测温范围为-55 ℃ ~ +125 ℃,在-10 ℃ ~ +85 ℃ 范围内测温精度可达 0.5 ℃,通过配置可以输出 9 ~ 12 位精度的温度值,最大温度转换时间为 750 ms,可设置高低温报警限,由非易失性存储器保存,软件兼容 DS1822。

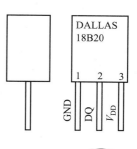

图 9.5　DS18B20 的三视图

2. 特性

DS18B20 具有以下特性。

① 采用单总线接口方式,只需一根数据线就可实现与微处理器之间的双向通信。

② 支持联网寻址,可在一根总线上挂接多个 DS18B20,实现多点测温。

③ 测量温度范围宽,测量精度高。DS18B20 的测量范围为-55 ℃ ~ +125 ℃;在-10 ℃ ~ +85 ℃ 范围内,精度为±0.5 ℃。

④ 供电方式灵活,可采用寄生电源供电或外部电源供电,电压范围为 3 ~ 5.5 V。

⑤ 测量参数可配置,可通过程序设定 DS18B20 的测量分辨率为 9 ~ 12 位。

⑥ 具有掉电保护功能,DS18B20 内置 EEPROM,在系统掉电后,仍可保存分辨率及报警温度的设定值。

⑦ 测量温度时不需要其他外部器件。

3. 芯片结构

DS18B20 芯片的内部结构如图 9.6 所示。

下面介绍 DS18B20 芯片的主要结构。

(1) 64 位激光 ROM

如图 9.7 所示,64 位激光 ROM 由三部分组成,最低 8 位为产品系列编码,对于 DS18B20,固

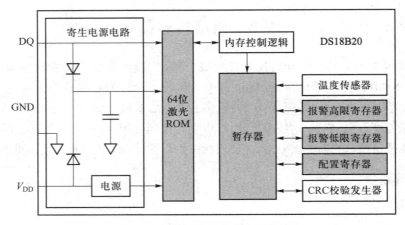

图 9.6　DS18B20 芯片的内部结构

定为 28H;接下来的 48 位为唯一的产品序列号;最高 8 位为低 56 位的 CRC 校验码。处理器可通过 64 位激光 ROM 中的数据对单总线上的多个 DS18B20 进行寻址,从而实现一根总线上挂接多个 DS18B20 的目的。

8位CRC校验码	48位序列号	8位产品编码（28H）
MSB　　　　　LSB	MSB　　　　　LSB	MSB　　　　　LSB

图 9.7　64 位激光 ROM 各位数据排序

（2）温度传感器

DS18B20 中的温度传感器使用 8 位寄存器 MS 和 LS 以补码方式存储温度数据,具体存储方式如图 9.8 所示,其中高 5 位为符号位,低 11 位为数据位。

	bit7	bit6	bit5	bit4	bit3	bit2	bit1	bit0
LS Byte	2^3	2^2	2^1	2^0	2^{-1}	2^{-2}	2^{-3}	2^{-4}

	bit15	bit14	bit13	bit12	bit11	bit10	bit9	bit8
MS Byte	S	S	S	S	S	2^6	2^5	2^4

图 9.8　温度存储寄存器

温度为正数时,符号位 S 为 0,可直接将低 11 位二进制数转换为十进制数,例如,+125℃ 的数字输出为 07D0H;温度为负数时,符号位 S 为 1,须将低 11 位二进制数取反加 1,然后再转换为十进制数,例如,-55℃ 的数字输出为 FC90H。

（3）报警高限寄存器 TH 和报警低限寄存器 TL

DS18B20 中的寄存器 TH 和 TL 分别用于设置高温和低温的报警数值,各由一个 EEPROM 字节构成。DS18B20 将测得的温度值与寄存器 TH 和 TL 中的报警数值相比较,如果测得的温度值小于 TL 的报警数值或大于 TH 的报警数值,表示温度越限,将报警标志置位,并对主机发出的报警搜索命令做出响应。

（4）配置寄存器

配置寄存器的格式如图 9.9 所示,其中最高位为测试模式位,在出厂时被设置为 0,一般不需要改动;R1 和 R0 用来设置分辨率;其余位始终为 1。

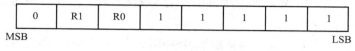

| 0 | R1 | R0 | 1 | 1 | 1 | 1 | 1 |

MSB　　　　　　　　　　　　　　　　　　　　　　　　　　　　LSB

图 9.9　配置寄存器格式

配置寄存器中 R1 和 R0 决定了温度转换的分辨率和转换时间,具体关系如表 9.9 所示。

表 9.9　R0 和 R1 的取值

R1	R0	分辨率/bit	最大转换时间/ms
0	0	9	93.75
0	1	10	187.5
1	0	11	375
1	1	12	750

（5）暂存器

暂存器由 RAM 构成,共 9 个字节,字节序号 0~8 分别为测量温度的低位字节、测量温度的高位字节、温度报警上限的暂存值、温度报警下限的暂存值、配置寄存器的暂存值、3 个保留字节以及上述 8 个字节的 CRC 校验码。9 个字节中,温度值为二进制补码形式,数据传输时低位在前。表 9.10 说明了温度值与芯片内部数字量的输出关系。

表 9.10　温度值与芯片数字量的输出关系

温度	温度数字输出（二进制）	温度数字输出（十六进制）
+125 ℃	0000011111010000	07D0h
+85 ℃	0000010101010000	0550h
+25.062 5 ℃	0000000110010001	0191h
+10.125 ℃	0000000010100010	00A2h
+0.5 ℃	0000000000001000	0008h
0 ℃	0000000000000000	0000h
−0.5 ℃	1111111111111000	FFF8h
−10.125 ℃	1111111101011110	FF5Eh
−25.062 5 ℃	1111111001101111	FE6Fh
−55 ℃	1111110010010000	FC90h

（6）EEPROM

非易失性的 EEPROM 共包含 3 个字节,分别保存温度报警高限寄存器、温度报警低限寄存器和配置寄存器值,这 3 个字节与暂存器的第 2~4 字节的内容相同,但是具有掉电后信息不丢失的特性。

4. 芯片控制命令

DS18B20 提供了 5 个 ROM 操作命令和 6 个存储器操作命令,用户可通过这些命令来控制 DS18B20。5 个 ROM 命令如下。

① 读 ROM 命令(33H):此命令负责读取 DS18B20 的 64 位 ROM 的内容,只能在总线上只挂载一片 DS18B20 时使用,如果总线上有多个 DS18B20,多个芯片发回的数据会互相冲突。

② 匹配 ROM 命令(55H):此命令后继为 64 位 ROM 数据序列,允许控制器对多片 DS18B20 寻址,只有 64 位数据完全符合的 DS18B20 才会对后续存储器操作命令进行响应。

③ 跳过 ROM 命令(CCH):在单一 DS18B20 系统中,实际上不需要对 DS18B20 进行寻址,此命令的作用是跳过寻址步骤,节省时间。如果总线上有多个 DS18B20,不能使用此命令,否则数据线上的信息会互相冲突。

④ 搜索 ROM(F0H):当系统开始工作时,控制器有可能并不确定总线上连接的 DS18B20 的个数,此命令允许控制器识别所有 DS18B20 的 64 位编码。

⑤ 报警搜索(ECH):此命令可以根据最近一次转换得到的温度值,搜索测量温度高于温度报警上限或低于温度报警下限的器件。

存储器操作命令共有如下 6 个。

① 温度转换命令(44H):启动温度转换。

② 读暂存器命令(BEH):读 9 字节的暂存器内容。

③ 写暂存器命令(4EH):写 3 字节数据至暂存器的第 2~4 字节(报警上下限、配置寄存器),低位在前。

④ 复制暂存器命令(48H):复制暂存器的第 2~4 字节内容到 EEPROM。

⑤ 调出命令(B8H):复制 EEPROM 的 3 个字节内容到暂存器的第 2~4 字节,此操作在 DS18B20 上电时会自动执行,因此器件上电后暂存器即保存了有效数据。

⑥ 读电源模式命令(B4H):读 DS18B20 的供电模式,寄生电源供电时 DS18B20 发送“0”,外接电源供电时 DS18B20 发送“1”。

5. 连接方式

DS18B20 使用时,可以多片共同接在一条数据总线上,也可一片独占数据总线。芯片可以采用寄生电源供电工作方式,工作时可从数据线 DQ 上获取电能,在温度变换时,需要在 DQ 引脚加强上拉,一般采用 MOSFET 上拉至 5 V 电源,V_{DD} 引脚不用接电源;另一种方式是 V_{DD} 引脚直接接电源,称作外部供电方式。两种方式下,DQ 引脚都需要接 4.7 kΩ 的上拉电阻。

6. 时序

控制器与 DS18B20 通信时要遵守严格的时序。初始化和读写 DS18B20 的时序如下。

① 初始化时序:控制器发出复位脉冲,DS18B20 收到复位脉冲之后等待 15~60 μs,然后回应

一个存在脉冲,控制器检测到存在脉冲即确认 DS18B20 可以正常工作。复位脉冲是 480~960 μs 的负脉冲,在脉冲末尾,控制器需要释放数据总线;存在脉冲则是 60~240 μs 的负脉冲。

② 写 1 时序:控制器通过写 1 时序把数字 1 写入 DS18B20,写 1 时序的长度约为 60 μs,两个写时序之间必须至少空闲 1 μs 的恢复时间。工作时,控制器在 0 时刻把数据总线置为低电平,然后在第 1~15 μs 期间把数据总线置为高电平,DS18B20 在第 15~60 μs 期间对数据线进行采样,发现数据线为高电平时,就会把 1 写入暂存器。

③ 写 0 时序:控制器通过写 0 时序把数字 0 写入 DS18B20,写 0 时序的长度约为 60 μs,两个写时序之间必须至少空闲 1 μs 的恢复时间。工作时,控制器在 0 时刻把数据总线置为低电平,然后保持低电平直到第 60 μs,DS18B20 在第 15~60 μs 期间对数据线进行采样,发现数据线为低电平时,就会把 0 写入暂存器。

④ 读时序:当从 DS18B20 读数据时使用读时序。主机把数据总线从高电平置为低电平,读时序开始,读时序长度约为 60 μs,两个读时序之间必须至少空闲 1 μs 的恢复时间。在 0 时刻,控制器拉低数据总线,至少持续 1 μs,来自 DS18B20 的输出数据在读时序开始后的 15 μs 内有效,为了从数据线上正确读出 DS18B20 的输出信号,控制器必须在 1 μs 之后尽快释放总线。在时序结束时,外部上拉电阻会把数据总线拉高置高电平。

7. 通信协议

以采用外部电源供电的单一 DS18B20 为例,读取温度时需要如下步骤。

① 初始化,处理器发送复位脉冲,等待 DS18B20 发回存在脉冲。

② 处理器发送跳过 ROM 命令。

③ 处理器发送温度转换命令。

④ 处理器发送复位脉冲,等待 DS18B20 发回存在脉冲。

⑤ 处理器发送跳过 ROM 命令。

⑥ 处理器发送读暂存器命令。

⑦ 处理器从暂存器读温度数据。

本节未介绍 DS18B20 的寄生电源工作模式,此模式下操作时序有所不同,相关内容读者可以查询 DS18B20 的数据手册。

9.5.2 电路介绍

DS18B20 的电路图如图 9.10 所示,其引脚 VDD 通过排针 J1 的接口 1 与外接电源相连;引脚 GND 通过排针 J1 的接口 3 与地相连;引脚 DQ 通过排针 J1 的接口 2 与 STM32F401 处理器的引脚 PA0 相连,这样可实现单线控制。此外,在单总线上外接一个 4.7 kΩ 的上拉电阻,使其闲置时的状态为高电平。

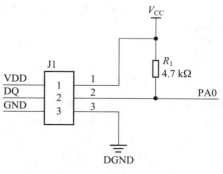

图 9.10 DS18B20 电路图

9.5.3 软件设计

首先定义 DS18B20 相应 I/O 端口的宏,代码如下:

```
1   //使能 PA 端口时钟
2   #define DQ_RCC_CLK_ENABLE()   __HAL_RCC_GPIOA_CLK_ENABLE()
3   #define DQ_GPIO_PIN           GPIO_PIN_0          //数据输入输出引脚
4   #define DQ_GPIO               GPIOA               //数据输入输出端口
5   #define DQ_OUT                GPIOA->ODR          //数据输出
6   #define DQ_IN                 GPIOA->IDR&0x0001   //数据输入
```

定义相关数组及变量,代码如下:

```
1   //数字 0~9 对应的共阴极数码管控制值
2   uint8_t table[10]={0x3f,0x06,0x5b,0x4f,0x66,0x6d,0x7d,0x07,0x7f,0x6f};
3   uint8_t temp=0xff;                                //存储温度数据
```

编写数码管和 DS18B20 的 I/O 端口初始化函数,代码如下:

```
1   void DPY_GPIO_Init()
2   {
3       GPIO_InitTypeDef GPIO_Init;                   //定义 GPIO 结构体
4       __HAL_RCC_GPIOC_CLK_ENABLE();                 //使能 PA 端口时钟
5       __HAL_RCC_GPIOB_CLK_ENABLE();                 //使能 PB 端口时钟
6       //段选引脚初始化
7       GPIO_Init.Pin = 0x00ff;                       //设置段选引脚为 PC7~PC0
8       GPIO_Init.Mode = GPIO_MODE_OUTPUT_PP;         //设置输出模式
9       HAL_GPIO_Init(GPIOC, &GPIO_Init);             //初始化段选引脚
10      //位选引脚初始化
11      GPIO_Init.Pin = 0x00f0;                       //设置位选引脚为 PB7~PB4
12      HAL_GPIO_Init(GPIOB, &GPIO_Init);             //初始化位选引脚
13  }
14  void DS18B20_GPIO_Init(void)
15  {
16      GPIO_InitTypeDef GPIO_Init;                   //定义 GPIO 结构体
17      DQ_RCC_CLK_ENABLE();                          //使能相应时钟
18      GPIO_Init.Pin = DQ_GPIO_PIN;                  //设置 DS18B20 数据输入输出引脚
19      GPIO_Init.Mode = GPIO_MODE_OUTPUT_OD;         //设置为开漏模式
20      GPIO_Init.Pull = GPIO_PULLUP;                 //设置为上拉模式
21      GPIO_Init.Speed = GPIO_SPEED_HIGH;            //设置速度
```

```
22        HAL_GPIO_Init(DQ_GPIO, &GPIO_Init);   //初始化 DS18B20 数据输入输出引脚
23    }
```

下面编写函数 DS18B20_Rst() 和 DS18B20_Check() 来初始化 DS18B20。DS18B20_Rst() 函数用于拉低总线,向 DS18B20 发出复位脉冲。DS18B20_Check() 函数检测 DS18B20 是否对复位脉冲产生应答,当返回值为 0 时,表示 DS18B20 发出应答信号;当返回值为 1 时,表示没有接收到应答信号;当返回值为 2 时,表示应答超时。函数代码如下:

```
1   void DS18B20_Rst(void)
2   {
3       DS18B20_GPIO_Init();                  //DS18B20 的数据输入输出引脚初始化
4       DQ_OUT = 0;                           //拉低数据总线,向 DS18B20 发出复位脉冲
5       delay_us(750);                        //发送复位脉冲,至少持续 480 μs,这里持续 750 μs
6       DQ_OUT = 1;                           //释放数据总线
7       delay_us(15);                         //稍做延时,延时范围为 15~60 μs,这里延时 15 μs
8   }
9   //DS18B20 应答检测,返回 0:检测到 DS18B20;返回 1:无应答;返回 2:应答超时
10  uint8_t DS18B20_Check(void)
11  {
12      uint8_t retry = 0;
13      while(DQ_IN&&retry<200)               //等待存在脉冲,等待时间不超过 200 μs
14      {
15          retry++;
16          delay_us(1);                      //延时 1 μs
17      }
18      if(retry>=200)                        //超过 200 μs 说明未检测到 DS18B20
19          return 1;                         //返回 1:无应答
20      else
21          retry=0;                          //返回 0:检测到 DS18B20
22      while(!DQ_IN&&retry<240)              //低电平不超过 240 μs,若超过说明存在问题
23      {
24          retry++;
25          delay_us(1);                      //延时 1 μs
26      }
27      if(retry>=240)                        //低电平超过 240 μs
28          return 2;                         //返回 2:应答超时
29      delay_us(480);                        //判断结束后须继续延时 480 μs
30      return 0;                             //返回 0:检测到 DS18B20
31  }
```

编写读字节数据函数,从 DS18B20 读取一个字节的数据,代码如下:

```
1   unsigned char Read_DS18B20(void)
2   {
3       unsigned char i;
4       unsigned char dat=0;            //dat 用来存储读取的字节数据
5       for(i=0;i<8;i++)                //循环 8 次,将一个字节数据依次按位读出
6       {
7           DQ_OUT = 0;                 //处理器将总线由高电平拉成低电平,读时序开始
8           delay_us(2);                //拉低总线 2 μs
9           DQ_OUT = 1;                 //释放总线,此后 DS18B20 控制总线,传输相应数据
10          delay_us(12);               //稍做延时
11          dat >>= 1;                  //右移一位,将读到的数据依次从高位移到低位
12          if(DQ_IN)                   //在读时序开始的 15 μs 内采样总线状态
13              dat |= 0x80;            //若总线为 1,则把 dat 的最高位置 1
14          else
15              dat |= 0;               //若总线为 0,则把 dat 的最高位置 0
16          delay_us(46);               //延时 46 μs
17          delay_us(1);                //两个读时序之间至少需要 1 μs 恢复时间
18      }
19      return dat;                     //返回读出的数据
20  }
```

编写写字节数据函数,向 DS18B20 写一个字节的数据,将要写入的数据 dat 从低位到高位依次写入 DS18B20,代码如下:

```
1   void Write_DS18B20(uint8_t dat)
2   {
3       uint8_t i;
4       for(i=0;i<8;i++)                //循环 8 次,将一个字节数据依次按位写入 DS18B20
5       {
6           if(dat&0x01)                //写 1 时序
7           {
8               DQ_OUT = 0;             //将总线拉低,写时序开始
9               delay_us(2);            //持续低电平 2 μs
10              DQ_OUT = 1;             //将总线拉高,输出数据 1
11              delay_us(60);           //持续高电平 60 μs
12          }
13          else                        //写 0 时序
14          {
```

```
15              DQ_OUT = 0;                    //将总线拉低,写时序开始
16              delay_us(60);                  //持续低电平 60 μs,输出数据 0
17              DQ_OUT = 1;                    //将总线拉高,必须释放总线
18              delay_us(2);                   //稍做延时
19          }
20          //右移一位,将一个字节数据从低位到高位依次写入 DS18B20
21          dat >>= 1;
22          delay_us(1);                       //两个写时序之间至少需要 1 μs 恢复时间
23      }
24  }
```

编写读取温度函数,读取当前温度整数值。该函数首先调用 DS18B20_ConvertCmd( )函数,开启温度转换,然后调用 DS18B20_ReadCmd( )函数,从高速暂存器读取温度数据。函数代码如下:

```
1   uint8_t DS18B20_Read_Temp(void)
2   {
3       uint8_t temp, TL, TH;              //TL 存储温度数据的低 8 位;TH 存储高 8 位
4       DS18B20_ConvertCmd();             //开启温度转换
5       DS18B20_ReadCmd();                //开始读取温度
6       TL = Read_DS18B20();              //读取温度低 8 位
7       TH = Read_DS18B20();              //读取温度高 8 位
8       temp = (TH<<4)|(TL>>4);           //抛弃温度小数部分,只保留温度整数部分
9       return temp;                      //返回读取的温度值
10  }
11  void DS18B20_ConvertCmd(void)
12  {
13      DS18B20_Rst();                    //向 DS18B20 发送复位脉冲
14      DS18B20_Check();                  //等待 DS18B20 发回存在脉冲
15      Write_DS18B20(0xCC);              //写入跳过 ROM 指令
16      Write_DS18B20(0x44);              //写入温度转换指令
17  }
18  void DS18B20_ReadCmd(void)
19  {
20      DS18B20_Rst();                    //向 DS18B20 发送复位脉冲
21      DS18B20_Check();                  //等待 DS18B20 发回存在脉冲
22      Write_DS18B20(0xCC);              //写入跳过 ROM 指令
23      Write_DS18B20(0xBE);              //写入读暂存器命令
24  }
```

编写数码管显示函数,使用两位数码管动态显示温度值,代码如下:

```
1   void Display(uint8_t pos,uint8_t output)
2   {
3       GPIOB->ODR = 0xffff &~(1<<(pos+3));        //数码管位选控制
4       GPIOC->ODR = table[output];                //数码管段选控制
5   }
```

编写定时器相关函数,具体函数可参考 8.2.3 节,每隔 20 ms 读取 DS18B20 的温度值。中断服务程序及定时器更新中断回调函数的代码如下:

```
1   void TIM3_IRQHandler(void)
2   {
3       HAL_TIM_IRQHandler(&htimx);                //调用定时器中断通用处理函数
4   }
5   void HAL_TIM_PeriodElapsedCallback(TIM_HandleTypeDef * htim)
6   {
7       temp = DS18B20_Read_Temp();                //读取当前温度
8   }
```

编写主函数,读取当前温度值,并用两位数码管动态显示,代码如下:

```
1    int main()
2    {
3        HAL_Init();                               //初始化 HAL 库
4        SystemClock_Config();                     //系统时间频率为 84 MHz
5        DPY_GPIO_Init();                          //数码管 I/O 端口初始化
6        GENERAL_TIMx_Init();                      //定时器初始化
7        while(1)                                  //无限循环,读取当前温度值并动态显示
8        {
9            Display(1,temp/10);                   //显示温度 10 位数据
10           delay_ms(1);                          //延时 1 ms
11           Display(2,temp%10);                   //显示温度个位数据
12           delay_ms(1);                          //延时 1 ms
13       }
14   }
```

运行程序,可以看到两位数码管动态显示当前温度值,用手指接触 DS18B20,可以观察到数码管显示的温度值上升,移开手指后,可以观察到数码管显示的温度值下降。

第 10 章 嵌入式系统综合案例设计

本章介绍基于体域网的动作识别系统设计方法。该系统通过可穿戴节点采集人体动作数据，基于事件驱动方法对数据进行分段，并从中提取运动特征，从而识别人体动作。本章内容较复杂，读者可结合代码进行学习。

源代码：
第 10 章源代码

10.1　功 能 描 述

随着无线通信、惯性传感器等技术的发展,体域网已广泛应用在体育运动、医疗诊断和社会保障等领域。体域网通过设置在人体或周围环境中的传感器来获取所需数据,并通过无线通信技术将数据发送至相关计算平台进行后续处理与分析。人体动作识别是体域网研究领域的一个分支,准确识别人体动作并理解其含义对于体育辅助训练、医疗监护等应用场景具有普遍意义。

本章设计一个可以准确识别 15 种人体动作的嵌入式系统,该系统采用陀螺仪、加速度计和电子罗盘等传感器,通过可穿戴节点采集腿部和腰部的运动数据,进而识别人体动作。具体功能如下。

1. 数据采集

数据采集子系统由 5 个传感器节点和 1 个基站组成。传感器节点可佩戴到腿部和腰部以获取人体的角速度、加速度和四元数等运动数据,并可将获取的数据发送至基站。基站负责接收传感器节点发送的数据,并通过串行接口将接收到的数据发送至上位机。其中,传感器节点采集的角速度数据易受温度等因素影响而产生数据漂移,需要对其进行温度补偿。

2. 无线通信

传感器节点须佩戴到人体的腿部和腰部,由于人体处在不断运动状态中,因此必须采用无线方式进行通信,将对使用者活动的影响降到最低,使系统的可穿戴性大大增加。

3. 数据接收

系统的上位机通过串行接口接收基站发送的运动数据,从中提取出所需的角速度、加速度和四元数等参数,并通过当前帧号计算时间,以供后续模块使用。

4. 波形绘制

上位机可以绘制单个节点采集的角速度波形和加速度波形,以供用户观察,并据此判断硬件平台是否存在故障。此外,还可以显示提取到的运动特征,以验证特征提取算法的准确性。

5. 特征提取

通过观察和分析日常生活中各类腿部和腰部的动作表现及相应波形,提取可以体现人体动作差异的波形特征和行为特征共计 19 种。在上位机中,分析节点上传的数据,快速、准确地提取相应特征,并通过波形绘制进行显示,以供用户观察、分析。

6. 动作识别

在上位机中,将特征数据输入动作识别模块以识别当前动作。在显示当前动作的同时,显示动作周期时间、单脚支撑时间、单脚摆动时间、单脚跨步时间、步长和步速等参数。

10.2　理 论 基 础

10.2.1　动作识别理论基础

如图 10.1 所示,基于体域网的人体动作识别流程分为信号采集、数据分段、特征提取和动作识别 4 个阶段。在信号采集阶段,传感器节点采集人体运动时产生的物理信号;在数据分段阶段,采用事件驱动方法对预处理后的数据进行分段处理;在特征提取阶段,从分段数据中提取运动特征;最后,在动作识别阶段,将提取的运动特征输入分类模型中以识别人体动作。下面简要介绍各阶段的理论基础。

图 10.1　基于体域网的动作识别流程

1. 信号采集

在信号采集阶段,通过可穿戴传感器节点实时采集腰部和腿部等部位的动作数据。传感器节点由传感器、处理器、无线收发器和电源组成。其中,传感器负责采集人体运动时的物理信号,并将其转换为电信号;处理器提供计算功能;无线收发器负责节点与基站之间的无线通信;电源负责为整个传感器节点提供所需能量。

2. 数据分段

在动作识别过程中,采集到的传感器信号是连续数据,而人体动作具有周期性特征,因此须对数据进行分段处理以便于分析。滑动窗口技术是一种常用的数据分段方法,可将采集的传感器数据分段为等长数据。但是由于人体动作具有不确定性,不同动作的数据、持续时长各不相同,因此这种方法很可能截断某个完整动作的数据,造成最终动作识别失败。基于事件驱动的数据分段技术通过寻找动作事件对应的关键特征划分动作周期,进而将数据分段。该技术通过动作周期对数据进行分段处理,相较于滑动窗口技术更具有优势。

3. 特征提取

在特征提取阶段,将从分段数据中提取特征,用于下一阶段识别人体动作。常用的特征包含最值、方差和相关系数等时域特征,光谱能量、频域熵等频域特征。目前没有通用的特征提取方法,通常面向问题决定特征提取的策略。本章通过观察和分析常见动作及对应的数据波形,提取了 19 种运动特征以识别人体动作。

4. 动作识别

在动作识别阶段,将提取的运动特征集合输入分类器中,进而识别人体动作。决策树是一种常用于构建分类器的算法,是由内部节点、叶子节点以及分支组成的多叉树。内部节点用于判断输入的某个运动特征是否满足条件,从该节点延伸出的每一条分支表示一类测试结果,而叶子节点则表示动作类别。将运动特征集合输入由决策树构建的分类器中,通过内部节点判断对应的运动特征以分配至不同分支,进而通过最终的叶子节点识别动作类别。

10.2.2　MPU9250 简介

MPU9250 是一款九轴运动跟踪装置,包含三轴加速度计、三轴陀螺仪和三轴电子罗盘,并内嵌数字运动处理器(digital motion processor,DMP),可通过 DMP 读取角速度和加速度数据。此外,可通过函数库 MPL(motion processing library)融合传感器数据,获取四元数。下面简要介绍 DMP 和 MPL。

1. DMP

DMP 具有低功耗、可编程控制等特点,所有 API 和固件都位于 dmpKey.h、dmpMap.h 和 inv_mpu_dmp_motion_driver.h 等几个头文件中。DMP 输出的角速度和加速度数据存储于 MPU9250 的数据缓冲区 FIFO 中,可调用 dmp_read_fifo( ) 函数从 FIFO 中读取相应数据。dmp_read_fifo( ) 函数的原型如下:

```
1   int dmp_read_fifo(short * gyro, short * accel, long * quat, unsigned long *
2                     timestamp, short * sensors, unsigned char * more)
```

其中,gyro 存储读取的角速度数据;accel 存储读取的加速度数据;quat 存储 DMP 生成的三轴四元数;timestamp 为毫秒级时间戳;sensors 为是否读出陀螺仪和加速度计新数据的标志;more 为 FIFO 中剩余数据包的数量。

2. MPL

MPL 的主要功能是动态标定传感器和融合传感器数据。通过 MPL 可动态标定陀螺仪,并补偿其因温度而产生的数据漂移。也可通过 MPL 动态标定电子罗盘,并减少磁场变化对电子罗盘的干扰。此外,还可通过 MPL 融合角速度、加速度和磁力数据以获取四元数。

10.2.3 四元数与欧拉角

1. 四元数

四元数是由爱尔兰数学家 William Rowan Hamilton 于 1843 年提出的一种能够描述刚体转动的数学工具,可以较好地解决刚体运动学中的运动控制和刚体运动分析问题,在量子力学、刚体力学、陀螺技术和控制理论中有广泛应用。四元数的定义如式(10.1)所示。

$$Q = w + xi + yj + zk \tag{10.1}$$

其中,i、j、k 为三个虚部单位,w、x、y、z 为实数,也可以用 $[w \ (x \ y \ z)]$ 的形式表示四元数。

在使用四元数描述刚体姿态时必须进行归一化,如式(10.2)所示,其中 Q_{norm} 表示归一化后的四元数。

$$Q_{norm} = \frac{Q}{\sqrt{w^2 + x^2 + y^2 + z^2}} \tag{10.2}$$

四元数的微分方程如式(10.3)所示,可用于求解姿态四元数。

$$\dot{Q} = 0.5Qp \tag{10.3}$$

其中,$\dot{Q}$ 表示四元数对时间的导数,由于陀螺仪固定于载体上,其测量的角速度为刚体在载体坐标系中旋转产生的角速度,因此 p 表示该角速度的四元数形式,该四元数实部为 0,如式(10.4)所示。

$$p = 0 + \omega_x i + \omega_y j + \omega_z k \tag{10.4}$$

令 $\dot{Q} = \dot{a} + \dot{b}i + \dot{c}j + \dot{d}k$,利用四元数乘法运算法则,将式(10.1)和式(10.4)代入式(10.3)可得式(10.5)。式(10.5)反映了四元数与其导数之间的数值关系,可通过对 $\dot{Q}$ 进行积分求得新状态下的四元数。该四元数经过归一化后可用于描述物体从一种姿态转动至另一种姿态所经过的变化。

$$\begin{bmatrix} \dot{a} \\ \dot{b} \\ \dot{c} \\ \dot{d} \end{bmatrix} = 0.5 \begin{bmatrix} -x\omega_x - y\omega_y - z\omega_z \\ w\omega_x - z\omega_y + y\omega_z \\ z\omega_x + w\omega_y - x\omega_z \\ -y\omega_x + x\omega_y + w\omega_z \end{bmatrix} = 0.5 \begin{bmatrix} 0 & -\omega_x & -\omega_y & -\omega_z \\ \omega_x & 0 & \omega_z & -\omega_y \\ \omega_y & -\omega_z & 0 & \omega_x \\ \omega_z & \omega_y & -\omega_x & 0 \end{bmatrix} \begin{bmatrix} w \\ x \\ y \\ z \end{bmatrix} \qquad (10.5)$$

2. 欧拉角

欧拉角是由瑞士数学家和物理学家 Leonhard Euler 提出的用于描述刚体在三维欧几里得空间中转动的数学工具,包括航向角(yaw)、俯仰角(pitch)和翻滚角(roll)。用四元数描述刚体姿态并不直观,而用欧拉角描述刚体姿态时运算比较复杂,且会出现万向节死锁问题。因此一般在处理数据时使用四元数,处理完毕后再把四元数转换为欧拉角。将四元数转换为欧拉角的公式如式(10.6)所示:

$$\begin{bmatrix} \varphi \\ \theta \\ \psi \end{bmatrix} = \begin{bmatrix} \text{atan}2\left(2\left(wx+yz\right),1-2\left(x^2+y^2\right)\right) \\ \arcsin\left(2\left(wy-xz\right)\right) \\ \text{atan}2\left(2\left(wz+xy\right),1-2\left(y^2+z^2\right)\right) \end{bmatrix} \qquad (10.6)$$

其中,φ 表示翻滚角,θ 表示俯仰角,ψ 表示航向角。

10.3 系 统 概 述

10.3.1 系统架构

本章所设计的动作识别系统由目标机和上位机组成,其层次结构及模块调用关系如图 10.2 所示。

目标机包含传感器节点模块和基站模块,上位机则包含数据接收模块、波形绘制模块、特征提取模块以及动作识别模块。在目标机中,传感器节点模块负责采集人体运动数据,进行预处理并通过无线收发器发送给基站;基站模块则通过无线收发器接收人体运动数据,并通过串口传输给上位机。在上位机中,数据接收模块负责接收基站传输的数据,以便于后续模块使用;波形绘制模块负责绘制角速度波形和加速度波形,以便于用户观察和分析,并验证特征提取算法的准确性;特征提取模块负责提取人体动作特征,以便于识别动作;动作识别模块负责根据提取的运动特征识别当前动作。

在动作识别系统中,通过无线通信协议保证多个传感器节点可以快速有序地发送数据。无线通信协议包括等待指令和发送数据两个阶段。在等待指令阶段,传感器节点模块为接收数据模式,基站模块为发送数据模式,向所有传感器节点发送触发信号,并进入接收数据模式;在发送数据阶段,传感器节点接收到触发信号后进入发送数据模式,以 100 Hz 的频率向基站发送数据。此外,为了防止出现数据帧丢失现象,基站通过 3 个无线收发器接收 5 个节点发送的数据。

10.3.2 目标机

目标机整体架构如图 10.3 所示,采用了 5 个传感器节点和 1 个基站来采集人体数据。

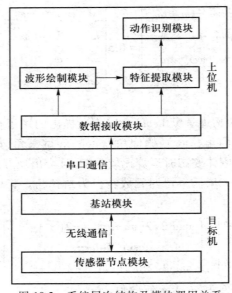

图 10.2　系统层次结构及模块调用关系

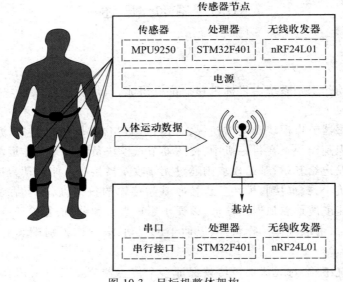

图 10.3　目标机整体架构

1. 传感器节点

传感器节点由传感器、处理器、无线收发器和电源组成。传感器采用包含陀螺仪、加速度计和电子罗盘的 MPU9250 芯片,负责采集被测对象的角速度、加速度以及磁力数据。然后,通过 MPL 获取四元数,从而获得人体转向变化。处理器采用 STM32F401 嵌入式微处理器,以实现无线通信和数据采集功能;无线收发器负责接收基站发送的触发信号,并向基站发送采集的人体运动数据;电源通过 3.7 V 的锂电池为整个传感器节点提供所需能量。采集数据时,所有传感器节点均以 100 Hz 的频率连续向基站发送采集的人体运动数据。传感器节点的佩戴位置如图 10.3 所示,4 个传感器节点分别佩戴在被测对象的大腿和小腿外侧,以检测腿部运动;1 个传感器节点佩戴在被测对象的腰部,以检测人体的方向变化。腿部节点与腰部节点的功能不同,因此内部程序也存在一定差异。腿部节点的内部程序负责采集和发送角速度数据和加速度数据;腰部节点的内部程序负责获取 9 轴传感器数据融合生成的四元数。

2. 基站

基站负责接收传感器节点发送的数据,并通过串口将接收的数据传送给上位机。基站主要由处理器、无线收发器和串口组成。处理器采用 STM32F401 嵌入式微处理器,负责控制无线通信和串口通信功能;无线收发器采用 3 个 nRF24L01 元件,负责基站与节点之间的数据传输;串口则负责基站与上位机之间的数据传输。

10.3.3 上位机

上位机包含数据接收模块、波形绘制模块、特征提取模块和动作识别模块,通过这 4 个模块可以实现动作识别。

1. 数据接收模块

数据接收模块负责接收基站传送的数据并对其进行处理,以便于后续模块使用。数据接收模块通过串口读取基站传送的人体运动数据,识别当前数据的来源节点,将角速度、加速度、四元数以及采集时间等数据提取出来,并转换成浮点数。最后,将提取的有用信息存储到各传感器节点对应的数据序列中,以供波形绘制和特征提取模块使用。

2. 波形绘制模块

波形绘制模块具有波形绘制、特征显示、波形放大、坐标查看等功能。波形绘制模块可以绘制腿部节点的角速度波形和加速度波形,以便于用户观察和分析。该模块还可以显示提取的波形特征,以验证特征提取算法的准确性。此外,还具有波形放大和坐标查看功能,可以放大所选波形并显示鼠标附近的波形坐标。

3. 特征提取模块

特征提取模块负责从数据中提取运动特征,以识别人体动作。该模块共提取 19 种可以体现人体动作差异的特征,包括 7 种波形特征和 12 种行为特征。其中,波形特征可通过波形绘制模块实时显示,以验证相应提取算法的准确性。特征提取模块还可以实时绘制行为特征中时间参数和空间参数的波形,以便于用户分析相应动作。提取特征时,须同时对腰部和腿部 5 个节点的数据进行特征提取,从腰部节点提取的特征用于识别上半身姿态,即人体转向变化;从腿部节点提取的特征则以一个完整动作周期为基础进行组合,并存入各节点对应的特征序列,以识别下半身姿态,即腿部动作。

4. 动作识别模块

动作识别模块是整个系统的核心,负责根据提取的运动特征识别人体动作。该模块通过腰部节点采集的四元数识别上半身姿态,通过从腿部节点提取的特征识别下半身姿态,进而识别人体动作。在识别上半身姿态时,通过四元数获取腰部的转动角度,进而识别左右转;在识别下半身姿态时,通过左右腿时序关系结合腿部运动特征,进而识别腿部动作。动作识别模块还实时显示当前动作的时间参数和空间参数,以便于用户观察和分析相应动作。

10.4 人体动作识别系统设计与实现

10.3 节介绍了人体动作识别系统的概要设计,分析了该系统的层次结构、模块间的调用关系及模块的功能。本节将介绍各模块的详细设计与实现。

10.4.1 传感器节点

在传感器节点中,数据采集功能和无线通信功能最为重要。在采集数据时,可通过MPU9250 芯片获取所需的角速度、加速度和四元数;在传送数据时,通过 nRF24L01 无线收发器实现节点与基站之间的无线通信。

1. 数据采集

(1)程序设计

在采集数据前,需要初始化 MPU9250 芯片。首先初始化 SPI 和 I2C 相关引脚,便于对MPU9250 进行配置及传输传感器采集的数据。然后,配置各传感器的工作模式,设置并开启 MPL,以便于调用相关函数。接下来,配置各传感器的采样范围和采样率,其中陀螺仪的采样范围为 ±2 000 (°)/s(degree per second,度每秒),加速度计的采样范围为 ±2 g,电子罗盘的采样范围为 ±4 800 μT。最后,配置 DMP 和 FIFO 数据缓冲区,以便于读取传感器采集的数据。

初始化并上电后,便可通过 MPU9250 芯片采集人体运动数据。传感器采样频率为 100 Hz,每隔 10 ms 就会采集当前的角速度、加速度和磁力数据。然后将采集到的传感器数据输入 MPL中,进行 9 轴传感器数据的融合,以获取四元数。最后将采集的数据封装成帧,存入缓冲区中,等待无线收发器发送。

(2)程序实现

首先,从 FIFO 缓冲区读取角速度数据和加速度数据;其次,记录当前角速度数据,并补偿角速度因温度产生的数据漂移;然后,将加速度数据转换为 long 类型并记录;接下来,从电子罗盘中读取磁力数据,转为 long 类型并记录;最后,调用 MPL 库函数 inv_execute_on_data() 进行数据融合,并通过 inv_get_sensor_type_quat() 函数读取融合而成的四元数。获取角速度和加速度的函数与其相似,在此不再赘述。获取四元数的函数如下所示:

```
1  u8 mpu_mpl_get_data(long * Quat)
2  {
3      unsigned long sensor_timestamp;              //采集传感器数据时的时间戳
4      unsigned long timestamp;                     //经 MPL 处理后的数据时间戳
5      short gyro[3],accel_short[3],compass_short[3];//存储 short 类型传感器数据
```

```
6        short sensors;                              //判断是否读出相应传感器数据
7        unsigned char more;                         //剩余数据包的数量
8        long compass[3],accel[3],quat[4],temperature;//存储 long 类型传感器数据
9        int8_t accuracy;                            //传感器数据精度
10       //从 FIFO 缓冲区读取数据,dmp_read_fifo()返回 0 表示成功,返回 1 表示失败
11       if(dmp_read_fifo(gyro,accel_short,quat,&sensor_timestamp,&sensors,
12                        &more))
13           return 1;
14       if(sensors & INV_XYZ_GYRO)                   //如果成功,读取三轴角速度数据
15       {
16           inv_build_gyro(gyro,sensor_timestamp);  //记录角速度数据
17           mpu_get_temperature(&temperature,&sensor_timestamp);//获取当前温度
18           inv_build_temp(temperature,sensor_timestamp);  //补偿角速度温度漂移
19       }
20       if(sensors & INV_XYZ_ACCEL)                  //如果成功,读取三轴加速度数据
21       {
22           accel[0] = (long)accel_short[0];        //将 short 类型数据转为 long 类型
23           accel[1] = (long)accel_short[1];
24           accel[2] = (long)accel_short[2];
25           inv_build_accel(accel,0,sensor_timestamp);  //记录加速度数据
26       }
27       //如果成功,读取磁力数据
28       if(!mpu_get_compass_reg(compass_short,&sensor_timestamp))
29       {
30           compass[0]=(long)compass_short[0];      //将 short 类型数据转为 long 类型
31           compass[1]=(long)compass_short[1];
32           compass[2]=(long)compass_short[2];
33           inv_build_compass(compass,0,sensor_timestamp);   //记录磁力数据
34       }
35       inv_execute_on_data();                       //处理记录的数据并更新状态
36       inv_get_sensor_type_quat(Quat,&accuracy,&timestamp);//获取四元数
37       return 0;
38   }
```

2. 无线通信

（1）程序设计

通过 nRF24L01 无线收发器实现传感器节点的无线通信功能,相关寄存器的读写操作函数
如表 10.1 所示。

表 10.1 SPI 读写操作函数

函数	参数	返回值	功能
NRF24L01_Write_Reg( )	reg:寄存器地址 value:要写入的值	状态值	向指定寄存器写入一个字节
NRF24L01_Read_Reg( )	reg:寄存器地址	寄存器值	从指定寄存器读出一个字节
NRF24L01_Write_Buf( )	reg:寄存器地址 * pBuf:写数据指针 len:数据的长度	状态值	向指定位置写入指定长度数据
NRF24L01_Read_Buf( )	reg:寄存器地址 * pBuf:读数据指针 len:数据的长度	状态值	从指定位置读出指定长度数据

传感器节点程序中还包含如下函数:NRF24L01_TX_Mode( )函数,将节点设置为发送模式;NRF24L01_RX_Mode( )函数,将节点设置为接收模式;NRF24L01_TxPacket( )函数,启动无线收发器发送一次数据;NRF24L01_RxPacket( )函数,启动无线收发器接收一次数据。通过调用这些函数,就可以实现传感器节点收发数据的功能。

(2) 程序实现

在发送数据时,需要先将无线收发器 nRF24L01 设置成发送模式,然后调用函数 NRF24L01_Write_Buf( )将发送数据寄存器地址和待发送数据按照时序要求写入 nRF24L01 无线收发器。写入待发送数据时,须将无线收发器的引脚 NRF24L01_CE 置 1,以发送数据。数据发送完毕后,触发中断,进入中断函数 EXTI15_10_IRQHandler( )。如果开启了自动应答功能,无线收发器在发送完数据后进入接收模式,等待应答信号,直至数据发送成功或者达到最大重发次数。如果没有开启自动应答功能,无线收发器继续发送数据。在接收数据时,首先将无线收发器设为接收模式,并调用 NRF24L01_RxPacket( )函数接收数据。接收数据时,使能 SPI,以便于进行数据传输;数据接收完成后,关闭 SPI,停止数据传输。部分相关函数如下所示:

```
1    #define RD_RX_PLOAD     0x61        //接收数据寄存器地址
2    #define WR_TX_PLOAD     0xA0        //发送数据寄存器地址
3    #define STATUS          0x07        //状态寄存器
4    #define NRF_WRITE_REG   0x20        //写配置寄存器,低 5 位为寄存器地址
5    #define FLUSH_TX        0xE1        //清除 TX FIFO 寄存器,发送模式下使用
6    #define FLUSH_RX        0xE2        //清除 RX FIFO 寄存器,接收模式下使用
7    //数据发送函数,负责向基站发送数据,txbuf 为待发送数据首地址
8    u8 NRF24L01_TxPacket(u8 * txbuf)
9    {
10       NRF24L01_CE = 0;                //置 0,便于后续拉高
11       NRF24L01_Write_Buf(WR_TX_PLOAD,txbuf,32); //写入数据
```

```
12      NRF24L01_CE = 1;                                    //将NRF24L01_CE拉高,发送数据
13      return 0;
14  }
15  //数据接收函数,负责接收基站发送的数据,rxbuf为接收缓冲区地址
16  u8 NRF24L01_RxPacket(u8 * rxbuf)
17  {
18      u8 status;                                          //存储状态寄存器的值
19      status = NRF24L01_Read_Reg(STATUS);                //读取状态寄存器的值
20      NRF24L01_Write_Reg(NRF_WRITE_REG+STATUS, status);//清除中断标志
21      if(status & RX_OK)                                  //如果存在待接收数据,则开始接收数据
22      {
23          NRF24L01_Read_Buf(RD_RX_PLOAD,rxbuf,32);       //将数据读入接收缓冲区
24          NRF24L01_Write_Reg(FLUSH_RX,0xff);            //清除RX FIFO寄存器
25          return 0;                                       //成功接收数据,返回0
26      }
27      return 1;                                           //未收到任何数据,返回1
28  }
29  //中断函数,数据发送完毕后触发
30  void EXTI15_10_IRQHandler(void)
31  {
32      if(EXTI_GetITStatus(EXTI_Line12) != RESET)//如果中断有效,则响应中断
33      {
34      __CallBack();                                       //调用中断回调函数
35      EXTI_ClearITPendingBit(EXTI_Line12);              //清除中断标志位
36      }
37  }
38  //中断回调函数,负责清除已发送数据、相应寄存器和标志位
39  static void __CallBack(void)
40  {
41      u8 status;                                          //存储状态寄存器的值
42      status = NRF24L01_Read_Reg(STATUS);                //读取状态寄存器的值
43      if(status & TX_OK)                                  //如果数据发送完成
44      {
45          Rx_Buff_Delete();                               //删除已发送数据
46          NRF24L01_Write_Reg(FLUSH_TX,0xff);             //清除TX FIFO寄存器
47      }
48      NRF24L01_Write_Reg(NRF_WRITE_REG+STATUS, status); //清除中断标志
49      NRF24L01_Send_flag = 1;                            //标志位,表示nRF24L01空闲
50  }
```

10.4.2 基站

基站模块主要包含无线通信功能和串口传输功能。通过无线收发器实现基站的无线通信功能;通过串行接口将接收的数据发送给上位机,以实现串口传输功能。

1. 无线通信功能

（1）程序设计

基站使用 3 个 nRF24L01 无线收发器接收 5 个传感器节点的数据。其中,位于腰部的节点 E 与基站的无线收发器 1 通过通道 0 通信;位于左大腿的节点 A 和右大腿的节点 B 与基站的无线收发器 2 分别通过通道 0 和通道 1 通信;位于左小腿的节点 C 和右小腿的节点 D 与基站的无线收发器 3 分别通过通道 0 和通道 1 通信。在接收数据时,须设置不同通道的接收地址,将 nRF24L01 设置成接收模式,使能相应通道。接下来,调用数据接收函数接收相应通道的数据。发送数据时,将相应通道设置为发送模式,调用数据发送函数发送数据。

（2）程序实现

函数 NRF24L01_TxPacket2( ) 为数据发送函数,负责向传感器节点发送数据;函数 NRF24L01_RxPacket2( ) 为数据接收函数,负责接收两个传感器节点发送的数据;函数 NRF24L01_RX_Mode2( ) 负责设置基站为接收模式,以接收两个节点的数据。具体函数如下:

```
1    #define MAX_TX           0x10                          //达到最大发送次数中断
2    #define TX_OK            0x20                          //发送完成中断
3    #define RX_OK            0x40                          //接收数据中断
4    #define NRF24L01_IRQ2    HAL_GPIO_ReadPin(GPIOD,GPIO_PIN_9)   //中断引脚配置
5    static const u8 RX_ADDRESS1[5]={0x02,0x34,0x43,0x10,0x01};  //通道 0 接收地址
6    static const u8 RX_ADDRESS2[5]={0xF1,0xB6,0xB5,0xB4,0xB3};  //通道 1 接收地址
7    u8 RevTempDate1[32];                                   //通道 0 接收数据的数组
8    u8 RevTempDate2[32];                                   //通道 1 接收数据的数组
9    //数据发送函数,负责向传感器节点发送数据,txbuf 为发送数据首地址
10   u8 NRF24L01_TxPacket2(u8 * txbuf)
11   {
12       u8 sta;                                            //存储状态寄存器的值
13       NRF24L01_CE2(0);                                   //CE 清 0,便于后续置 1
14       NRF24L01_Write_Buf2(WR_TX_PLOAD, txbuf, 32);       //写数据到发送缓冲区
15       NRF24L01_CE2(1);                                   //CE 置 1,启动发送
16       while(NRF24L01_IRQ2 != 0);                         //等待发送完成
17       sta=NRF24L01_Read_Reg2(STATUS);                    //读取状态寄存器的值
18       NRF24L01_Write_Reg2(NRF_WRITE_REG+STATUS, sta);    //清除中断标志
19       if(sta & MAX_TX)                                   //如达到最大重发次数
20       {
21           NRF24L01_Write_Reg2(FLUSH_TX,0xff);            //清除 TX FIFO 寄存器
```

```
22          return MAX_TX;                              //返回最大重发次数
23      }
24      if(sta & TX_OK)                                 //如发送完成
25          return TX_OK;                               //返回发送成功
26      return 0xff;                                     //其他原因导致发送失败
27  }
28  //数据接收函数,负责接收两个传感器节点发送的数据
29  u8 NRF24L01_RxPacket2(void)
30  {
31      u8 sta;                                         //存储状态寄存器的值
32      u8 RX_ID;                                        //接收通道号
33      sta = NRF24L01_Read_Reg2(STATUS);               //读取状态寄存器的值
34      NRF24L01_Write_Reg2(NRF_WRITE_REG+STATUS, sta); //清除中断标志
35      if((sta & RX_OK) && (sta != 0xff))              //如成功接收到数据
36      {
37          RX_ID = sta & 0x0e;                         //获取通道号
38          switch(RX_ID)
39          {
40              case 0x00:                              //读取通道 0 数据
41                  NRF24L01_Read_Buf2(RD_RX_PLOAD, RevTempDate1, 32);
42                  break;
43              case 0x02:                              //读取通道 1 数据
44                  NRF24L01_Read_Buf2(RD_RX_PLOAD, RevTempDate2, 32);
45                  break;
46          }
47          NRF24L01_Write_Reg2(FLUSH_RX,0xff);         //清除 RX FIFO 寄存器
48          return (sta & 0x0e);                        //返回接收通道号
49      }
50      return 0xff;                                     //未收到任何数据
51  }
52  void NRF24L01_RX_Mode2(void)
53  {
54      NRF24L01_CE2(0);                                //CE 清 0,便于后续置 1
55      //设置发送地址
56      NRF24L01_Write_Buf2(NRF_WRITE_REG+TX_ADDR, (u8 *)TX_ADDRESS1,5);
57      //设置通道 0 接收地址
58      NRF24L01_Write_Buf2(NRF_WRITE_REG+RX_ADDR_P0,(u8 *)RX_ADDRESS1,5);
59      //设置通道 1 接收地址
60      NRF24L01_Write_Buf2(NRF_WRITE_REG+RX_ADDR_P1,(u8 *)RX_ADDRESS2,5);
```

```
61          //选择通道 0 和通道 1 的有效数据宽度
62          NRF24L01_Write_Reg2(NRF_WRITE_REG+RX_PW_P0, 32);
63          NRF24L01_Write_Reg2(NRF_WRITE_REG+RX_PW_P1, 32);
64          NRF24L01_Write_Reg2(NRF_WRITE_REG+EN_AA,0X3F);        //禁止自动应答
65          //使能通道 0 和通道 1 的接收地址
66          NRF24L01_Write_Reg2(NRF_WRITE_REG+EN_RXADDR,0x3F);
67          NRF24L01_Write_Reg2(NRF_WRITE_REG+RF_CH,50);         //设置 RF 通信频率
68          //设置 TX 发射参数:0 db 增益,2 Mbps 低噪声增益开启
69          NRF24L01_Write_Reg2(NRF_WRITE_REG+RF_SETUP,0x0f);
70          NRF24L01_Write_Reg2(NRF_WRITE_REG+CONFIG, 0x0f);     //配置基本工作模式
71          NRF24L01_CE2(1);                                     // CE 置 1,进入接收模式
72     }
```

2. 串口传输功能

（1）程序设计

串口传输采用串行通信协议,将数据按位传输。设置串口时使用 HAL USB CDC 库,调用 CDC_Transmit_FS（）函数向上位机发送数据。串口的参数配置如表 10.2 所示,包含波特率、数据位、停止位、奇偶校验位等参数。当基站接收到数据时,便可通过串口向上位机模块发送数据。此外,上位机模块的串口参数配置应与基站相同,可通过串口监控器软件或者超级终端检测串口的工作情况。基站采用查询模式接收数据,存在待接收数据时,调用 NRF24L01_RxPacket2（）函数接收,再调用 CDC_Transmit_FS（）函数通过串口向上位机发送数据。

表 10.2 USART 参数配置

参数	功能
波特率	256 000
数据位	8 位
停止位	1 位
奇偶校验位	无
硬件流控制	无

（2）程序实现

CDC_Transmit_FS（）函数通过串口实例判断串口是否空闲,当串口空闲时,通过串口向上位机发送数据。其中,指针 Buf 指向待发送数据首地址,Len 为待发送数据长度。代码如下:

```
1   uint8_t CDC_Transmit_FS(uint8_t * Buf, uint16_t Len)
2   {
3       uint8_t result = USBD_OK;                            //串口通信结果标志
4       //设置串口实例
```

```
5    USBD_CDC_HandleTypeDef * hcdc = (USBD_CDC_HandleTypeDef *) hUsbDeviceFS.
6                                      pClassData;
7    if (hcdc->TxState != 0)                          //判断串口是否空闲
8        return USBD_BUSY;
9    //设置待发送数据缓存地址及数据长度
10   USBD_CDC_SetTxBuffer(&hUsbDeviceFS,Buf,Len);
11   result = USBD_CDC_TransmitPacket(&hUsbDeviceFS);  //通过串口发送数据
12   return result;
13 }
```

Scan2( )函数负责查询是否接收到相应传感器节点发送的数据,若接收到数据,判断相应通道号,再调用 CDC_Transmit_FS( )函数通过串口向上位机发送相应数据。代码如下:

```
1  uint8_t rx_p_no2=0xff;                           //存储返回的通道号
2  void Scan2(void)                                 //接收传感器数据并发送至上位机
3  {
4    rx_p_no2=NRF24L01_RxPacket2();                  //接收传感器节点发送的数据
5    if(rx_p_no2 == 0x00)                            //如果数据来自通道0
6        CDC_Transmit_FS(RevTempDate1,32);           //通过串口向上位机发送数据
7    if(rx_p_no2 == 0x02)                            //如果数据来自通道1
8        CDC_Transmit_FS(RevTempDate2,32);           //通过串口向上位机发送数据
9  }
```

10.4.3 无线通信协议

1. 无线通信协议设计

为了保证多个传感器节点快速有序地发送数据,基站通过 3 个 nRF24L01 无线收发器接收数据。基站上电后向各传感器节点同时发送触发信号,传感器节点接收到触发信号后向基站发送采集的数据。该系统为基站和各节点设定不同的接收和发送地址,并规定了基站发送给各节点的触发信号格式以及各节点向基站发送的数据帧格式。触发信号为 4 字节数据:0x35、0x00、0x5A、0xA5。腰部和腿部节点的数据帧格式如图 10.4 所示。节点发送的每帧数据长度为 32 个字节,其中标志位包含 2 个字节,前一个字节设为 0x80,用于识别帧头;后一个字节设为节点标号,用于区分数据的来源节点,其值为 0x0A ~ 0x0E。帧号为 3 个字节,标识当前数据是该节点发送的第几帧数据。腰部节点发送 16 个字节的四元数,腿部节点发送 12 个字节的角速度数据和 12 个字节的加速度数据。剩余字节为保留字节,便于将来添加其他数据。

图 10.5 所示为传感器节点和基站的无线通信工作流程。在传感器节点中,首先初始化相关硬件,然后将传感器节点设为接收模式,等待基站发送触发信号。接收到触发信号后,将传感器节点设置为发送模式,开始采集人体运动数据。若采集到人体运动数据,则将其写入缓冲区。接下来检测 nRF24L01 无线收发器是否空闲,若空闲,则从缓冲区中读取数据并封装成帧,发送给

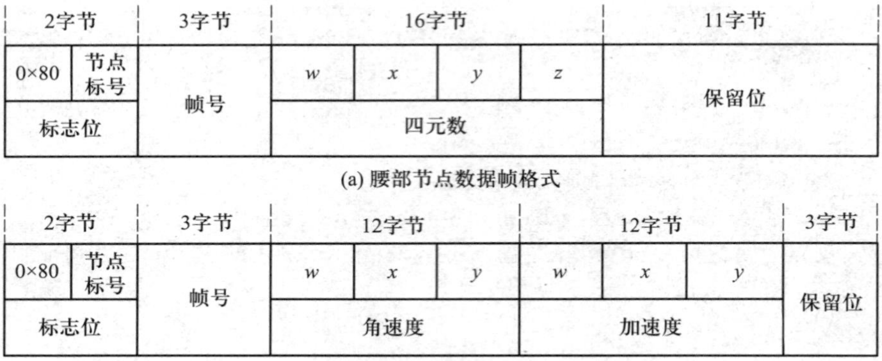

2字节		3字节	16字节				11字节
0×80	节点标号	帧号	w	x	y	z	保留位
标志位			四元数				

(a) 腰部节点数据帧格式

2字节		3字节	12字节			12字节			3字节
0×80	节点标号	帧号	w	x	y	w	x	y	保留位
标志位			角速度			加速度			

(b) 腿部节点数据帧格式

图 10.4 传感器节点数据帧格式

基站;若 nRF24L01 繁忙,则再次采集当前数据,等其空闲后再发送。传感器节点掉电后结束该流程。在基站中,首先初始化串口和无线收发器,然后设置基站为发送模式,向各个传感器节点发送触发信号。接下来将基站设置为接收模式,通过 while 循环查询是否接收到节点发送的数据。当接收到数据时,通过串口将接收到的数据传送给上位机。基站掉电后结束该流程。

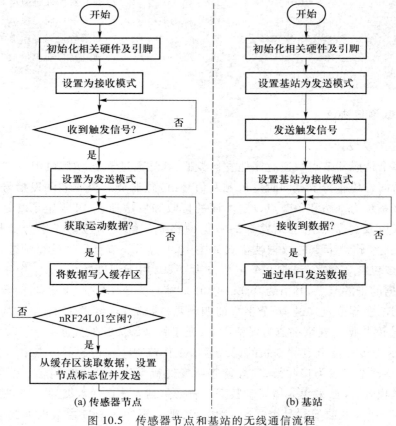

(a) 传感器节点   (b) 基站

图 10.5 传感器节点和基站的无线通信流程

384

2. 程序实现

腰部节点的主函数首先初始化相应硬件,并将节点设为接收模式,等待基站发送触发信号。接收到触发信号后,将节点设置为发送模式,采集腰部四元数并存入缓冲区中。当无线收发器空闲时,从缓冲区中读取一帧数据发送给基站。腿部节点负责采集角速度和加速度,其主函数与腰部节点的主函数类似,在此不再赘述。代码如下:

```
1   unsigned long TempTimeStamps=0;              //帧号
2   uint8_t nrf_tx_buff[32]={0};                  //初始化发送数组
3   int main(void)
4   {
5       LedInit();                                //初始化 LED 灯
6       IIC_Init();                               //初始化 IIC
7       SPI2_Config();                            //初始化 SPI
8       NRF24L01_Init();                          //初始化 nRF24L01
9
10      EXTILine12_Config();                      //nRF24L01 中断配置
11      if(NRF24L01_Check())                      //如果没有检测到 nRF24L01
12      {
13          SetLedFlashTimeMs(50);                //LED 灯 50 ms 闪烁一次
14          while(1);                             //进入 while 循环,停止执行下面的代码
15      }
16      do { DelayMS(50);                         //延时 50 ms
17      }while(mpu_dmp_init());                   //初始化 MPU9250,返回 0 时,初始化成功
18      SetLedFlashTimeMs(1000);                  //所有检测通过,LED 灯 1 s 闪烁一次
19      NRF24L01_Clear();                         //清除相关寄存器
20      NRF24L01_RX_Mode();                       //设置为接收模式
21      while(NRF24L01_RxPacket(nrf_rx_buff));    //等待触发信号
22      NRF24L01_Clear();                         //清除相关寄存器
23      NRF24L01_TX_Mode();                       //设置为发送模式
24      Rx_Buff_Init();                           //初始化发送缓冲区
25      long quat[4];                             //存储四元数
26      while(1)
27      {
28          if(mpu_mpl_get_data(quat) == 0)       //如果成功读取传感器数据
29          {
30              TempTimeStamps++;                 //帧号加 1
31              __disable_irq();                  //关闭中断,并等中断处理完成后返回
32              //将采集的数据写入缓冲区,如果写入失败,则每 50 ms 闪烁一次 LED 灯
33              if(Write_Rx_Buff_quat(TempTimeStamps,quat)!=0)
```

```
34                SetLedFlashTimeMs(50);                    //LED 灯 50 ms 闪烁一次
35              __enable_irq();                             //使能中断
36            }
37         if(NRF24L01_Send_flag==1)                        //如果 nRF24L01 空闲
38         {
39             if(Read_Rx_Buff_Copy(&nrf_tx_buff[1])==0)    //从缓冲区读取数据
40             {
41                 nrf_tx_buff[0] = 0x80;                    //设置帧头
42                 nrf_tx_buff[1] = 0x0E;                    //设置节点标号
43                 NRF24L01_TxPacket(nrf_tx_buff);//发送数据
44                 NRF24L01_Send_flag=0;                     //标志位置 0,在中断函数中会重新置 1
45             }
46         }
47     }
48  }
```

基站的主函数如下所示。在进行初始化后,先设为发送模式,向各节点发送触发信号。然后设为接收模式,通过查询模式接收各传感器节点发送的运动数据,并通过串口向上位机发送。相应函数可参考 10.4.2 节。

```
1   int main(void)
2   {
3       HAL_Init();                                        //HAL 库初始化
4       SystemClock_Config();                              //配置系统时钟
5       MX_GPIO_Init();                                    //初始化 GPIO 引脚
6       MX_SPI_Init();                                     //SPI 初始化
7       MX_USB_DEVICE_Init();                              //初始化 USB
8       NRF24L01_GPIO_Init();                              //初始化 nRF24L01
9       NRF24L01_SelfCheck();                              //nRF24L01 自检
10      uint8_t nrf_tx_buff[32] = {0x35, 0x00, 0x5a, 0xa5};//设置触发信号
11      NRF24L01_Clear1();                                 //清除相关寄存器
12      NRF24L01_TX_Mode1();                               //设置为向节点 E 发送数据的模式
13      NRF24L01_TxPacket(nrf_tx_buff);                    //向节点 E 发送触发信号
14      NRF24L01_Clear2();                                 //清除相关寄存器
15      NRF24L01_TX_Mode2();                               //设置为向节点 A 发送数据的模式
16      NRF24L01_TxPacket2(nrf_tx_buff);                   //向节点 A 发送触发信号
17      NRF24L01_TX_Mode2_B();                             //设置为向节点 B 发送数据的模式
18      NRF24L01_TxPacket2(nrf_tx_buff);                   //向节点 B 发送触发信号
19      NRF24L01_Clear3();                                 //清除相关寄存器
```

```
20        NRF24L01_TX_Mode3();                    //设置为向节点 C 发送数据的模式
21        NRF24L01_TxPacket3(nrf_tx_buff);        //向节点 C 发送触发信号
22        NRF24L01_TX_Mode3_D();                  //设置为向节点 D 发送数据的模式
23        NRF24L01_TxPacket3(nrf_tx_buff);        //向节点 D 发送触发信号
24
25        NRF24L01_Clear1();                      //清除相关寄存器
26        NRF24L01_RX_Mode1();                    //设置为向节点 E 发送数据的模式
27        NRF24L01_Clear2();                      //清除相关寄存器
28        NRF24L01_RX_Mode2();                    //设置为向节点 A 和 B 发送数据的模式
29        NRF24L01_Clear3();                      //清除相关寄存器
30        NRF24L01_RX_Mode3();                    //设置为向节点 C 和 D 发送数据的模式
31
32        while(1)                                //查询是否接收到数据
33        {
34            Scan();                             //若接收到节点 E 数据,通过串口发送至上位机
35            Scan2();                            //若接收到节点 A 或 B 数据,通过串口发送至上位机
36            Scan3();                            //若接收到节点 C 或 D 数据,通过串口发送至上位机
37        }
38    }
```

10.4.4　上位机

上位机包含数据接收、波形绘制、特征提取和动作识别 4 个模块,下面详细介绍这 4 个模块。

1. 数据接收模块

（1）模块设计

数据接收模块使用.NET Framework 4.0 提供的 SerialPort 类实现串口数据接收功能。通过创建 Serial 类,以控制 SerialPort 类以及添加其他功能。表 10.3 展示了 Serial 类中控制串口及处理数据的主要成员函数。

表 10.3　Serial 类中控制串口及处理数据的主要成员函数

函数名	类型	功能
Open( )	普通成员函数	打开串口
Close( )	普通成员函数	关闭串口
GetPortNames( )	静态成员函数	获取串口名称
serialPort_DataReceived( )	线程函数	将缓冲区读出的数据转换成可用数据,并存入对应的序列
Combine( )	静态成员函数	将 4 个字节合并为 1 个 long 类型数据
FixedToFloat( )	静态成员函数	将 long 类型数据转换成 float 类型
BufferToTmp( )	普通成员函数	调用函数 Combine( ) 和 FixedToFloat( ) 获取 float 类型数据

数据接收模块运行时,首先创建一个 Serial 类的对象并调用函数 GetPortNames(),将当前所有串口名称显示在串口列表中。接下来设置串口缓冲区,以存储基站传输的数据。

在开启串口时,调用 Open() 函数打开选中的串口。当有数据进入串口缓冲区时,会触发数据接收事件,进而调用函数 serialPort_DataReceived() 将串口缓冲区中的内容读出。然后将读出的数据存储在 byte 类型的列表 buffer 中,再从 buffer 列表中读取一帧数据,根据节点标志位判断当前数据的来源节点。之后将节点采集的数据转换为浮点型数据,存入对应的序列 UserDate.NodeBuffer 中。由于无线通信协议中的每帧数据长为 32 字节,因此当 buffer 列表的长度大于或等于 32 时,就需要从中读取数据。读取数据时,根据节点标志位确定数据帧的起始位置。当前字节为 0x80 时,为数据帧的起始字节;当前字节不是 0x80 时,就需要舍弃该字节并读取下一字节数据,直至遇到值为 0x80 的字节。在找到当前数据帧的起始字节后,根据下一字节判断数据的来源节点。由于系统使用了 5 个节点采集数据,每个节点采集的数据须存储在各自的序列中,因此在存储可用数据之前需要确定节点编号。接下来的字节存储节点采集的角速度、加速度及四元数,需要将这些数据转换成浮点数并存储到相应序列中。当关闭串口时,程序会调用Close()函数,关闭串口并停止相关线程。

(2)模块实现

数据接收模块界面如图 10.6 所示,左侧为参数设置区域,可以配置串口参数;右侧显示当前接收的各节点帧数。单击界面下方的"刷新"按钮可刷新串口名称列表;单击"打开"按钮可打开串口,之后按钮字样变为"关闭",有数据到达时,相应节点的帧计数增加;单击"关闭"按钮可关闭串口,停止接收数据。

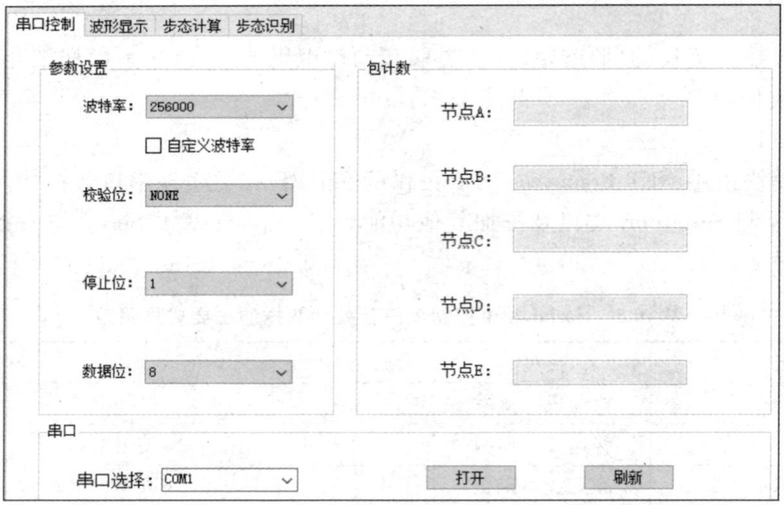

图 10.6　数据接收模块界面

2. 波形绘制模块

(1)模块设计

波形绘制模块具有波形绘制、特征显示、波形放大、坐标查看等功能。该模块可以实时绘制腿部节点的数据波形,以便于用户观察和分析相应动作。该功能通过使用波形显示控件 Wave-ControlLibrary 实现。角速度和加速度均存在 x 轴、y 轴和 z 轴等三轴数据,因此在绘制波形前,需要选择相应数据轴,即绘图显示轴,从而绘制相应轴的数据波形。同理,在使用坐标查看功能前,需要选择数据轴,即显示坐标轴,从而显示该数据轴中横坐标距离鼠标横坐标最近的数据。开始绘制波形后,绘图显示轴和坐标显示轴被确定,以加载要绘制的波形数据。经过数据接收模块处理后,各个节点采集的数据已经被存入对应序列。绘制波形时,只需开启绘图线程,不断添加相应波形数据即可。通过添加定时器,每隔 10 ms 调用控件刷新函数刷新控件,使波形可以实时流畅地动态显示。波形显示窗口的长度设为 5 s,因此每隔 5 s,波形从起点处重新绘制,同时清除原来的波形数据。停止绘制波形时,终止绘图线程,关闭定时器,停止刷新控件。

波形绘制模块还具有特征显示功能,可以显示波峰和波谷特征,以验证特征提取算法的准确性。在绘制波形前,用户可选择是否添加特征提取,并选择所提取特征的数据轴,即特征提取轴。与波形绘制的原理类似,开始绘制时,开启绘图线程与特征提取线程,在波形上显示相应特征,并通过定时器刷新控件;停止绘制时,终止相关线程,关闭定时器,停止刷新控件。此外,还通过控件 WaveControlLibrary 添加了波形放大和坐标查看功能。

（2）模块实现

通过单独的窗口分别显示腿部节点的角速度波形或加速度波形,打开一个节点的波形绘制窗口后,就不能再打开其他节点的窗口。单节点角速度波形显示窗口如图 10.7 所示,单节点加速度波形显示窗口与之类似。

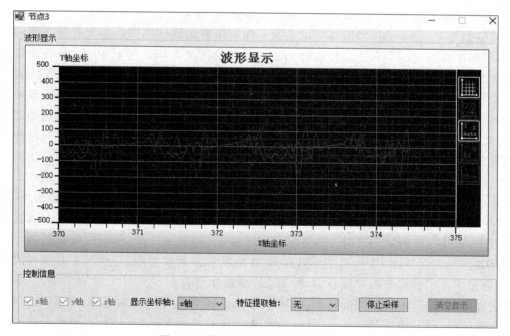

图 10.7 单节点角速度波形显示窗口

图中波形显示区域的控件便是波形显示控件 WaveControlLibrary,该控件右侧有 5 个按钮,分别为"网格显示""波形放大""坐标自动调整""坐标还原"以及"坐标查看"按钮。下方的控制信息区域则包括绘图显示轴、显示坐标轴、特征提取轴、"开始采样"按钮和"清空显示"按钮在绘制波形时,为了便于观察,采用红色线条绘制角速度 x 轴波形,采用绿色线条绘制角速度 y 轴波形,采用蓝色线条绘制角速度 z 轴波形。通过控制信息区域左边的 x 轴、y 轴和 z 轴复选框,可控制相应波形的绘制。显示坐标轴默认为角速度 x 轴,在选中坐标显示按钮时,通过控制鼠标移动,可显示附近波形的坐标值。通过特征提取轴选择需要提取特征的角速度波形,默认为无,即不进行特征提取。单击"开始采样"按钮后,按钮上的文字变成"停止采样",有数据输入时,就会在波形显示控件中按配置显示波形及特征。随着波形的绘制,当波形的横坐标超出坐标轴范围时,横坐标轴会平移 5 个单位,使波形重新从控件左端开始绘制。单击"停止采样"按钮时,停止绘制波形,保持界面不变。"清空显示"按钮只能在停止采样时使用,单击该按钮,控件将清除当前波形数据。

3. 特征提取模块

特征提取模块是系统的重要模块,其提取的特征直接影响动作识别的结果。本系统通过基于事件驱动的数据分段方法划分人体运动数据,进而从分段数据中提取特征,以供后续模块使用。下面将从数据分段方法、特征提取算法、程序设计与程序实现 4 个方面进行介绍。

(1) 数据分段方法

该系统采用基于事件驱动的数据分段方法,通过寻找动作事件对应的关键特征来划分动作周期,进而划分数据。下面以小腿角速度为例进行介绍。

在直线行走时,一个动作周期可以定义为一侧脚跟着地到该侧脚跟再次着地之间的时间区间,进而可根据脚与地面是否接触再划分为支撑与摆动两个阶段。如图 10.8 所示,在摆动阶段存在最大角速度波峰 P。根据该波峰,可寻找脚尖离地与脚跟着地事件对应的波谷。波峰 P 之前的一个波谷由脚尖离地事件产生,用符号 IC 表示;波峰 P 之后的一个波谷由脚跟着地事件产生,用符号 TC 表示。其中波谷 IC 既是当前动作周期的起点,也是前一个动作周期的终点。因此,可通过寻找波谷 IC 来划分动作周期。另外,跑步、上下楼、原地转身、行走转弯和跑步转弯等动作波形中也存在波峰 P、波谷 IC 与 TC 这三个极值点。因此,可通过相同方法划分这些动作的周期。

坐下、坐起、蹲起和双腿跳跃等动作也存在周期性规律,如图 10.9 所示。从图 10.9(a) 和图 10.9(b) 中可以看出,坐起和蹲起动作的波形中存在一个角速度波峰 P。因此,可在该波峰两侧寻找波谷 IC 和 TC,进而划分周期。而坐起动作之前必定存在一个坐下动作,可将这两个动作视为一体来划分周期。从图 10.9(c) 中可以看出,在跳跃动作的波形中,存在两个时间间隔很小的波峰,可通过第一个波峰来提取波谷 IC 和 TC,进而划分周期。

由上述分析可知,对于不同的动作,均可从小腿角速度波形中提取 P、IC 和 TC 这三个极值点。经大量实验证明,除坐起动作外,其他动作波峰 P 的值均大于 70 (°)/s,因此可通过寻找角速度值大于 70 (°)/s 的波峰来寻找波谷 IC 和 TC,根据 IC 划分动作周期,进而划分数据。而坐起动作波峰 P 的值为 20~60 (°)/s,可通过寻找在该区间内的角速度波峰来划分周期。在此过

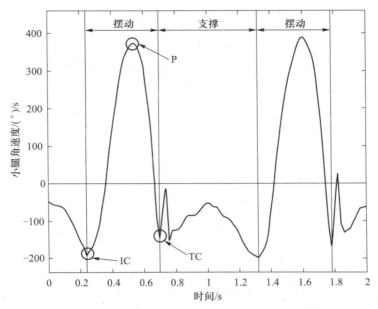

图 10.8　平地直线行走场景中小腿角速度变化曲线

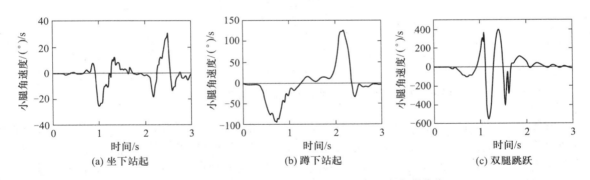

(a) 坐下站起　　　　　　(b) 蹲下站起　　　　　　(c) 双腿跳跃

图 10.9　坐起、蹲起和跳跃过程中的小腿角速度变化曲线

程中,需要排除其他动作产生的 20~60 (°)/s 的波峰。

（2）特征提取算法

在对数据进行分段处理后,需要从分段数据中提取可区分动作类别的特征。通过观察和分析各种动作的行为表现以及对应的腿部角速度波形和加速度波形,提取 19 种波形特征和行为特征来识别动作。下面以右腿为例介绍各个特征及计算方法。

波形特征反映了各类动作波形的周期性规律。该系统提取了 7 种波形特征:小腿角速度波峰 P、小腿角速度波谷 IC、小腿角速度波谷 TC、IC 和 TC 之间的差值关系、大腿角速度波峰 PT、大腿角速度波谷 VT 以及小腿加速度波峰 PA。图 10.10 所示为行走、跑步、上楼和下楼这 4 种动作的小腿角速度波峰 P 的峰值分布情况。从图中可以看出,跑步动作的小腿角速度峰值约在

460 ~590(°)/s 之间,明显高于其他动作的峰值。行走和下楼的峰值范围存在大量重合,分别为300 ~400 (°)/s 和 270 ~360 (°)/s。而上楼的峰值范围为 180 ~280 (°)/s,与下楼的峰值范围存在少量重合。因此,可根据小腿角速度波峰 P 从行走、跑步、上楼和下楼这 4 种动作中识别跑步动作。对于坐起、蹲起和跳跃这三种动作而言,坐起动作的波峰 P 的峰值范围为 20 ~60 (°)/s;蹲起动作的峰值范围为 70 ~150 (°)/s;跳跃动作的峰值大于 150 (°)/s。因此可通过小腿角速度波峰 P 区分这三种动作。

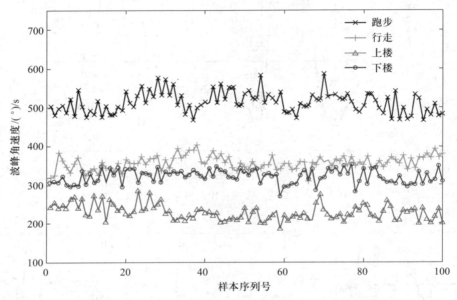

图 10.10　行走、跑步、上楼和下楼的小腿角速度波峰峰值分布情况

波谷 IC 与 TC 的角速度差值可用于区分上楼与下楼动作,上楼动作的角速度差值为正数,而下楼动作的角速度差值为负数。该角速度差值可由式(10.7)得出,其中 $Diff_{IC,TC}(k)$ 表示 IC 与 TC 的角速度差值,$\omega_{IC}(k)$ 和 $\omega_{TC}(k)$ 分别表示波谷 IC 和 TC 的角速度值,变量 k 表示动作的次序。

$$Diff_{IC,TC}(k) = \omega_{IC}(k) - \omega_{TC}(k) \qquad (10.7)$$

经过大量实验得知,下楼动作对应的右小腿加速度波峰 PA 的峰值大于 0.23 g,而行走动作对应的峰值小于 0.23 g。因此,可通过小腿加速度峰值区分下楼与行走动作。

行为特征反映了动作的运动学特性。该系统提取的 12 种行为特征包括双腿动作同步程度、双脚同时支撑地面时间、动作周期时长、单脚支撑时间、单脚摆动时间、单脚跨步时间、大腿摆动角度、小腿摆动角度、步长、步速、腰部转动角度、可区分运动状态和静止状态的标志。

坐下、坐起、蹲起和跳跃等动作的左右小腿近乎同步,而行走、跑步、上下楼等动作的左右小腿则交替摆动,因此可通过双腿动作同步程度进行区分。如式(10.8)所示,其中 $P(k)$ 和 $P'(k)$ 分别表示第 k 个动作周期内右小腿和左小腿的波峰 P 发生时刻,$Time_{P',P}(k)$ 为第 k 个动作周期内右小腿波峰和左小腿波峰的时间差,即双腿动作同步程度。

$$Time_{P',P}(k) = \mid P'(k) - P(k) \mid \qquad (10.8)$$

双脚同时支撑地面时间也可以区分行走和跑步动作。对于行走动作而言,一侧腿的脚跟着地时,另一侧腿的脚尖尚未离地,存在双脚同时支撑地面的时间段。而对于跑步动作而言,一侧腿的脚跟着地时,另一侧腿的脚尖已经离开地面,不存在双脚同时支撑地面的时间段。因此,可通过式(10.9)求出双脚同时支撑地面的时间,进而区分行走和跑步动作。其中,$\mathrm{IC}(k)$ 与 $\mathrm{TC}'(k)$ 分别表示第 k 个动作周期内右小腿波谷 IC 和左小腿波谷 TC 的发生时刻。$\mathrm{Time}_{\mathrm{IC,TC}'}(k)$ 表示双脚同时支撑地面的时间,当其为正数时表示当前动作为行走;当其为负数时表示当前动作为跑步。

$$\mathrm{Time}_{\mathrm{IC,TC}'}(k) = \mathrm{IC}(k) - \mathrm{TC}'(k) \tag{10.9}$$

此外,还可以通过波峰 P、波谷 IC 和 TC 的时序关系求出行走、跑步、上下楼等动作的时间参数。

动作周期时间(action cycle time,ACT):

$$\mathrm{ACT}(k) = \mathrm{IC}(k+1) - \mathrm{IC}(k) \tag{10.10}$$

单脚支撑时间:

$$\mathrm{Stance}(k) = \mathrm{IC}(k+1) - \mathrm{TC}(k) \tag{10.11}$$

单脚摆动时间:

$$\mathrm{Swing}(k) = \mathrm{TC}(k) - \mathrm{IC}(k) \tag{10.12}$$

单脚跨步时间:

$$\mathrm{Stride}(k) = \mathrm{TC}(k) - \mathrm{TC}'(k) \tag{10.13}$$

通过式(10.14)和式(10.15)可计算出大腿和小腿在摆动阶段的摆动角度 θ_{thigh} and θ_{shank},进而结合被测对象的大小腿长度,构造出人体骨骼模型,求出步长和步速。其中,ω_{thigh} 和 ω_{shank} 分别表示 t 时刻大腿和小腿的角速度。

$$\theta_{\mathrm{thigh}}(k) = \int_{\mathrm{IC}(k)}^{\mathrm{TC}(k)} \omega_{\mathrm{thigh}}(t)\,\mathrm{d}t \tag{10.14}$$

$$\theta_{\mathrm{shank}}(k) = \int_{\mathrm{IC}(k)}^{\mathrm{TC}(k)} \omega_{\mathrm{shank}}(t)\,\mathrm{d}t \tag{10.15}$$

对坐起、蹲起和跳跃动作而言,时间参数和步长、步速等空间参数并不具有实际的物理意义,但这些参数能够反映出动作过程中的细节,可作为量化分析的有效指标,因此有助于识别动作。

腰部转动情况可通过腰部节点的四元数得知,如式(10.16)所示。其中,lastQuat 为程序保存的四元数,每 1.5 s 更新一次;$Q(t)$ 表示 t 时刻的四元数;四元数 quat $=(w,x,y,z)$ 表示 lastQuat 对应时刻与 t 时刻之间的腰部转动情况。

$$Q(t) = \mathrm{quat} \times \mathrm{lastQuat} \tag{10.16}$$

通过高斯消元法求得四元数 quat,进而根据四元数转欧拉角公式,即式(10.6)求得腰部在摆动阶段的转角,从而得到人体方向的转变。

最后,使用一个标志表示当前为运动状态还是静止状态,如果特征提取模块从当前数据中提取出左小腿的相应特征,则判断为运动状态;如果当前数据与前一个特征 P 的时间间隔大于 3 s,或者尚未提取出第一个特征 P,则判断为静止状态。具体内容可参考程序设计部分。

至此,已介绍完所有的特征及其计算方法。在检测到一个动作发生后,便可求出上述特征,以供动作识别模块使用。

（3）程序设计

在程序设计部分,设计线程函数以提取上述特征,相关函数如表 10.4 所示。下面以线程函数 extractPoint_LeftShankThread( ) 为例进行介绍。该线程函数负责从数据接收模块处理好的左小腿数据中提取特征。所提取特征包括小腿角速度波峰 P、波谷 IC、波谷 TC 以及小腿加速度波峰 PA。该线程函数会组装提取出的特征,并存储到对应的特征序列中,其执行流程如图 10.11 所示。

表 10.4　特征提取线程函数

函数	功能
extractPoint_LeftShankThread( )	提取与组合左小腿特征,并保存到相应特征序列
extractPoint_RightShankThread( )	提取与组合右小腿特征,并保存到相应特征序列
extractPoint_LeftThighThread( )	提取与组合左大腿特征,并保存到相应特征序列
extractPoint_RightThighThread( )	提取与组合右大腿特征,并保存到相应特征序列
upNodeRecogThread( )	提取腰部特征,并识别上半身姿态
GaitCalculateByGyroThread( )	计算时间、空间参数,结合上半身姿态识别动作

线程函数 extractPoint_LeftShankThread( ) 首先定位到第 0 组数据,然后依次遍历每一组数据并提取特征。其中,start 为 1 表示线程已开启。

第一步先提取加速度特征,如果加速度值大于 0.1,则将波峰记录标志置为 1,接着判断当前加速度值是否大于已记录的最大值,如是则更新最大值为当前值,并记录当前时间,否则不记录当前值与当前时间;如果当前加速度值小于或等于 0.1,并且波峰记录标志为 1,则说明当前已扫描完毕一个完整的波峰;如果当前加速度值小于或等于 0.1,并且波峰记录标志为 0,则说明当前仍未扫描到波峰。如当前已扫描完毕一个完整波峰,须判断该波峰的宽度是否大于或等于 50 ms,如是,才能将其记录为一个有效波峰 PA。在判断完毕后须清除之前设置的波峰记录标志以及记录的最大值、波峰宽度等数据。

第二步提取角速度特征,如果角速度值大于 70,则进入模式 1;如大于 20 且小于或等于 70,则进入模式 2;如大于 0 且小于或等于 20,则进入模式 3;如小于或等于 0,则进入模式 4。在模式 1 中,将模式记录标志置为 1,判断当前角速度值是否大于已记录的该模式的最大值,如是则更新最大值为当前值并记录当前时间,否则数据索引 index_ls 加 1,提取下一组数据。在模式 2 中,先判断模式记录标志是否为 1,若为 1,则说明当前已扫描完毕一个角速度值大于 70 的完整波峰;否则,说明当前未扫描到角速度值大于 70 的波峰。如当前已扫描完毕一个角速度值大于 70 的完整波峰,则须判断该波峰的宽度是否大于或等于 50 ms,且是否已识别出波谷,如波峰宽度大于或等于 50 ms 且已识别出波谷,才能记录当前波峰为有效波峰 P,当前波谷为有效波谷 IC。在判断完毕后须清除之前设置的模式记录标志以及记录的最大值、波峰宽度等数据。然后,将模式记录标志置为 2,随后判断当前角速度值是否大于已记录的模式 2 的最大值,如是则更新最大值为

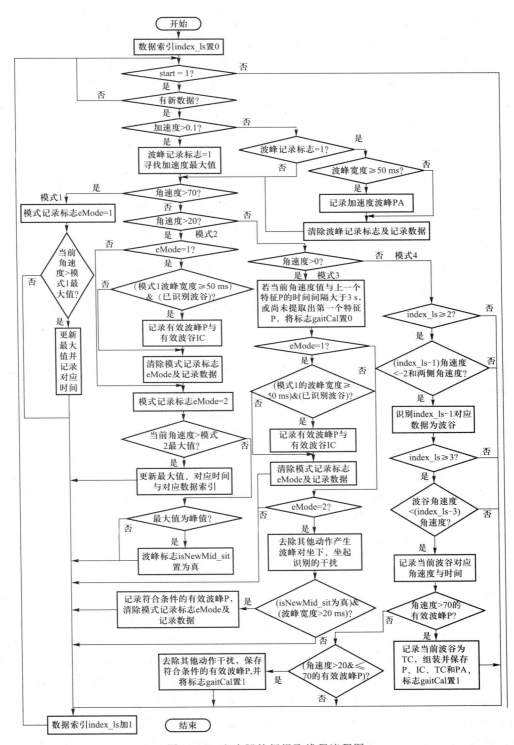

图 10.11 左小腿特征提取线程流程图

当前值并记录当前时间与数据索引 index_ls,否则判断记录的最大值是否大于左右两侧的值,即是否为波峰。如记录的最大值为一个完整波峰,则未来可用于识别坐下、坐起动作,须将波峰标志置为真。最后将数据索引 index_ls 加 1,提取下一组数据。在模式 3 中,若当前角速度值与上一个波峰特征 P 的时间间隔大于或等于 3 s,或者当前尚未提取出第一个波峰特征 P,这意味着已经进入静止状态,则将标志 gaitCal 置为 0;接下来,根据模式记录标志判断是否进入过模式 1 或模式 2。如进入过模式 1,则需要判断角速度的波峰宽度是否大于或等于 50 ms,且是否已识别出波谷,如是,则记录当前波峰为有效波峰 P,并将当前波谷记录为有效波谷 IC,在判断完毕后须清除之前设置的模式记录标志以及记录的最大值、波峰宽度等数据。如进入过模式 2,则先去除其他动作产生的波峰对坐下、坐起动作识别的干扰,具体过程为,判断是否已识别出角速度值大于 70 的有效波峰 P,且当前值与该波峰 P 的时间间隔是否大于或等于 1 s,如是,则清除之前设置的模式记录标志以及记录的最大值、波峰宽度等数据,并将数据索引 index_ls 加 1,提取下一组数据。随后判断模式 2 是否已扫描完毕一个完整波峰,且所扫描的波峰宽度是否大于 20 ms,如是则记录当前波峰为有效波峰 P。在记录时,如当前波峰与前一有效波峰的时间间隔小于 0.2 s,且当前波峰值大于前一有效波峰值,则用当前波峰替换前一有效波峰;如当前波峰与前一有效波峰的时间间隔大于或等于 1 s 或当前波峰为提取的第一个波峰,则直接记录。随后,清除之前设置的模式记录标志以及记录的最大值、波峰宽度等数据,并将数据索引 index_ls 加 1,提取下一组数据。

在模式 4 中,如数据索引 index_ls 大于或等于 2,则进行波谷的识别;否则,数据索引 index_ls 加 1,提取下一组数据。在进行波谷的识别时,若数据索引 index_ls-1 对应角速度值小于-2,且小于两侧的角速度值,则识别为波谷。为验证该波谷为所需波谷,须比较该波谷与数据索引 index_ls-3 对应角速度值的大小。首先判断数据索引 index_ls 是否大于或等于 3,如是,则比较波谷对应角速度值与 index_ls-3 对应角速度值的大小;否则,数据索引 index_ls 加 1,提取下一组数据。若波谷对应角速度小于 index_ls-3 对应角速度,则当前波谷为所需波谷,记录对应的角速度值与时间,否则数据索引 index_ls 加 1,提取下一组数据。在记录当前波谷数据后,判断是否已识别出角速度值大于 70 的有效波峰 P。如是,则记录当前波谷为有效波谷 TC,然后将已记录的特征 P、IC、TC 和 PA 组装到同一个结构体中,并将该结构体保存到左小腿特征序列中,随后将标志 gaitCal 置 1,表示进入运动状态;否则,判断是否已识别出角速度值大于 20 且小于或等于 70 的有效波峰 P,如已识别出角速度大于 20 且小于或等于 70 的有效波峰 P,则对特征序列中所保存的最后一组特征数据进行判断,以去除其他动作产生的波峰特征对坐下、坐起动作识别的干扰;否则,数据索引 index_ls 加 1,提取下一组数据。去除其他动作干扰的过程为,如果最后一组特征数据包含角速度值大于 70 的波峰,且角速度大于 20 且小于或等于 70 的有效波峰 P 对应时间大于该波峰对应时间,则将有效波峰 P 保存到特征序列中,并将标志 gaitCal 置 1,表示进入运动状态。如果最后一组特征数据包含角速度大于 20 且小于或等于 70 的波峰特征或特征序列尚未保存任何特征,则将角速度大于 20 且小于或等于 70 的有效波峰 P 保存到特征序列中,并将标志 gaitCal 置 1,表示进入运动状态。最后,数据索引 index_ls 加 1,提取下一组数据。右小腿特征提取线程函数 extractPoint_RightShankThread( ) 的执行流程与之类似,但不负责判断当前状态是运动状态还是静止状态。

线程函数 extractPoint_LeftThighThread( ) 负责提取左大腿的角速度波峰 PT 和波谷 VT,并保存到相应特征序列中。线程函数首先定位到第 0 组数据,然后依次遍历每一组数据并提取特征。如角速度值大于 70,则进入模式 1;如角速度大于 −70 且小于或等于 70,则进入模式 2;如角速度值小于或等于 −70,则进入模式 3。在模式 1 中,将模式记录标志置为 1,然后判断当前角速度值是否大于已记录的该模式的最大值,如是则更新最大值为当前值并记录当前时间,否则数据索引加 1,提取下一组数据。在模式 2 中,根据模式记录标志判断是否进入过模式 1 或模式 3,如进入过模式 1,表示当前已扫描完毕一个完整角速度波峰,则须判断当前波峰宽度是否大于或等于 50 ms。在当前波峰宽度大于或等于 50 ms 时,如当前波峰与前一有效峰的时间间隔大于或等于 1 s,或者当前尚未提取出有效波峰,则记录当前波峰为有效波峰 PT,随后,清除之前设置的模式记录标志以及记录的最大值、波峰宽度等数据。如进入过模式 3,表示当前已扫描完毕一个完整角速度波谷,则须判断当前波谷宽度是否大于或等于 50 ms。在当前波谷宽度大于或等于 50 ms 时,如当前波谷与前一有效波谷的时间间隔大于或等于 1 s,或者当前尚未提取出有效波谷,则记录当前波谷为有效波谷 VT,随后,清除之前设置的模式记录标志以及记录的最小值、波谷宽度等数据。最后,保存记录的有效波峰 PT 和有效波谷 VT,将数据索引加 1,提取下一组数据。在模式 3 中,将模式记录标志置为 3,判断当前角速度值是否小于已记录的该模式的最小值,如是则更新最小值为当前值并记录当前时间,否则数据索引加 1,提取下一组数据。右大腿特征提取线程函数 extractPoint_RightThighThread( ) 的执行流程与之相同。

线程函数 upNodeRecogThread( ) 负责提取腰部转角,并根据转角识别上半身姿态。线程函数首先定位到第 0 组数据,然后依次遍历每一组四元数并提取腰部特征。结合 lastQuat 和当前四元数通过高斯消元法获得描述腰部转动情况的四元数,再根据四元数转欧拉角公式获得腰部转角。当腰部转角大于 50° 时,识别为左转;当腰部转角小于 −50° 时,识别为右转。其中 lastQuat 每 1.5 s 更新一次。

线程函数 GaitCalculateByGyroThread( ) 则结合腿部特征提取线程函数提取的特征,计算时间和空间参数,并结合上半身姿态识别动作。

(4)程序实现

提取的波形特征可通过波形绘制模块显示,如图 10.12 所示。在选择特征提取轴后,单击"开始采样"按钮,开始绘制波形及相应波形特征,按钮上的文字变为"停止采样";单击"停止采样"按钮,则停止绘制相应波形。

计算的时间和空间参数可通过如图 10.13 所示的界面观察。该界面与单节点波形绘制窗口相似,也添加了波形显示控件,可以用来绘制各个参数的变化过程,以分析不同动作。大小腿长度用于计算步长参数,须在提取特征前输入。单击"开始"按钮后,程序将开启各个特征提取线程,提取腿部和腰部特征,计算出时间和空间参数,显示在波形控件中。单击"结束"按钮后,各线程终止,停止计算和显示相应参数。

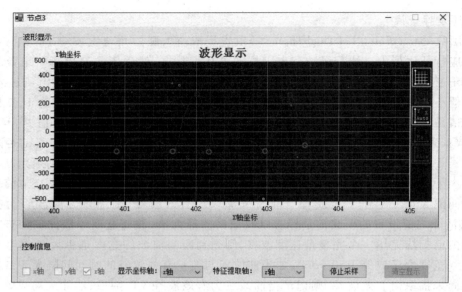

图 10.12　波形特征显示界面

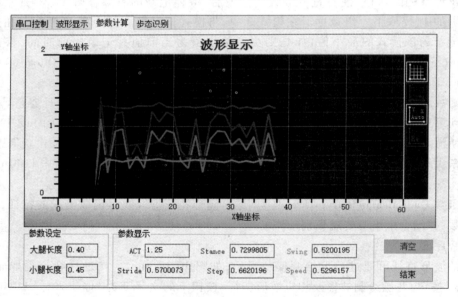

图 10.13　时间参数和空间参数显示界面

4. 动作识别模块

（1）程序设计

动作识别模块在特征提取模块的基础上，实时识别被测对象的动作。该模块可识别 15 种动作，包括直线行走、行走左转、行走右转、直线跑步、跑步左转、跑步右转、静止、原地左转、原地右转、上楼、下楼、跳跃、蹲起、坐下、坐起。调用线程函数 GaitCalculateByGyroThread( )进行动作识别，执行流程如图 10.14 所示。

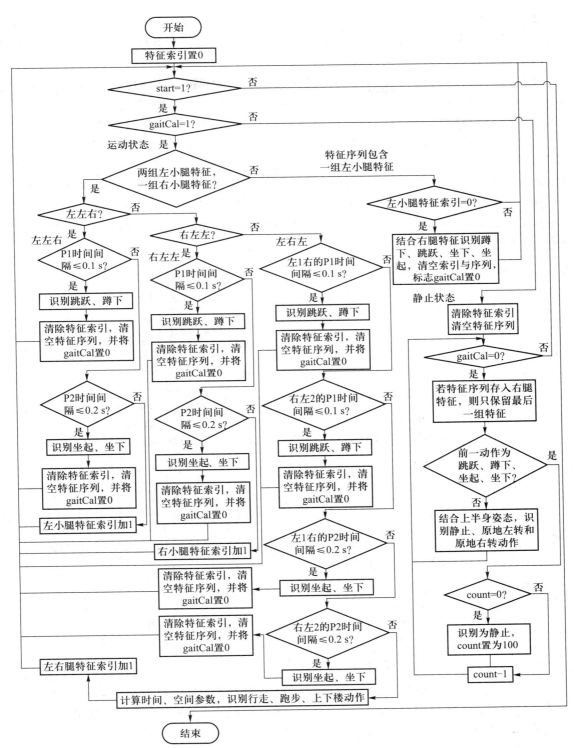

图 10.14 动作识别线程函数流程图

399

线程函数 GaitCalculateByGyroThread() 首先定位到第 0 组特征数据,然后依次遍历每一组特征数据,计算时间和空间参数,并识别当前动作。start 为 1 表示线程开启,随后判断 gaitCal 的值是否为 1,如是则进入运动状态;否则进入静止状态。

　　进入运动状态后,需要根据左右腿的时序关系来计算和提取合适特征,以识别动作。由图 10.15 可知,对于蹲起、跳跃等动作而言,双腿近乎同步,但仍存在时间先后顺序;而对于行走和跑步动作而言,双腿动作则交替进行。因此,根据小腿波峰特征 P 对应的时间以确定腿部动作的时序关系。为了表述方便,将左小腿波峰特征 P 对应时间小于右小腿波峰特征 P 对应时间的情况用"左右"表示,即左小腿动作发生在右小腿动作之前;将右小腿波峰特征 P 对应时间小于左小腿波峰特征 P 对应时间的情况用"右左"表示,即右小腿动作发生在左小腿动作之前。此外,由于双腿动作发生时间的不确定性,可能在一组左小腿特征之后仍为一组左小腿特征,且第一组左小腿波峰特征 P 对应时间小于第二组左小腿波峰特征 P 对应时间,这种情况用"左左"表示,即第一个左小腿动作发生在第二个左小腿动作之前。

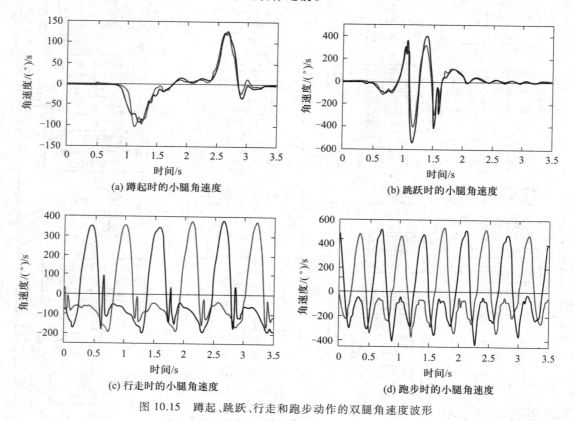

图 10.15　蹲起、跳跃、行走和跑步动作的双腿角速度波形

　　由于左小腿特征提取线程函数负责将标志 gaitCal 置 1,因此进入运动状态时,特征序列中必定存在左小腿特征。如图 10.14 所示,可根据左小腿特征组数分为两种情况来识别动作:特征序列包含两组左小腿特征和一组右小腿特征,特征序列包含一组左小腿特征。

特征序列包含两组左小腿特征和一组右小腿特征时,按照小腿波峰特征 P 的时序关系可分为"左左右""右左左"和"左右左"三种情况。为便于理解,用 P1 表示角速度值大于 70 的小腿波峰特征 P;用 P2 表示角速度值大于 20 且小于或等于 70 的小腿波峰特征 P。

时序关系为"左左右"时,须根据第二组左小腿波峰特征 P 和右小腿波峰特征 P 计算时间间隔,即双腿同步程度,进而识别跳跃、蹲下、坐下和坐起动作。首先计算 P1 的时间间隔,如时间间隔小于或等于 0.1 s,则进行跳跃和蹲下动作的识别,将右小腿特征 P 角速度值大于 150 的情况识别为跳跃,将大于 70 且小于或等于 150 的情况识别为蹲下,随后清除特征索引,清空特征序列,并将标志 gaitCal 置 0,重新判断 start 是否为 1;如时间间隔大于 0.1 s,则计算 P2 的时间间隔,进而识别坐起和坐下动作。如 P2 的时间间隔小于或等于 0.2 s,则将特征序列中最后一组右大腿特征 VT 角速度值小于 -70 的情况识别为坐起,将特征 PT 角速度大于 70 的情况识别为坐下,随后清除特征索引,清空特征序列,并将标志 gaitCal 置 0,重新判断 start 是否为 1;如 P2 的时间间隔大于 0.2 s,则左小腿特征索引加 1,提取下一组左小腿特征。

时序关系为"右左左"时,识别跳跃、蹲下、坐下和坐起动作,识别流程与时序关系为"左左右"的情况类似,区别是根据右小腿波峰特征 P 和第一组左小腿波峰特征 P 计算时间间隔,根据第一组左小腿特征 P 的角速度值识别跳跃、蹲下动作,根据特征序列中最后一组左大腿特征 VT 和 PT 分别识别坐起和坐下动作,修改特征索引时,将右小腿特征索引加 1,提取下一组右小腿特征。

时序关系为"左右左"时,须根据右小腿波峰特征 P 分别与第一组和第二组左小腿波峰特征 P 计算时间间隔,进而识别跳跃、蹲下、坐下、坐起、上下楼、行走和跑步等动作。图 10.14 中的"左 1 右"与"右左 2"分别表示第一组左小腿和右小腿特征,右小腿与第二组左小腿特征。首先识别跳跃和蹲下动作,如果第一组左小腿与右小腿特征 P1 的时间间隔小于或等于 0.1 s,则将第一组左小腿特征 P 角速度大于 150 的情况识别为跳跃,将大于 70 且小于或等于 150 的情况识别为蹲下,随后清除特征索引,清空特征序列,并将标志 gaitCal 置 0,重新判断 start 是否为 1;否则,判断右小腿与第二组左小腿特征 P1 的时间间隔是否小于或等于 0.1 s,如是,则将右小腿特征 P 角速度大于 150 的情况识别为跳跃,将大于 70 且小于或等于 150 的情况识别为蹲下,随后清除特征索引,清空特征序列,并将标志 gaitCal 置 0,重新判断 start 是否为 1。若不满足上述条件,则进行坐下和坐起动作的识别。如果第一组左小腿与右小腿特征 P2 的时间间隔小于或等于 0.2 s,则将特征序列中最后一组左大腿特征 VT 角速度值小于 -70 的情况识别为坐起,将特征 PT 角速度大于 70 的情况识别为坐下,随后清除特征索引,清空特征序列,并将标志 gaitCal 置 0,重新判断 start 是否为 1;否则,判断右小腿与第二组左小腿特征 P2 的时间间隔是否小于或等于 0.2 s,如是,则将特征序列中最后一组左大腿特征 VT 角速度值小于 -70 的情况识别为坐起,将特征 PT 角速度大于 70 的情况识别为坐下,随后清除特征索引,清空特征序列,并将标志 gaitCal 置 0,重新判断 start 是否为 1;否则,计算动作周期时间、单脚支撑时间、单脚摆动时间、单脚跨步时间、步长、步速等参数,并依据右小腿特征 P、IC 和 TC 识别上下楼、行走和跑步等动作。识别完毕后,将左右小腿特征索引加 1,提取下一组特征。

识别上下楼、行走和跑步等动作的过程为,当右小腿特征 P 的角速度值大于 200 小于 400,

特征 PA 大于或等于 0.23,特征 IC 与 TC 的角速度差值为正数,且动作周期时间大于 1 s 时,识别为下楼动作;当特征 P 的角速度值大于 150 小于 280,特征 IC 与 TC 的角速度差值为负数,且动作周期时间大于 1 s 时,识别为上楼动作;当特征 P 的角速度值大于 250 小于 400,且动作周期时间大于 1 s 时,则识别为行走动作,并结合上半身姿态,进行直线行走、行走左转和行走右转的识别;当特征 P 的角速度值大于 400,且双脚同时支撑地面时间为负数时,识别为跑步动作,并结合上半身姿态,进行直线跑步、跑步左转和跑步右转的识别。此外,对下楼的第一步进行单独识别,标志 first_downstair 为真时,单独识别下楼第一步,如右小腿特征 P 的角速度值大于 200 小于 400,特征 PA 大于或等于 0.23,特征 IC 的角速度值大于或等于 −135,且动作周期时间大于 1 s,则识别为下楼第一步。然后将 first_downstair 置为假,以后按照正常流程识别下楼动作。

特征序列包含一组左小腿特征时,先判断左小腿特征索引是否等于 0,如是,则识别跳跃、蹲下、坐下和坐起动作;否则,重新判断 start 是否为 1。跳跃、蹲下、坐下和坐起动作的识别流程与上述情况类似,区别是须根据右小腿特征来源的不同分为两种情况:右小腿特征来自静止状态保留的特征和右小腿特征直接来自特征序列。右小腿特征来自静止状态保留的特征时,首先计算左右小腿特征 P1 的时间间隔,如时间间隔小于或等于 0.1 s,则将左小腿特征 P 角速度值大于 150 的情况识别为跳跃,将大于 70 且小于或等于 150 的情况识别为蹲下,随后清除特征索引和保留的右小腿特征,清空特征序列,并将标志 gaitCal 置 0,重新判断 start 是否为 1;否则,判断特征 P2 的时间间隔是否小于或等于 0.2 s,如是,则将特征序列中最后一组左大腿特征 VT 角速度值小于 −70 的情况识别为坐起,将特征 PT 角速度大于 70 的情况识别为坐下,随后清除特征索引和保留的右小腿特征,清空特征序列,并将标志 gaitCal 置 0,重新判断 start 是否为 1。右小腿特征直接来自特征序列时,跳跃、蹲下、坐起和坐下动作的识别流程与上述类似,区别是在识别完毕后,须清除左右小腿特征 P2 的时间间隔大于 0.2 s 且小于 1 s 的无效特征点。

标志 gaitCal 的值不为 1 时,进入静止状态。先清除特征索引,清空特征序列,然后循环判断标志 gaitCal 是否为 0,若为 0,则对静止状态进行识别;否则,重新判断 start 是否为 1。在识别静止状态时,如特征序列中存入右大腿或右小腿特征,则只保留最后一次存入的右大腿和右小腿特征,并清空右大腿和右小腿的特征序列。然后判断识别的前一个动作是否为跳跃、蹲下、坐起或坐下动作,如果不是这几种动作,则根据上半身姿态,进行静止、原地左转和原地右转的识别;否则,判断计数器 count 是否为 0。如 count 为 0,则识别当前动作为静止,并将 count 置 100;否则,count 减 1,重新判断标志 gaitCal 是否为 0。

（2）程序实现

图 10.16 所示是动作识别显示界面,右侧显示动作识别结果,左侧显示相应动作的时间和空间参数。单击"开始"按钮后,按钮上的文字变成"结束",此时开启所有特征提取线程及动作识别线程,识别相应动作并显示结果和对应参数。再单击"结束"按钮,终止特征提取线程及动作识别线程,停止动作识别。

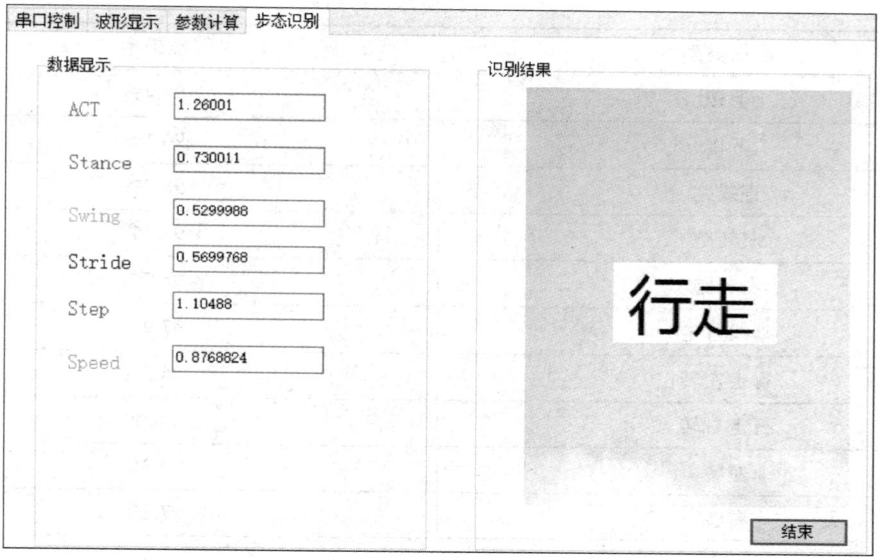

图 10.16　动作识别显示界面

10.5　系　统　测　试

10.5.1　测试环境

为了测试动作识别效果,设计 5 条路线进行测试。每条路线都包含该系统拟识别的所有动作,且不限制动作出现的次数。选择男性测试者和女性测试者各 4 名,按要求佩戴节点,在 5 条路线上进行测试。另有监测人员进行录像,记录各个测试者在每条路线上的动作情况。根据录像确定相应动作种类与次数,进而与系统识别结果进行对比,得出系统识别动作的效果。

10.5.2　测试结果

通过对比系统识别结果和人工标定的动作类别,可以获得动作错误识别情况,进而计算出该系统的动作识别准确率。表 10.5 展示了所有测试者同一种动作的识别准确率,可以看到各种动作的平均识别准确率达到了 96.8%。就单个动作而言,除坐下和坐起外,其他动作识别准确率均超过了 96.1%。由于其他动作会产生 20~70 (°)/s 的小腿角速度波峰,使系统产生误判,影响了坐下和坐起动作的识别准确率。尽管如此,坐下和坐起的识别准确率分别可达到 87.3% 和88.5%。这说明该系统可较好地识别各种动作。另外,表 10.6 展示了同一名测试者除静止之外所有其他动作的识别准确率,可以看到 8 名测试者中识别准确率最低为 96.4%,而最高可达到97.6%。因此可表明该系统对于不同人的动作均达到了较好的识别效果。

表 10.5　各种动作识别结果

动作类别	准确率
上楼	98.4%
下楼	96.1%
直线跑	98.2%
左转跑	97.4%
右转跑	98.2%
直线行走	97.9%
行走左转	98.2%
行走右转	100.0%
左转	99.3%
右转	97.8%
坐下	87.3%
坐起	88.5%
蹲起	98.0%
跳跃	99.4%
平均	96.8%

表 10.6　8 名测试者的动作识别准确率

编号	性别	准确率	编号	性别	准确率
1	男	97.6%	5	女	96.5%
2	男	96.4%	6	女	96.5%
3	男	97.3%	7	女	97.1%
4	男	96.8%	8	女	97.0%

　　综上所述,本系统对人体运动动作达到了较好的识别效果。

附　　录

参 考 文 献

[1] 刘国柱,杜军威,马兴录,等.Linux 应用程序开发[M].北京:高等教育出版社,2018.

[2] 王晓春.嵌入式系统技术:基于 ARM 的嵌入式系统[M].北京:高等教育出版社,2010.

[3] 刘循.Linux 操作系统及其应用编程[M].2 版.北京:高等教育出版社,2011.

[4] 马修,斯通斯.Linux 程序设计[M].4 版.陈健,宋健建,译.北京:人民邮电出版社,2010.

[5] 科比特,鲁比尼,克罗阿-哈特曼.Linux 设备驱动程序[M].3 版.魏永明,耿岳,钟书毅,译.北京:中国电力出版社,2006.

[6] 宋宝华.Linux 设备驱动开发详解:基于最新的 Linux4.0 内核[M].北京:机械工业出版社,2015.

[7] 沈卫红.任沙浦,朱敏杰,等.STM32 单片机应用与全案例实践[M].北京:电子工业出版社,2017.

[8] 刘火良,杨森.STM32 库开发实战指南:基于 STM32F103[M].2 版.北京:机械工业出版社,2017.

[9] 张洋,刘军,严汉宇,等.精通 STM32F4:库函数版[M].2 版.北京:北京航空航天大学出版社,2019.

[10] 布卢姆,布雷斯纳汉.Linux 命令行与 shell 脚本编程大全[M].3 版.门洼,武海峰,译.北京:人民邮电出版社,2016.

[11] 博韦,切萨蒂.深入理解 Linux 内核[M].3 版.陈莉君,张琼声,张宏伟,译.北京:中国电力出版社,2007.

[12] 史蒂文斯,拉戈.UNIX 环境高级编程[M].3 版.戚正伟,张亚英,尤晋元,译.北京:人民邮电出版社,2014.

[13] 杜春雷.ARM 体系结构与编程[M].北京:清华大学出版社,2003.

[14] 田泽.嵌入式系统开发与应用教程[M].北京:北京航空航天大学出版社,2005.

[15] 姜中华,师鸣若,王大印.Red Hat Linux 9 系统管理员完全学习手册[M].北京:科学出版社,2005.

[16] 谭浩强.C 程序设计[M].3 版.北京:清华大学出版社,2005.

[17] 斯洛斯,赛姆斯,赖特.ARM 嵌入式系统开发:软件设计与优化[M].沈建华,译.北京:北京航空航天大学出版社,2005.

[18] YIU J.ARM Cortex-M3 与 Cortex-M4 权威指南[M].3 版.吴常玉,曹孟娟,王丽红,译.北

京:清华大学出版社,2015.

[19] 赖晓晨,王孝良,任志磊,等.嵌入式软件设计[M].北京:清华大学出版社,2016.

[20] 徐光祐,史元春,谢伟凯.普适计算[J].计算机学报,2003(9):1042-1050.

[21] 周国乔.基于事件驱动策略的步态行为识别研究[D].大连:大连理工大学,2016.

[22] 史文哲.基于惯性传感器的篮球运动姿态识别[D].大连:大连理工大学,2017.